全国高等学校中药资源与开发、中草药栽培与鉴定、中药制药等专业

国家卫生健康委员会"十三五"规划教材

中药制药工艺学

主　编　杜守颖　唐志书

副主编　王　锐　朱华旭　李小芳　肖　伟

U0292431

编　者（以姓氏笔画为序）

王　锐（黑龙江中医药大学）　　　肖　伟（江苏康缘药业股份有限公司）

王延年（沈阳药科大学）　　　　　张丽华（陕西中医药大学）

付廷明（南京中医药大学）　　　　张颖颖（广州中医药大学）

朱华旭（南京中医药大学）　　　　陈晓兰（贵州中医药大学）

齐　滨（长春中医药大学）　　　　段秀俊（山西中医药大学）

杜守颖（北京中医药大学）　　　　姜国志（神威药业集团有限公司）

李小芳（成都中医药大学）　　　　唐志书（陕西中医药大学）

李鹏跃（北京中医药大学）　　　　黄海英（河南中医药大学）

秘　书　李鹏跃（北京中医药大学）

人民卫生出版社

·北　京·

图书在版编目（CIP）数据

中药制药工艺学 / 杜守颖, 唐志书主编 . —北京：
人民卫生出版社, 2023.3
ISBN 978-7-117-34258-2

Ⅰ. ①中… Ⅱ. ①杜… ②唐… Ⅲ. ①中成药–生产
工艺–高等学校–教材 Ⅳ. ①TQ461

中国版本图书馆 CIP 数据核字（2022）第 244454 号

人卫智网	www.ipmph.com	医学教育、学术、考试、健康，购书智慧智能综合服务平台
人卫官网	www.pmph.com	人卫官方资讯发布平台

中药制药工艺学
Zhongyao Zhiyao Gongyixue

主　　编：杜守颖　唐志书
出版发行：人民卫生出版社（中继线 010-59780011）
地　　址：北京市朝阳区潘家园南里 19 号
邮　　编：100021
E - mail：pmph @ pmph.com
购书热线：010-59787592　010-59787584　010-65264830
印　　刷：北京华联印刷有限公司
经　　销：新华书店
开　　本：850 × 1168　1/16　印张：28
字　　数：680 千字
版　　次：2023 年 3 月第 1 版
印　　次：2023 年 3 月第 1 次印刷
标准书号：ISBN 978-7-117-34258-2
定　　价：89.00 元

打击盗版举报电话：010-59787491　E-mail：WQ @ pmph.com
质量问题联系电话：010-59787234　E-mail：zhiliang @ pmph.com
数字融合服务电话：4001118166　E-mail：zengzhi @ pmph.com

出版说明

高等教育发展水平是一个国家发展水平和发展潜力的重要标志。办好高等教育,事关国家发展,事关民族未来。党的十九大报告明确提出,要"加快一流大学和一流学科建设,实现高等教育内涵式发展",这是党和国家在中国特色社会主义进入新时代的关键时期对高等教育提出的新要求。近年来,《关于加快建设高水平本科教育全面提高人才培养能力的意见》《普通高等学校本科专业类教学质量国家标准》《关于高等学校加快"双一流"建设的指导意见》等一系列重要指导性文件相继出台,明确了我国高等教育应深入坚持"以本为本",推进"四个回归",建设中国特色、世界水平的一流本科教育的发展方向。中医药高等教育在党和政府的高度重视和正确指导下,已经完成了从传统教育方式向现代教育方式的转变,中药学类专业从当初的一个专业分化为中药学专业、中药资源与开发专业、中草药栽培与鉴定专业、中药制药专业等多个专业,这些专业共同成为我国高等教育体系的重要组成部分。

随着经济全球化发展,国际医药市场竞争日趋激烈,中医药产业发展迅速,社会对中药学类专业人才的需求与日俱增。《中华人民共和国中医药法》的颁布,"健康中国2030"战略中"坚持中西医并重,传承发展中医药事业"的布局,以及《中医药发展战略规划纲要(2016—2030年)》《中医药健康服务发展规划(2015—2020年)》《中药材保护和发展规划(2015—2020年)》等系列文件的出台,都系统地筹划并推进了中医药的发展。

为全面贯彻国家教育方针,跟上行业发展的步伐,实施人才强国战略,引导学生求真学问、练真本领,培养高质量、高素质、创新型人才,将现代高等教育发展理念融入教材建设全过程,人民卫生出版社组建了全国高等学校中药资源与开发、中草药栽培与鉴定、中药制药专业规划教材建设指导委员会。在指导委员会的直接指导下,经过广泛调研论证,我们全面启动了全国高等学校中药资源与开发、中草药栽培与鉴定、中药制药等专业国家卫生健康委员会"十三五"规划教材的编写出版工作。本套规划教材是"十三五"时期人民卫生出版社的重点教材建设项目,教材编写将秉承"夯实基础理论、强化专业知识、深化中医药思维、锻炼实践能力、坚定文化自信、树立创新意识"的教学理念,结合国内中药学类专业教育教学的发展趋势,紧跟行业发展的方向与需求,并充分融合新媒体技术,重点突出如下特点:

1. 适应发展需求,体现专业特色　本套教材定位于中药资源与开发专业、中草药栽培与鉴定专业、中药制药专业,教材的顶层设计在坚持中医药理论、保持和发挥中医药特色优势的前提下,重视现代科学技术、方法论的融入,以促进中医药理论和实践的整体发展,满足培养特色中医药人才的需求。同时,我们充分考虑中医药人才的成长规律,在教材定位、体系建设、内容设计上,注重理论学习、生产实践及学术研究之间的平衡。

2. 深化中医药思维,坚定文化自信 中医药学根植于中国博大精深的传统文化,其学科具有文化和科学双重属性,这就决定了中药学类专业知识的学习,要在对中医药学深厚的人文内涵的发掘中去理解、去还原,而非简单套用照搬今天其他学科的概念内涵。本套教材在编写的相关内容中注重中医药思维的培养,尽量使学生具备用传统中医药理论和方法进行学习和研究的能力。

3. 理论联系实际,提升实践技能 本套教材遵循"三基、五性、三特定"教材建设的总体要求,做到理论知识深入浅出,难度适宜,确保学生掌握基本理论、基本知识和基本技能,满足教学的要求,同时注重理论与实践的结合,使学生在获取知识的过程中能与未来的职业实践相结合,帮助学生培养创新能力,引导学生独立思考,理清理论知识与实际工作之间的关系,并帮助学生逐渐建立分析问题、解决问题的能力,提高实践技能。

4. 优化编写形式,拓宽学生视野 本套教材在内容设计上,突出中药学类相关专业的特色,在保证学生对学习脉络系统把握的同时,针对学有余力的学生设置"学术前沿""产业聚焦"等体现专业特色的栏目,重点提示学生的科研思路,引导学生思考学科关键问题,拓宽学生的知识面,了解所学知识与行业、产业之间的关系。书后列出供查阅的相关参考书籍,兼顾学生课外拓展需求。

5. 推进纸数融合,提升学习兴趣 为了适应新教学模式的需要,本套教材同步建设了以纸质教材内容为核心的多样化的数字教学资源,从广度、深度上拓展了纸质教材的内容。通过在纸质教材中增加二维码的方式"无缝隙"地链接视频、动画、图片、PPT、音频、文档等富媒体资源,丰富纸质教材的表现形式,补充拓展性的知识内容,为多元化的人才培养提供更多的信息知识支撑,提升学生的学习兴趣。

本套教材在编写过程中,众多学术水平一流和教学经验丰富的专家教授以高度负责、严谨认真的态度为教材的编写付出了诸多心血,各参编院校对编写工作的顺利开展给予了大力支持,在此对相关单位和各位专家表示诚挚的感谢! 教材出版后,各位教师、学生在使用过程中,如发现问题请反馈给我们(renweiyaoxue@163.com),以便及时更正和修订完善。

人民卫生出版社

2019 年 2 月

教材书目

序号	教材名称	主编	单位
1	无机化学	闫 静 张师愚	黑龙江中医药大学 天津中医药大学
2	物理化学	孙 波 魏泽英	长春中医药大学 云南中医药大学
3	有机化学	刘 华 杨武德	江西中医药大学 贵州中医药大学
4	生物化学与分子生物学	李 荷	广东药科大学
5	分析化学	池玉梅 范卓文	南京中医药大学 黑龙江中医药大学
6	中药拉丁语	刘 勇	北京中医药大学
7	中医学基础	战丽彬	南京中医药大学
8	中药学	崔 瑛 张一昕	河南中医药大学 河北中医学院
9	中药资源学概论	黄璐琦 段金廒	中国中医科学院中药资源中心 南京中医药大学
10	药用植物学	董诚明 马 琳	河南中医药大学 天津中医药大学
11	药用菌物学	王淑敏 郭顺星	长春中医药大学 中国医学科学院药用植物研究所
12	药用动物学	张 辉 李 峰	长春中医药大学 辽宁中医药大学
13	中药生物技术	贾景明 余伯阳	沈阳药科大学 中国药科大学
14	中药药理学	陆 茵 戴 敏	南京中医药大学 安徽中医药大学
15	中药分析学	李 萍 张振秋	中国药科大学 辽宁中医药大学
16	中药化学	孔令义 冯卫生	中国药科大学 河南中医药大学
17	波谱解析	邱 峰 冯 锋	天津中医药大学 中国药科大学

序号	教材名称	主编	单位
18	制药设备与工艺设计	周长征 王宝华	山东中医药大学 北京中医药大学
19	中药制药工艺学	杜守颖 唐志书	北京中医药大学 陕西中医药大学
20	中药新产品开发概论	甄汉深 孟宪生	广西中医药大学 辽宁中医药大学
21	现代中药创制关键技术与方法	李范珠	浙江中医药大学
22	中药资源化学	唐于平 宿树兰	陕西中医药大学 南京中医药大学
23	中药制剂分析	刘斌 刘丽芳	北京中医药大学 中国药科大学
24	土壤与肥料学	王光志	成都中医药大学
25	中药资源生态学	郭兰萍 谷巍	中国中医科学院中药资源中心 南京中医药大学
26	中药材加工与养护	陈随清 李向日	河南中医药大学 北京中医药大学
27	药用植物保护学	孙海峰	黑龙江中医药大学
28	药用植物栽培学	巢建国 张永清	南京中医药大学 山东中医药大学
29	药用植物遗传育种学	俞年军 魏建和	安徽中医药大学 中国医学科学院药用植物研究所
30	中药鉴定学	吴啟南 张丽娟	南京中医药大学 天津中医药大学
31	中药药剂学	傅超美 刘文	成都中医药大学 贵州中医药大学
32	中药材商品学	周小江 郑玉光	湖南中医药大学 河北中医学院
33	中药炮制学	李飞 陆兔林	北京中医药大学 南京中医药大学
34	中药资源开发与利用	段金廒 曾建国	南京中医药大学 湖南农业大学
35	药事管理与法规	谢明 田侃	辽宁中医药大学 南京中医药大学
36	中药资源经济学	申俊龙 马云桐	南京中医药大学 成都中医药大学
37	药用植物保育学	缪剑华 黄璐琦	广西壮族自治区药用植物园 中国中医科学院中药资源中心
38	分子生药学	袁媛 刘春生	中国中医科学院中药资源中心 北京中医药大学

成员名单

主 任 委 员　黄璐琦　中国中医科学院中药资源中心
　　　　　　　段金廒　南京中医药大学

副主任委员　(以姓氏笔画为序)
　　　　　　　王喜军　黑龙江中医药大学
　　　　　　　牛　阳　宁夏医科大学
　　　　　　　孔令义　中国药科大学
　　　　　　　石　岩　辽宁中医药大学
　　　　　　　史正刚　甘肃中医药大学
　　　　　　　冯卫生　河南中医药大学
　　　　　　　毕开顺　沈阳药科大学
　　　　　　　乔延江　北京中医药大学
　　　　　　　刘　文　贵州中医药大学
　　　　　　　刘红宁　江西中医药大学
　　　　　　　杨　明　江西中医药大学
　　　　　　　吴啟南　南京中医药大学
　　　　　　　邱　勇　云南中医药大学
　　　　　　　何清湖　湖南中医药大学
　　　　　　　谷晓红　北京中医药大学
　　　　　　　张陆勇　广东药科大学
　　　　　　　张俊清　海南医学院
　　　　　　　陈　勃　江西中医药大学
　　　　　　　林文雄　福建农林大学
　　　　　　　罗伟生　广西中医药大学
　　　　　　　庞宇舟　广西中医药大学
　　　　　　　宫　平　沈阳药科大学
　　　　　　　高树中　山东中医药大学
　　　　　　　郭兰萍　中国中医科学院中药资源中心

唐志书　陕西中医药大学
黄必胜　湖北中医药大学
梁沛华　广州中医药大学
彭　成　成都中医药大学
彭代银　安徽中医药大学
简　晖　江西中医药大学

委　　员（以姓氏笔画为序）

马　琳	马云桐	王文全	王光志	王宝华	王振月	王淑敏
申俊龙	田　侃	冯　锋	刘　华	刘　勇	刘　斌	刘合刚
刘丽芳	刘春生	闫　静	池玉梅	孙　波	孙海峰	严玉平
杜守颖	李　飞	李　荷	李　峰	李　萍	李向日	李范珠
杨武德	吴　卫	邱　峰	余伯阳	谷　巍	张　辉	张一昕
张永清	张师愚	张丽娟	张振秋	陆　茵	陆兔林	陈随清
范卓文	林　励	罗光明	周小江	周日宝	周长征	郑玉光
孟宪生	战丽彬	钟国跃	俞年军	秦民坚	袁　媛	贾景明
郭顺星	唐于平	崔　瑛	宿树兰	巢建国	董诚明	傅超美
曾建国	谢　明	甄汉深	裴妙荣	缪剑华	魏泽英	魏建和

秘 书 长　吴啟南　郭兰萍

秘　　书　宿树兰　李有白

前　言

《中药制药工艺学》是以实现中药制药学、中药学及中药资源与开发等专业的培养目标为宗旨,充分体现中药制药生产实践学科特点的实用性新型教材。

本教材具有如下特点。

1. 编排体系方面,全书共有18章,分为三个部分。第一部分为中药制剂过程中的基础工艺,包括中药提取工艺,中药分离工艺,中药浓缩工艺,中药干燥工艺,中药粉碎、筛析与混合工艺,制药用水制备工艺;第二部分为基于不同剂型的制剂工艺,包括中药液体制剂制备工艺、中药乳化工艺、中药制粒工艺、中药压片和包衣工艺、中药制丸工艺、中药制软膏工艺、中药制贴膏工艺、中药无菌制剂工艺、中药气体制剂工艺、中药其他制剂工艺;第三部分为中药生产工艺规程的编制。

2. 内容选择方面,本教材加强理论与实践的结合,着重突出生产实践,紧跟国家法规要求,瞄准生产实际问题,更注重制药工艺路线、工艺步骤、工艺参数的研究与控制,以及生产环境的要求、生产设备的使用、生产人员的要求等,对各类制剂生产过程中的影响因素进行了深入分析,并引入了大量案例,充分体现了教材的时代性和实用性。

3. 本教材数字内容包括教学课件、同步练习、知识拓展和图片,既可辅助课堂理论教学,又可强化感性认知。

教材适用对象多元,既可供教学、科研、制药行业生产、新药研发人员使用,亦可供中药学、中药制药学等专业硕士研究生参考使用。

本教材绪论部分由杜守颖编写,中药提取工艺由唐志书、朱华旭编写,中药分离工艺由朱华旭、唐志书编写,中药浓缩工艺、中药干燥工艺由王延年编写,中药粉碎、筛析与混合工艺和中药制粒工艺由李小芳编写,制药用水制备工艺由张丽华编写,中药液体制剂制备工艺由付廷明编写,中药乳化工艺、中药气体制剂工艺由陈晓兰编写,中药压片和包衣工艺由王锐编写,中药制丸工艺由李鹏跃编写,中药制软膏工艺由黄海英编写,中药制贴膏工艺由齐滨编写,中药无菌制剂工艺由张颖颖、姜国志编写,中药其他制剂工艺由段秀俊编写,中药生产工艺规程的编制由肖伟编写;各章节GMP要求及生产案例由神威药业集团有限公司张岩岩、江苏康缘药业股份有限公司张欣、首都儿科研究所附属儿童医院柯木灵编写。

本教材在编写过程中,得到了各编委所在院校领导、人民卫生出版社领导和编辑的大力支持,采纳了兄弟院校同行专家的宝贵意见,引用了诸多颇具价值的参考文献,在此一并谨致真诚谢意!

编者水平有限,内容方面难免有所疏漏,切盼读者不吝赐教,以便今后补充修订,使本书日臻完善。

编　者

2023年1月

目　录

第一章　绪论

1. 掌握：中药制药工艺学的含义、研究的主要内容及特点；中药制药工艺设计的基本原则和方法。
2. 熟悉：制药过程中实施 GMP 的目的及 GMP 的基本要求。
3. 了解：中药制药工艺学与中药药剂学的关系；中药制药的历史与发展。

第一节　概述

中药制药工艺学是以中医药理论为指导，将中药制药理论知识与具体生产实践相结合，综合运用现代制药技术和手段，研究、探讨中药制药过程中各单元生产工艺和生产过程质量控制方法的一门应用性学科。

中药制药工艺学是在中药学、中药化学、中药药理学、中药药剂学的基础上结合现代制药技术，研究中药制药过程中的工艺路线、工艺步骤、工艺参数及生产过程的质量控制。中药制药工艺是在中药开发和生产中的一个极为重要的组成部分，是将制药理论知识与具体生产实践相结合的前沿学科。

一、中药制药工艺学研究的对象与内容

中药制药工艺学研究的对象是中药（含天然药物），其制药的原料均来自植物、动物及矿物，不同来源的原料质地有着本质的差异，即使是同一类原料，由于基源、产地、采收季节等的不同，质地也有很大差异，因此，这给中药产品的研发和工业化生产的工艺设计与研究、生产过程质量控制等带来了较大的挑战。

中药制药工艺学研究的主要内容包括：

1. 中药（含天然药物）有效成分的提取、分离纯化、浓缩、干燥等工艺。根据中药处方的功能主治进行处方分析，随方确定有效成分，根据有效成分的性质和临床需要，确定其生产工艺、生产

设备、质量控制。这一过程主要涉及中医基础理论、中药学、中药化学、中药鉴定学、中药炮制学、中药制药工程学、中药制药设备等多门专业课程的综合理论知识。

2. 中药剂型的制备工艺和中药制剂设备的基本操作。根据中药物料的性质、制备原理和GMP的基本要求,研究制药工艺路线、工艺步骤、工艺参数及生产过程质量控制,研究对生产环境、生产人员的要求,生产设备的使用等。这一过程主要涉及物理化学、中药制药设备、中药药剂学等专业课程的综合理论知识。

二、中药制药工艺学与中药药剂学的关系

药物制剂已有数千年的历史,如我国商代的伊尹制汤液、古罗马的格林制剂,古已有传,随着时代的变迁、生产力的发展,制药理论、制药工艺、剂型都有了长足的发展。但由于历史条件的限制,工业革命之前的制药工艺仍然带有明显的经验色彩。在工业革命的推动下,西方的制药工艺实现了从工厂手工业向机器大工业过渡,1847年德国药师 Mohr 编写的《药剂工艺学》的出版,标志着药剂学已经成为一门独立的学科。

经过170多年的发展,药剂学在与物理化学、药理学、数学等多种学科不断地交融过程中发展成了一门庞大的学科,并衍生出许多分支学科。中药药剂学是以药物制剂为中心,在中医药理论指导下,研究其基本理论、处方设计、制备工艺、质量控制和合理应用的综合性应用技术科学。

中药制药工艺学是以药物制备工艺为中心,研究制备技术和生产过程质量控制的一门学科,是研究药物制造原理、生产技术、工艺路线与过程优化、工艺放大与质量控制,从而分析和解决药物生产过程中实际问题的学科,是衔接制药理论和药物产业化的桥梁。

三、中药制药工艺学的特点

1. 中药制药工艺学是以中医药理论、传统中药剂型理论和制备技术为核心,综合运用现代制药的技术和手段的一门学科。根据中药物料、有效成分的性质和临床需要确定药物的剂型,开展工艺路线、工艺步骤、工艺条件筛选和优化,使中药制药工艺达到合理可行、稳定可控、安全科学,使研制和生产出的药品达到安全、有效、稳定和可控的最终目的。

2. 制药工艺是决定产品质量的主要因素。制药工艺决定了中药制药设备、中药制药生产的工程技术和工业化生产的系列问题,中药制备工艺路线是否合理、工艺参数是否可控、工艺与生产设备是否匹配、厂房设施布局是否合理决定着中药制剂的质量,这也是传统中药行业走向世界与国际接轨的关键所在。

3. 中药制药工艺学的理论基础是中医药理论和传统剂型的制剂理论,其有着独特的体系和应用形式。中药的原料多数来自植物、动物及矿物,影响其质量的因素较多(如基源、产地、采收季节等),这给中药制药工艺的研制、产品工业化的生产与生产质量控制带来了较大的困难,同时也制约了中药制药工艺的现代化和与国际接轨。促进中药的创新研究及扩大现代高新技术与手段在制药生产中的应用是中药制药行业发展的最终趋势所在,中药制药工艺的创新和技术更新,是中药制药工艺学研究的新内容之一。无论是传统剂型还是现代剂型,中药制药工艺的研究应结

合现代制药领域中的新技术、新工艺、新辅料和新设备,以进一步提升中药制药行业的技术水平。

大力发展中药产业,并使其真正成为我国新兴的支柱产业,是我国中药现代化要达到的目标,没有全行业生产技术水平的提高,也难有强大的现代中药产业。因此,全面提高中药产业的生产水平已是一项刻不容缓的基础工作,其将直接影响我国中药产业现代化的发展。

第二节 中药制药的历史与发展

一、中药制药的历史

中药制药的历史颇为久远。传说早在夏朝,就形成了酿酒技术。河南洛阳的二里头遗址出土文物中就有青铜酒器,推测当时可能已有药酒的存在。

在商代的甲骨文中发现了"鬯"字,汉代班固所著的《白虎通义》注释:"鬯者,以百草之香,郁金合而酿之成为鬯。"首次明确记载了药酒。后世文献亦有记载,商汤时期的名臣伊尹撰《汤液经法》,首次出现了煎煮药物的记载。成书于战国时期的《黄帝内经》记载了汤、丸、散等多种剂型及制法。

秦、汉时期中药制药理论与制药技术均有了很大的进步。出土于马王堆汉墓的《五十二病方》中记载了汤剂、丸剂、散剂、熨剂、浸出药剂等。东汉时期张仲景所著的《伤寒杂病论》记载了汤剂、散剂、丸剂等,并且首次记载了腔道给药剂型:栓剂、灌肠剂,拓展了给药途径,同时也丰富了药用辅料种类。在制药理论方面,古人逐渐认识到应当依据药物性质选择剂型,东汉时期成书的《神农本草经》记载:"药性有宜丸者,宜散者,宜水煎者,宜酒渍者,宜煎膏者,亦有一物兼宜者,亦有不可入汤酒者,并随药性,不得违越。"

两晋南北朝时期,葛洪著有《肘后备急方》八卷,创制了硬膏剂、锭剂、含化剂等多种固体剂型,并进一步拓展了栓剂在鼻、耳、尿道、阴道的应用,制剂工艺也较前代更为详细。如成膏的制备:"清麻油十三两,菜油亦得,黄丹七两,二物铁铛文火煎,粗湿柳批篦,搅不停。至色黑,加武火,仍以扇扇之,搅不停。烟断绝尽,看渐稠,膏成……",其对于煎煮的火候、搅拌、炼制程度均有描述。梁代陶弘景所撰《本草经集注》进一步对前代度量衡进行了考证,对于制剂工艺的规范具有重要意义。同时在剂型选择方面其也逐渐认识到需要依据临床疾病来进行选择,"疾病有宜服丸者,宜服散者,宜服汤者,宜服酒者,宜服煎膏者"。

唐代政府以《本草经集注》为底本,首次编撰了第一部具有国家药典性质的本草著作《新修本草》(世称《唐本草》),但其中并未记载制剂。唐代各类剂型散见于医药典籍中,其中以《备急千金要方》《千金翼方》为最,两书中记载了 40 余种剂型、30 余种制剂辅料,在序言中对汤剂、药酒、外用膏剂的制备工艺进行了概述,在一定程度上反映了当时的制药水平。

宋代成药发展迅速,元丰年间由官方主持编撰了《太平惠民和剂局方》,对于制药工艺记载颇为详细,如云母膏的制备:"上除云母、硝石、麒麟竭、没药、麝香、乳香、黄丹、盐花八味别研外,并锉如豆大,用上件清油,于瓷器中浸所锉药七日,以物封闭后,用文火煎,不住手搅,三上火,三下火。每上,候匝匝沸,乃下火,候沸定再上,如此三次,候白芷、附子之类黄色为度,勿令焦黑,以绵或新布绞去滓,却入铛中,再上火熬。后下黄丹与别研药八味,以柳篦不住手搅,直至膏凝,良久色变再上熬,仍滴少许水中,凝结不黏手为度……",文中包括了"浸泡""炸料""下丹成膏"工艺,并规定了相应的标准,过程控制更为精准。

明代李时珍著《本草纲目》,堪称本草巨作,载药1 892种,附方1 300余首,涉及剂型30余种,对中药药剂学的传承有重大贡献。清代吴尚先著《理瀹骈文》,这是一部以内科理法方药的理论为依据,而又以膏药为主的外治法专书,系统论述了中药外用膏剂的制备与应用。明代中后期以及清代先后涌现出很多中药老字号,如山西的广誉远、大宁堂,广州的陈李济、潘高寿,北京的鹤年堂、同仁堂,浙江的胡庆余堂、方回春堂,贵州的同济堂,湖南的九芝堂等,以上主要以前店后厂作坊式生产中成药,剂型多为丸散膏丹。

民国时期,中药制药主要有下列特点:①仍以传统剂型为主,如《胡庆余堂雪记丸散全集》中记载药品482种,其中多为丸散膏丹、杜煎诸胶、膏露药酒;②制药各环节分工渐趋专业化、精细化,一些药店内分细货房、蜡壳房、料房、刀房、丸散部等多个部门;③吸收西方科学技术,引入机械生产,个别药厂在中成药生产过程中引入了现代制药技术。但整体而言,水平不高,而且受到西学思潮和外商资本的冲击,发展步履艰难。

二、中药制药的发展

中华人民共和国成立后,经过对民族工商业的改造,并在"团结中西医"的卫生工作方针的指引下,中药制药获得了稳步发展,逐渐摆脱了"前店后厂"的生产模式,在总结传统经验操作的基础上,积极进行技术改造,逐步走上了机械化生产的道路。

1952年天津隆顺榕创办了第一个中药提炼部;1953年郑启栋带领学生们成功研制了银翘解毒片。此后,在剂型改革的浪潮中先后诞生了胶囊剂、颗粒剂、合剂、注射剂等一大批现代剂型,回流、水蒸气蒸馏等提取技术,水提醇沉等精制技术也逐渐应用到生产中,中药制药的现代化进程逐渐起步。

20世纪70年代,国务院发布了我国第一个关于中成药发展的国家文件《关于改进中成药质量的报告》,进一步推动了中药制药技术和中药制药设备的发展。醇溶液pH沉淀法、石(石灰乳)-硫(硫酸)精制法、活性炭吸附法、固体分散技术等多种技术开始应用于生产中,中药制药技术取得了长足进展,但生产方式仍比较粗放,资源消耗大、创新能力差、质控指标简单。

20世纪90年代之后,随着中药基础研究的深入,一大批中药提取分离新技术应运而生。超微粉碎、超声辅助提取、超临界流体萃取、闪式提取、动态渗漉等提取技术的出现,提高了提取效率,有效地节约了药材资源;多效浓缩、减压浓缩、微波干燥、红外干燥、喷雾干燥等技术的应用,缩短了生产周期,提高了生产效率,并提升了产品质量。中药剂型虽仍以片剂、颗粒剂、胶囊剂、注射剂为主,但在质量控制方面有了显著的提升:①质控项目逐渐增加;②质控技术更为科学、先进;③质控指标逐渐由单指标发展为多指标。与此同时,以中药有效成分为原料的缓控释制剂也有了一定的发展,如正清风痛宁缓释片。

2000年之后,在基础研究领域第4代靶向制剂呈现井喷式发展,脉冲式递药系统、自调式递药系统多技术联用复合递药系统的研究也在不断深入。与此同时,在中药传承方面中药制药也发挥了重要作用,当前用于补充传统饮片的配方颗粒发展迅速,市场规模已超过百亿,2018年提出的经典名方制剂未来亦具有良好的市场前景。随着21世纪信息技术的发展,在生产领域,自动化仪表和计算机控制系统正在逐渐取代传统的人工操作,同时质量源于设计(quality by design, QbD)理念、可追溯理念、全程质量控制理念也逐渐深入人心,中药制药的自动化水平、质控水平得到了显著提高,部分企业已达到国内领先水平。中药制药技术的快速进步,为中药和大健康产品的质量提升奠定了基础,为中药产业的健康发展奠定了基础,为中药的现代化发展奠定了基础。

第三节 中药制药工艺设计

现代中药制药工艺的评价标准一般由"三个前提"和"三个结果"来评定。

"三个前提"为主治病证、处方组成及选择剂型,即围绕要研制药物主要的治疗病症和处方中各类药物的理化性质,结合市场分析和调研,初步确定要研制的药物剂型,围绕剂型的要求,进行工艺路线的确定、工艺条件的评价和优化工作。

"三个结果"是药品质量、药物的药理作用与临床应用疗效,即在确定了药品生产工艺和条件后,就要制定药品质量控制标准和检验方法、药理活性的评价指标,从而来优化和选择最佳工艺,药品经过中试生产和制剂成型工艺的过程后,形成的成型产品,还必须通过临床观察来最终评价药品的质量和工艺,为新药的工业化生产提供理论依据。

一、中药制药工艺设计的基本原则

1. 坚持中医药理论指导 中药制剂是按照中医药理论进行研究开发与应用的,与化药制剂、生物制剂有着本质的区别。因此,中医药的思想应贯穿于制剂的立项、研究、生产和质量控制及应用的过程中。在工艺设计时不仅须从天然药物化学的角度来分析中药成分,还要遵循中医药理论,尊重传统用药经验,从中医"理、法、方、药"的角度来认识中药成分,依证随方,确定有效成分,结合药效学指标,对提取、纯化工艺进行筛选,并根据临床疾病需求和成分性质特点进行剂型设计。

2. 坚持科学性、可行性和实用性 中药制药工艺设计应该坚持科学性、可行性。遵循制药工艺的特点,设计的工艺路线要正确,首先要强调规范化设计,设计者必须按一定要求设计研究内容和步骤,所采用的试验方法必须是重现性好、说服力强、可量化,且已经被学术界普遍认可的方法。所选择的指标要能够客观反映相关工艺过程的变化,能够反映药物质量的整体性、一致性和药效物质的转移规律,保证工艺过程可控。设计的工艺要实用,要与当前的科学技术水平相一致,工艺步骤要明确、简单,工艺参数要优化,要考虑社会效益与经济效益。

3. 保证药品安全有效均一稳定 充分认识中药的复杂性,根据中药的特点设计提取工艺、制剂成型工艺;在设计过程中充分认识不同基源、不同产地、不同采收季节、不同炮制品对工艺的影响;既要根据处方临床应用情况、组方配伍组成、所含的化学成分的性质、药理药效,还要考虑药材的性状、剂型的需要、患者的顺应性等设计工艺。所设计的工艺应能保证药品的安全性、有效性和质量的批间均一稳定。

4. 绿色环保原则 环境是人类赖以生存的、社会经济可持续发展的客观条件和空间,环境的恶化将会给人类的未来带来严重的灾难。在中药制药过程中,可能会排放较多的废气、废水、废渣。废气中通常含有挥发性有机物(volatile organic compounds, VOCs)、粉尘等;废水中通常含有高浓度悬浮物、有机物(如糖类、生物碱等)、稀酸、稀碱等,且色度普遍较深;废渣主要为提取后的大量药渣。上述"三废"会对周边环境造成巨大的负担。因此在进行工艺设计时应该对社会效益、经济效益和环境效益进行综合考虑,在生产过程中使用无害无毒或低害低毒的溶剂、辅料,选择能够降低原辅料消耗,提高资源利用率的工艺,并进行"三废"处理,将"三废"对环境的影响降到最低限度。

二、中药制药工艺设计的基本方法

在制药研究过程中,经常需要做大量的实验,以达到预期目的(如采用最少的提取溶剂、最短的提取时间、最低的能耗,最大限度地提取出有效成分)。由于影响实验结果的因素很多,盲目、随机的摸索会耗费大量的人力、物力,在这种情况下,如何尽可能地安排少量试验次数来获得满足试验目的的最佳结果?

试验设计是以概率论和数理统计为理论基础,研究如何经济地、科学地安排试验的一项技术。从 20 世纪 20 年代开始,试验设计逐渐发展成为一门应用型技术学科,被广泛应用于工业、国防等领域。如华罗庚曾将优选法应用于五粮液的调配,方开泰曾将均匀设计应用于导弹设计。

试验设计通常包括如下几个方面:①对试验问题的调研;②试验目的的确定;③响应值的选取;④试验因素的选取;⑤试验的实施;⑥试验结果的分析和推断;⑦对结果的试验验证。

按照试验目的,试验通常可分为建立响应曲面的数学模型和求最优条件两类;按照考察影响因素的数量通常可以分为单因素平行试验优选法和多因素试验优选法;结合变量的类型(离散型变量、连续型变量)以及因素之间的交互作用,常用的试验设计主要有如下几种。

1. 一次一因子(one-factor-at-a-time)方法 这种方法在保持其他因子在初始水平不变的条件下,让每个因子在其所允许的范围内进行连续变动,当所有试验完成后,我们可以做出一系列图形来反映各单因子对因变量的影响。根据这些图形,我们可以选择各单因子的最优组合。例如可以利用这一方法对提取挥发油时的药材粉碎粒度、加水倍量、提取时间进行考察。

一次一因子策略的主要缺点在于没有考虑因子间可能存在的交互作用。交互作用即当一个因子与另一个因子的不同水平结合使用时,难以对响应产生同样的效应。通常情况下因子之间的交互作用是比较普遍的。

2. 多因素试验优选法 在一般情况下,影响因变量的试验因素不可能是一个,所以通常会采用多因素试验优选法。目前在制药过程中常用的优选方法主要有如下几种。

(1)析因设计:析因设计是一种多因素多水平交叉分组进行全面试验的设计方法。它不仅可以检验每个因素各水平之间的差异,而且可检验各因素之间的交互作用,通过比较各种组合,找出最佳组合。当因素数与水平数都不太大,且效应与因素之间的关系比较复杂时,可以采用这种方法。但当因素数和水平数过多时,试验组合数量将急剧增加,需要进行的试验次数过多,研究者通常无法承受。

（2）正交设计:正交试验是建立在概率论、数量统计和实践经验的基础上,运用标准化正交表安排试验方案,并对结果进行计算分析,从而快速找出最优试验方案的一种设计方法。相对于析因设计,它依据"均匀分散、整齐可比"（即正交表挑选出来的各因素水平组合在全部水平组合中的分布是均衡的,且每个因素的各水平之间具有可比性）的原则,从全部试验中挑选出部分具有代表性的点来进行试验,然后对其结果进行分析,进而推广到整体试验,从而实现工艺的优化。正交表有一套规则的设计表格,用 $L_n(t^q)$ 表示,其中 n 为试验的次数,t 为因素水平数,q 为因素个数,$L_9(3^4)$ 表示该试验可安排 4 个因素,每个因素设计 3 个水平,共须进行 9 组试验。当需要考虑两个因素的交互作用时,把交互作用当作一个新的因素来看待,可通过交互作用表来安排排列位置。相对于析因设计,正交试验有效地减少了试验次数,但其也存在一些缺点,如优选的结果不会超出所取水平的范围,对于进一步的优选试验缺乏指向性。

（3）均匀设计:均匀设计是建立在正交设计上的一种设计方法,由方开泰教授创立。其原理与正交试验相似,在试验范围内挑选具有代表性的点进行试验。但与正交设计不同的是,均匀设计只考虑试验点在试验范围内的均匀散布,而不考虑"整齐可比",使每个因素的每个水平做一次且仅做一次试验,以最少的试验次数来获得最多的信息,相对于正交设计而言,其试验次数进一步减少,适用于一些成本较高的研究。但除非前期有很好的工作基础和较为丰富的经验,否则试验次数减少可能会影响结果的可靠性。均匀设计表中无法安排交互作用项,但在进行多重线性回归分析时,可以以回归方程中因素交叉乘积项的形式估计因素之间的交互作用。

（4）响应面设计:响应面分析是采用多元线性回归的方法,将多因素试验中的因素与水平的相互关系用多项式进行拟合,然后通过对回归方程的分析来寻求最优参数,可精确地描述连续型变量与因变量之间的关系。响应面设计主要有三种设计方法,包括中心组合设计（central composite design, CCD）、box-behnken 设计（BBD）和均匀外壳设计（uniform shell design, USD）,其中 CCD 与 BBD 较为常用。响应面设计可以通过三维图形的形式呈现变量与因变量之间的函数关系,回归方程精度较高,具有一定的优越性,但前提是试验点应包括最佳条件,如果试验点选取不当是不能得到很好的优化结果的。由于响应面法要求其变量必须是连续的,该法通常更适用于制剂处方的优化。

到目前为止,试验设计的方法多达 10 余种,在制药研究或生产过程中可根据具体的试验条件、因素和试验目的进行选择,以期以少量次数的试验,找出最优的参数。

第四节　GMP 的基本知识

一、实施 GMP 的目的和意义

药品是一种特殊的商品,其质量直接关系到临床有效性以及患者的安全性。世界各国对于药品的质量均有严格的规定,大部分国家以国家法典的形式规定了药品的质量标准。但仅依据标准对药品进行检验是无法保证其质量的,因为对于药品成品的检验属于破坏性检验,不可能对每一片、每一粒、每一支产品进行检验,药品合格与否不能完全依赖检验。合格的药品不是检验出来的,而是设计出来的、生产出来的。优质的生产管理制度才是药品质量的根本保障。

《药品生产质量管理规范》,简称 GMP,是药品生产和质量管理的基本准则,其目的是最大限度地降低药品生产过程中的污染、交叉污染以及混淆、差错等风险,确保持续稳定地生产出符合预定用途和注册要求的药品。GMP 的实施,对于保障药品的安全性、有效性、质量稳定性具有重要价值。

第一部 GMP 是于 1963 年由美国制定的,随后欧洲各国和日本于 20 世纪 70 年代先后制定了各自的 GMP。目前世界上 100 多个国家、地区均实施了 GMP。

我国于 1988 年首次颁布并实施 GMP,先后于 1992 年、1998 年和 2010 年进行了三次修订。通过实施 GMP,一方面有力提升了我国的药品质量;另一方面也在一定程度上促进了我国制药企业的结构调整和产业升级,促进了我国制药行业的健康发展。

二、GMP 的基本要求

实施 GMP 的主导思想:涵盖影响药品质量的所有因素,包括确保药品质量符合预定用途的有组织、有计划的全部活动。

GMP 的内容可以概括为软件、硬件、湿件三个方面,具体可分为人员（人）、设备（机）、物料（料）、工艺（法）、环境（环）、检测（测）六大要素。

《药品生产质量管理规范（2010 年修订）》分为十四章,三百一十三条,另有 5 个附录。

第一章为总则,共四条。明确上位法依据;明确企业建立 GMP 的主体责任;明确本规范的根本宗旨。

第二章为质量管理,共十一条。包括质量管理的原则、质量保证体系的建立和要求、质量控制的基本要求、质量风险的要求。

第三章为机构与人员,共二十二条。主要包括质量管理部门（包括质量保证部门和质量控制部门）的设置要求,并重点对企业负责人、生产管理负责人、质量管理负责人和质量受权人的资质和主要职责进行了规定;为了保障药品的质量,明确规定质量管理负责人和生产管理负责人不得互相兼任,质量管理负责人和质量受权人可以兼任,必须制定操作规程确保质量受权人独立履行职责,不受企业负责人和其他人员的干扰;另外要对各岗位人员的职能和技能进行培训,并定期评估;在人员卫生方面,对管理规程、健康状况、服装、妆容饰品等方面均进行规定。

第四章为厂房与设施,共三十三条。厂房与设施是药品生产的重要硬件,通常使用时间较长且具有一定的不可移动性,因此其选址、设计、布局、建造、改造和维护至关重要;本章先后对生产区、仓储区、质量控制区、辅助区的布置、设计进行了规定;生产区作为核心单元,其室内设计,如墙面、管道、照明、通风、排水、压差都十分重要。

第五章为设备,共三十一条。设备的设计、选型、安装、改造和维护必须符合预定用途,应当尽可能降低产生污染、交叉污染、混淆和差错的风险,便于操作、清洁、维护,以及必要时进行的消毒或灭菌;应当建立设备使用、清洁、维护和维修的操作规程,并保存相应的操作记录;应当建立并保存设备采购、安装、确认的文件和记录。

第六章为物料与产品,共三十六条。原料、辅料(包括包装材料)是药品生产的重要物质基础,生产过程中必须符合相应的质量要求,并且确保物料的正确接收、贮存、发放、使用和发运,防止污染、交叉污染、混淆和差错。产品的处理同样应当按照操作规程或工艺规程执行,其贮存条件应当符合药品注册批准的要求。

第七章为确认与验证,共十二条。企业应当对厂房、设施、设备的设计、安装、运行、性能以及生产工艺进行确认或验证工作,以证明有关操作的关键要素能够得到有效控制。确认和验证不是一次性的行为。首次确认或验证后,应当根据产品质量回顾分析情况进行再确认或再验证。关键的生产工艺和操作规程应当定期进行再验证,确保其能够达到预期结果。

第八章为文件管理,共三十四条。文件是质量保证系统的基本要素。企业必须有内容正确的书面质量标准、生产处方和工艺规程、操作规程以及记录等文件。企业应当系统地设计、制定、审核、批准和发放文件。与药品生产有关的每项活动均应当有记录,以保证产品生产、质量控制和质量保证等活动可以追溯。

第九章为生产管理,共三十三条。药品应当分批次生产以保证同一批次产品质量和特性的均一。生产操作开始之前应当对前次清场情况及设备状态进行检查,核对物料或中间品的名称和批次,按照生产操作规程进行生产。生产和包装操作均应当规定降低污染和交叉污染、混淆或差错风险的措施。

第十章为质量控制与质量保证,共六十一条。质量管理部门在企业中至关重要,对所有质量问题均有决定权。质量控制实验室及其人员均应达到相应的要求;取样、检测、留样、放行、稳定性考察均应按照相关操作规程进行。当原辅料、包装材料、供应商、质量标准、检验方法、操作规程、厂房、设施、设备、仪器、生产工艺和计算机软件发生变更,可能对产品质量产生影响时,均应当经过评估,并最终由质量管理部门审核批准。

第十一章为委托生产与委托检验,共十五条。为确保委托生产产品的质量和委托检验的准确性和可靠性,委托方和受托方必须签订书面合同,明确规定各方责任、委托生产或委托检验的内容及相关的技术事项。委托方应当对受托方进行评估,对受托方的条件、技术水平、质量管理情况进行现场考核,确认其具有完成受托工作的能力。

第十二章为产品发运与召回,共十三条。每批产品均应当有发运记录。根据发运记录,应当能够追查每批产品的销售情况,必要时应当能够依据召回操作规程及时全部追回。

第十三章为自检,共四条。企业应当有计划,对机构与人员、厂房与设施、设备、物料与产品、确认与验证、文件管理、生产管理、质量控制与质量保证、委托生产与委托检验、产品发运与召回等项目定期进行检查,确保企业符合本规范的要求。

第十四章为附则,共四条。主要对术语的含义进行了解释。对无菌药品、生物制品、血液制品等药品或生产质量管理活动的特殊要求,由国家食品药品监督管理局以附录方式另行制定。

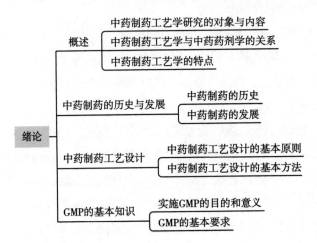

中药制药工艺学研究的对象与内容
概述　中药制药工艺学与中药药剂学的关系
　　　中药制药工艺学的特点

中药制药的历史与发展　中药制药的历史
　　　　　　　　　　　中药制药的发展

绪论

中药制药工艺设计　中药制药工艺设计的基本原则
　　　　　　　　　中药制药工艺设计的基本方法

GMP的基本知识　实施GMP的目的和意义
　　　　　　　　GMP的基本要求

第一章　同步练习

（**杜守颖**）

第二章 中药提取工艺

学习目标

1. 掌握：中药提取过程的基本原理；生产常用提取工艺的原理、工艺过程、设备及工艺控制。

2. 熟悉：新型提取工艺应用的基本原理、特点及其用于中药体系的适宜性。

3. 了解：提取工艺工业化大生产中的工艺过程要点、GMP 要求及其注意事项。

4. 能运用本章所学工艺设计中药提取工艺，在大生产中可以进行设备选型和改进，指导工艺生产的升级改造。

第一节 概述

中药提取是指用化学和/或物理方法将中药材、中药饮片等原料中的特定化学成分转移出来的过程。中药作为一种天然药物，未经提取的原料中所含的成分按照生物活性可分为以下几种：①有效成分，指起主要药效的物质，如生物碱类、苷类、黄酮类化合物等；②无效成分，指本身无效甚至有害的成分，它们往往影响提取效果以及提取物的稳定性、吸湿性等；③辅助成分，指本身没有特殊疗效，但能增强或缓和有效成分作用的物质，如提取过程中的某些伴生物质。提取的目的在于选择适宜的溶剂和方法，充分获取药效成分，即有效成分及辅助成分，并尽量减少或除去无效成分。

中药（含复方）的常用提取方法有溶剂提取法、水蒸气蒸馏法、升华法和超临界流体萃取法等。此外，精油、香料等特殊成分的提取，通常采用压榨法、吸收法等，如柠檬油、佛手油及茉莉花香脂、兰花香脂等的提取。

工业化生产常用的提取溶剂可分为以下三类。

1. 水 水是一种强极性溶剂，可用于提取亲水性强的天然药物化学成分，如苷类、生物碱盐、鞣质、氨基酸、有机酸盐等。为了增加某些成分的溶解度，也常采用酸水或碱水作为提取溶剂。用酸水提取时，可使生物碱等碱性物质与酸作用生成盐而被提出；用碱水提取时，可使有机酸、黄酮、蒽醌等酸性成分成盐而被提出。水提取液易发霉变质，不易保存，黏度大，滤过困难，且水的沸点高，水提取液蒸发浓缩时间较长，用水提取苷类时易产生酶解。但由于水有价廉易得、使用安全等特点，水在工业上得到了广泛应用。

2. 亲水性有机溶剂　指能与水混溶、有较强极性的有机溶剂,如甲醇、乙醇、丙酮等。以乙醇最为常用,乙醇对植物细胞穿透能力强,对许多不同类型的成分溶解性能好。植物中的亲水性成分除蛋白质、黏液质、果胶、淀粉和部分多糖外,大多数能在乙醇中溶解。大多数难溶于水的亲脂性成分,在乙醇中溶解度也较大。在工业生产中,往往根据被提取成分的性质,采用不同浓度的乙醇进行提取。

3. 亲脂性有机溶剂　指不能与水混溶、极性较小的有机溶剂,如石油醚、苯、乙醚、三氯甲烷、乙酸乙酯等。这些溶剂可提出亲脂性成分,不能或不易提出亲水性成分,选择性强,且沸点低,浓缩回收方便。由于这类溶剂挥发性大、多易燃、有毒、价格昂贵、不易透入植物组织、提取时间长、用量大,在工业生产中使用受到限制。

一、提取工艺的 GMP 基本要求

《药品生产质量管理规范(2010 年修订)》是药品生产和质量管理的基本准则,适用于药品制剂生产的全过程和原料药生产中影响成品质量的关键工序。该版在附录 5 中对中药制剂生产做了详细的规定和要求,首先确定了原则,即中药制剂的质量与中药材和中药饮片的质量、中药材前处理和中药提取工艺密切相关,应当严格控制;其次,在中药材前处理以及中药提取、贮存和运输过程中,应当采取措施控制微生物污染,防止变质。具体规定如下。

1. 对生产所用中药材的管理规定　中药材来源应当相对稳定。注射剂生产所用中药材的产地应当与注册申报资料中的产地一致,并尽可能采用规范化生产的中药材。对使用的每种中药材和中药饮片应当根据其特性和贮存条件,规定贮存期限和复验期。应当根据中药材、中药饮片、中药提取物、中间产品的特性和包装方式以及稳定性考察结果,确定其贮存条件和贮存期限。中药材和中药饮片贮存期间各种养护操作应当有记录。

每批中药材或中药饮片应当留样,留样量至少能满足鉴别的需要,留样时间应当有规定;用于中药注射剂的中药材或中药饮片的留样,应当保存至使用该批中药材或中药饮片生产的最后一批制剂产品放行后一年。

2. 对厂房及设施的管理规定　中药材前处理的厂房内应当设拣选工作台,工作台表面应当平整、易清洁,不产生脱落物。中药材和中药饮片的取样、筛选、称重、粉碎、混合等操作易产生粉尘的,应当采取有效措施,以控制粉尘扩散,避免污染和交叉污染,如安装捕尘设备、排风设施或设置专用厂房(操作间)等。

中药提取、浓缩等厂房应当与其生产工艺要求相适应,有良好的排风、水蒸气控制及防止污染和交叉污染等设施。中药提取、浓缩、收膏工序宜采用密闭系统进行操作,并在线进行清洁,以防止污染和交叉污染。采用密闭系统生产的,其操作环境可在非洁净区;采用敞口方式生产的,其操作环境应当与其制剂配制操作区的洁净度级别相适应。浸膏的配料、粉碎、过筛、混合等操作,其洁净度级别应当与其制剂配制操作区的洁净度级别一致。中药饮片经粉碎、过筛、混合后直接入药的,上述操作的厂房应当能够密闭,有良好的通风、除尘等设施,人员、物料进出及生产操作应当参照洁净区管理。中药提取后的废渣如需暂存、处理时,应当有专用区域。

3. 提取工艺质量控制的管理规定

(1)应当制定控制产品质量的生产工艺规程和其他标准文件。

1)制定每种中药材前处理、中药提取、中药制剂的生产工艺和工序操作规程,各关键工序的技术参数必须明确,如标准投料量、提取、浓缩、精制、干燥、过筛、混合、贮存等要求,并明确相应的贮存条件及期限。

2)根据中药材和中药饮片质量、投料量等因素,制定每种中药提取物的收率限度范围。

3)制定每种经过前处理后的中药材、中药提取物、中间产品、中药制剂的质量标准和检验方法。

（2）应当对从中药材的前处理到中药提取物整个生产过程中的生产、卫生和质量管理情况进行记录,并符合下列要求。

1)当几个批号的中药材和中药饮片混合投料时,应当记录本次投料所用每批中药材和中药饮片的批号和数量。

2)中药提取各生产工序的操作至少应当有以下记录:①中药材和中药饮片名称、批号、投料量及监督投料记录;②提取工艺的设备编号、相关溶剂、浸泡时间、升温时间、提取时间、提取温度、提取次数、溶剂回收等记录;③浓缩和干燥工艺的设备编号、温度、浸膏干燥时间、浸膏数量记录;④精制工艺的设备编号、溶剂使用情况、精制条件、收率等记录;⑤其他工序的生产操作记录;⑥中药材和中药饮片废渣处理的记录。

4. 生产操作的管理规定

（1）中药材前处理严格按照《中华人民共和国药典》（2020年版）一部药材炮制通则进行。中药材应当按照规定进行拣选、整理、剪切、洗涤、浸润或其他炮制加工。未经处理的中药材不得直接用于提取加工。中药注射剂所需的原药材应当由企业采购并自行加工处理。鲜用中药材采收后应当在规定的期限内投料,可存放的鲜用中药材应当采取适当的措施贮存,贮存的条件和期限应当有规定并经验证,不得对产品质量和预定用途有不利影响。

（2）在生产过程中应当采取以下措施防止微生物污染:处理后的中药材不得直接接触地面,不得露天干燥;应当使用流动的工艺用水洗涤拣选后的中药材,用过的水不得用于洗涤其他药材,不同的中药材不得同时在同一容器中洗涤。

（3）毒性中药材和中药饮片的操作应当有防止污染和交叉污染的措施。

（4）中药材洗涤、浸润、提取用水的质量标准不得低于饮用水标准,无菌制剂的提取用水应当采用纯化水。

（5）中药提取用溶剂需回收使用的,应当制定回收操作规程。回收后溶剂的再使用不得对产品造成交叉污染,不得对产品的质量和安全性有不利影响。中药提取、精制过程中使用有机溶剂的,如溶剂对产品质量和安全性有不利影响时,应当在中药提取物和中药制剂的质量标准中增加残留溶剂限度;且应当对回收溶剂制定与其预定用途相适应的质量标准。

二、提取工艺选择的依据

中药（含复方）中的药效成分一般存在于组织细胞内,故在提取过程中,溶剂首先进入动、植物药材的组织中,溶解药效成分形成传质推动力,即药效成分从高浓度的组织内向低浓度的外部扩散。可见,中药的提取过程可以看作是药效成分在两相之间的传递过程。由药效成分的传质扩散性能可知,该过程由浸润、渗透、解吸、溶解及扩散、置换等几个相互联系的作用组成。在提取工艺选择时,应综合考虑提取溶剂、提取次数、提取温度、提取时间等影响因素对预提取成分提取率的影响,可通过正交设计、响应面曲线设计等方法优选最佳工艺条件。在工业生产中,影响中药提取工艺的因素通常有以下几个方面,在工艺设计时应综合加以考虑。

1. 不同的中药配伍影响药效成分的提取量　中药通过配伍可改变或影响药效、降低毒性与副作用,其主要原因之一是中药的配伍状态可影响药效成分的提取率。如以甘草单煎的煎出率为100%计,甘草与厚朴、茯苓、龙胆配伍的煎出率为110%,甘草与陈皮、山栀子、泽泻、大枣、橙皮、桑白皮、柴胡、川芎、地黄、牡蛎、当归等配伍的煎出率为90%~110%,但甘草与黄芪、天冬、人参、白术、牛蒡子、薄荷、黄柏、麦冬、五味子、半夏、桂枝等配伍的煎出率低于60%。此外,配伍比例和炮制方法不同,已知成分的溶出率也不相同,如甘草与附子配伍在水中煎者,黄酮含量(1.85%)明显高于甘草单煎(1.18%);再如大承气汤(大黄、芒硝、枳实、厚朴)和小承气汤(大承气汤去芒硝)的对比研究发现,厚朴、枳实与大黄配伍,可提高大黄中泻下成分的溶出率,且大、小承气汤中大黄均为生用,为防止具有泻下作用的大黄酸苷类化合物水解变性,水煎煮工艺设计时考虑后下。上述研究表明,传统药味配伍理论与煎煮方法对中药复方提取工艺路线的设计具有重要参考价值。

2. 生成的化学动力学产物影响药效的发挥　所谓化学动力学产物,是指制剂中各成分在提取过程中发生水解、聚合等反应而生成的新物质。这些化学动力学产物将改变制剂的药效,可表现为药效增加、毒性降低或药效降低等。如麻黄汤,由麻黄、桂枝、苦杏仁、甘草等组成,其中,麻黄碱是麻黄用于平喘的主要药效物质,苦杏仁苷是苦杏仁的镇咳成分,桂皮醛是桂枝的镇痛解热成分。研究表明,复方中苦杏仁苷在水煎煮过程中受酶解作用而分解生成苯甲醛,苯甲醛又可与桂皮醛、麻黄碱发生化学反应生成新的化学成分,新化学成分与麻黄碱、桂皮醛、苦杏仁苷等已知药效成分具有相同的药理作用,共同作用发挥复方的药效作用。因此,在选择提取工艺时,不仅应充分考虑提取时的溶液环境,如酸碱度、盐度、温度等,还要充分考虑中药原料中化学成分的理化性质,如解离度、溶解度、酸碱性、挥发性等,避免提取过程中因酶解、温度过高、酸碱度过大等发生成分之间的化学反应。

3. 生成的沉淀造成药效物质的损失　中药提取过程中,产生沉淀的原因可能有以下几种。

(1)有机酸与生物碱发生反应而产生沉淀。如甘草中的甘草酸与附子中的乌头碱借助酸碱离子对生成沉淀,与黄连中的小檗碱结合成络合物;黄芩中的黄芩苷、大黄中的大黄酸与黄连中的小檗碱生成不溶性物质。

(2)某些无机离子可与中药成分结合生成不溶性的盐。如石膏中的钙离子和甘草中的绿原酸、甘草酸结合生成不溶于水的钙盐;硬水中的钙、镁离子与大分子有机酸生成沉淀。

(3)皂苷类成分与生物碱、酚类或甾萜类等成分结合生成沉淀。如复方天麻钩藤饮中,牛膝中的牛膝皂苷与桑寄生中的酚酸类成分因络合而产生沉淀。

(4)鞣质类成分与蛋白质、皂苷类成分相互结合生成沉淀。如柴胡中的柴胡皂苷可与鞣质生成沉淀。

由此可见,中药提取工艺是中药制剂制备工艺中的重要单元操作,提取物一般作为生产中的中间体或粗制品进入后续的工艺环节。因此,依据中成药生产"安全有效、质量可控"的原则,中药提取工艺选择的依据可以归纳为以下三点。

(1)在中医药理论指导下,进行工艺设计。遵循中医药基本理论,一方面在提取工艺选择中充分考虑中医药临床用药需求;另一方面,充分认识中药复方的配伍原则和配伍规律,在提取过程应尽量避免因化学成分的相互作用而引起药效降低。

(2)选择适宜的提取方法及其集成工艺。充分认识待提取中药(含复方)的理化性质、药效物质及其临床疗效,认识提取过程的基本原理,尽可能地提取出有效成分和辅助成分,尽量降低无效成分的溶出,以减少中成药的用药量。

（3）提取过程操作参数的优化。根据中药成品制剂的要求,优选提取溶剂、提取次数、提取温度、提取时间等,尽量在降低成本的基础上,确保提取过程安全、有效、高效、环保。

第二节　生产常用提取工艺

中药提取方法和工艺的选择应遵循中医药传统理论。根据中医药临床用药需求,结合中药的原料药特性、剂型要求、生产要求,对生产工艺进行优化设计和选择。目前生产常用的提取工艺有水提工艺、回流提取工艺、水蒸气提取工艺和超临界二氧化碳流体萃取工艺。本节将逐一对上述工艺进行介绍。

一、水提工艺

千百年来,以水煎服为主的中医临床用药方式,充分显示了从中药水提液中获取药效物质的安全性与有效性。因此,以水为溶媒的提取工艺仍是目前中药制药企业普遍采用的提取方法。随着化学工业的发展,水提取工艺所用设备也不断更新,改变了传统煎煮提取存在的能耗高、效率低等问题,多功能提取罐、微倒锥形多功能提取罐、翻斗式提取罐、搅拌式提取器、连续提取器、螺旋式提取器、连续逆流提取器等节能、环保、高效的新型提取设备已经逐渐成为大规模工业化生产的主要设备。

（一）提取原理

水提工艺在传统工业生产上被称为水煎煮工艺,是将药材切成小段、薄片或粉碎成粗粉装入容器中,加水浸没药材并充分浸泡后,加热煮沸将药效成分提取出来的方法。此法简便易行,但溶出杂质较多,且不宜用于药材中含有遇热易被破坏成分的提取。药材中挥发性成分的提取一般也不采用直接水煎煮的方法。依据提取过程的传质机制,中药水提工艺过程实质上是溶质（药效成分）向溶媒（水）传递的过程,影响其溶出率的工艺参数有浸泡与否、药材粒度、煎煮温度、煎煮时间、浓度梯度、溶剂用量（即加水量）、压力等。

传统中药煎煮方法不需要高温高压,因此需要考虑的参数有是否浸泡、浸泡时间、药材粒度、煎煮时间、浓度梯度和加水量。浓度梯度是药效成分向水中扩散的推动力,增加浓度梯度最简便的方法是搅拌及更换新鲜溶剂,即多次煎煮。在现代化大规模工业生产中,提取过程通常在高温、加压条件下进行,药效成分向水中扩散的速度明显加快,但是在提取过程中不可避免地出现无效成分和组织物（是指构成药材的细胞或其他不溶性物质,如纤维素、栓皮等）提取率的增加。为了降低无效成分或组织物的溶出,同时避免有效成分在剧烈条件下的结构异构化,水提过程中工艺参数的确认与选择成为控制及稳定提取物质量稳定、均一的决定性因素。

（二）工艺过程

煎煮提取是中药制剂制备的基础工艺,传统的煎煮方法是选取合适的器具,直火、常压加热,这种方法的优点包括:①不需要特殊的设备;②水量、火力易控制;③方便煎煮有特殊要求的药材,如先煎、后下等。药材在加入前要经过简单的清洗、切断、过筛等处理,处理后的药材应为大小均匀、粒度适中的物料;物料投入敞口锅内,加入提取用水;加水量一般以工艺筛选时的用量为准,大生产操作时通常会观察药材是否完全浸没,且要注意加热沸腾时不能溢于锅外;煎煮时间一般以沸腾时开始计时1~3小时,煎煮次数一般为2~3次,加热过程须不断补充新鲜用水至初始加水量,为了强化提取效果,加热过程须定时搅拌;煎煮完成后,将煎煮液自锅底同药渣一起放出,经过滤或离心后收取煎煮液。

多功能提取罐(图2-1)是一类可调节压力、温度的密闭间歇式提取或蒸馏设备,可实现提取、蒸馏、浓缩等功能。目前中药生产中已普遍应用,工艺过程中的投料、加热、出料与传统的煎煮提取相似,但在操作过程中须通过放气阀调节温度与压力。

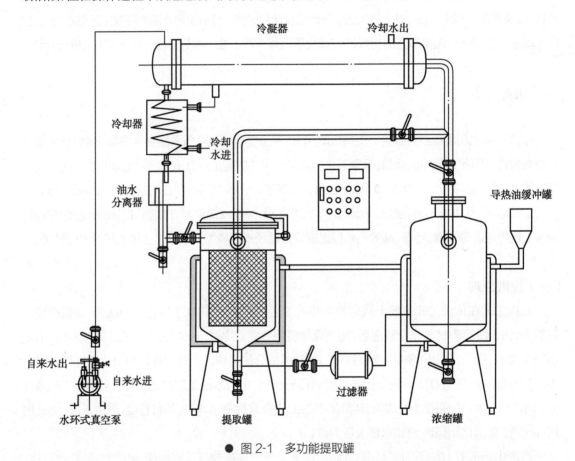

● 图2-1 多功能提取罐

(三)设备及工艺控制

大规模生产中,传统煎煮工艺主要采用敞口倾斜式夹层锅,现代工业化生产大多采用多功能提取罐。随着医药制剂规模的不断扩大,为方便患者随诊使用,一些新的煎煮设备应运而生,其中最有代表性的是密闭高压煎药机,其煎煮方法较传统煎煮省时、便捷,但高温高压会使一些有效成分被破坏,且加水量不易控制、不能满足有特殊要求的药材煎煮。

工业化生产中普遍应用的多功能提取罐,其提取温度、次数、压力等工艺参数应通过优化工艺筛选确定。加热方式一般为蒸汽加热,开始时向罐内通入蒸汽进行直接加热,当温度达到提取工艺所需温度时改为罐体夹层内蒸汽加热保持温度。为提高提取效率可以用泵对药液进行强制性循环,但不适用于含淀粉多和黏性较大的药物。中药提取一般生产流程见图2-2。

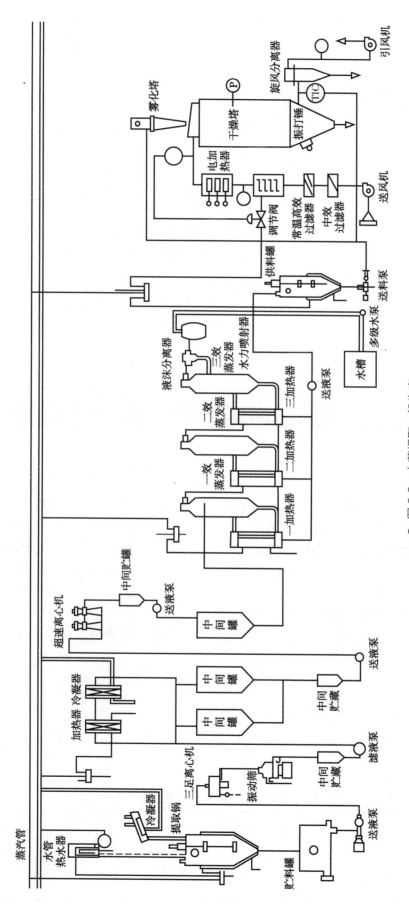

● 图2-2 中药提取一般生产

案例 2-1　水提工艺案例

1. 操作相关文件（表 2-1）

表 2-1　工业化大生产中水提工艺操作相关文件

文件类型	文件名称
工艺规程	××中药提取工艺规程
内控标准	××中间体及成品内控质量标准
质量管理文件	偏差管理规程
SOP	生产操作前检查标准操作程序
	台秤称量标准操作程序
	投料标准操作程序
	多功能提取罐提取标准操作程序
	生产指令流转标准操作程序
	多功能提取罐及药液贮罐清洁规程
	一般生产区清场标准操作程序

2. 生产前检查确认（表 2-2）

表 2-2　工业化大生产中水提工艺生产操作前检查记录

检查项目	检查结果	
清场记录	□有	□无
清场合格证	□有	□无
批生产指令	□有	□无
设备、容器具、管道完好、清洁	□有	□无
计量器具有检定合格证,并在周检效期内	□符合要求	□不符合要求
检验用仪器有检定合格证,并在周检效期内	□符合要求	□不符合要求
工器具定置管理	□符合要求	□不符合要求
上批遗留产品及与本批无关文件、物料已清除	□已清除	□未清除
所用工艺指令、SOP、批生产记录等文件齐全	□齐全	□不齐全
与本批有关的物料齐全	□齐全	□不齐全
有所用物料检验合格报告单	□有	□无
备注		
检查人		

岗位操作人员按表 2-2 检查确认后,填写生产操作前检查记录,并签名。质检员复核确认后发放生产许可证（表 2-3）。

表 2-3　工业化大生产中水提工艺生产许可证

品　　名		规　　格	
批　　号		批　　量	
检查结果		质检员	
备　　注			

3. 生产准备

3.1 批生产记录的准备

车间工艺员下发本产品水提岗位的批生产记录,操作人员领取批生产记录后,查看批生产指令,获取品名、批量等信息,严格按照本岗位的"××中药提取水提岗位工艺指令"操作,在批生产记录上及时记录相关参数。

3.2 试漏

首先将提取罐罐底出渣口关闭,在提取罐中加入一定量提取溶媒,试漏,观察罐的密封性是否满足生产要求。

3.3 饮片投料

投料操作人员按生产指令到饮片库领取饮片,至称量间按《电子秤称量标准操作程序》称取,将称好的饮片运至相对应投料口处,将投料筒与罐口连接好后,按批生产指令核对无误后将饮片投入提取罐中,并通知提取岗位。

4. 所需设备列表

采用蘑菇型多功能提取罐等进行生产(表2-4)。

表2-4 工业化大生产中水提工艺设备列表

工艺步骤	设备	设备编号
××中药提取水提	蘑菇型多功能提取罐	××
××中药提取水提	纯化水制备系统	××

5. 生产工艺

三次提取分别用饮片重量的8倍量、6倍量、6倍量纯化水于95~100℃提取,提取时间分别为2小时、1.5小时、1.5小时,其中第一次提取升温时间不超过4小时;第二、三次提取升温时间不超过3小时。每次提取完毕后过滤药液至储罐。

6. 工艺参数控制(表2-5)

表2-5 工业化大生产中水提工艺参数控制

操作步骤	具体操作
加水	打开提取溶媒阀门,加入饮片重量8倍量的水
第一次提取	打开蒸汽阀门加热,升温时间不超过4h,煎煮温度95~100℃,煎煮2h。提取过程中,不断循环
放液	煎煮结束后,水提液经过设备自身的过滤装置过滤,放入储罐中备用
加水	打开提取溶媒阀门,加入饮片重量6倍量的水
第二次提取	打开蒸汽阀门加热,升温时间不超过3h,煎煮温度95~100℃,煎煮1.5h。提取过程中,不断循环
放液	煎煮结束后,水提液经过设备自身的过滤装置过滤,放入储罐中备用
加水	打开提取溶媒阀门,加入饮片重量6倍量的水
第三次提取	打开蒸汽阀门加热,升温时间不超过3h,煎煮温度95~100℃,煎煮1.5h。提取过程中,不断循环
放液	煎煮结束后,水提液经过设备自身的过滤装置过滤,放入储罐中备用
水提液放置时间	提取结束后,水提液在储罐内放置时间不超过24h

7. 清场

7.1 设备清洁

按照《多功能提取罐及药液贮罐清洁规程》中所规定的清洁频次、清洁方法进行清洁。

7.2 环境清洁

按照《一般生产区清场标准操作程序》对中药提取车间水提区域进行清洁,注意保持干净。

7.3 清场检查

生产结束后操作人员须清场,并填写清场记录,经质检人员检查、签字后,发给清场合格证。

8. 注意事项

8.1 饮片的提取用水应符合国家质量标准要求。

8.2 煎煮过程,随时调整蒸汽压力,保持工艺规定温度,不得过高或过低。

8.3 进行水提时,提取罐上的放空阀应常开。达到提取温度后,随时从视镜处观察提取液是否处于微沸状态。

8.4 如果水提过程中发生任何偏离本文件《××中药提取工艺规程》操作时,必须第一时间报告车间管理人员,按照《偏差管理规程》进行处理。

二、回流提取工艺

(一)提取原理

回流法系指加热提取时溶剂被蒸发,冷凝后又回流到提取器,如此反复至完成提取的方法。单级回流浸出又称索氏提取,主要用于乙醇或有机溶剂(如乙酸乙酯、三氯甲烷浸出或石油醚脱脂)浸提药材及一些药材脱脂。

大规模工业化生产中,采用乙醇或有机溶剂提取中药成分时,多采用回流连续提取。由于溶剂的回流,使溶剂与药材细胞组织内的药效成分之间始终保持很大的浓度差,加快了提取速度,提高了提取效率,且最后生产出的提取液已是浓缩液,使提取与浓缩紧密地结合在一起。

(二)工艺过程

回流提取工艺一般在多功能提取罐中进行,药材在加入前要经过简单的清洗、切断、过筛及炮制等处理,处理后的药材在大生产中称为投料饮片,一般应为大小均匀、粒度适中的物料;物料投入提取罐内,加入5~10倍投料饮片重量的提取溶媒,然后开启提取罐的蒸汽阀。以水为溶媒的回流提取,开始时向罐内通入蒸汽进行直接加热,当温度达到提取工艺所需温度时改为罐体夹层内蒸汽加热保持温度;以乙醇或有机溶剂为溶媒的回流提取,采用夹层内通蒸汽加热方式。提取过程中,罐内产生的大量蒸汽经泡沫捕集器进入热交换器进行冷凝,再进入冷却器进行冷却,然后进入气液分离器进行分离,残余气体逸出,液体回到提取罐内,直至提取终止。

目前,工业大生产也会采用提取、浓缩一体化设备,如热回流提取浓缩工艺系统,其工艺过程如下：将饮片投入提取罐内，加入5~10倍投料饮片重量的提取溶媒，然后开启提取罐的蒸汽阀。蒸煮1小时左右，再开启真空将提取罐内的药液抽入加热器内，开启第一加热器的二次蒸汽阀，进行加热蒸发，利用产生的二次蒸汽对提取罐进行加热，同时开启缓冲贮水罐阀将二次蒸汽冷凝下来的液体经过提取罐顶部喷淋管内喷淋罐内，连续循环3~4小时，最后关闭提取罐蒸汽阀与第一加热器二次蒸汽阀，开启第二加热器蒸汽阀进行收膏。

（三）设备及工艺控制

多功能提取罐示意图见图2-1。热回流提取、浓缩一体化机组示意图见图2-3。

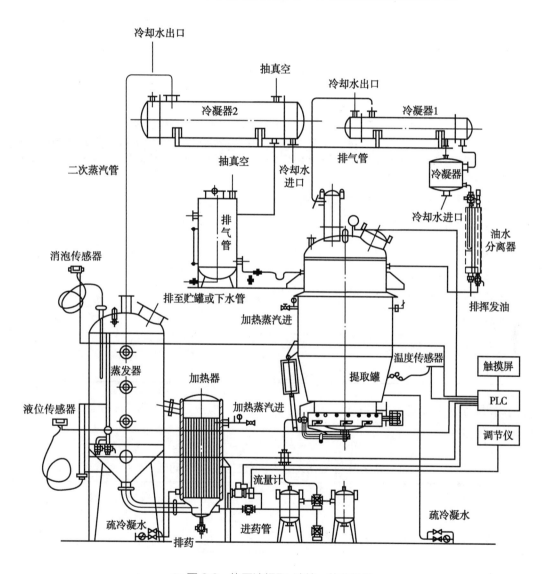

● 图2-3　热回流提取、浓缩一体化机组

减压回流提取可应用于含有热敏性成分的中药，加热方式一般采用间接加热，提取过程中要注意观察温度、压力等操作参数，避免温度急剧上升。以乙醇提取为例，提取工艺优化时通常考察饮片粉碎度、提取温度、提取时间、乙醇浓度、液料比等因素对药效成分提取率的影响。

案例 2-2　回流提取工艺案例

1. 操作相关文件（表 2-6）

表 2-6　工业化大生产中回流提取工艺操作相关文件

文件类型	文件名称	适用范围
工艺规程	提取工序操作规程	规范工艺操作步骤、参数
设备操作程序	多功能提取罐提取标准操作程序	规范设备操作步骤、参数
卫生管理规程	一般生产区工艺卫生管理规程	生产过程中卫生管理
	一般生产区环境卫生管理规程	生产过程中卫生管理
内控标准	×× 提取物内控标准	中间体质量检查标准
质量管理文件	偏差管理规程	生产过程中偏差处理

2. 生产前检查确认（表 2-7）

表 2-7　工业化大生产中回流提取工艺生产前检查确认项目

检查项目	检查结果	
是否有与本批生产无关的材料	□没有	□有
对照需料单核对饮片品名、规格、数量是否相符	□相符	□不相符
设备悬挂"正常　已清洁"状态标志	□已悬挂	□没悬挂
仪器、仪表正常	□正常	□异常
工器具齐全可用	□齐全可用	□不齐全或不可用
动力状况	□正常	□异常
设备验证/校验有效期	□在有效期内	□不在有效期内
备注		
检查人		

岗位操作人员按表 2-7 检查确认后,填写生产操作前检查记录,并签名。质检员复核确认后发放生产许可证（表 2-8）。

表 2-8　工业化大生产中回流工艺生产许可证

品　　名		规　　格	
批　　号		批　　量	
检查结果		质检员	
备　　注			

3. 生产准备

3.1　批生产记录要求

车间工艺员下发本批次的批生产记录,操作人员领取批生产记录后,查看首页生产指令单,获取品名、批号、设备号,严格按照本文件《×× 中药提取工艺规程》进行 ×× 提取操作,在批生产记录上及时记录要求的相关参数。

3.2 操作前检查

根据生产指令单获取的设备号,操作人员按照表2-9对工序内提取车间生产区清场情况、设备状态等进行检查,确认符合标准后,检查人与复核人在批生产记录上签字确认。操作人员填写"运行"设备状态标志,填写品名、批号、数量、日期、操作人相关内容,取下班组长已检查签字的"正常 已清洁"状态标志,贴于批生产记录上,悬挂"运行"设备状态标志。

表2-9 工业化大生产中回流提取工艺提取车间清场检查

区域	类别	检查内容	合格标准	检查人	复核人
提取车间	清场	环境清洁	无与本批次生产无关的物料、记录等	操作人员	操作人员
		设备清洁	设备悬挂"正常 已清洁"状态标志并有车间QA检查签字	操作人员	操作人员

3.3 复位操作(表2-10)

表2-10 工业化大生产中回流提取工艺复位操作

操作步骤	具体操作步骤	责任人
阀门操作	根据生产所用设备位号,操作前检查完毕后,保证所有手动阀门、气动阀门处于关闭状态	操作人员

4. 所需设备列表(表2-11)

表2-11 工业化大生产中回流提取工艺所需设备列表

工艺步骤	设备
××提取过程	多功能提取罐
××提取过程	纯化水制备系统

5. 工艺过程(表2-12)

表2-12 工业化大生产中回流提取工艺过程

操作步骤	具体操作步骤	责任人
药材前处理	取原药材,除去杂质和残茎,洗净,切厚片,干燥	操作人员
第一次提取	向多功能提取罐中加入溶媒××L,打开冷凝器进水阀门,关闭排空阀门及锁紧上盖,打开回流阀门。升温过程中,打开蒸汽阀门对多功能提取罐夹层进行加热。从提取罐视窗观察,以药液回流时开始计时,回流提取××h。提取过程中,操作人员应通过蒸汽阀门调整蒸汽压力,保持药液微沸状态。回流提取结束后,先关闭蒸汽阀门,停止加热,其后开启放料底阀,将药液通过料液泵输入储液暂存罐中,关闭冷凝器冷却水	操作人员
第二次提取	待第一次回流提取药液全部转入储液暂存罐中后,关闭放料底阀,向第一次回流提取后含药渣的多功能提取罐中加溶媒××L,重复第一次回流提取操作。合并以上两次提取药液,备浓缩(为保证产品质量稳定,应控制加水时间、升温时间和打汁时间在一定允许范围内)	操作人员

6. 工艺参数控制（表 2-13）

表 2-13　工业化大生产中回流提取工艺参数控制

工序	步骤	工艺指示	
提取	药材前处理	切片厚度	×× mm
	加溶媒	加溶媒量	×× L
	加热回流提取	沸腾状态确认	
		提取时间	×× h
	出液	药液量	×× L

7. 清场

7.1　设备清洁

设备清洁要求按规定的清洁频次、清洁方法进行清洁。

7.2　环境清洁

对提取车间卫生进行清洁，提取过程中随时保持周边干净。

7.3　清场检查

清场结束后由车间 QA 和班组长进行检查，符合要求后签发设备"正常　已清洁"状态标志；若不合格则需要操作人员进行重新清洁，并有相应记录。

8. 注意事项

8.1　质量事故处理

如果生产过程中发生任何偏离本文件《××中药提取工艺规程》操作，必须第一时间报告车间 QA，车间 QA 按照《偏差管理规程》进行处理。

8.2　安全事故

必须严格按照本文件《××中药提取工艺规程》执行，如果万一出现安全事故，第一时间通知车间主任。

8.3　交接班

人员交接班过程中需要按照文件进行，并且做好交接班记录，双方确认签字后交接班完成。

8.4　维护保养

严格按照要求定期对设备进行维护、保养操作，并且做好相关记录。

三、水蒸气蒸馏工艺

（一）提取原理

蒸馏是分离液体混合物的一种常用方法，其基本原理是利用混合物中各组分的沸点不同而进行分离。操作时首先使液体混合物共沸腾，相对挥发度较大组分在气相中的浓度比在液相中的浓度高，相应地难挥发组分在液相中的浓度高于在气相中的浓度，然后将气、液两相分别收集，即可达到不同挥发性组分分离的目的。因而，蒸馏操作进行的条件是各组分具有不同的挥发性、有热源加热、有冷凝剂冷凝及有蒸馏设备。

由于水与大多数非极性有机物互不相溶，通常将含有挥发性成分的药材与水共蒸馏，使挥发性成分随水蒸气一并蒸馏,经冷凝后即可得到挥发性成分,该法被称为水蒸气蒸馏法,主要用于中药挥发油、不溶于水的某些小分子物质的提取。水蒸气蒸馏法的提取原理为挥发性成分与水不相混溶或微溶于水,且在100℃时有一定蒸气压(一般不小于1.33kPa),当与水一起加热时,其蒸气压和水的蒸气压总和为一个大气压时,水蒸气将挥发性成分一并带出;当水和挥发性成分混合的蒸气被冷凝后,将水、油两相分别收集,即得到目标产物——挥发性成分。

(二)工艺过程

水蒸气蒸馏工艺可在中药原料中提取挥发油或具挥发性组分,工艺过程包括以下几个部分。

1. 原料的准备　将药材切碎或破碎成大小均匀的物料,放入蒸馏釜内,做到松紧适宜、高度恰当,避免产生水蒸气的"短路"而影响收率。

2. 蒸馏过程　在蒸馏开始阶段,应缓慢加热,然后逐渐加大热量,观察馏出液的数量变化,一般以每小时馏出液量占釜内容积的5%~10%较为合适。馏出液不再随时间延长而增加时,即为理论上的终点,实际生产中经常按出油率达到理论出油率的90%~95%来判断。

3. 馏出液的冷凝和冷却　油水蒸汽在冷凝器中被冷凝成馏出液,继续冷却到接近室温,沸点高、黏度大的产品一般冷却到40~60℃。

4. 油水分离　冷凝器流出的馏出液进入油水分离器,油水分离器按照分离对象的密度差异进行分离,可以是同时连续出水(馏出水)和出油,也可以是间歇式出油和连续式出水(馏出水)。为了提高分离效率,通常采用2个或2个以上的油水分离器串联使用。

5. 馏出水的处理　馏出水通常还含有少量挥发性成分,一般采用萃取或重新蒸馏的方式处理。

6. 精制处理　从油水分离器中分离的油相被称为"直接粗油",从馏出水中回收的油相被称为"水中粗油",上述粗油还须进行进一步精制,包括静止、澄清、脱水、过滤过程。

工业大生产中水蒸气蒸馏常采用的工艺流程见图2-4。

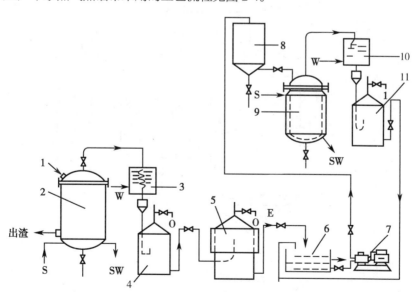

S:水蒸气;SW:蒸汽冷凝水;O:油;E:萃取后的水;W:冷水。
1. 加料口;2. 蒸馏釜;3. 冷凝器;4. 油水分离器;5. 萃取器;6. 水槽;7. 泵;
8. 高位槽;9. 复馏釜;10. 冷凝器;11. 油水分离器。

● 图2-4　水蒸气蒸馏生产流程

（三）设备及工艺控制

水蒸气蒸馏工艺属于单级蒸馏技术，设备简单、操作简便以及投资少。大规模生产中根据药材的性质，可选择采用不同的蒸馏方式，其中共水蒸馏、隔水蒸馏和直接蒸汽蒸馏为三种常用方式，也可用水扩散蒸汽蒸馏等新兴的方式进行。

1. 共水蒸馏　又称水中蒸馏。将饮片原料置于筛板上或者直接放入蒸馏釜内，加水浸过料层使水位高于原料层，在底部采用直接蒸汽或者间接蒸汽进行加热。该法一般适用于细粉状及遇热易于结团的中药材，如苦杏仁、桃仁、当归、川芎等，不适宜含有黏液质、胶质或淀粉较多的药材，如陈皮、生姜、乳香等。

2. 隔水蒸馏　又称水上蒸馏。将饮片置于筛板上，蒸馏釜内加入水量仅须满足蒸馏要求而不得高于筛板，并保证水沸腾时不会溅湿饮片，在底部进行加热，釜内水量通过连续回水保持恒定。由于该法在提取过程中饮片仅与水蒸气接触而不易发生成分水解，故在水蒸气蒸馏中比较常用。

3. 直接蒸汽蒸馏　将饮片置于筛板上，釜内不放水，在筛板下安装一根带孔盘管，由外来蒸汽通过盘管小孔直接喷出，通过筛孔对饮片进行加热蒸馏。直接蒸汽蒸馏在确保成分不分解的情况下可以使用较高压力的蒸汽，蒸馏温度较高，热渗透效果好。

4. 水扩散蒸馏　将饮片置于筛板上，水蒸气由釜顶进入，蒸汽自上而下向饮片层渗透，同时将饮片层内的空气赶出，蒸馏出的油相直接进入釜底冷凝器，并分离得到。该法具有蒸馏时间短、能耗较低、油水接触时间短、产品不易变性、设备简单等优点。水蒸气蒸馏生产设备详见图2-5。

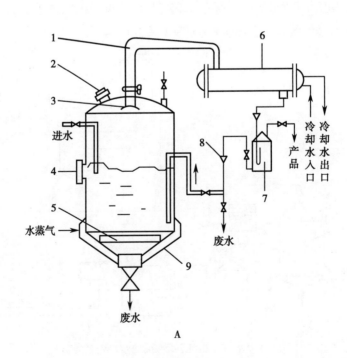

A

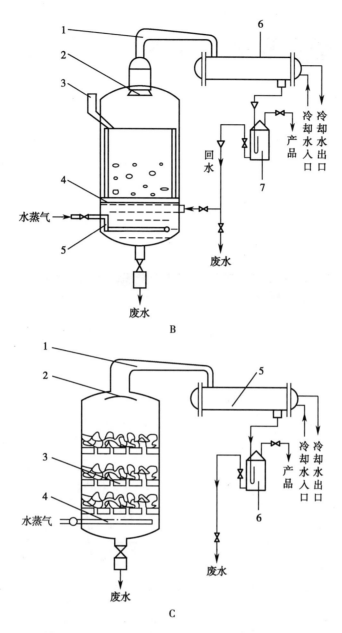

A. 共水蒸馏（1. 鹅颈导管；2. 入孔；3. 挡板；4. 液位镜；5. 筛板；6. 冷凝器；7. 油水分离器；8. 回水漏斗；9. 加热器。）

B. 隔水蒸馏（1. 鹅颈导管；2. 挡板；3. 加料口；4. 筛板；5. 加热管；6. 冷凝器；7. 油水分离器。）

C. 直接蒸汽蒸馏（1. 鹅颈导管；2. 挡板；3. 筛板；4. 加热管；5. 冷凝器；6. 油水分离器。）

● 图 2-5　水蒸气蒸馏生产设备

案例 2-3　水蒸气蒸馏提取工艺案例

1. 操作相关文件（表 2-14）

表 2-14　工业化大生产中水蒸气蒸馏提取工艺操作相关文件

文件类型	文件名称	适用范围
工艺规程	×× 提取物工艺规程	规范工艺操作步骤、参数
内控标准	×× 提取物内控标准	中间体质量检查标准
质量管理文件	偏差管理规程	生产过程中偏差处理

文件类型	文件名称	适用范围
工序操作规程	提取工序操作规程	提取工序操作
设备操作规程	××型多功能提取罐操作规程	多功能提取罐操作
清洁操作规程	××型多功能提取罐清洁操作规程	多功能提取罐清洁操作
管理规程	交接班管理规程	交接班管理
卫生管理规程	一般生产区工艺卫生管理规程	一般生产区卫生管理
	一般生产区环境卫生管理规程	一般生产区卫生管理

2. 生产前检查确认（表 2-15）

表 2-15 工业化大生产中水蒸气蒸馏提取工艺生产前检查确认项目

检查项目	检查结果	
清场记录	□有	□无
清场合格证	□有	□无
批生产指令	□有	□无
设备、容器具、管道完好、清洁	□有	□无
计量器具有检定合格证,并在周检效期内	□符合要求	□不符合要求
检验用仪器有检定合格证,并在周检效期内	□符合要求	□不符合要求
工器具定置管理	□符合要求	□不符合要求
上批遗留产品及与本批无关文件、物料已清除	□已清除	□未清除
所用工艺指令、SOP、批生产记录等文件齐全	□齐全	□不齐全
与本批有关的物料齐全	□齐全	□不齐全
有所用物料检验合格报告单	□有	□无
备注		
检查人		

岗位操作人员按表 2-15 检查确认后,填写生产操作前检查记录,并签名。质检员复核确认后发放生产许可证（表 2-16）。

表 2-16 工业化大生产中水蒸气蒸馏提取工艺生产许可证

品　　名		规　　格	
批　　号		批　　量	
检查结果		质检员	
备　　注			

3. 生产准备

3.1 批生产记录要求

车间工艺员下发本批次的批生产记录,操作人员领取批生产记录后,查看首页生产指令单,获取品名、批号、设备号,严格按照《××水蒸气蒸馏提取工艺操作规程》进行 ×× 挥发油水蒸气提取操作,在批生产记录上及时,记录要求的相关参数。

3.2 操作前检查

根据生产指令单获取的设备号,操作人员按照表2-17对工序内生产区清场情况、设备状态等进行检查,确认符合合格标准后,检查人与复核人在批生产记录上签字确认。操作人员填写"运行"设备状态标志,填写品名、批号、数量、日期、操作人相关内容,取下班组长已检查签字的"正常 已清洁"状态标志,贴于批生产记录上,悬挂"运行"设备状态标志。

表2-17 工业化大生产中水蒸气蒸馏提取工艺提取车间清场检查

区域	类别	检查内容	合格标准	检查人	复核人
提取车间	清场	环境清洁	无与本批次生产无关的物料、记录等	操作人员	操作人员
		设备清洁	设备悬挂"正常 已清洁"状态标志并有车间QA检查签字	操作人员	操作人员

4. 所需设备列表(表2-18)

表2-18 工业化大生产中水蒸气蒸馏提取工艺所需设备列表

序号	设备名称	设备型号
1	强力破碎机	××
2	多功能提取罐	××

5. 工艺过程(表2-19)

表2-19 工业化大生产中水蒸气蒸馏提取工艺过程

操作步骤	具体操作步骤	责任人
领料	根据批生产指令开具领料单,凭领料单到药材库领取××药材,核对药材名称、批号、重量,无误后,领入并办理交接手续	操作人员
药材前处理	净选:依次少量多次取出药材放于净选台上,拔开,拣去杂质,挑选后的净药材用洁净容器盛装。 粗碎:安装筛网,打开电源,开启强力破碎机,等机器运转正常后,将××药材分别加入强力破碎机中进行粗碎。 粗碎后的××药材粗粉用洁净的布袋盛装,称定重量,密封好,加签注明品名、批号、重量、操作人及生产日期等,备提取	操作人员
投料	按《××型多功能提取罐操作规程》操作设备,多功能提取罐悬挂"运行"标识 饮片名称、批号、重量经现场QA和操作人员核对无误后,将已核料的饮片投入到多功能提取罐内,操作人员填写设备日志中的"运行开始时间"	操作人员
水蒸气蒸馏	锁紧上盖,关闭排空阀门,打开回流阀门,开启冷凝器冷却水,在多功能提取罐中加适量水,打开直通蒸汽阀门,对多功能提取罐进行加热,提油时间××h(从油水分离器开始出液计时) 收集挥发油,用洁净容器盛装,药渣备用。记录挥发油量 储罐张贴"物料标识",填写设备日志中的"运行结束时间"	操作人员
设备清洁	根据《××型多功能提取罐清洁操作规程》对生产设备和现场进行清洁,填写设备日志中清洁部分,经班组长和QA复核合格后,在设备上悬挂"正常 已清洁"标识,填写批生产记录中"工序清场记录"	操作人员

6. 工艺参数控制（表 2-20）

表 2-20　工业化大生产中水蒸气蒸馏提取工艺参数控制

工序	步骤	工艺指示	
水蒸气蒸馏	药材前处理	粗碎	
	加料	加料方式	人工加料
	加水	加水量	$\times\times m^3$
	加热蒸馏	提取时间	$\times\times h$

7. 清场

7.1　设备清洁

设备清洁要求按所规定的清洁频次、清洁方法进行清洁。

7.2　环境清洁

生产过程中随时保持周边干净。

7.3　清场检查

清场结束后由车间 QA 进行检查，符合要求后签发设备"正常　已清洁"状态标志；若不合格则需要操作人员进行重新清洁，并有相应记录。

8. 注意事项

8.1　质量事故处理

如果生产过程中发生任何偏离《××水蒸气蒸馏提取工艺操作规程》操作，必须第一时间报告车间 QA，车间 QA 按照《偏差管理规程》进行处理。

8.2　安全事故

必须严格按照《××水蒸气蒸馏提取工艺操作规程》执行，如果万一出现安全事故，第一时间通知车间主任和车间 QA，并按照相关文件进行处理。

8.3　交接班

人员交接班过程中需要按照《交接班管理规程》进行，并且做好交接班记录，双方确认签字后交接班完成。

8.4　维护保养

严格按照要求定期对设备进行维护、保养操作，并且做好相关记录。

四、超临界二氧化碳流体萃取工艺

（一）提取原理

超临界流体萃取法（supercritical fluid extraction，SFE），通常又称为超临界流体提取法，是利用超临界流体来提取天然药物化学成分的一种新技术。超临界流体（supercritical fluid，SF）是处于临界压力（P_c）和临界温度（T_c）以上，介于液体和气体之间的流体，因同时具有液体和气体的双重特性——扩散系数和黏度接近气体，分子密度却几乎与液体接近。其增强了对化合物的溶解能力，常用来提取天然药物化学成分。超临界流体与气体和液体的某些性质比较详见表 2-21。

表 2-21　超临界流体与气体和液体的某些性质比较

状态	密度 /（g/cm）	黏度 /[g/（cm·s）]	扩散系数 /（cm²/s）
气体	0.000 6~0.002	（1~3）×10⁻⁴	0.1~0.4
超临界流体	0.2~0.9	（1~9）×10⁻⁴	0.000 2~0.000 7
液体	0.6~1.6	（20~300）×10⁻⁴	0.000 002~0.000 02

表 2-21 表示了在常温、常压下，气体、液体与超临界流体的输送特性。流体的黏度和扩散系数是支配分离效率的重要参数，直接影响着达到平衡的时间。由表 2-21 可知，超临界流体的密度与液体大体相同，黏度只有通常气体的 2~3 倍，约为液体的 1/100，扩散系数较液体大 100 倍。可见，超临界流体往往具有以下特点：①超临界流体的密度接近于液体。由于溶质在溶剂中的溶解度一般与溶剂的密度成正比，因此超临界流体具有与液体溶剂相当的萃取能力；②超临界流体的黏度和扩散系数与气体的相近，因此超临界流体具有气体的低黏度和高渗透能力，故在萃取过程中的传质能力远大于液体溶剂的传质能力；③当流体接近于临界点时，气化潜热将急剧下降。当流体处于临界点时，可实现气液两相的连续过渡。此时，两相的界面消失，气化潜热为零。由于 SFE 在临界点附近操作，因而有利于传热和节能；④在临界点附近，流体温度和压力的微小变化将引起流体溶解能力的显著变化，这是 SFE 工艺的设计基础。与采用液体溶剂萃取相比较，采用超临界流体为溶剂进行萃取与分离，其良好的输送特性大大地提高了萃取效率。

超临界流体是独立于气液固三种聚集态，但又介于气液之间的一种特殊聚集态，考虑到溶解度、选择性、临界点数据及化学反应的可能性等一系列因素，可作为超临界萃取溶剂的流体并不是太多，常用的有二氧化碳、氨、甲烷、乙烷、丙烷、正丁烷、乙烯、甲醇、乙醇、乙醚、苯、甲苯、水。超临界 CO_2 流体密度大、溶解能力强、传质速率高；其临界压力、临界温度等条件比较温和，具有廉价易得、无毒、惰性以及极易从萃取产物中分离出来等一系列优点，当前绝大部分 SFE 过程都以 CO_2 为溶剂，称为超临界二氧化碳流体萃取技术（简称为 SFE-CO_2 技术）。

压力（P）、体积（V）、温度（T）是物理意义非常明确，又易于测定的超临界 CO_2 流体的三种基本性质。当超临界 CO_2 流体的量确定后，其 P、V、T 性质不可能同时独立取值，而存在着下述函数关系：$f(P、V、T)=0$。P、V、T 性质的研究是超临界二氧化碳流体萃取技术的基础。超临界及临界点附近的 CO_2 的扩散特性如图 2-6 所示。由图 2-6 可知，高压下液体状态的 CO_2 或超临界时的 CO_2 的扩散度远比普通液体要大。

使用 CO_2 提取的最佳温度为 40℃，在这个温度下，改变压力即可有效地改变其密度和溶解特性。由于 CO_2 为非极性分子，超临界二氧化碳流体萃取技术能有效萃取亲脂性和挥发油成分，在萃取极性较大的亲水性成分时，须少量加入某些溶剂，如甲醇、乙醇、丙酮等有机溶剂，这些溶剂的加入可以改善超临界流体的溶解性能，提高难挥发性成分的溶

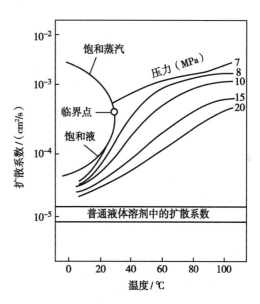

● 图 2-6　二氧化碳在超临界及临界点附近的扩散特性

解度,这些溶剂通常被称为夹带剂。夹带剂依照极性不同,可分为极性夹带剂和非极性夹带剂,常用的夹带剂详见表2-22。夹带剂对提高溶解度、改善选择性和增加收率有重要作用。

表2-22　超临界CO_2流体萃取中常用夹带剂

种类	常用夹带剂
极性夹带剂	水、乙醇、甲醇、丙酮、乙酸、乙酸乙酯、丙二醇、二甲基亚砜、正辛烷等
非极性夹带剂	石油醚、环己烷、正己烷、苯等

(二)工艺过程

超临界CO_2流体萃取工艺过程是由萃取阶段和分离阶段两部分组成。在萃取阶段,超临界CO_2流体将溶质从混合原料中提取出来;在分离阶段,通过变化某个参数或其他方法,使溶质从超临界CO_2流体中分离出来,超临界CO_2流体作为萃取溶剂则循环使用。

按照分离阶段的工作原理不同,超临界流体萃取的基本流程主要有等温、等压、吸附和吸收四种方法。按照超临界流体萃取的设备操作方式,工艺过程一般分为间歇式操作、半连续式操作和连续操作。超临界CO_2流体萃取的三种基本流程,见图2-7。

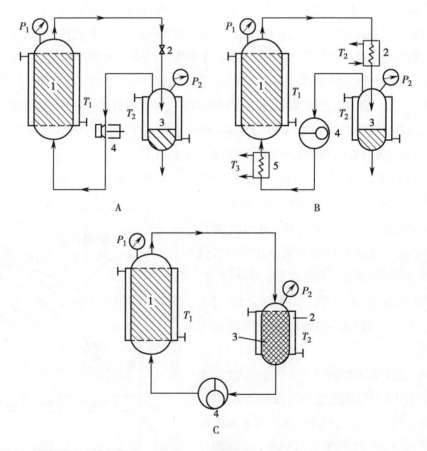

A. 等温法(1. 萃取釜;2. 减压阀;3. 分离釜;4. 压缩机。$T_1=T_2$,$P_1>P_2$)
B. 等压法(1. 萃取釜;2. 加热器;3. 分离釜;4. 高压泵;5. 冷却器。$T_1<T_2$,$P_1=P_2$)
C. 吸附法[1. 萃取釜;2. 吸收剂(吸附剂);3. 分离釜;4. 高压泵。$T_1=T_2$,$P_1=P_2$]

● 图2-7　超临界CO_2流体萃取的三种基本流程

超临界 CO_2 流体萃取通常采用等温法和等压法的混合流程,半连续式操作是工业化生产中超临界 CO_2 流体萃取应用最普遍的一种工艺流程。首先将被萃取药材粉碎为大小均一、粒度适中的物料,置于萃取器内;排除杂质气体后,使超临界 CO_2 流体连续地通过被萃取物床层,流体通过床层应有足够的停留时间以保证达到或接近溶解平衡;CO_2 流体流出萃取器后,经过调节流体的温度或压力进入分离器内,使溶解的溶质自动析出;CO_2 流体由压缩机升压到设定状态后进入萃取器继续连续循环使用,溶质产品则自分离器底部排出。

(三)设备及工艺控制

典型的超临界 CO_2 流体萃取过程都包含萃取器、分离器和加压设备。超临界流体萃取装置可分为以下几类:①实验室萃取设备。萃取釜容积一般在 500ml 以下,结构简单,无二氧化碳循环设备,耐高压(可达 70MPa),适合于实验室探索性工作。近年来发展出萃取器溶剂 2ml 左右的萃取仪,可与分析仪器直接联用,可作为分析样品的超临界萃取器;②中试设备。萃取釜容积为 1~20L,配套性好,二氧化碳可循环使用,适合于工艺研究和小批量样品生产。③工业化生产装置。萃取釜容积一般大于 50L。

超临界流体萃取装置的总体要求:①工作条件下安全可靠,能经受频繁开、关盖(萃取釜),抗疲劳性能好;②一般要求单人操作,在 10 分钟内就能完成萃取釜全膛的一个周期的开启和关闭,密封性能好;③结构简单,便于制造,能长期连续使用(即能三班运转);④设置安全联锁装置。

案例 2-4　超临界 CO_2 流体萃取工艺案例

1. 操作相关文件

《产品生产工艺规程》《生产操作前检查标准操作程序》《超临界二氧化碳流体萃取标准操作程序》《超临界二氧化碳流体萃取仪清洁规程》《一般生产区清场标准操作程序》《中药材前处理管理规程》《偏差管理规程》。

2. 生产前检查确认

根据《生产操作前检查标准操作程序》要求进行生产前检查,详见表 2-23。

表 2-23　工业化大生产中超临界 CO_2 流体萃取工艺生产前检查确认项目

检查项目	检查结果	
批生产指令、工艺规程、相关操作程序、批生产记录等文件齐全	□是	□否
没有上批遗留的产品、文件或与本批生产无关的物料,有清场合格证	□是	□否
所用设备、容器具齐全、完好,并有清洁合格标识	□是	□否
计量器具在校验效期内,且校验范围满足生产要求	□是	□否
各仪表确认完好并在检定效期内	□是	□否
确认本次所用物料或中间产品的名称、代码、批号和标识正确且符合要求,原辅料有检验合格报告单	□是	□否
备注	岗位操作人员检查确认后记录签名,质检员复核确认后发放"生产许可证"	
检查人		

3. 生产准备

3.1 按工序批生产指令单要求,领取本批生产所用原料、辅料,并核对所领物料的名称、批号、数量、外观质量等,检查是否有检验报告书、合格证,核对无误后方可使用。

3.2 填写并悬挂操作间和设备的生产状态标志。

3.3 依据生产品种的工艺规程要求在电子秤上称取本批生产所需原辅料重量。称量操作要求必须由两人进行,一人称量,一人复核。不得同时称取多种原料或辅料,应分开称量,以免发生混淆、差错。

4. 所需设备列表(表2-24)

表2-24 工业化大生产中超临界 CO_2 流体萃取工艺所需设备列表

序号	设备名称	设备型号
1	强力破碎机	××
2	超临界二氧化碳流体萃取仪	××

5. 工艺过程

按《产品生产工艺规程》进行生产,并及时填写批生产记录。

5.1 领料

车间领料人员根据批生产指令开具的领料单,从中药材库领取经检验合格后的药材,核对药材名称、批号、数量等,无误后,对外包装进行清理,干净后进入物料暂存间。

5.2 药材前处理

取原药材,按照《中药材前处理管理规程》及《产品生产工艺规程》中的规定对药材拣选除杂,洗净,并低温烘干后粉碎,过筛,经现场质检员复核确认符合要求后分装,并附上物料标签及状态标识,待用。

5.3 提取过程

按照《超临界二氧化碳流体萃取标准操作程序》及《产品生产工艺规程》对超临界二氧化碳流体萃取仪进行操作,设备悬挂"运行"标识。饮片名称、批号、重量经现场 QA 和操作人员核对无误后,将已核料的饮片置于萃取器中,设置二氧化碳流量、萃取压力、萃取温度、萃取时间、分离器Ⅰ和分离器Ⅱ的压力和温度等参数,开启设备让二氧化碳从储瓶经过滤进入冷凝器变成液体,由高压泵计量注入萃取器中,对萃取器内粉碎的药材进行萃取,由节流阀控制逐级降压,将携带有挥发油的二氧化碳流体依次送到分离器Ⅰ和分离器Ⅱ,超临界流体二氧化碳密度降低,挥发油与二氧化碳自行分离,提取得到目标挥发油。操作过程中填写相应记录。

6. 工艺参数控制

6.1 药材重量

通过电子台秤称量。

6.2 粉碎度

设备粉碎筛孔的选择。

6.3 二氧化碳流量

按照工艺参数,根据流量显示进行开度调节。

6.4 萃取温度

按照工艺参数,设定温度,监控实时温度。

6.5 萃取压力

根据压力表读数,调节阀门大小,使萃取压力在规定范围内。

7. 清场

7.1 设备清洁

根据《超临界二氧化碳流体萃取仪清洁规程》,按要求对生产设备进行清洁。

7.2 环境清洁

根据《一般生产区清场标准操作程序》,按要求对现场环境进行清洁。

7.3 清场检查

清场过程及时填写相关清场记录,经班组长和 QA 复核确认合格后,发放清场合格证并在设备上悬挂"已清洁"标识;若不合格则需要操作人员进行重新清洁,并有相应记录。

8. 注意事项

8.1 质量事故处理

如果提取过程中发生任何偏离状况必须第一时间报告车间 QA,车间 QA 按照《偏差管理规程》进行处理。

8.2 安全事故

严格按照相关标准操作程序执行,如果出现安全事故,第一时间通知车间管理人员及时处理。

8.3 交接班

人员交接班过程中需要按照《交接班管理规程》进行,并且做好交接班记录,双方确认签字后交接班完成。

8.4 维护保养

严格按照要求定期对设备进行维护、保养操作,并且做好相关记录。

第三节 其他生产常用新型提取技术

一、酶法提取技术

酶是由生物体活细胞产生的,以蛋白质形式存在的一类特殊的生物催化剂。酶法提取技术是在溶剂提取前对药材进行酶解处理,使目标产物提取率明显提高的一种强化提取技术。其原理是通过选用适当的酶进行温和酶反应,破坏药材的植物细胞壁,使得细胞内药效成分比较容易从细胞内释放出来,从而提高药效成分的溶出率。由于大部分植物药材的细胞壁主要由纤维素组成,一般选用纤维素酶进行酶解,也可用复合酶进行酶解,常见的酶有纤维素酶、半纤维素酶、果胶酶以及多酶复合体、果胶酶复合体、各类半纤维素酶、葡聚糖内切酶等。

酶具有催化效率高、作用专一性强和催化条件温和等特点。影响酶活性的因素有温度、酸碱度、水分、光线、金属离子、微生物,以及空气、某些氧化剂、还原剂、有机溶剂、表面活性剂等。因此,酶法提取技术对提取条件要求较高,当条件适宜时酶的催化能力最强,表现出的活性最强,否则其催化能力较弱,活性降低甚至失活。中药(含复方)成分复杂,在应用酶提取技术时,还须考虑以下影响因素:①是否会导致制剂中药效成分的结构、性质发生变化,以及是否产生沉淀、复合物等,从而对制剂的疗效产生影响,甚至引起毒副作用等。②对制剂的质量检验和控制是否会产生干扰,如注射剂中酶的残留可能对蛋白质的检测造成干扰。③对剂型选择是否会产生影响,如中药注射剂中若有酶的残留,会在应用时产生疼痛。

酶法提取技术是在传统的中药提取基础上进行的,对设备无特殊要求,应用常规提取设备即可完成。在工业化应用时,为了确保大幅度提高提取物收率,需要综合考虑酶的种类、酶的浓度、酶处理温度、酸碱度、作用时间、底物浓度等对提取物的影响,优选酶反应的最适宜条件;还可在提取工艺中进行技术集成,如酶法协同超声波提取、酶法协同超高压提取、酶法协同微波提取等,强化提取效率。

二、微波辅助提取技术

微波是波长介于1mm~1m,频率介于300MHz~300GHz的电磁波,具有选择性高、穿透性强、反射性强等特点,自20世纪50年代起,微波就被人们广泛应用,如用于加热、杀虫、灭菌等。微波辅助提取,亦被称为微波辅助萃取(microwave-assisted extraction,MAE),即在天然药物的提取过程中(或在提取的前处理)引入微波场,利用微波的特点达到强化浸出药效成分的目的。

微波辅助提取主要是利用微波具有的热特性。因为微波场中介质的偶极子转向极化和界面极化的时间要与微波频率保持一致,所以在微波的变频电场中,随着电场方向的改变,极性分子也相应发生旋转、振动等变化,从而导致转动能级发生跃迁,加剧其热运动,即电能转化为热能,这就表现为微波的热效应。微波的热效应能使细胞壁破裂,使细胞膜中的酶失去活性,细胞中药效成分易突破细胞壁和细胞膜障碍而被提取。从细胞破碎的微观角度看,微波辐射导致植物细胞内的极性物质,尤其是水分子吸收微波能,产生大量热量,使胞内温度迅速上升,水汽化产生的压力将细胞膜和细胞壁冲破,形成微小的孔洞;同时进一步的微波加热导致细胞内部和细胞壁水分减少,细胞收缩,表面出现裂纹;小孔洞和裂纹的存在使细胞外溶剂容易进入细胞内,溶解出细胞内化合物并扩散到细胞外。

微波辅助提取技术被认为是用于提取天然产物的一种极具发展潜力的新型技术。和其他提取技术相比,该技术具有更广泛的适用范围,并且在设备投资方面更低。微波技术应用于中药制药领域所具有的优越性有:

(1)加热迅速:提取效率高,提取时间短。

(2)选择性好:微波辅助提取技术可以对物料体系中的不同组分进行选择性加热,以达到选择性溶出的目的。不仅能保证目标组分的纯度,同时还可在同一装置中利用不同的提取剂进行不同成分萃取,从而降低工艺费用。

(3)节能高效:微波通过分子极化或离子导电效应直接作用于物料,与常规的方法相比,可大大减少热能的损失,也可缩短提取时间。与远红外相比,节电30%;与超声提取法相比,时间缩短几十、几百倍,甚至几千倍。

（4）设备简单,操作简便:设备即开即用,微波功率、传输速度均可调控,无热惯性。安全可靠,无污染。如果用于大生产,生产线组成简单,可节约投资。

MAE的操作步骤一般包括:①切碎物料,目的是使其能更充分地吸收微波;②用适宜的溶剂混合物料,放置于微波设备中,进行照射;③除去提取液中的杂质;④获得所需的有效成分。如有需要,可通过反渗透、色层分离等方法从提取液中离析所需的有效成分。微波辅助提取技术虽然具有效率高、选择性强等优点,但也具有一定的局限性。如微波辅助提取不适用于一些具有挥发性或热敏性成分的中药材;提取介质的极性对提取效果也有很大的影响;同时,在放大生产过程中,微波对人体健康也有一定的影响,微波的泄漏与防护等问题需要引起关注。

MAE装置主要由微波加热装置、提取容器和用于选择功率、控温控压等的附件组成（图2-8）。提取罐一般是密闭容器,主要由四氟乙烯等材料制成,其特点是密封性良好、微波可自由通过,同时能耐高压高温、不与溶剂发生反应。用于工业化生产的微波提取设备一般应具备的条件有:①要有足够大的微波发生功率,一般情况下,要配备相应的温控装置;②设备整体结构要设计合理,易于拆装和运输,可以连续运转,便于操作;③操作安全,微波泄漏指标要符合具体要求。

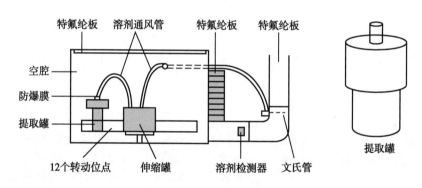

● 图2-8　微波辅助提取技术装备

三、超声波提取技术

超声波是指频率高于20kHz的一种弹性机械波,其主要特征为波长短,可近似看成直线传播;振动剧烈,能量集中,可产生高温。正因为超声波具有一些特殊的物理性质,已经被应用于清洗、干燥、杀菌等工序。超声波提取技术是指通过超声波产生的振动、空化效应、热效应增加溶剂的穿透力,加速药效成分扩散溶解的一种强化提取技术。

超声波提取技术的特点有:

（1）不需要高温,能耗低:超声波提取中药材的最佳温度为40~60℃,尤其适用于提取热敏性、易水解或易氧化的药材;超声波提取过程中,无须加热或加热温度较低,因此可降低能耗。

（2）提取时间短:超声波强化提取在20~40分钟内即可获得最佳提取率,所需时间是水提取、乙醇提取等传统方法的1/3,甚至更少,但是提取量却是传统方法的2倍以上。

（3）提取效率高：具有特殊物理性质的超声波可以使植物细胞组织破壁或发生形变，从而能充分提取中药材中的有效成分。与传统工艺相比，提取率显著提高 50%~500%。且提取出的药液杂质较少，提取物有效成分含量高，利于进一步分离、纯化有效成分。

（4）适应性广：超声波提取中药材不受药材成分极性、分子量大小的限制，适用于绝大多数中药材的各类成分的提取。操作简单易行，设备维护、保养方便

（5）对酶的特殊作用：低强度的超声波可以提高酶的活性，促进酶的催化反应，但不会破坏细胞的完整结构；而高强度的超声波能破碎细胞或使酶失活。

超声波提取操作步骤一般包括以下几步：①将药材破碎；②将药材与溶剂充分混合，放于超声设备中，进行超声；③从提取相中除去残渣；④获得有效成分后根据具体情况，确定是否继续分离。超声波提取设备的基本构造主要包括：①超声波发生器，主要用于电信号的转化，同时驱动换能器振子发出超声波。②换能器振子，用于发出超声波的装置。③处理容器，用于盛装被超声的物质。工业生产中超声波提取常见机型如表 2-25 所示。

表 2-25 超声波提取常见机型

参数	THC-2B	THC-5B	THC-10B	THC-20B	THC-30B	THC-50B	THC-100B
外形尺寸（长 × 宽 × 高）/mm	360×300×650	420×300×750	650×400×750	700×550×850	800×500×850	960×650×1 000	1 200×650×1 200
超声功率/W	400	1 000	1 200	1 500	2 500	3 000	6 000
功率调节/kHz				连续可调			
超声频率/kHz	20/28/40 单频或双频任选	20/28/40 单频或双频任选	20/28/40 单频或双频任选	20/28/40 单频或双频任选	20/28/40 单频或双频任选	20/28/40 单频或双频任选	20/28/40 单频或双频任选
搅拌电机功率/W	80	80	150	150	150	200	300
最大加热功率/W	260	500	600	800	1 000	1 800	2 600
可控温度				室温至80℃可调			
材质				主体部分为 SUS304 不锈钢			
容积/L	2	5	10	20	30	50	100
循环过滤系统	选配	选配	选配	选配	选配	选配	选配

本章小结

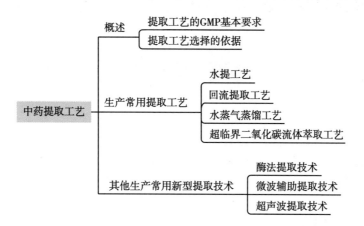

第二章　同步练习

（唐志书　朱华旭　张岩岩　张　欣）

参 考 文 献

[1] 郭立玮. 制药分离工程. 北京: 人民卫生出版社, 2014.

[2] 傅超美, 刘文. 中药药剂学. 北京: 中国医药科技出版社, 2014.

[3] 叶陈丽, 贺帅, 曹伟灵, 等. 中药提取分离新技术的研究进展. 中草药, 2015, 46（3）: 457-464.

[4] 王赛君, 伍振峰, 杨明, 等. 中药提取新技术及其在国内的转化应用研究. 中国中药杂志, 2014, 39（8）: 1360-1367.

[5] 殷明阳, 刘素香, 张铁军, 等. 复方中药提取工艺研究概况. 中草药, 2015, 46（21）: 3279-3283.

[6] 何颖. 中药挥发油提取方法分析. 天津药学, 2015, 27（1）: 47-50.

[7] 程之永, 唐旭东, 万斌. 传统中药提取工艺流程设计与现代制药设备的结合. 中国现代中药, 2015, 17（5）: 418-423.

[8] 李慧琪. 中药有效成分提取技术新进展. 中华中医药杂志, 2016, 31（2）: 581-584.

第三章　中药分离工艺

学习目标

1. 掌握：中药分离过程的分离原理；生产常用分离工艺的分离原理、工艺过程、设备及控制要点。

2. 熟悉：新型分离工艺应用的基本原理、特点及其用于中药体系的适宜性。

3. 了解：工业化大生产中分离工艺的操作要点、GMP 要求及其注意事项。

4. 能运用本章所学工艺对中药分离工艺进行流程设计，在大生产中可以进行设备选型和改进，指导生产过程的工艺升级改造。

第一节　概述

分离过程是将混合物分成组成互不相同的两种或几种产品的操作。中药制药生产过程中的提取、过滤、纯化、浓缩与干燥工艺均属于分离过程。通过提取工序可将药效物质从动、植物药材的组织器官中分离出来；通过过滤工序可将药液与药渣进行分离；通过纯化工序可实现细微粒子与某些大分子非药效物质及溶解于水或乙醇等溶剂中的其他成分分离；通过浓缩、干燥工序可实现溶剂与溶质的分离。可见，分离过程贯穿整个中药生产流程，是中成药生产中的主体部分。

中药分离工艺的目标是获取药效物质。分离之所以能够进行，是由于混合物中待分离的组分之间，在物理、化学、生物学等方面的性质至少有一个存在着差异。因此，中药分离过程即是根据中药提取物中各成分、各部位之间物理、化学、生物学性质的差异，运用一定的方法使各成分、各部位彼此分开，获得单一化合物、有效部位及其配伍组合的过程。

表 3-1 列出了待分离组分在物理、化学和生物学方面可能存在的性质差异。其中，属于混合物平衡状态的参数有溶解度、分配系数、平衡常数等；属于各成分、各部位自身所具有的性质有密度、迁移率、电离电位等；属于生物学方面的性质有由生物体高分子复合后的产生相互作用、立体构造、有机体的复杂反应，以及三者综合作用产生的特殊性质等。

表 3-1　可用于分离的性质

物理方面的性质	
力学性质	密度、摩擦因数、表面张力、尺寸、质量
热力学性质	熔点、沸点、临界点、转变点、蒸气压、溶解度、分配系数、吸附平衡
电、磁性质	电导率、介电常数、迁移率、电荷、淌度、磁化率
输送性质	扩散系数、分子飞行速度
化学方面的性质	
热力学性质	反应平衡常数、化学吸附平衡常数、离解常数、电离电位
反应速度性质	反应速度常数
生物学方面的性质	
生物学亲和力、生物学吸附平衡、生物学反应速度常数	

分离工艺的选择一般是根据上述性质的差异,进行工艺的筛选和集成,以获得最优工艺。在工业化大生产中,目前常用的中药分离工艺有沉淀分离、离心分离、吸附分离等传统分离工艺,以及膜分离、分子蒸馏、析晶分离、反应分离等新型分离工艺。

一、分离工艺的 GMP 基本要求

目前工业化生产中常用的方法有水醇沉淀法、酸碱沉淀法、铅盐沉淀法、专属试剂沉淀法和盐析法。

工业化生产中的 GMP 要求主要有:

1. 设备要求　设备的设计、选型、安装、改造和维护必须符合预定用途,应当尽可能降低产生污染、交叉污染、混淆和差错的风险,便于操作、清洁、维护,以及必要时进行的消毒或灭菌。生产设备不得对药品质量产生任何不利影响。与药品直接接触的生产设备表面应当平整、光洁、易清洗或消毒、耐腐蚀,不得与药品发生化学反应,不得吸附药品或向药品中释放物质。

2. 设施要求　应当根据所生产药品的特性、工艺流程及相应洁净度级别要求合理设计、布局和使用;应与其生产工艺要求相适应,有良好的排风、水蒸气控制及防止污染和交叉污染等设施。清洗设备应能保证零部件清洗得干净彻底,对于设备建议采用在线清洗,对于零部件及管路建议采用超声波清洗,以保证清洗效果。

二、分离工艺选择的依据

(一)中药分离纯化原理

中药(含复方)提取后物料的分离大多为固-液混合物分离的过程。根据混合物内是否有相界面可分为均相混合物和非均相混合物。物质相互溶解后形成的混合物称为均相混合物,均相混合物由溶质和溶剂组成。由互不相溶的物质组成的或物质以不同的形态或相形成的混合物称为非均相混合物。中药药效物质往往需要从均相体系和非均相体系中分离出来。

中药分离工艺常根据被分离药效物质处于均相体系还是非均相体系而被分为机械分离和传质分离两大类。机械分离是将两相或两相以上的混合物通过机械处理加以分离,此过程不存在传质过程,如过滤、沉降、离心等,是建立在场分离原理上的分离技术。传质分离是建立在相平衡原理基础上的分离技术,一般是依靠平衡和速率两种途径来实现,如蒸馏、萃取、色谱、吸附、结晶、离子交换等,是借助各组分在媒介中分配系数的差异而实现分离;又如分子蒸馏、超滤、反渗透等,是借助各组分扩散速率的差异而实现分离。

(二)中药分离工艺选择的原则

安全、有效是中药分离工艺设计的基本原则,主要需要考察的内容包括:相应分离技术的关键性能参数对相应中药实验体系的适用性;分离所得中药提取物的安全性、有效性;分离工艺的经济性、环保性。分离方法的选择程序详见图3-1。

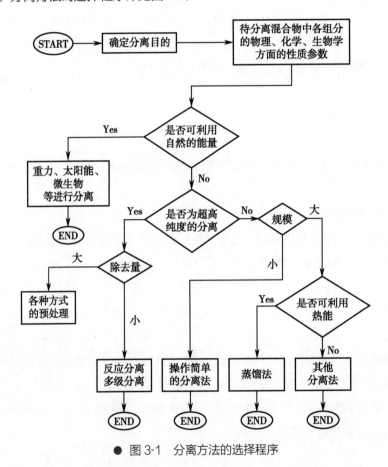

● 图3-1 分离方法的选择程序

中药分离工艺的选择应以临床需要、药物性质、用药对象与剂量等为依据,尽可能选用临床适宜剂型或新剂型,以达到疗效高、剂量小、毒副作用小、储运、携带、使用方便的目的,并通过文献研究和预实验予以确定。鉴于中药药效物质的复杂性,为适应中药制药分离工程的需要,可借鉴系统科学的原理,建立中药分离工艺评价体系的若干科学原则。

1. **系统性原则** 在系统论看来,任何一个系统都是由若干部分,按照一定规则有序组合构成的一个有机整体,整体具有部分或部分总和没有的性质与功能。

2. **相关性原则** 是指同一系统的不同组成部分之间按一定的方式相互联系、相互作用,由此决定着系统的结构与整体水平的功能特征。

3. 有序性原则　是指系统的最佳状态不仅有量的规定性,而且有质的规定性。质的规定性即有序性,也就是系统在结构和功能上都达到所需的有序化程度。

4. 动态性原则　系统的联系性、有序性是在运动和发展变化中进行的,系统的发展是一个有方向性的动态过程。

中医药配伍理论指出,君、臣、佐、使的实质在于各效应成分的合理组合。依据上述原则,君、臣、佐、使某一部分的存在是以其他部分的存在为前提的。君、臣、佐、使之间的联系可以是主次关系,也可以是协同关系、制约关系等。中药分离工艺评价的主要指标包括:①降低总成本;②减少样品处理体积;③增加稳定性,即承受操作条件微小波动的能力;④缩短分离过程所需时间,以降低产品的降解和提高生产率;⑤提高药效成分的收率;⑥提高可靠性和重现性。

第二节　生产常用分离工艺

一、沉降分离工艺

在制药工艺流程中,沉降分离工艺是实现固-液分离的主要手段之一。在中药制药生产中,中药提取后的物料大多以非均相物系存在,因此,重力沉降工艺和离心沉降工艺成为工业生产中的常用分离手段。利用非均相混合物间的密度差,使颗粒在重力作用下发生下沉或上浮来进行分离的过程称为重力沉降分离;在惯性离心力的作用下使不同密度或粒度的颗粒发生分离的过程称为离心沉降分离。离心沉降分离可实现重力场中不能有效进行的分离操作,如微细颗粒(2~5μm)的悬浮液或在重力场下十分稳定的乳浊液的分离。

(一)重力沉降工艺

水是中药提取的最主要溶剂,从20世纪50年代出现水提醇沉工艺的记载开始,至今水提醇沉仍然是中药制药工业广泛应用的分离工艺。常用的液体和固体制剂,如口服液、颗粒剂、片剂等的制备,基本上都采用了经典的水提醇沉工艺。2020年版《中国药典》所载的大多数中成药品种均用该工艺对水提液进行精制。与水提醇沉工艺相应发展的技术中,还有以醇为溶剂提取中药中的有效成分,再用水除去水溶性杂质的方法,即醇提水沉工艺。两者的出现丰富并发展了中药制药工艺,并有着十分明显的特点。

上述两种工艺从分离原理来看,均属于重力沉降工艺。待分离物料体系均为非均相混合物,该混合物是一个颗粒介质的系统或悬浮系统,系统中颗粒为分散相、介质为连续相。重力沉降的依据是分散相和连续相之间的密度差,其分离效果还与分散相颗粒的大小、性质、形状、浓度、连续相(或介质)的黏度、沉降面积、沉降距离以及物料在沉降槽中的停留时间等因素有关。从分离机制看,水提醇沉工艺和醇提水沉工艺的分离过程均是利用各类组分在不同醇浓度溶液中的溶解度发生变化,被分离物质由于溶解度变小而形成颗粒析出,在重力作用下发生沉淀。

1. 工艺原理　重力场是指地球重力作用的空间。在该空间中,每一点都有唯一的重力矢量

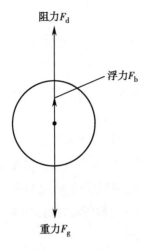

阻力F_d

浮力F_b

重力F_g

● 图 3-2 沉降粒子的
受力情况

与之相对应。在各种力当中,如果作用于物体的驱动力主要是重力,就称之处于重力场。这时,重力作用于物体使之移动,同时物体需要推开包裹于周围的流体才能前进,所以物体还会受到来自流体的阻力。

(1)球形粒子重力沉降速度:沉降粒子的受力情况如图 3-2 所示。

设球形粒子的直径为 d,粒子的密度为 ρ,流体的密度为 ρ_s。则重力 F_g、浮力 F_b 和阻力 F_d 分别为:

$$F_g = \frac{\pi}{6}d^3\rho_s g \qquad\qquad 式(3-1)$$

$$F_b = \frac{\pi}{6}d^3\rho g \qquad\qquad 式(3-2)$$

$$F_d = \zeta A \frac{\rho u^2}{2} \qquad\qquad 式(3-3)$$

式中,A 为沉降粒子沿沉降方向的最大投影面积,对于球形粒子 $A = \frac{\pi}{4}d^2$,m^2;u 为粒子相对于流体的降落速度,m/s;ζ 为沉降阻力系数;g 为重力加速度。

沉降过程一般存在两个阶段。加速阶段,由牛顿第二定律 $F_g - F_b - F_d = ma$ 开始时 $u=0$,阻力 $F_d=0$,$F_g > F_b$,α 最大;匀速阶段,$F_g - F_b - F_d = 0$,则:

$$\frac{\pi}{6}d^3(\rho_s - \rho) - \zeta \cdot \frac{\pi}{4}d^3\left(\frac{\rho u_t^2}{2}\right) = 0 \qquad\qquad 式(3-4)$$

沉降速度 u_t 为:

$$u_t = \sqrt{\frac{4dg(\rho_s - \rho)}{3\rho\zeta}} \qquad\qquad 式(3-5)$$

对于微小粒子,沉降的加速阶段时间很短,可以忽略不计,因此,整个沉降过程可以视为匀速沉降过程,加速度 α 为 0。

(2)阻力系数:阻力系数(ζ)是粒子与流体相对运动时,以粒子形状及尺寸为特征量的雷诺数 $Re_t = \frac{du_t\rho}{\mu}$ 的函数,一般由实验测得。由于阻力系数 ζ 与粒子的形状有关,须引入粒子的球形度(或称形状因数)的概念,球形度 ϕ_s 系指一个任意几何形状粒子与球形的差异程度:

$$\phi_s = \frac{S}{S_p} \qquad\qquad 式(3-6)$$

式中,S_p 任意几何形状粒子的表面积,m^2;S 为与该粒子体积相等的球体的表面积,m^2。

图 3-3 为几种不同 ϕ_s 值粒子的阻力因数 ζ 与 Re_t 的关系曲线,对于球形粒子($\phi_s=1$),此图可分为三个区域,各区域中 ζ 与 Re_t 的函数关系可表示为:

层流区 $\qquad\qquad \zeta = \frac{24}{Re_t}$,$10^{-4} < Re_t < 1$ $\qquad\qquad 式(3-7)$

过渡区 $\qquad\qquad \zeta = \frac{18.5}{Re_t^{0.6}}$,$1 < Re_t < 10^{-3}$ $\qquad\qquad 式(3-8)$

湍流区 $\qquad\qquad \zeta = 0.44$,$10^3 < Re_t < 2 \times 10^5$ $\qquad\qquad 式(3-9)$

上述三个区域又依次称为斯托克斯定律区、艾仑定律区、牛顿定律区。由相关公式可推导得各区域的沉降速度公式:

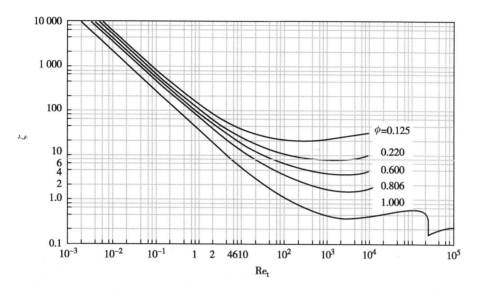

● 图 3-3 ζ-Re_t 关系曲线

层流区 $$u_t = \frac{d^2(\rho_s - \rho)g}{18\mu}, \quad 10^{-4} < Re_t < 1 \qquad \text{式（3-10）}$$

过渡区 $$u_t = 0.27\sqrt{\frac{d(\rho_s - \rho)g}{\rho}Re_t^{0.6}}, \quad 1 < Re_t < 10^{-3} \qquad \text{式（3-11）}$$

湍流区 $$u_t = 1.74\sqrt{\frac{d(\rho_s - \rho)g}{\rho}}, \quad 10^3 < Re_t < 2 \times 10^5 \qquad \text{式（3-12）}$$

式（3-10）、式（3-11）、式（3-12）分别称为斯托克斯公式、艾仑公式、牛顿公式。由此三式可看出，在整个区域内，u_t 与 d、$(\rho_s - \rho)$ 成正相关，d 与 $(\rho_s - \rho)$ 越大则 u_t 越大；在层流区由于流体黏性引起的表面摩擦阻力占主要地位，因此层流区的沉降速度与流体黏度 μ 成反比。

（3）非球形粒子的自由沉降速度：粒子的几何形状及投影面积 A 对沉降速度都有影响。粒子向沉降方向的投影面积 A 愈大，沉降阻力愈大，沉降速度愈慢。一般对于相同密度的粒子，球形或近球形粒子的沉降速度大于同体积非球形粒子的沉降速度。

2. 工艺过程 通常情况下，在水提醇沉工艺中，一般乙醇浓度达 50%~60% 时，可除去淀粉等杂质；含醇量达 75% 时，可除去蛋白质等杂质；当含醇量达 80% 时，几乎可除去全部蛋白质、多糖和无机盐等杂质。在醇提水沉工艺中，一般乙醇浓度达 20%~35% 时，可提取水溶性成分；含醇量达 45% 时，可提取鞣质成分；含醇量达 60%~70% 时，可提取苷类成分；含醇量达 70%~80% 时，可提取生物碱盐及部分生物碱成分；当含醇量达 90% 及以上时，可提取挥发油、树脂类成分。

（1）水提醇沉工艺的基本流程如下：

$$中药材 \xrightarrow[\text{水为溶剂}]{\text{提取}} 中药水提液 \xrightarrow[\text{低温}]{\text{浓缩}} 浓缩液$$

$$\downarrow \text{加醇使含醇量至一定浓度}$$

$$醇沉液$$

$$\downarrow \text{冷藏,静置,滤过}$$

$$目标物$$

（2）醇提水沉工艺的基本流程如下：

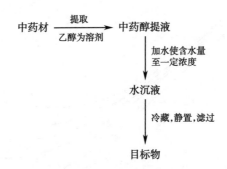

中药材 —提取，乙醇为溶剂→ 中药醇提液

↓ 加水使含水量至一定浓度

水沉液

↓ 冷藏，静置，滤过

目标物

3. 设备及工艺控制　重力沉降工艺的设备主要有机械搅拌冷冻醇沉罐和浮球搅拌醇沉罐，前者应用较多。机械搅拌醇沉罐如图 3-4 所示，醇沉后上清液通过罐侧的出液管出料，调节出液管的倾斜角度可使上清液出尽，罐底排沉淀物有两种形式：一种是气动快开底盖，用于渣状沉淀物；另一种是球阀，用于浆状或絮状沉淀物。图 3-4 所示的浮球搅拌醇沉罐则是利用浮球法使上清液出尽。事实上沉淀物由于黏性大很难排除，这成为实现中药自动化控制的难点。现代工业化生产中多应用提取、浓缩、加醇沉淀、静置、分离的连续操作流程，各工艺操作过程以物料的物理、化学参数动态变化来进行监控。

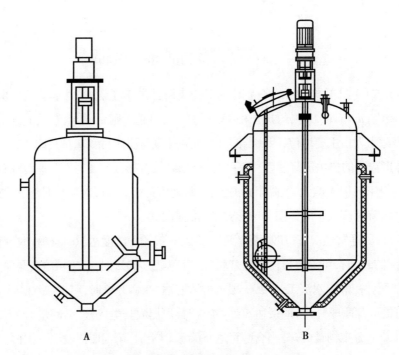

A. 机械搅拌醇沉罐；B. 浮球搅拌醇沉罐。

● 图 3-4　重力沉降工艺设备

以水提醇沉工艺为例，根据文献报道，目前的研究基本停留在工艺参数的优化上，对醇沉过程的微观机制研究，如沉降颗粒的形态结构、粒度分布和沉降速度以及它们与工艺因素之间的联系却少有涉及。已有研究表明，因为不同的沉淀形成机理，醇沉工艺沉淀物可呈泥沙状、黏团状、块状等形态，从而对醇沉效果及其后续工艺造成不同影响，增加了整个生产过程的不可控性，并直接导致产品批次间稳定性差。因此，工艺过程应充分考虑以下几方面的特点。

（1）沉降颗粒形态随中药品种而异：不同中药品种的沉降颗粒在形态上存在较大的差异（球形、絮状、成团或结块等）。通常醇沉颗粒的粒度分布为20~100μm，平均粒径一般在80μm左右。而有些中药品种的醇沉颗粒的粒径很小，如枳壳，其粒度分布为0.8~1.3μm，平均粒径仅为1μm左右。同时，醇沉过程产生沉淀的形状往往随着药材不同而有较大的变化，如丹参的醇沉颗粒很容易粘连产生团聚现象，对沉淀效果及有效成分的得率影响较大；而苦参的醇沉颗粒呈现很明显的白色絮状，且沉淀层随时间的推移而下移，颗粒与上清液的界面较为明显；枳壳的醇沉颗粒则是较细小的块状沉淀。

（2）沉降过程的无序性和随机性：在醇沉颗粒析出沉降的过程中，成千上万种的颗粒在同一条件下进行沉降。由于体系中颗粒具有不同的粒径和密度，它们的沉降速度亦不同，属于多分散体系，从而使醇沉工艺过程具有较大的无序性和随机性。在实际生产过程中，因为沉降颗粒形态随中药品种而存在的差异性及其沉降过程的无序性和随机性，又通常造成包括药液温度、pH、乙醇浓度、加醇方式、药液密度、醇沉时间等醇沉工艺参数的设置具有较大的随意性、盲目性和波动性，难以保证产品批次间的稳定性，进而难以保证产品的质量和疗效。

（3）药效物质被包裹损失严重：包裹损失是沉降过程中引起有效成分流失的主要环节之一。在醇沉过程中，不同粒径的颗粒同时进行沉降，蛋白质、淀粉等大分子沉降颗粒之间互相吸附、相互交联，在某一特定的环境下（临界乙醇浓度）易造成药液包裹其中。而且随着沉淀时间的增长、乙醇浓度的增加，包裹层越来越致密，使得有效成分的损失严重。研究显示，造成有效成分包裹损失的因素有多种，如初膏浓度过大、搅拌不均匀、药液温度过高等。

（4）受阻沉降，操作时间长：沉降颗粒为多分散体系，符合多分散体系受阻沉降模型。中药提取液中多糖和蛋白质等大分子含量比较高，在醇沉溶液中呈胶体分散体系，黏度大。传统的醇沉过程完全依靠颗粒的自身重力，由于醇沉颗粒非常细小（粒度5~100μm），沉降速度受到极大的限制。工业化生产中，0~5℃的低温下溶液体系的黏度变小、颗粒沉降的阻力变小，即便整个醇沉过程保持该温度不变，沉降往往也需要12~24小时，甚至更长。

案例 3-1　水提醇沉工艺案例

1. 操作相关文件

《多功能提取罐提取标准操作程序》《醇沉标准操作规程》。

2. 生产前检查确认

根据《醇沉标准操作规程》要求进行生产前检查，详见表3-2。

表3-2　工业化大生产中水提醇沉工艺生产前检查确认项目

检查项目	检查结果	
清场记录	□有	□无
清场合格证	□有	□无
批生产指令	□有	□无
设备、容器具、管道完好、清洁	□有	□无
计量器具有检定合格证，并在周检效期内	□符合要求	□不符合要求
检验用仪器有检定合格证，并在周检效期内	□符合要求	□不符合要求
工器具定置管理	□符合要求	□不符合要求

检查项目	检查结果	
上批遗留产品及与本批无关文件、物料已清除	□已清除	□未清除
所用工艺指令、SOP、批生产记录等文件齐全	□齐全	□不齐全
与本批有关的物料齐全	□齐全	□不齐全
有所用物料检验合格报告单	□有	□无

3. 生产准备

3.1 生产操作前执行《生产操作前检查标准操作程序》,并填写记录。

3.2 填写本岗位本批次生产状态标识,并将其悬挂于操作间门上及相应设备上。

3.3 将上一次的清场合格证副本(重新清场为正本)贴于本批的批生产记录上。

4. 工艺过程

向水提浓缩液中加入高浓度乙醇,使含醇量达到规定浓度,边加边搅拌,加醇完毕后,测定含醇量。密封,冷藏,过滤。

5. 所需设备列表

××中药提取水提,每批次使用蘑菇型多功能提取罐进行生产,详见表 3-3。

表 3-3 工业化大生产中水提醇沉工艺所需设备列表

工艺步骤	设备	设备编号
××中药提取水提	蘑菇型多功能提取罐	ST××

6. 工艺参数控制(表 3-4)

表 3-4 工业化大生产中水提醇沉工艺参数控制

工序	质量控制项目		频次
	生产过程	中间产品	
醇沉	乙醇浓度、用量、搅拌时间	药液含醇量	每次

7. 清场(表 3-5)

表 3-5 工业化大生产中水提醇沉工艺清场检查项目

检查项目	检查结果	
地面、门窗、墙壁、天花板等按规定清洁消毒	□符合规定	□不符合规定
生产设备按规定清洁消毒	□符合规定	□不符合规定
容器具按规定清洁消毒	□符合规定	□不符合规定
工器具按规定清洁消毒	□符合规定	□不符合规定
清场前批次产品剩余与清场后批次生产无关的原辅料	□符合规定	□不符合规定
清场前批生产工艺指令、SOP、生产记录等与清场后批次生产无关的文件	□符合规定	□不符合规定
更衣室按规定清洗消毒	□符合规定	□不符合规定
工作服符合清洗更换周期	□符合规定	□不符合规定
地漏按规定清洁消毒	□符合规定	□不符合规定

8. 注意事项

8.1 生产操作前执行《生产操作前检查标准操作程序》,并填写记录。

8.2 醇沉用乙醇浓度应符合要求,加乙醇完毕后应继续搅拌 1~5 分钟,测定药液的实际含醇量,出现超趋势情况应进行调查确认,查找原因。

8.3 冷藏温度控制在 2~10℃。

案例 3-2 醇提水沉工艺案例

1. 操作相关文件(表 3-6)

表 3-6 工业化大生产中醇提水沉工艺操作相关文件

文件类型	文件名称	适用范围
工艺规程	××提取物工艺规程	规范工艺操作步骤、参数
内控标准	××提取物内控标准	中间体质量检查标准
质量管理文件	偏差管理规程	生产过程中偏差处理
工序操作规程	提取工序操作规程	提取工序操作
设备操作规程	××型多功能提取罐操作规程	多功能提取罐操作
设备操作规程	××型沉淀缸	沉淀缸操作
设备操作规程	××型减压浓缩器	减压浓缩器操作
设备清洁规程	××型沉淀缸清洁操作规程	沉淀缸清洁
管理规程	交接班管理规程	人员交接班管理
卫生管理规程	一般生产区工艺卫生管理规程	一般生产区卫生管理
	一般生产区环境卫生管理规程	一般生产区卫生管理

2. 生产前检查确认(表 3-7)

表 3-7 工业化大生产中醇提水沉工艺生产前检查确认项目

检查项目	检查结果	
清场记录	□有	□无
清场合格证	□有	□无
批生产指令	□有	□无
设备、容器具、管道完好、清洁	□有	□无
计量器具有检定合格证,并在周检效期内	□符合要求	□不符合要求
检验用仪器有检定合格证,并在周检效期内	□符合要求	□不符合要求
工器具定置管理	□符合要求	□不符合要求
上批遗留产品及与本批无关文件、物料已清除	□已清除	□未清除
所用工艺指令、SOP、批生产记录等文件齐全	□齐全	□不齐全
与本批有关的物料齐全	□齐全	□不齐全
有所用物料检验合格报告单	□有	□无
备注		
检查人		

岗位操作人员按表 3-7 检查确认后,填写生产操作前检查记录,并签名。质检员复核确认后发放生产许可证(表 3-8)。

表 3-8　工业化大生产中醇提水沉工艺生产许可证

品　　名		规　　格	
批　　号		批　　量	
检查结果		质检员	
备　　注			

3. 生产准备

3.1　批生产记录要求

车间工艺员下发本批次的批生产记录,操作人员领取批生产记录后,查看首页生产指令单,获取品名、批号、设备号,严格按照《水沉标准操作规程》进行 ×× 提取物水沉操作,在批生产记录上及时记录要求的相关参数。

3.2　操作前检查

根据生产指令单获取的设备号,操作人员按照表 3-9 对工序内生产区清场情况、设备清洁状态等进行检查,确认符合合格标准后,检查人与复核人在批生产记录上签字确认。操作人员填写"运行"设备状态标志,填写品名、批号、数量、日期、操作人相关内容,取下班组长已检查签字的"正常　已清洁"状态标志,贴于批生产记录上,悬挂"运行"设备状态标志。

表 3-9　工业化大生产中醇提水沉工艺精制车间清场检查

区域	类别	检查内容	合格标准	检查人	复核人
精制车间	清场	环境清洁	无与本批次生产无关的物料、记录等	操作人员	操作人员
		设备清洁	设备悬挂"正常　已清洁"状态标志并有车间 QA 检查签字	操作人员	操作人员

3.3　复位操作(表 3-10)

表 3-10　工业化大生产中醇提水沉工艺复位操作

操作步骤	具体操作步骤	责任人
阀门操作	根据生产所用设备位号,操作前检查完毕后,保证所有手动阀门、气动阀门处于关闭状态	操作人员

4. 所需设备列表(表 3-11)

表 3-11　工业化大生产中醇提水沉工艺所需设备列表

工艺步骤	设备	设备型号
×× 提取物水沉过程	沉淀缸	× ×

5. 工艺过程（表 3-12）

5.1 操作步骤

表 3-12　工业化大生产中醇提水沉工艺操作步骤

操作步骤	具体操作步骤	责任人
加料	把 ××70% 醇提浓缩浸膏缓慢加入 1 个沉淀缸中,安装移动式搅拌装置,开启搅拌桨,缓慢加入已称取好的纯化水,加纯化水结束后继续搅拌,关闭、取出搅拌桨	操作人员
静置分层	药液在沉淀缸中常温静置	操作人员
吸取上清液	检查沉淀缸与减压浓缩器管道连接的正确性和紧密性,并确认进料阀已开启。开启减压浓缩器真空阀,利用压差将上清液吸入减压浓缩器中,吸料过程中注意不要吸到沉淀,上清液吸取结束后,关闭减压浓缩器进料阀和真空阀	操作人员
药液过滤	打开减压浓缩器排空阀,待恢复为大气压后,开启放料阀,药液从下部放料口放出,滤布过滤后,药液用洁净容器盛装,放料结束后,称定药液重量,备用	操作人员
设备清洁	根据《×× 沉淀缸清洁操作规程》对生产设备和现场进行清洁,填写设备日志中清洁部分,经班组长和 QA 复核合格后,在设备上悬挂"正常　已清洁"标志,填写批生产记录中"工序清场记录"	操作人员

5.2 工艺参数控制（表 3-13）

表 3-13　工业化大生产中醇提水沉工艺参数控制

工序	步骤	工艺指示	
水沉	加料	加料方式	人工加料
	搅拌	加料结束后开启搅拌	
	加水	加水量	××kg
	搅拌	加水过程中,一直开启搅拌;加水结束后,继续搅拌 ××min	
	转速	××r/min	
	静置时间	约 ××h	
	过滤	过滤用筛	×× 目筛
		药液量	××kg

6. 清场

6.1 设备清洁

设备清洁要求按所规定的清洁频次、清洁方法进行清洁。

6.2 环境清洁

生产过程中随时保持周边干净。

6.3 清场检查

清场结束后由车间 QA 进行检查,符合要求后签发设备"正常　已清洁"状态标志;若不合格则需要操作人员进行重新清洁，并有相应记录。

7. 注意事项

7.1 质量事故处理

如果水沉过程中发生任何偏离《水沉标准操作规程》的操作，必须第一时间报告车间 QA，车间 QA 按照《偏差管理规程》进行处理。

7.2 安全事故

必须严格按照《水沉标准操作规程》执行，如果万一出现安全事故，第一时间通知车间主任和车间 QA，并按照相关文件进行处理。

7.3 交接班

人员交接班过程中需要按照《交接班管理规程》进行，并且做好交接班记录，双方确认签字后交接班完成。

7.4 维护保养

严格按照要求定期对设备进行维护、保养操作，并且做好相关记录。

（二）离心沉降工艺

离心沉降是在离心惯性力作用下，用沉降方法分离固 - 液混合体系，使其中的粒子与液体分开的分离技术。与重力沉降相比，优点是沉降速度快、分离效果好，尤其是当粒子较小或两相密度相差较小时更适合。当采用自然重力沉降方法很难实现固 - 液分离时，最有效的途径就是提高加速度，而离心法是提高加速度的最有效途径。

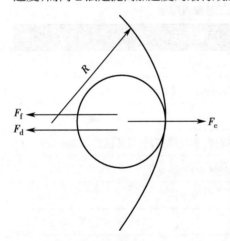

● 图 3-5　离心沉降粒子的受力情况

1. 工艺原理　在离心沉降分离中，加速度越大，离心力就越大，分离因数越高，固 - 液分离速度就越快。

（1）受力分析：流体绕中心轴作圆周运动形成流体惯性离心力场。当流体带着质量为 m 的粒子，在直径为 d 的圆周以线速度（即切向运动速度）为 u_T 绕中心轴作水平旋转时，惯性离心力将会使粒子在径向上与流体发生相对运动，粒子在径向将受到惯性离心力 F_c、向心力 F_f 和阻力 F_d 三个力的作用。如图 3-5 所示，设悬浮粒子呈规则球形，其密度为 ρ_s，粒子与中心轴距离为 R，流体密度为 ρ，则：

作用于粒子上的上述三种力分别为：

$$F_c = m\frac{u_T^2}{R} = \frac{4\pi}{3}R^3\rho_s\frac{u_T^2}{R} = \frac{\pi}{6}d^3\rho_s\frac{u_T^2}{R} \qquad 式（3-13）$$

$$F_f = \frac{\pi}{6}d^3\rho\frac{u_T^2}{R} \qquad 式（3-14）$$

$$F_d = \zeta\frac{\pi}{4}d^2\rho\frac{u_r^2}{2} \qquad 式（3-15）$$

式中，u_r 为粒子在径向相对于流体的运动速度，即离心沉降速度，m/s；ζ 为阻力因数。

沉降粒子运动方向取决于离心力与向心力的相对大小。离心力大于向心力，粒子沿径向朝远离轴心方向运动;离心力小于向心力,则粒子沿径向向轴心方向运动。式(3-13)和式(3-14)分别显示:沉降粒子在惯性离心力场中某位置获得惯性离心力与向心力的相对大小与粒子密度和流体密度的相对大小有关。固体粒子密度 ρ_s 一般大于流体密度 ρ,因此,粒子多为朝远离轴心方向运动,而阻力的大小则与粒子在径向对于流体的相对运动速度 u_r 有关。三力平衡时,$F_c-F_f-F_d=0$,则有:

$$\frac{\pi}{6}d^3(\rho_s-\rho)\frac{u_T^2}{R}-\zeta\frac{\pi}{4}d^2\rho\frac{u_r^2}{2}=0 \qquad 式(3-16)$$

(2)离心分离因数:由式(3-16)可推导出离心沉降速度 u_r。离心沉降时,如果沉降速度所对应的粒子 Re_t 位于层流区,则阻力因数 ζ 亦符合斯托克斯定律,将 ζ 的关系式代入式(3-16),可得:

$$u_r=\frac{d^2(\rho_s-\rho)}{18\mu}\left(\frac{u_T^2}{R}\right) \qquad 式(3-17)$$

将式(3-17)与式(3-10)相比,可得同一粒子在同种流体中的离心沉降速度与重力沉降速度的比值为:

$$\frac{u_r}{u_t}=\frac{u_T^2}{gR}=K_c \qquad 式(3-18)$$

比值 K_c 称为离心分离因数,表示粒子所在位置上的惯性离心力场强度与重力场强度之比。其数值大小是离心分离设备的重要性能指标。K_c 越大,离心分离设备的分离效率越高。

2. 设备与工艺控制　离心沉降设备适用于分离液态非均相物系,包括固 - 液混合系(混悬液)和液 - 液混合系(乳浊液)。离心分离过程一般分为离心过滤、离心沉降和离心分离三种。过滤式离心机适用于含固量较高、固体颗粒较大($>10\mu m$)的悬浮液的分离;沉降式离心机适用于含固量较少、固体颗粒较小的悬浮液的分离;离心分离机通常分离互不相溶的乳浊液或含微量固体的乳浊液。用于离心分离的设备称为离心机,离心机的分类方式主要有以下几种。

(1)根据设备结构和工艺过程分为:离心过滤式、离心沉降式。

(2)根据分离因数 K_c 分为:常速离心机、高速离心机、超速离心机。

(3)根据生产过程操作方式分为:间歇式离心机、连续式离心机。

(4)根据转鼓轴线与水平面平行与垂直关系分为:立式离心机、卧式离心机。

3. 常用设备与工艺参数说明　常用的离心机主要有三足式离心机、卧式刮刀卸料离心机、卧式活塞推料离心机、管式高速离心机等。

(1)三足式离心机:使用最多的一种间歇操作离心机,构造简单,运行平稳,适用于过滤周期较长、处理量不大的物料,分离因数 500~1 000。

如图 3-6 所示,三足式离心机工作时,待分离的混悬液由进料管加入转鼓内,转鼓带动料液高速旋转产生惯性离心力,固体颗粒沉降于转鼓内壁与清液分离。为了减轻加料时造成的冲击,离心机的转鼓支撑在装有缓冲弹簧的杆上,外壳中央有轴承架,主轴磁装有动轴承,卸料方式有上部卸料与下部卸料两种,可过滤(转鼓壁开孔)与沉降(转鼓壁无孔)。

(2)卧式刮刀卸料离心机:转鼓转速 450~3 800r/min,分离因数 250~2 500。如图 3-7 所示,卧式刮刀卸料离心机在转鼓全速运转情况下,能在不同时间阶段自动地循环加料、分离、洗涤、甩干、刮刀卸料、冲洗滤网等工序。该设备操作简便,生产能力大,适于固体颗粒粒径大于 $10\mu m$、固相的质量浓度大于 25%、液相黏度小于 $10^{-2}Pa\cdot s$ 的混悬液的分离。

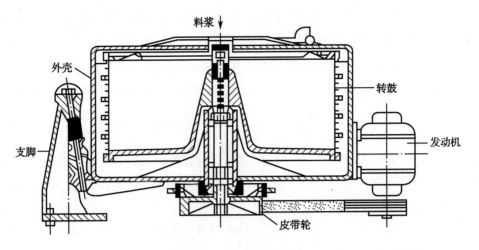

料浆

外壳

转鼓

发动机

支脚

皮带轮

● 图 3-6 三足式离心机

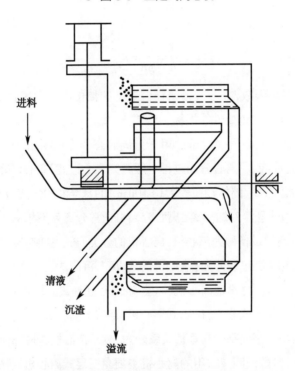

进料

清液

沉渣

溢流

● 图 3-7 卧式刮刀卸料离心机

（3）卧式活塞推料离心机：转鼓转速 400~3 000r/min，分离因数 300~1 300。如图 3-8 所示，卧式双级活塞推料离心机工作时，混悬液由进料管将料浆均匀分布到转鼓的分离段，滤液被高速旋转的转鼓甩出滤网，经滤液出口排出，被截留的滤渣每隔一定时间间隔被往复运动的活塞推料器推至滤网进行冲洗。该离心机适于分离固相颗粒直径较大（0.15~1.0mm）、固相浓度较高（30%~70%）、滤液黏度较小的混悬液，多用于晶体颗粒与母液的分离，具有较大生产能力。缺点是对混悬液的浓度较敏感，若料浆太稀（<20%），则滤饼来不及生成，料液便流出转鼓，若料浆浓度不均匀，易使滤渣在转鼓上分布不匀而引起转鼓的震动。

（4）管式高速离心机：如图 3-9 所示，管式高速离心机是一种高转速的沉降式离心机，常见转鼓直径 0.1~0.15m，转速 10 000~50 000r/min，分离因数高达 15 000~65 000。分离效率高，适合分离一般离心机难以分离的物料，如稀薄的悬浮液、难分离的乳浊液等。

（5）碟片式离心机：属于沉降式离心机，转鼓内装有许多倒锥形碟片，碟片数为30~100片。料浆由顶端进料口送到锥形底部，料浆贯穿各碟片的垂直通孔上升的过程中，分布于各碟片之间的窄缝中，并随碟片高速旋转，靠离心作用力而分离。它可以分离乳浊液中轻、重两液相，例如油类脱水、牛乳脱脂等，也可澄清有少量颗粒的悬浮液。

图3-10所示为分离乳浊液的碟片式分离机，碟片上开有小孔，乳浊液通过小孔流到碟片间隙。在离心力作用下，重液倾斜沉向于转鼓的器壁，由重液排出口流出。轻液则沿斜面向上移动，汇集后由轻液排出口流出。

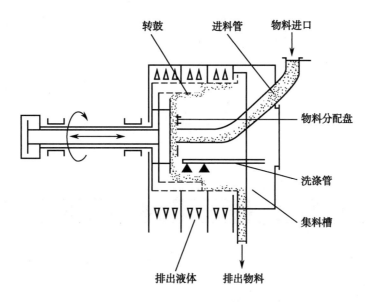

● 图 3-8　卧式双级活塞推料离心机

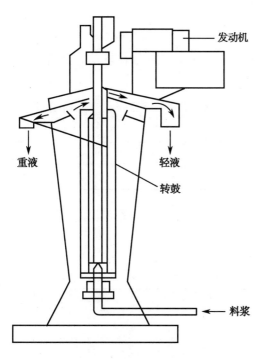

● 图 3-9　管式高速离心机

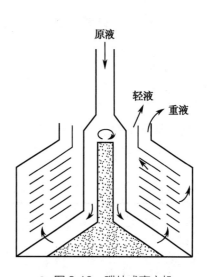

● 图 3-10　碟片式离心机

案例 3-3 离心沉降工艺案例

1. 操作相关文件（表 3-14）

表 3-14 工业化大生产中离心沉降工艺操作相关文件

文件类型	文件名称	适用范围
工艺规程	××提取物工艺规程	规范工艺操作步骤、参数
内控标准	××提取物内控标准	中间体质量检查标准
质量管理文件	偏差管理规程	生产过程中偏差处理
工序操作规程	离心工序操作规程	离心工序操作
设备操作规程	××型管式高速分离机操作规程	管式高速分离机操作
管理规程	交接班管理规程	交接班管理
卫生管理规程	洁净区工艺卫生管理规程	洁净区卫生管理
	洁净区环境卫生管理规程	洁净区卫生管理

2. 生产前检查确认（表 3-15）

表 3-15 工业化大生产中离心沉降工艺生产前检查确认项目

检查项目	检查结果	
清场记录	□有	□无
清场合格证	□有	□无
批生产指令	□有	□无
设备、容器具、管道完好、清洁	□有	□无
计量器具有检定合格证,并在周检效期内	□符合要求	□不符合要求
检验用仪器有检定合格证,并在周检效期内	□符合要求	□不符合要求
工器具定置管理	□符合要求	□不符合要求
上批遗留产品及与本批无关文件、物料已清除	□已清除	□未清除
所用工艺指令、SOP、批生产记录等文件齐全	□齐全	□不齐全
与本批有关的物料齐全	□齐全	□不齐全
有所用物料检验合格报告单	□有	□无
备注		
检查人		

岗位操作人员按表 3-15 检查确认后,填写生产操作前检查记录,并签名。质检员复核确认后发放生产许可证（表 3-16）。

表 3-16 工业化大生产中离心沉降工艺生产许可证

品　名		规　格	
批　号		批　量	
检查结果		质检员	
备　注			

3. 生产准备

3.1 批生产记录要求

车间工艺员下发本批次的批生产记录,操作人员领取批生产记录后,查看首页生产指令单,获取品名、批号、设备号,严格按照《××离心沉降工艺操作规程》进行××提取物离心沉降操作,在批生产记录上及时记录要求的相关参数。

3.2 操作前检查

根据生产指令单获取的设备号,操作人员按照表3-17对工序内生产区清场情况、设备清洁状态等进行检查,确认符合合格标准后,检查人与复核人在批生产记录上签字确认。操作人员填写"运行"设备状态标志,填写品名、批号、数量、日期、操作人相关内容,取下班组长已检查签字的"正常 已清洁"状态标志,贴于批生产记录上,悬挂"运行"设备状态标志。

表3-17 工业化大生产中离心沉降工艺精制车间清场检查

区域	类别	检查内容	合格标准	检查人	复核人
精制车间	清场	环境清洁	无与本批次生产无关的物料、记录等	操作人员	操作人员
		设备清洁	设备悬挂"正常 已清洁"状态标志并有车间QA检查签字	操作人员	操作人员

3.3 复位操作(表3-18)

表3-18 工业化大生产中离心沉降工艺复位操作

操作步骤	具体操作步骤	责任人
阀门操作	根据生产所用设备位号,操作前检查完毕后,保证所有手动阀门、气动阀门处于关闭状态。	操作人员

4. 所需设备列表(表3-19)

表3-19 工业化大生产中离心沉降工艺所需设备列表

工艺步骤	设备	设备型号
××提取离心沉降过程	管式高速离心机	××

5. 工艺过程

5.1 操作步骤(表3-20)

表3-20 工业化大生产中离心沉降工艺操作步骤

操作步骤	具体操作步骤	责任人
领料	根据批生产指令开具领料单,凭领料单到暂存库领取××提取物药液,核对药材名称、批号、重量,无误后,领入并办理交接手续。	操作人员
离心	打开离心机电源开关,管式高速离心机运行稳定2~3分钟后开始离心(离心速度××r/min)。打开蠕动泵电源,调节蠕动泵转速为××r/min,向管式高速离心机输入药液。从出料口收集离心后药液,用洁净容器盛装。 根据药渣多少,需及时清理管式高速离心机转鼓内药渣。 离心结束后将离心液真空吸入离心液储罐中。	操作人员

続表

操作步骤	具体操作步骤	责任人
设备清洁	根据《××管式高速离心机清洁操作规程》对生产设备和现场进行清洁,填写设备日志中清洁部分,经班组长和 QA 复核合格后,在设备上悬挂"正常 已清洁"标识,填写批生产记录中"工序清场记录"	操作人员

5.2 工艺参数控制(表 3-21)

表 3-21 工业化大生产中离心沉降工艺参数控制

工序	步骤	工艺指示	
离心	投料	蠕动泵转速	××r/min
	离心	离心速度	××r/min

6. 清场

6.1 设备清洁

设备清洁要求按所规定的清洁频次、清洁方法进行清洁。

6.2 环境清洁

生产过程中随时保持周边干净。

6.3 清场检查

清场结束后由车间 QA 进行检查,符合要求后签发设备"正常 已清洁"状态标志;若不合格则需要操作人员进行重新清洁,并有相应记录。

7. 注意事项

7.1 质量事故处理

如果生产过程中发生任何偏离《××离心沉降工艺操作规程》的操作,必须第一时间报告车间 QA,车间 QA 按照《偏差管理规程》进行处理。

7.2 安全事故

必须严格按照《××离心沉降工艺操作规程》执行,如果万一出现安全事故,第一时间通知车间主任和车间 QA,并按照相关文件进行处理。

7.3 交接班

人员交接班过程中需要按照《交接班管理规程》进行,并且做好交接班记录,双方确认签字后交接班完成。

7.4 维护保养

严格按照要求定期对设备进行维护、保养操作,并且做好相关记录。

二、吸附分离工艺

吸附分离法是指利用固态多孔性吸附剂对液态或气态物质中某些组分具有的较强吸附能力,通过吸附操作而达到分离该组分的方法。吸附体系由吸附剂(adsorbent)和吸附质(adsorbate)组成。吸附剂一般指固体,吸附质一般指能够以分子、原子或离子的形式被吸附的固体、液体或气体。

就原理而言,吸附是利用吸附剂将特定组分从气体或液体中分离出来的操作。吸附作用基本上由界面上分子间或原子间作用力所产生的热力学性质所决定,可分为物理吸附、化学吸附和交换吸附三种类型。

1. 物理吸附　由吸附质和吸附剂分子间作用力所引起,只通过弱相互作用进行的吸附,吸附剂和吸附质之间是非共价的。如活性炭对许多气体的吸附,被吸附的气体很容易解脱出来而不发生性质上的变化。

2. 化学吸附　吸附质分子与固体表面原子(或分子)发生电子的转移、交换或共有,形成吸附化学键的吸附。化学吸附一般涉及吸附剂和吸附质之间的强相互作用,生成化学键,只能发生单分子层吸附,化学吸附不易解吸。

物理吸附与化学吸附的比较详见表 3-22。

表 3-22　物理吸附与化学吸附的比较

理化性质指标	物理吸附	化学吸附
吸附作用力	范德瓦耳斯力	化学键力(多为共价键)
吸附热	近似等于气体凝结热,较小, $\Delta H<0$	近似等于化学反应热,较大, $\Delta H<0$
选择性	低	高
吸附层	单或多分子层	单分子层
吸附速率	快,易达到平衡	慢,不易达到平衡
可逆性	可逆	不可逆
发生吸附温度	低于吸附质临界温度	远高于吸附质沸点

3. 交换吸附　吸附剂表面如果由极性分子或者离子组成,则会吸引溶液中带相反电荷的离子,形成双电层,同时在吸附剂与溶液间发生离子交换,这种吸附称为交换吸附。交换吸附的能力由离子的电荷决定,离子所带电荷越多,它在吸附剂表面的相反电荷点上的吸附力就越强。

常用的吸附剂主要包括有机吸附剂和无机吸附剂,有机吸附剂如吸附树脂、聚酰胺、活性炭、纤维素等,无机吸附剂如硅胶、氧化铝、沸石等。其中活性炭、大孔吸附树脂、离子交换树脂等在中药制药工业中的应用较多。

(一)大孔吸附树脂技术

1. 分离原理　大孔吸附树脂是中药分离领域常用的一类物理吸附剂,是一种高分子聚合物,一般具有以下适宜于分离的基本形态结构与性质:①具有三维立体空间结构的网状骨架,可连接各种功能基团,如极性调节基团、离子交换基团和金属螯合基团等,能选择性吸附气体、液体或液体中的某些物质;②孔径多在 100~1 000nm,具有多孔结构,比表面积大,交换速度较快;③理化性质稳定,不溶于酸、碱及有机溶剂,热稳定性好;④机械强度高,抗污染能力强,在水溶液和非水溶液中均能使用,且不受无机盐类及强离子低分子化合物存在的影响;⑤再生处理较容易等。

大孔吸附树脂的分离原理源于吸附性与筛选性相结合。吸附性是范德瓦耳斯力或产生氢键的结果,以范德瓦耳斯力从很低浓度的溶液中吸附有机物,其吸附性能主要取决于吸附剂的表面性质；筛选性原理是由于其本身多孔性结构所决定的，有机物通过树脂的网孔扩散到树脂网孔内表面而被吸附，树脂吸附力与吸附质分子量也密切相关，分子体积较大的化合物会选择较大孔径的树脂。在中药提取液的精制方面，药物中的药效成分经大孔吸附树脂吸附后，只有解吸完全才有真正的实用价值，吸附、解吸的可逆性是其推广运用的前提。

2. 工艺过程　大孔吸附树脂分离工艺如下：树脂型号的选择→树脂前处理→考察树脂用量及装置（径高比）→样品液的前处理→树脂工艺条件筛选（浓度、温度、pH、盐浓度、上柱速度、饱和点判定、洗脱剂的选择、洗脱速度、洗脱终点判定）→目标产物收集→树脂的再生。需要注意的过程操作参数有：

（1）孔径：微观小球之间的平均距离，以 nm 来表示。

（2）比表面积：微观小球表面积的总和，以 m²/g 来表示。

（3）孔体积：亦称孔容，系指孔的总体积，以 ml/g 来表示。

（4）孔隙率（孔度）：孔体积占多孔树脂总体积（包括孔体积和树脂的骨架体积）的百分数。

（5）交联度：交联剂在单体总量中所占质量百分数。

此外，还有大孔吸附树脂的粒度、强度及吸附容量等。

3. 设备及工艺控制　由于大孔吸附树脂分离工艺涉及树脂预处理、上样吸附、洗杂与洗脱、树脂再生等多个工艺步骤，中试及生产规模一般采用多根树脂柱通过输送管道连接，从而对工艺进行组合优化，以达到稳定、连续的工艺流程（图 3-11）。

● 图 3-11　大孔吸附树脂柱中试设备

为了适应大生产的需要，便于动态监测、实现自动化生产的新型大孔吸附树脂柱正在不断得到推广和应用（图 3-12）。

关于工艺控制，主要涉及树脂的型号选择、前处理、用量与装柱径高比、再生、吸附饱和点与洗脱终点的判定等。

（1）型号选择：由树脂的极性、孔径、比表面、孔容等多方面的综合性能决定,对其性能的评价要从吸附量、解吸率和吸附动力学试验的结果综合考虑。一般而言,有效的吸附树脂应吸附量大、分离效果好。不同极性和含不同官能团的树脂对各类化合物的吸附能力不同,对于中药有效成分或有效部位的纯化,树脂型号的选择非常重要。一般来说,甾体、二萜、三萜、黄酮、生物碱等脂溶性成分应选择非极性或弱极性树脂,如D101、AB-8、HPD100等;皂苷和生物碱苷类等水溶性成分应选择弱极性或极性树脂,如D201、D301、HPD300、HPD600、AB-8、NKA-9等;黄酮苷、蒽醌苷、木脂素苷、香豆素苷等应选择合成原料中加有甲基丙烯酸甲酯或丙烯腈的树脂,如D201、D301、HPD600、NKA-9等;环烯醚萜苷类成分在树脂上吸附能力较差,应选择极性或弱极性树脂,如HPD600、AB-8、NKA-9。

（2）前处理：由于大孔吸附树脂制备时一般采用工业级的原料,为保证树脂应用的安全性,必须建立切实可行的前处理具体方法及评价指标与评价方法,以确保无树脂残存的有害物质引入分离纯化后的成品中。大生产中树脂的预处理应在树脂柱中进行,通常用树脂体积的数倍量乙醇以2BV/h的流速通过树脂层,并浸泡4~6小时;其后继续用乙醇以2BV/h的流速通过树脂层,用蒸馏水以同样流速洗至无醇味;再用2BV的2%~5% HCl溶液以一定的流速通过树脂层,并浸泡4~6小时,然后用水以同样的流速洗至出水pH呈中性;再用2BV的2%~5% NaOH溶液以一定的流速通过树脂层并浸泡4~6小时,同样用水以同样的流速洗至出水pH呈中性。

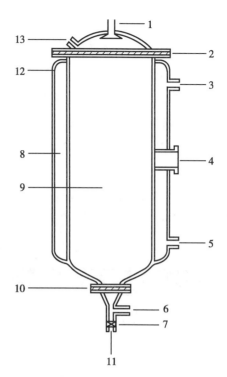

1. 进样喷头;2. 过滤装置;3. 出水口;4. 观察镜;5. 进水口;6. 分流口;7. 调节阀门;8. 水浴加热夹层;9. 树脂柱内腔;10. 多层过滤网;11. 分流口;12. 柱体外壁;13. 逆流洗脱出液口。

● 图3-12　一种新型大孔吸附树脂柱剖面图

（3）用量与装柱径高比：每种树脂特定的结构决定着它的比表面积和孔隙度,也就决定了其吸附容量,不可超过负荷,否则会有大量有效成分流失,但上样量太少则不经济。单位质量树脂的吸附量是设备设计的重要参数,而且其会影响到生产成本。因而可通过选定树脂对纯化液中被吸附物的比上柱量或比吸附容量的测定,提供预算树脂用量与可上柱药液量的依据。特别要注意复方成分各自吸附速率不同,其方法应具有针对性,并防止泄漏,以提高树脂纯化的质量与效益。

（4）再生：为了使再生后树脂的性能相对稳定,以保证树脂纯化工艺的稳定性。通常应根据树脂失效原因选择再生剂,一般仍是酸和碱,有时是中性盐。一般可选择的再生剂有50%~95%乙醇溶液、50%~100%甲醇溶液、异丙醇、50%~100%丙酮溶液、碱性乙醇溶液、2%~5% HCl溶液、2%~5% NaOH溶液等。滤去溶剂用水,充分洗涤至下滴液呈中性时即达再生目的。

（5）吸附饱和点与洗脱终点的判定：吸附饱和点是指吸附达动态平衡时的临界点,通常可在工艺筛选中采用颜色反应、TLC法、HPLC法等判定吸附饱和点,防止在大生产中造成有效成分的泄漏。同样,在工艺筛选中通过考察被洗脱成分的洗脱率来确定指标性成分洗脱的终点。

案例 3-4 大孔吸附树脂吸附分离工艺案例

1. 操作相关文件

《产品生产工艺规程》《生产操作前标准操作程序》《岗位物料递交标准操作程序》《纯化水制备岗位标准操作程序》《树脂精制岗位标准操作程序》《纯化水贮罐及输水管道的清洁规程》。

2. 生产前确认检查

操作前检查文件齐全、现场清洁、设备清洁完好,按照批生产指令确认所有物料正确、齐全,执行《生产操作前标准操作程序》,详见表 3-23。

表 3-23 工业化大生产中大孔吸附树脂吸附分离工艺生产前确认检查项目

检查项目	检查结果	
没有与本批生产无关的材料	□没有	□有
对照需料单核对药材品名规格数量是否相符	□相符	□不相符
设备悬挂"正常 已清洁"状态标志	□已悬挂	□没悬挂
仪器、仪表正常	□正常	□异常
工器具齐全可用	□齐全可用	□不齐全或不可用
动力状况	□正常	□异常
设备验证/校验有效期	□在有效期	□不在有效期

3. 生产准备

按《产品生产工艺规程》进行生产,并及时填写批生产记录。

3.1 领料

按工序批加工指令单的要求,领取本批生产所用原料、辅料,并核对所领物料的名称、批号、数量、外观质量等,核对无误后方可使用。

3.2 及时填写并悬挂操作间和设备的生产状态标志,校验称量用电子台秤和电子天平。

4. 所需设备列表(表 3-24)

表 3-24 工业化大生产中大孔吸附树脂吸附分离工艺所需设备列表

编号	设备名称	编号	设备名称
1	纯化水制备系统	3	配料罐
2	层析柱	4	混合罐

5. 工艺过程

5.1 大孔吸附树脂的预处理

取适量大孔吸附树脂放于容器内,加入足量的纯化水,使之充分膨胀至体积不再增加,去除细小树脂及破碎树脂。将层析柱用纯化水冲洗干净,打开层析柱,装入少许纯化水,将大孔吸附树脂用 PVC 管引导至层析柱上端,沿层析柱内边缘均匀地铺于层析柱中,装柱完成。其后加入 5%

HCl 溶液浸泡 1 小时,并以 2%~3% 盐酸溶液洗涤,用纯化水洗至 pH 为中性。再加入 2% NaOH 溶液浸泡,并以 2% NaOH 溶液洗涤,用纯化水洗至 pH 为中性。然后再以 95% 乙醇洗涤,用纯化水洗去乙醇,最后用注射用水洗涤,备用。

5.2 大孔吸附树脂柱除残渣

将滤液加入已经处理好的大孔吸附树脂柱中,控制流速,对柱流出液吸附饱和进行检查,加完药液后用注射用水洗涤。然后用适量的一定浓度乙醇洗脱,控制流速,收集洗脱液,置于混合罐中,至少循环 1 小时,混合均匀后,分装于药液桶中,冷藏备用。将药液过滤后,回收乙醇,于 C 级洁净环境下浓缩,密封得提取液,送注射剂车间。

5.3 大孔吸附树脂再生

加入 95% 乙醇浸泡 1 小时,并以 95% 乙醇洗涤,再加入 95% 乙醇浸泡 48 小时,并以 95% 乙醇洗涤,用纯化水洗去乙醇。最后用注射用水洗涤,备用。使用几个周期后,可用适量 2% NaOH 溶液洗涤,再用大量纯化水冲洗至 pH 呈中性,最后用注射用水洗涤,备用。

6. 工艺参数控制（表 3-25）

表 3-25　工业化大生产中大孔吸附树脂吸附分离工艺参数控制

工序	质量控制点	质量控制项目	频次
制水	纯化水	《中国药典》全项、酸碱度、电导率	每周 1 次
投料	称量	核对物料标识、合格证	每批
	投料	药品名称、数量	每批
过大孔吸附树脂柱		流速	每 2 小时 1 次
		洗脱液收集量	每次
冷藏		温度、时间	每批

7. 清场

7.1 设备清洁

设备清洁要求按所规定的清洁频次、清洁方法进行清洁。

7.2 环境清洁

对中药提取车间生产区域卫生进行清洁,随时保持周边干净。

7.3 清场检查

生产结束后操作人员须清场,并填写清场记录,经质检人员检查、签字后,发给清场合格证。

8. 注意事项

8.1 工艺要求

各岗位在生产操作前执行《生产操作前标准操作程序》,并填写记录。生产过程中的称量操作均由一人操作、一人复核。药液回收乙醇及减压浓缩时压力控制在 −0.04~0.08MPa。

8.2 质量事故

如果过大孔吸附树脂过程中发生任何偏离本文件《产品生产工艺规程》的操作,必须第一时间报告车间管理人员,按照《偏差管理规程》进行处理。

（二）离子交换树脂分离工艺

1. **分离原理**　离子交换是指固体中的离子与溶液中的离子相互交换的过程。该过程是一种吸附过程，被吸附的离子从溶液中分出而进入交换树脂，被交换的离子则从离子交换剂中分出而进入溶液，溶液中的离子和离子交换剂中的离子之间所进行的是等电荷反应。离子交换剂分为阳离子交换剂、阴离子交换剂以及两性离子交换剂（例如一些热再生树脂和蛇笼树脂）。螯合吸附剂属于特殊的离子交换剂，其对金属离子的吸附作用除了形成离子键之外，还会形成若干配位键，如含有氨基二乙酸基、膦酸基、氨基膦酸基等的聚合物树脂。

离子交换法是利用离子交换剂与溶液中离子之间所发生的交换反应进行固-液分离的方法。首先使用离子交换剂将溶液中的物质依靠静电引力吸附在树脂上，发生离子交换后，再用适当的洗脱剂将吸附物从树脂上置换下来，进行浓缩富集，从而达到分离的目的。离子交换作用即溶液中的可交换离子与交换剂上的抗衡离子发生交换，如图3-13所示为阴离子交换树脂发生离子交换作用原理的示意图。

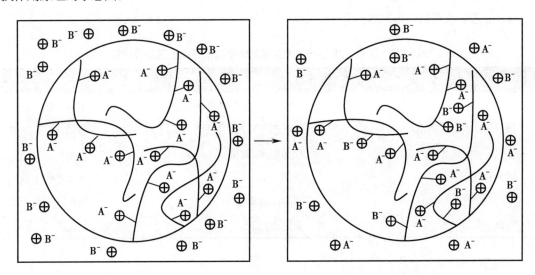

$\ominus\oplus$：固定于交换剂骨架上的带正电离子；A^-、B^-：抗衡离子；$\oplus$：溶液中的同离子。

● 图3-13　阴离子交换树脂发生离子交换作用原理示意图

常用离子交换树脂对一些离子的选择性顺序如下：

（1）苯乙烯系强酸性阳离子交换树脂：$Fe^{3+}>Al^{3+}>Ca^{2+}>Na^+$；（$Al^{3+}$）$Tl^+>Ag^+>Cs>Rb^+>K^+>NH_4^+>Na^+>H^+>Li^+$。

（2）丙烯酸系弱酸性阳离子交换树脂：$H^+>Fe^{3+}>Al^{3+}>Ca^{2+}>Mg^{2+}>K^+>Na^+$。

（3）苯乙烯系强碱性阴离子交换树脂：$SO_4^{2-}>NO_3^->Cl^->OH^->F^->HCO_3^->HSiO_3^-$。

（4）苯乙烯系弱碱性阴离子交换树脂：$OH^->SO_4^{2-}>NO_3^->Cl^->HCO_3^->HSiO_3^-$。

2. **工艺过程**　离子交换树脂操作过程一般包括上柱（溶液离子与固相离子离子进行交换）、再生和清洗等步骤。该工艺过程与大孔吸附树脂工艺过程极为类似；与大孔吸附树脂吸附分离机理所不同的是，常见的离子交换反应类型有以下三类。

（1）中性盐分解反应：

$$R—SO_3H+NaCl \rightleftharpoons R—SO_3Na+HCl$$

$$R—N(CH_3)_3OH+NaCl \rightleftharpoons R—N(CH_3)_3Cl+NaOH$$

（2）中和反应：

$$R—SO_3H+NaOH \rightleftharpoons R—SO_3Na+H_2O$$

$$R—COOH+NaOH \rightleftharpoons R—COONa+H_2O$$

$$R—N(CH_3)_3OH+HCl \rightleftharpoons R—N(CH_3)_3Cl+H_2O$$

$$R—N(CH_3)_2+HCl \rightleftharpoons R—NH(CH_3)_2Cl$$

（3）复分解反应：

$$2R—SO_3Na+CaCl_2 \rightleftharpoons (R—SO_3)_2Ca+2NaCl$$

$$2R—COONa+CaCl_2 \rightleftharpoons (R—COO)_2Ca+2NaCl$$

$$R—NH(CH_3)Cl+NaBr \rightleftharpoons R—NH(CH_3)Br+NaCl$$

$$R—N(CH_3)_3Cl+NaBr \rightleftharpoons R—N(CH_3)_3Br+NaCl$$

3. 设备及工艺控制　离子交换设备的设计不仅要考虑离子交换反应过程,而且要考虑再生和清洗过程。由于离子交换过程与大孔吸附树脂吸附过程极为类似,其所涉及的设备与大孔吸附树脂吸附也相类似,与大孔吸附树脂吸附不同的主要交换器设备有:

（1）搅拌槽式离子交换器:一种带有多孔支撑板和搅拌器的圆筒形容器,离子交换树脂置于支撑板上。操作时,首先将液体加入交换器,通过搅拌使液体与树脂充分接触,进行离子交换;当离子交换过程达到或接近平衡时,停止搅拌,并将液体放出;将再生液加入交换器,在搅拌下进行再生反应,待反应完成将再生液排出;再生后的树脂用清水进行清洗;清洗完成后即可开始下一个循环的离子交换过程。该过程是一种典型的间歇操作过程。

（2）固定床离子交换器:是制药化工生产中应用最为广泛的一类离子交换设备,其结构、操作过程均与固定床吸附器类似（图 3-14）。操作过程包括树脂预处理、上样吸附、洗杂与洗脱、树脂再生等工艺步骤。

（3）移动床离子交换器:与固定床离子交换器相比,具有生产能力大、树脂利用率高、再生液消耗较少、操作线速度较快等优点,特别适宜于处理低浓度的水溶液（图 3-15）。

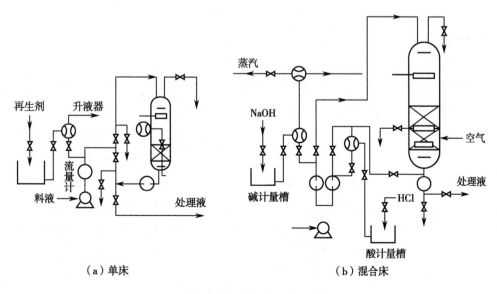

（a）单床　　　　　　　　　　（b）混合床

● 图 3-14　固定床离子交换器

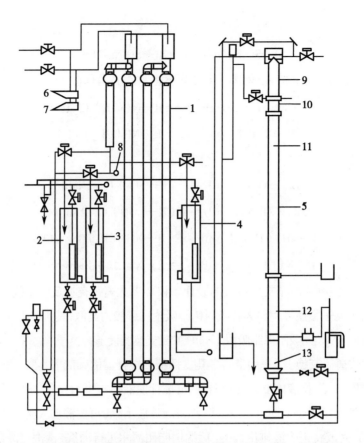

1. 处理柱；2~3. 中间循环柱；4. 饱和树脂存贮柱；5. 再生柱；6~8. 传感器；9. 树脂计量段；10. 缓冲段；11. 再生段；12. 清洗段；13. 快速清洗段。

● 图 3-15 移动床离子交换器

第三节 其他生产常用新型分离技术

一、膜分离工艺

膜分离技术以先进分离材料为载体，是一种新型高效分离技术，因其节约能源和环境友好的特征而成为解决全球能源、环境、水资源等重大问题的共性支撑技术。

1. 分离原理 膜分离是利用经特殊制造的具有选择透过性的薄膜，在外力（如膜两侧的压力差、浓度差、电位差等）推动下对混合物进行分离、分级、提纯、浓缩而获得目标产品的过程。现代分离膜的结构一般分三层，即支持层、过渡层与分离层（也称皮层），每一层膜的厚度及所含的微孔形态、大小和数量不一，其中分离层对分离膜的性能起决定性影响（图3-16）。

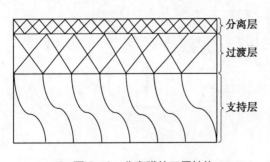

分离层
过渡层
支持层

● 图 3-16 分离膜的三层结构

根据材料特性，膜可以分为无机膜和有机膜两大类。无机膜材料主要有金属、陶瓷、金属氧化物（氧化铝、氧化锆、氧化钛）、多孔玻璃等。其中陶瓷膜具有耐高温、化学稳定性好、孔径分布窄、强度高、易于清洗等特点，适用于中药水提液的精制分离。有机膜材料目前主要由以下五类组成：①纤维素类，包括二醋酸纤维素（cellulose acetate, CA）、三醋酸纤维素（cellulose triacetate, CTA）、醋酸丙酸纤维素（cellulose acetate propionate, CAP）、再生纤维素（regenerated cellulose, RCE）、硝酸纤维素（cellulose nitrate, CN）、混合纤维素（cellulose nitrate-cellulose acetate, CN-CA）等；②聚烯烃类，包括聚丙烯（polypropylene, PP）、聚乙烯（polyethylene, PE）、聚偏氟乙烯（polyvinylidene fluoride, PVDF）、聚四氟乙烯（polytetra fluoroethylene, PTFE）、聚氯乙烯（polyvinyl chloride, PVC）等；③聚砜类，包括聚砜（polysulfone, PS）、聚醚砜（polyether sulfone, PES）、磺化聚砜（sulfonated polysulfone, SPSF）、聚砜酰胺（polysulfon amide, PSA）；④聚酰胺类，包括芳香聚酰胺（polyamide, PA）、尼龙6（nylon 6, NY6）、尼龙66（nylon 66, NY66）、聚醚酰胺（polyether amide, PEA）等；⑤聚酯类，包括聚酯、聚碳酸酯（polycarbonate, PC）等。

膜分离机制主要有两类：

（1）机械筛分机理：依靠分离膜上的微孔，利用待分离混合物各组成成分在质量、体积和几何形态的差异，借助机械筛分的方法使大于微孔的组分很难通过，而小于微孔的组分容易通过，从而达到分离的目的。如微滤、超滤、纳滤、渗析等。

（2）膜扩散机理：利用待分离混合物各组分对膜亲和性的差异，用扩散的方法使那些与膜亲和性大的成分（能溶解于膜中并从膜的一侧扩散到另一侧）和与膜亲和性小的成分实现分离。如反渗透、气体分离、液膜分离、渗透蒸发等。

2. 工艺过程　中药及天然产物制药企业对膜技术的需求几乎覆盖中药制药前处理工艺流程的全过程，包括中药提取液的微滤澄清、超滤精制（纯化）、纳滤、反渗透等浓缩，以及中药液体制剂，主要是中药注射剂的终端处理（除菌、除热原等）。

目前已规模化用于中药分离工艺的膜技术有：

（1）微滤技术：微滤膜是指 $0.01\sim10\mu m$ 孔径的多孔质分离膜，它可以把细菌、胶体以及气溶胶等微小粒子从流体中比较彻底地除去。一般微滤分离的过程如下：①过滤初始阶段，比膜孔径小的粒子进入膜孔，其中一些粒子由于各种力的作用被吸附于膜孔内，减小了膜孔的有效直径；②当膜孔内吸附趋于饱和时，微粒开始在膜表面形成滤饼层；③随着更多微粒在膜表面的吸附，微粒开始部分堵塞膜孔，最终在膜表面形成一层造成膜污染的凝胶滤饼层，膜通量趋于稳定。

（2）超滤技术：超滤膜是指 $0.001\sim0.02\mu m$ 孔径的多孔质分离膜，操作方式有间歇式和连续式两种。连续操作的优点是产品在系统中停留时间短，这对热敏或剪切力敏感的产品是有利的。连续操作主要用于大规模生产，它的主要特点是在较高的浓度下操作，故通量较低。在超滤过程中，有时在被超滤的混合物溶液中加入纯溶剂（通常为水），以增加总渗透量，并带走残留在溶液中的小分子溶质，达到更好的分离、纯化产品的目的，这种超滤过程被称为洗滤（diafiltration）或重过滤。洗滤是超滤的一种衍生过程，常用于小分子和大分子混合物的分离或精制，被分离的两种溶质的相对分子质量差异较大，通常选取的膜的截留相对分子质量介于两者之间，对大分子的截留率为100%，而小分子则能完全透过。

（3）纳滤技术：是介于传统分离范围的超滤和反渗透之间的一种新型分子级分离技术。实验证明,它能使 90% 的 NaCl 透过膜,而使 99% 的蔗糖被截留。由于该膜在渗透过程中截留率大于 95% 的最小分子约 1nm(非对称微孔膜平均孔径为 2nm),故被命名为"纳滤膜",这就是"纳滤"一词的由来。纳滤膜组件的操作压力一般为 0.7MPa 左右,最低的为 0.3MPa;对相对分子质量大于 300Da 的有机溶质有 90% 以上的截留能力,对盐类有中等程度以上的脱除率。纳滤与反渗透工艺过程相似。

(4)反渗透技术:借助半透膜对溶液中溶质的截留作用,以高于溶液渗透压的压差为推动力,使溶剂渗透通过半透膜,以达到溶液脱盐的目的。由于反渗透只对水进行选择性透过,不能透过膜的物质都滞留在膜面上,使膜不能充分发挥出其本来所具有的分离功能。

(5)膜蒸馏技术:分为直接接触式膜蒸馏(direct contact membrane distillation, DCMD)、气隙式膜蒸馏(air gap membrane distillation, AGMD)、气扫式膜蒸馏(Sweeping gas membrane distillation, SAMD)、真空膜蒸馏(vacuum membrane distillation, VMD)、渗透膜蒸馏(osmotic membrane distillation, OMD)等。对于热敏性中药的浓缩分离,采用工作温度 60℃ 以下,压力条件为低于常压的真空膜蒸馏技术可能是比较适当的浓缩方法。近年来,膜蒸馏的研究引起了广泛的重视,其研究成果也逐渐在牛奶、果汁、咖啡等产品的浓缩中得到应用。而中药提取液的膜蒸馏研究则刚起步不久,有关其技术原理,如膜蒸馏传热和传质过程及应用方面的很多问题尚待深入研究。

(6)电渗析技术:是在直流电场作用下,溶液中的荷电离子选择性地定向迁移,通过离子交换膜得以去除的一种膜分离技术。脱盐是电渗析技术的重要用武之地。近年来,电渗析除盐技术已在环境、生物化学、制盐、食品等领域中得到广泛应用。目前,电渗析技术除盐效率可达 85% 以上。

由膜技术的上述技术特征可以推测,规模化膜技术用于中药制剂生产工艺的主要目的是富集有效成分、去除杂质,尤其是对于中药注射剂中大分子杂质的去除尤为重要,其不仅能提高澄明度,还能减少不良反应发生率。加之,膜技术完全符合建设资源节约型和环境友好型社会,以及循环经济的发展思路,是名副其实的中药绿色制造关键技术,对推动我国中药制药行业的技术进步,提升劳动生产率和资源利用率具有重要作用,且具有广阔的推广应用前景。

3. 设备及工艺控制　膜分离装置至少应包括膜分离组件、泵、阀门、仪表和管道,此外还可配备常规预滤器、贮液罐和自动化控制装置等。膜分离组件简称膜组件(组件)或膜分离器,它将分离膜以某种形式组装在一个基本单元设备内,在外力的驱动下对混合物进行分离。膜组件是膜分离装置的核心部件,泵提供分离压力和药液等待分离混合物流动的能量,阀门和仪表对各种操作参数进行显示和控制。

工业上常用的膜组件主要类型有四种:板式、管式、卷式和中空纤维式,四种膜组件的特性比较详见表 3-26。

表 3-26　四种膜组件的特性比较

比较项目	卷式	中空纤维式	管式	板式
填充密度 /(m²/m³)	200~800	500~30 000	30~328	30~500
料液流速 /[m³/(m²·s)]	0.25~0.5	0.005	1~5	0.25~0.5
料液侧压降 /MPa	0.3~0.6	0.01~0.03	0.2~0.3	0.3~0.6
抗污染	中等	差	非常好	好

比较项目	卷式	中空纤维式	管式	板式
易清洗	较好	差	优	好
膜更换方式	组件	组件	膜或组件	膜
组件结构	复杂	复杂	简单	非常复杂
膜更换成本	较高	较高	中	低
对水质要求	较高	高	低	低
配套泵容量	小	小	大	中
工程放大	中	中	易	难
相对价格	低	低	高	高

不论何种形式,其使用和设计的共同要求如下:①尽可能大的有效膜面积;②为膜提供可靠的支撑装置,必要时还必须采用辅助支撑装置;③提供可引出透过液的方法;④使膜表面的浓差极化达最小值。

目前,膜污染是膜分离过程的一种综合现象,也是在中药分离过程中遇到的主要问题。膜污染一般可分为物理污染和化学污染两大类。其中,物理污染包括膜表面的沉积和膜孔内的阻塞,与膜孔结构、膜表面粗糙程度、溶质的尺寸和形状有关;化学污染则包括膜表面和孔内的吸附,与膜表面的荷电性、亲水性、吸附活性点及溶质的理化性质有关。污染机制研究主要从理论和实验两方面来探讨膜通量下降的原因,确定影响膜污染的各种因素,指导膜污染的控制方法和膜清洗方法的研究。

对于不同的物料体系,过滤的阶段不同,污染的程度不同。因此,料液在进入膜装置前,一般都要经过预先处理,以除去其中的颗粒悬浮物等物质,这对延长膜的使用寿命和防止膜孔的堵塞非常重要。料液的预处理还包括调节适当的 pH 和温度。对料液须进行循环操作的场合,料液温度会逐渐升高,故还须设置冷却器加以冷却。

膜组件是膜分离设备的核心部分,工业上常用的膜组件如下。

(1)板式:又称板框式,图 3-17 为典型的平板超滤组件示意图,基本单元由刚性的支撑板、膜

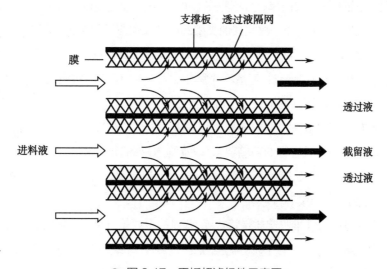

● 图 3-17 平板超滤组件示意图

片及置于支撑板和膜片间的透过液隔网组成。透过液隔网提供透过液流动的流道。支撑板两侧均放置膜片和透过液隔网。将膜片的四周端边与支撑板、透过液隔网密封,且留有透过液排出口,遂构成膜板。两相邻膜板借助其间放置的进料液隔网(进料液隔网较透过液隔网厚且网眼大)或其间周边放置的密封垫圈而彼此间隔。此间隔空间是供作进料液/截留液流动的流道,该流道高度为0.3~1.5mm。目前,许多新型的超滤组件都采用进料液隔网以改进局部混合,提高组件的传质性能,此进料液隔网是湍流促进器之一。若干膜板、进料液隔网(或垫圈)有序叠放在一起,两端用端板、螺杆紧固便构成平板组件。

(2)管式:管式膜的形式很多,管的组合方式有单管(管径一般为25mm)及管束(管径一般为15mm);液流的流动方式有管内流和管外流;管的类型有直通管和狭沟管。若干根单根膜管或若干根整装成一体的束状膜管放在塑料和不锈钢筒体内,用合适的端帽定位紧固,构成管式组件。依据端帽的结构可对各膜管进行串联、并联或并串联兼而有之的"双入口"连接。在"双入口"连接下,料液同时平行地流入两根膜管,然后各自流过串联的其他膜管。料液流经膜管的内腔,透过液通过膜和多孔支撑管径向外流出,汇集后由筒侧透过液出口孔排出(图3-18)。

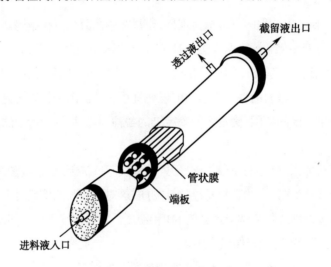

● 图 3-18　管式超滤组件示意图

管式超滤装置由于其结构简单,适应性强,压力损失小,透过量大,清洗、安装方便,并能耐高压,适宜于处理高黏度及稠厚液体,故比其他类型的超滤装置应用得更为广泛。

(3)卷式:卷式装置的主要元件是螺旋卷,它是将膜、支撑材料、膜间隔材料依次选好,如图3-19(a)所示围绕一中心管卷紧,形成一个膜组,见图3-19(b)。料液在膜表面通过间隔材料沿轴向流动,而透过液则以螺旋的形式由中心管流出。

卷式膜的特点是:螺旋卷中所包含的膜面积很大,湍流情况较好,适用于反渗透。缺点是膜两侧的液体阻力都较大,膜与膜边缘的粘接要求,以及制造、装配要求高,清洗、检修不便。卷式超滤膜装置可用于工业废水处理及再利用,料液的浓缩和提纯,乳品、果汁及蛋白质浓缩,电泳漆回收,矿泉水制造,医用除热原,印染等领域。

(4)中空纤维式:中空纤维膜实质是管式膜,两者的主要差异是中空纤维膜为无支撑体的自支撑膜,其基本结构如图3-20。中空纤维超滤膜的皮层一般在纤维的内侧,也有的在纤维内、外两侧,称双皮层。该双皮层结构赋予中空纤维超滤膜更高的强度和可靠的分离性。中空纤维超滤膜的

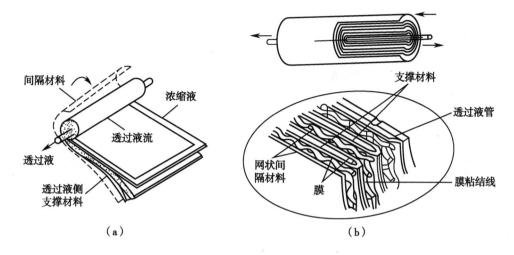

間隔材料

濃縮液

透过液流

透过液

透过液侧
支撑材料

（a）

支撑材料

透过液管

网状间
隔材料

膜

膜粘结线

（b）

● 图 3-19　卷式膜组件示意图

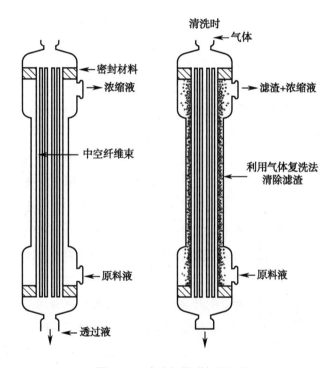

清洗时

气体

密封材料

浓缩液

滤渣+浓缩液

中空纤维束

利用气体复洗法
清除滤渣

原料液

原料液

透过液

● 图 3-20　中空纤维膜组件示意图

直径通常为 200~2 500μm，壁厚约 200μm。中空纤维很细，但它能承受很高压力而不需任何支撑物，故使得设备结构大大简化。中空纤维膜组件的一个重要特点是可采用气体反吹或液体逆洗的方法来除去粒子，以恢复膜的性能。

中空纤维超滤膜的主要用途有：①各种纯水与饮用水的净化与除菌；②医用无菌水与注射用水的净化与除热原；③生化发酵液的分离与精制；④血液制品的分离与精制；⑤生产与生活用水的除污、净化；⑥果汁饮料的浓缩与精制；⑦低度白酒的除污、净化；⑧葡萄酒的明化过滤；⑨中药提取液的分离与精制。

二、分子蒸馏工艺

分子蒸馏（molecular distillation）也称短程蒸馏,是一种在高真空度条件下进行分离操作的连续蒸馏过程。由于分子蒸馏过程的操作系统的压力仅在 $10^{-2}Pa{\sim}10^{-1}Pa$,所以混合物可以在远低于常压沸点的温度下挥发,且组分在受热状态下停留时间很短（0.1~1 秒）。因此,分子蒸馏过程已成为分离目的产物最温和的蒸馏方法。目前,分子蒸馏技术已成功地应用于食品、医药、精细化工和化妆品等行业。

1. 分离原理　由于不同种类分子的有效直径不同,其平均自由程也不同,故不同种类分子溢出液面不与其他分子碰撞的飞行距离不同。分子蒸馏技术正是利用不同种类分子溢出液面后平均自由程不同的性质实现分离。一般来说,轻分子的平均自由程大,重分子的平均自由程小,若在离液面小于轻分子平均自由程而大于重分子平均自由程处设置一冷凝面,则使得轻分子落在冷凝面上而被冷凝,而重分子因达不到冷凝面而返回原来液面,从而达到分离混合物的目的。

分子蒸馏适用于分离低挥发度、高沸点、热敏性和具有生物活性的物料。在中药分离中的应用主要包括:①挥发油类单体成分的分离。②脱除中药制剂中的残留农药和有害重金属。中成药制剂有残留农药和重金属超标,采用分子蒸馏技术对中药制剂中的残留农药和重金属进行脱除,比其他传统方法更简便有效。③降低挥发油中毒性和刺激性成分。应用分子蒸馏法对地椒油进行精制,可有效降低导致毒性和刺激性的麝香草酚、异麝香草酚这两个成分的含量,同时也可达到为地椒油脱色脱臭的目的等。

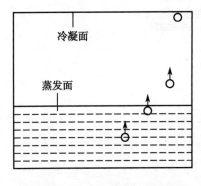

● 图 3-21　分子蒸馏过程示意图

2. 工艺过程　分子蒸馏过程可分为以下四步（图 3-21）:

（1）分子从液相主体扩散到蒸发表面:在降膜式和离心式分子蒸馏器中,分子通过扩散方式从液相主体进入蒸发表面,液相中的分子扩散速率是控制分子蒸馏速率的主要因素,应尽量降低液层的厚度及强化液层的流动状态。

（2）分子在液层表面上的自由蒸发:分子的蒸发速率随着温度的升高而上升,但分离效率有时却随着温度的升高而降低,应以被分离液体的热稳定性为前提,选择适当的蒸馏温度。

（3）分子从蒸发表面向冷凝面飞射:蒸汽分子从蒸发面向冷凝面飞射的过程中,蒸发分子彼此可能产生的碰撞对蒸发速率影响不大,但蒸发的分子与两面之间无序运动的残气分子相互碰撞会影响蒸发速率。但只要在操作系统中建立起足够高的真空度,使得蒸发分子的平均自由程大于或等于蒸发面与冷凝面之间的距离,则飞射过程和蒸发过程就可以快速完成。

（4）分子在冷凝面上冷凝:只要保证蒸发面与冷凝面之间有足够的温度差（一般大于60℃）,并且冷凝面的形状合理且光滑,则冷凝过程可以在瞬间完成,且冷凝面的蒸发效应对分离过程没有影响。

与普通的减压蒸馏相比,分子蒸馏工艺过程的主要特点如下。

（1）蒸发面与冷凝面间的距离很小,蒸汽分子从蒸发面向冷凝面飞射的过程中,蒸汽分子之间发生碰撞的概率很小,整个系统可在很高的真空度下工作。

（2）蒸馏过程中,蒸汽分子从蒸发面逸出后直接飞射到冷凝面上,几乎不与其他分子发生碰撞,理论上没有返回蒸发面的可能性,因而过程是不可逆的。

（3）分离能力不仅与各组分的相对挥发度有关,而且与各组分的分子量有关,且蒸发时没有鼓泡、沸腾现象。

3. 设备及工艺控制　分子蒸馏设备主要包括分子蒸馏器、脱气系统、进料系统、加热系统、冷却系统、真空系统和控制系统。其核心部分是分子蒸馏器,主要有降膜式分子蒸发器、刮膜式分子蒸发器和离心式分子蒸发器。

（1）降膜式分子蒸发器:不适合用于分离黏度很大的物料,会导致物料在蒸发温度下的停留时间加大,现在应用较少。

（2）刮膜式分子蒸发器:刮膜式分子蒸发器如图 3-22 所示。

物料以一定的速率进入到进液分布盘上,在一定的离心力作用下被抛向加热蒸发面,在重力作用下沿蒸发面向下流动的同时在刮膜器的作用下得到均匀分布。低沸点组分首先从薄膜中挥发,径直飞向中间冷凝面,并冷凝成液相,冷凝液流向蒸发器的底部,经产品出口流出,不挥发组分从残留液出口流出,不凝气从真空口排出。图 3-23 所示为分子蒸馏装置的工艺流程,待分离物料在进入刮膜蒸发器之前,须经脱气系统将低沸点杂质脱除,以利于整个操作系统保持很高的真空度。

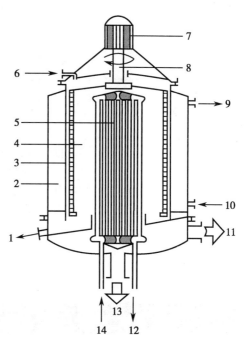

1. 残留液出口; 2. 加热套; 3. 刮膜器; 4. 蒸发空间; 5. 内冷凝器; 6. 进料口; 7. 转动电机; 8. 进液分布盘; 9. 加热介质出口; 10. 加热介质入口; 11. 真空口; 12. 冷却水出口; 13. 产品流出口; 14. 冷却水入口。

● 图 3-22　刮膜式分子蒸发器

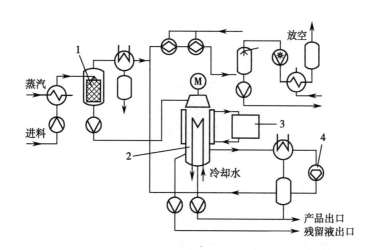

1. 脱气系统; 2. 分子蒸馏器; 3. 加热系统; 4. 真空系统。

● 图 3-23　分子蒸馏装置工艺流程

（3）离心式分子蒸发器：如图3-24所示。离心式分子蒸馏设备结构复杂，真空密封较难，设备的制造成本较高。由于离心式分子蒸馏设备的局限性，多数厂家生产刮膜式分子蒸馏器，仅美国一家公司生产离心式分子蒸发器。

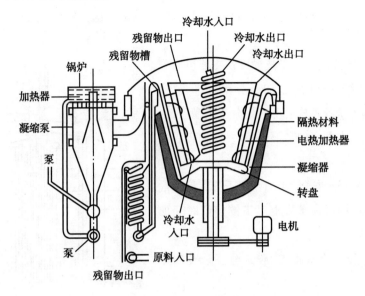

● 图3-24 离心式分子蒸馏器

本章小结

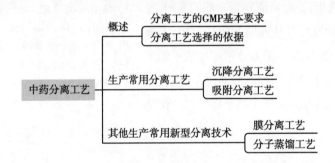

第三章 同步练习

（朱华旭 唐志书 张 欣 张岩岩）

参 考 文 献

[1] 郭立玮. 中药分离原理与技术. 北京：人民卫生出版社，2010.

[2] 郭立玮. 制药分离工程. 北京：人民卫生出版社，2014.

[3] 傅超美，刘文. 中药药剂学. 北京：中国医药科技出版社，2014.

[4] 朱长乐. 膜科学技术. 2版. 北京: 高等教育出版社, 2004.

[5] 叶陈丽, 贺帅, 曹伟灵, 等. 中药提取分离新技术的研究进展. 中草药, 2015, 46(3): 457-464.

[6] 刘丹, 吴叶红, 李玮桓, 等. 大孔吸附树脂在天然产物分离纯化中的应用. 中草药, 2016, 47(15): 2764-2770.

[7] 季慧, 陈斌斌, 黄越燕. 大孔吸附树脂分离纯化生物碱类化合物研究进展. 亚太传统医药, 2017, 13(1): 72-75.

[8] 徐龙泉, 彭黔荣, 杨敏, 等. 膜分离技术在中药生产及研究中的应用进展. 中成药, 2013, 35(9): 1989-1994.

[9] 樊君, 代宏哲, 高续春. 膜分离在中药制药中的应用进展. 膜科学与技术, 2011, 31(3): 180-184.

[10] 杨晨, 石飞燕, 潘林梅, 等. 中药水提液真空膜蒸馏过程中膜通量衰减及清洗方法. 中成药, 2016, 38(8): 1722-1726.

[11] 吴鑫, 李存玉, 顾佳美, 等. 纳滤技术在中药制药行业应用中的研究进展. 中成药, 2018, 40(2): 420-424.

[12] 段振亚, 刘茂睿, 李韶璞, 等. 刮膜式分子蒸馏技术理论研究进展. 化学工程, 2017, 45(9): 13-17, 51.

[13] 宋晓艳, 迟延青, 赵雪梅. 分子蒸馏技术及其在中药分离中的应用. 辽宁中医药大学学报, 2015, 17(10): 135-137.

第四章 中药浓缩工艺

1. 掌握：生产常用浓缩方法的原理、工艺过程、设备及工艺控制。
2. 熟悉：浓缩工艺原理与影响浓缩的因素。
3. 了解：中药提取液浓缩的 GMP 基本要求；结合浓缩生产的案例，了解生产操作的相关文件、生产设备、生产过程、工艺参数控制等。

第一节 概述

中药提取液的浓缩是中药制药的重要工序之一。浓缩大多是指在沸腾状态下，运用蒸发原理，用加热的方法，使溶液中部分溶媒汽化并除去，从而提高溶液的浓度，得到浓缩液的工艺操作过程。蒸发是中药提取液浓缩的重要手段，除此之外，膜过滤法、超滤法、反渗透法、冷冻浓缩法也可用于中药提取液的浓缩。

中药提取液大多是来源于中药复方的水提液或醇提液，所含成分复杂多样，药液中常含有生物碱、黄酮类、苷类、糖类、鞣质、酚类、有机酸、酯类、氨基酸、蛋白质等有机成分和其他无机成分。这些成分中，有的对热不稳定，有的易氧化，有的易挥发或升华，操作人员应充分考虑到这些成分的特点，选择合适的浓缩工艺。此外，虽然中药提取液大多黏性较小，但提取液通常要浓缩数倍甚至数十倍，浓缩到一定程度后，黏性将明显增大。

一、浓缩工艺的 GMP 基本要求

中药浓缩厂房应当与其生产工艺要求相适应，有良好的排风、水蒸气控制及防止污染和交叉污染等设施。

中药浓缩工序宜采用密闭系统进行操作，并在线进行清洁，以防止污染和交叉污染。采用密闭系统生产的，其操作环境可在非洁净区；采用敞口方式生产的，其操作环境应当与其制剂配制操作区的洁净度级别相适应。

制定浓缩、收膏岗位的生产工艺和工序操作规程,各关键工序的技术参数必须明确,如岗位收率、物料平衡率等要求,并明确相应的贮存条件及期限;及时准确填写中药浓缩生产记录,记录中至少应当有设备编号、温度、浸膏数量。中药提取用溶剂需回收使用的,应当制定回收操作规程。回收后溶剂的再使用不得对产品造成交叉污染,不得对产品的质量和安全有不利影响。

浓缩时确保真空度符合要求,随时检查蒸气压,严禁超压运行。抽取药液时,确保各阀门开启状态正确,防止混药事故发生。

操作结束后及时将现场清理干净,运走生产废弃物。

二、浓缩工艺原理与影响浓缩的因素

(一)浓缩工艺原理

目前,中药工业生产中提取液的浓缩方式普遍采用蒸发浓缩,其方法是将提取液加热至沸腾,使溶媒分子直接逸出或冷凝后排出。

蒸发浓缩是运用蒸发原理,使溶液中部分溶媒汽化并除去,从而提高溶液的浓度,实质就是浓缩溶液(或回收溶剂)的传热操作过程。蒸发浓缩过程必须具备两个基本条件:一是浓缩过程中应不断地向溶液供给热能,蒸发时液体从周围吸收热量;二是要不断排出浓缩过程中所产生的溶剂蒸气,蒸发时,溶媒分子从外界吸收能量,克服液体分子间引力和外界阻力,而逸出液面。为提高蒸发效率,工业生产中蒸发浓缩多采用沸腾蒸发。

浓缩过程一般具有以下特点:①浓缩液的沸点升高;②浓缩液理化性质的改变;③浓缩过程中的结垢现象;④能量的循环使用。在实际生产中,操作人员应根据浓缩过程中药液理化性质等的变化,采取相应的措施。

药液浓缩过程中受热时间较长,容易让热敏性成分被破坏,发生氧化、水解、聚合、结构变形等变化而造成不同程度损失,甚至失去药用价值。因此,如何避免或减少浓缩过程中的成分损失,成为中药生产和质量控制的重要问题。

解决浓缩过程中热敏性成分损失的思路主要有两个方面:一是低温下进行;二是缩短受热时间。目前,常用的蒸发浓缩方式很难符合这两方面的要求。近年来开发的中药浓缩新工艺和新技术,如冷冻浓缩、膜浓缩、吸附树脂分离浓缩、管式膜蒸发浓缩等,有效降低了浓缩过程中热敏性成分的损失。

(二)影响浓缩的因素

蒸发浓缩一般是在沸腾下进行的,沸腾蒸发的效率是指单位时间、单位传热面积上蒸发的溶媒量,通常以蒸发器的生产强度(U)来表示,见式(4-1)。

$$U = \frac{W}{A} = \frac{K \cdot \Delta t_m}{r} \qquad\qquad 式(4-1)$$

式中,U 为生产强度;K 为传热系数;r(kJ/kg)为二次蒸汽的汽化潜能;A 为蒸发器传热面积;W 为蒸发量;Δt_m 为传热温度差(加热蒸汽的温度与溶液沸点之差)。

1. 影响传热温度差的因素 传热温度差（Δt_{m}）是加热蒸汽的温度与溶液的沸点之差，它是传热过程的推动力。溶剂汽化是由于获得了足够的热能，使分子摆脱了分子间的内聚力而逸出溶液，故在蒸发过程中必须不断地向溶液传递热能。

浓缩过程中，提高加热蒸汽的压力，可提高 Δt_{m}，从而提高效率，但热敏性药物易破坏。采用减压方法适当降低冷凝器中二次蒸汽的压力，可降低药液的沸点同时提高 Δt_{m}，有利于提高蒸发效率。由于料液浓度不断提高，浓缩液的沸点也逐渐升高，会使 Δt_{m} 逐渐变小，导致蒸发速度下降。

蒸发过程中，液层底部的沸点高于液面，故液层底部的传热温度差大于液面的传热温度差。此时，采用沸腾蒸发，控制适宜的液层深度可得到改善。

2. 影响传热系数的因素 传热系数（K）是指在稳定传热条件下，围护结构两侧空气温差为1℃，1秒内通过 1 平方米面积传递的热量，单位是瓦 /（平方米·摄氏度）（$W/m^2 \cdot ℃$）。传热系数不仅和材料有关，还和具体的过程有关。

提高传热系数是提高蒸发效率的主要因素。由传热原理可知，增大 K 的主要途径是减少各部分的热阻。管内溶液侧污垢层热阻（heat resistance of dirt layer）在许多情况下是影响 K 的重要因素，尤其是处理易结垢或结晶的物料时，往往很快就在传热面上形成垢层，致使传热速率降低。为了减少垢层热阻，除了要加强搅拌和定期除垢之外，还可以从设备结构上来改进。

第二节 生产常用浓缩方法

中药制药生产中常用的浓缩方法，根据所采用压力、二次蒸汽能否循环使用、进出料液的方式、浓缩过程中循环次数的不同，分类如下：

1. 根据蒸发操作过程中所采用压力的不同，分为常压浓缩和减压浓缩。

2. 根据溶液蒸发过程中所产生的二次蒸汽能否作为另一蒸发器的加热蒸汽进行循环使用，分为单效浓缩和多效浓缩。

3. 根据浓缩过程中进出料液的方式不同，分为间歇浓缩和连续浓缩。

4. 根据浓缩过程中循环次数不同，分为循环型浓缩和单程型浓缩。

中药提取液浓缩设备的选择，应考虑到药液的黏度变化、药液的热稳定性、药液的发泡性、固体悬浮颗粒、工程技术的要求、公用系统的情况等因素，实际选型时，主要根据被蒸发溶液的工艺特性而权衡决定。

一、常压浓缩的原理、工艺过程、设备及工艺控制

（一）常压浓缩的原理

常压浓缩是在一个大气压下进行的蒸发浓缩，又称为常压蒸发。常压浓缩过程中，药液未沸腾时，加热提供的热量主要用于升高药液温度；药液沸腾时，加热提供的热量主要用于药液汽化吸

热,给热速率(即单位时间内的给热量)大时,药液沸腾剧烈、蒸发量大,而给热速率(即单位时间内的给热量)较小时,药液沸腾轻微、蒸发量小。生产上蒸发浓缩多采用沸腾蒸发。

(二)常压浓缩的工艺过程

常压浓缩的工艺流程如下:

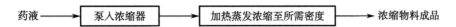

药液 ——→ 泵入浓缩器 ——→ 加热蒸发浓缩至所需密度 ——→ 浓缩物料成品

(三)常压浓缩的设备

常压浓缩的设备主要为敞口倾倒式夹层蒸汽锅,底有夹层,内通蒸汽加热,使料液在常压煮沸蒸发浓缩。

(四)常压浓缩的工艺控制

常压浓缩主要用于耐热药剂的制备,可以在无限空间中进行,也可以在有限空间中进行。如果待蒸发的溶剂无燃烧性、无毒害,并无经济价值时,可以选择在无限空间中蒸发。无限空间蒸发简单易行,但耗时较长,易导致某些热敏性成分被破坏,适用于溶质对热稳定及少量制备时应用。如果提取液中含有乙醇或其他有机溶剂时,可采用常压蒸馏装置回收。常压浓缩过程中应加强搅拌,避免表面结膜而影响蒸发,并及时排出所产生的水蒸气。

常压浓缩是传统的浓缩技术,操作简单,有较大的负载量。但由于加热时间长、温度高,本法不适用于热敏性成分或挥发性成分,同时耗能大、浓缩效率低。

为提高常压蒸发的效率,缩短浓缩时间,常采取一定的工艺控制措施:①温度越高,水蒸气分子运用速度越大,蒸发则越快,因此应尽量在沸腾下蒸发;②采用蒸发面积大的容器;③蒸发过程中,振荡或搅拌药液可加大液体的暴露面积,同时可防止液面形成结膜;④采用通风设备,提高液面空气流速。

二、减压浓缩的原理、工艺过程、设备及工艺控制

(一)减压浓缩的原理

减压浓缩系指在密闭容器内,通过抽真空来降低内部压力,使料液沸点降低而进行的蒸发方法。

减压浓缩的原理是使蒸发器内形成一定的真空度(低于1个大气压),将溶液的沸点降低,从而进行沸腾蒸发操作。由于溶液沸点降低,能防止或减少热敏性成分的分解,适用于含热敏性成分药液的浓缩。

减压浓缩的优点有:①防止或减少热敏性成分的分解;②增大了传热温度差,蒸发效率提高;③能不断排出溶剂蒸汽,有利于蒸发顺利进行;④沸点降低,可利用低压蒸汽或废气作加热源;⑤密闭容器可回收乙醇等溶剂。但是,溶液沸点下降也会使黏度增大,使总传热系数下降。

（二）减压浓缩的工艺过程

减压浓缩的工艺过程如下：

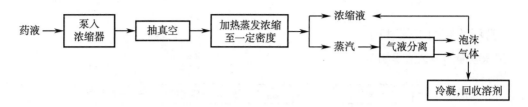

（三）减压浓缩的常用设备

1. 减压浓缩罐　此设备可使药液在减压及较低温度下得到浓缩，同时可回收乙醇等有机溶剂。减压蒸馏器回收乙醇的浓度一般在80%~85%，采用乙醇精馏塔可提高回收乙醇的浓度。图4-1为减压浓缩罐结构示意图。

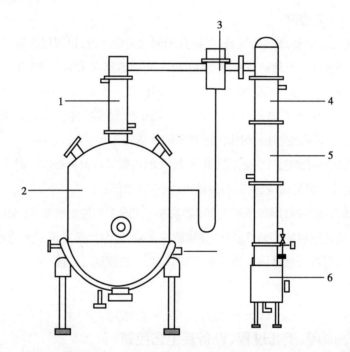

1. 第一冷凝器；2. 浓缩罐；3. 气液分离器；4. 第二冷凝器；5. 冷却器；6. 集液罐。

● 图4-1　减压浓缩罐

2. 真空浓缩罐　用水流喷射泵抽气减压，适用于水提液的浓缩。

3. 管式蒸发器　蒸发器的加热室由管件构成，药液通过由蒸汽加热的管壁而被蒸发浓缩。有蛇管式、外加热式、中央循环管式及泵强制循环式。

（四）减压浓缩的工艺控制

减压浓缩过程真空度一般控制在0.08~0.10MPa；醇提液浓缩温度一般为60~65℃，水提液浓缩温度一般为85~90℃；一般浓缩至相对密度1.05~1.15。

三、多效浓缩的原理、工艺过程、设备及工艺控制

（一）多效浓缩的原理

多效浓缩是将两个或两个以上减压蒸发器并联形成的浓缩设备。

药液浓缩工艺中，减少加热蒸汽消耗量的主要途径有两种：①减少提取过程中的溶剂量，如采用三效逆流萃取的工艺，使提取液最终浓的提高，从而大大节约溶剂水的用量并使所需的水蒸发量也显著减少。②对二次蒸汽的剩余热焓量的利用，常采用多效蒸发。制药生产中应用较多的是二效浓缩或三效浓缩。

（二）多效浓缩的工艺过程

多效浓缩工艺流程如下：

（三）多效浓缩的设备及应用

常见的多效浓缩的操作流程，根据加热蒸汽与料液的流向不同，一般可分为顺流式、逆流式、错流式及平流式。图 4-2 为多效浓缩原理示意图。

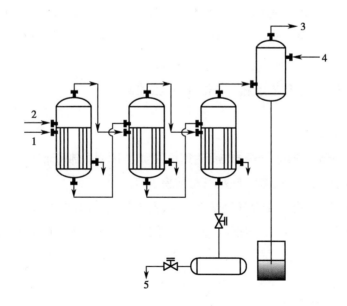

1. 加热蒸汽；2. 料液；3. 不凝性气体；4. 冷却水；5. 浓缩液。

● 图 4-2　多效浓缩原理示意图

1. 顺流（并流）式　顺流也称为并流，其工艺过程是料液和蒸汽的流向相同，料液进入第一效，浓缩后由底部排出，依次流入第二效和第三效，被连续地浓缩，完成液由第三效的底部排出。

顺流式的优点是：①溶液在效间输送可以利用各效间的压力差，不必外加用泵设备；②前一

效溶液进入后一效时,会因过热而闪蒸,可产生较多的二次蒸汽;③由于辅助设备少,装置紧凑,管路短,温度差损失小;④装置的操作简便,工艺条件稳定,设备维修工作少。

顺流式的缺点是:由于后一效溶液的浓度较前一效的高,且温度又较低,所以沿溶液流动方向其浓度逐渐增高,黏度也增高,致使传热系数逐渐下降,因而此法不宜处理黏度随温度、浓度变化较大的溶液。

2. 逆流式　逆流式的工艺过程是料液由第三效进入,用泵依次输送至前一效,完成液由第一效底部排出,即料液与加热蒸汽走向相反。

逆流式的优点是:①各效溶液的黏度较为接近,使各效的传热系数也大致相同;②浓缩液的排出温度较高,利用其热能可进一步减压闪蒸增浓,获得较高浓度的完成液。

逆流式的缺点是:①辅助设备较多,各效间需设备料液泵和预热器,有动力消耗;②操作较复杂,工艺条件不易稳定。此法宜于处理黏度随温度和浓度变化较大的溶液,而不宜处理热敏性的溶液。

3. 错流式　错流式的工艺过程是料液先进入二效,流向三效,再流向一效;加热蒸汽由一效流向二效,再流向三效。

4. 平流式　平流式的工艺过程是相同的料液分别加入每一效之中,相同的完成液也分别自各效中排出,而蒸汽的流向仍是由第一效流至第二效,再流至第三效。

(四)多效浓缩的工艺控制

多效浓缩工艺大多是在减压条件下进行,因此减压浓缩中易出现的问题,多效浓缩中也常出现。其真空度的控制,一般一效为 0.02~0.03MPa,二效为 0.05~0.06MPa,三效为 0.07~0.08MPa。三效之中,各效控制温度不同,一般一效为 85~95℃,二效为 75~80℃,三效为 60~65℃。

四、薄膜浓缩的原理、工艺过程、设备及工艺控制

(一)薄膜浓缩的原理

薄膜蒸发,系指药液在快速流经加热面时形成薄膜,并因剧烈沸腾而产生大量泡沫,达到增加蒸发面积、显著提高蒸发效率的浓缩方法,又称薄膜浓缩。

薄膜浓缩的特点包括:①浓缩速度快而均匀,药液的受热时间短;②不受液体静压和过热的影响,药效成分不易被破坏;③溶剂可回收,并可重复使用;④可以在常压或减压下进行连续操作。

(二)薄膜浓缩的常用设备

薄膜浓缩的常用设备有升膜式蒸发器、降膜式蒸发器、刮板式薄膜蒸发器、离心薄膜蒸发器等,适用于热敏性药液的浓缩和溶剂的回收。

(三)薄膜浓缩的工艺过程

1. 升膜式蒸发器　升膜式蒸发设备的工艺过程如下:经预热的药液自预热器上部流出,进入

列管蒸发器,被蒸汽加热后沸腾汽化,形成大量泡沫;二次蒸汽使药液上升,形成薄膜状沿管壁向上流动,溶液在成膜状上升过程中,以泡沫的内外表面为蒸发面而迅速蒸发。

升膜式蒸发浓缩的工艺流程如下:

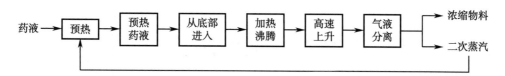

升膜式蒸发适用于蒸发量较大、热敏性、黏度适中和易产生泡沫的料液。不适用于高黏度、有结晶析出或易结垢的料液。一般中药水提液的浓缩相对密度可达 1.05~1.10。图 4-3 为升膜式蒸发器结构示意图。

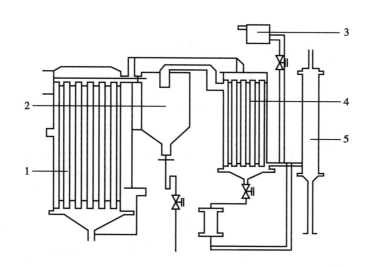

1. 列管蒸发器;2. 气液分离器;3. 贮液罐;4. 预热器;5. 混合冷凝器。

● 图 4-3 升膜式蒸发器

升膜式蒸发装置中的气液分离室有两种安装方式。一种是直接安装于蒸发器的顶部。另一种是蒸发器顶部气液混合物通过保温导管和蒸发器外的气液分离器相连接。

升膜式蒸发器安装要求较高,管束一定要处于垂直位置,为此从设备制作时就要符合规定的要求。

2. 降膜式蒸发器　降膜式蒸发器的工艺过程是:药液由顶部加入,在重力作用下成膜。药液成膜的原因是由重力作用及液体对管壁的亲润力,使液体成膜状沿管壁下流。

降膜式蒸发浓缩的工艺流程如下:

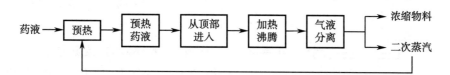

降膜式蒸发器适用于蒸发浓度较高、黏度较大的药液。由于没有液体静压,沸腾传热系数与温度差无关,即使在较小传热温度差下,传热系数也较大,对热敏性药液的浓缩更有益。

降膜式蒸发器与升膜式蒸发器的区别为原料液由加热室的顶部加入,并借助料液重力作用成膜。生产中常常将升膜式蒸发器和降膜式蒸发器联用。在第一效采用升膜式蒸发器,第二效采用降膜式蒸发器,二次蒸汽与浓缩液呈并流而下,液膜流下不必克服重力,反而可利用重力作用,有利于黏性较大的溶液的浓缩。图4-4为降膜式蒸发器结构示意图。

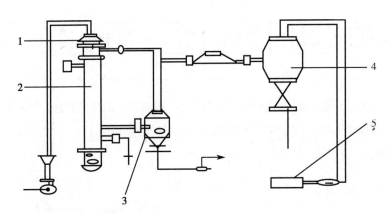

1. 液体分布器;2. 降膜式蒸发器;3. 分离器;4. 水力喷射器;5. 循环水箱。

● 图4-4 降膜式蒸发器

降膜式蒸发器的优点是浓缩比大,适用黏度范围大、传热效果好、蒸汽和冷却水的耗量小、处理药液量大。其缺点是需要在每根加热管上装分布器,而且管束的垂直度安装要求高,否则下降料液分布不均匀,此外还必须有足够的料液,确保整个管内壁处于安全润湿状态。

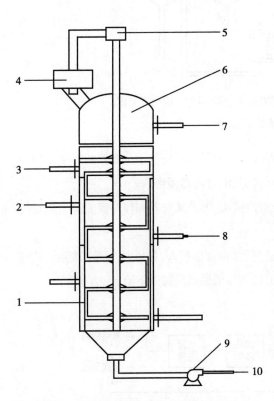

1. 刮板;2. 加热蒸汽;3. 原料;4. 电机;5. 轴;
6. 蒸发器;7. 二次蒸汽;8. 冷凝液;9. 出料泵;
10. 成品。

● 图4-5 刮板式薄膜蒸发器

3. 刮板式薄膜蒸发器 刮板式薄膜蒸发器的工作原理是利用高速旋转的刮板转子,将药液刮布成均匀的薄膜而进行蒸发浓缩。由于在真空条件下,药液在沸腾区停留时间短,故适用于高黏度、易结垢、热敏性药液的蒸发浓缩,其浓缩比可达5:1,若与升膜式蒸发器串联使用,可获得高黏度的浓缩液。但设备结构复杂,动力消耗大。图4-5为刮板式薄膜蒸发器示意图。

刮板式薄膜蒸发器分为立式和卧式两种,而立式又分为降膜式和升膜式两种。蒸发器的壳装有夹套,内通加热蒸汽。器内在搅拌轴上装有各种形式的刮板,由电机带动旋转,刮板外沿与器内壁的间隙为0.8~2.5mm,也有在刮板的外缘装有软性材料(如塑料)的刮片,使其与圆筒内壁直接接触。

刮板式薄膜蒸发的工艺过程是,料液由蒸发器进料口沿切线方向进入器内,或经器内固定在旋转轴上的料液分配盘进入器内,借助离心力均匀分布在加热壁四周,形成液膜下降并被蒸发。刮板式薄膜蒸发浓缩工艺流程如下:

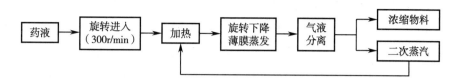

4. 离心薄膜蒸发器　离心薄膜蒸发器的工作原理是利用高速旋转形成的离心力,将液体分散成均匀薄膜而进行物料浓缩的一种新型高效蒸发设备。

离心薄膜蒸发浓缩工艺流程如下:

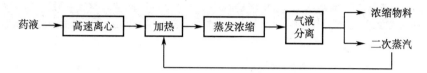

离心薄膜蒸发器综合了薄膜蒸发和离心分离两种工程原理,在离心作用下,具有液膜厚度薄(0.05~1mm 的薄膜)、传热系数高、设备体积小、浓缩比高(15~20 倍)、物料受热时间短(多为 1 秒)、浓缩时不易起泡、不易结垢等优点,更适用于中药提取液的浓缩。图 4-6 为离心式薄膜蒸发器结构示意图。

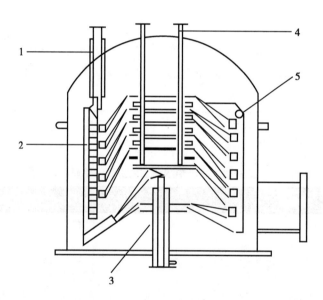

1. 出料管;2. 浓缩液汇集管;3. 凝水管;4. 分配管;5. 转鼓。

● 图 4-6　离心式薄膜蒸发器

(四)薄膜浓缩的工艺控制

1. 升膜式蒸发　生产中应控制蒸发量、料液黏度、药液上升速度等。蒸发量过大,管道过长,在管子顶部造成液体量不足,易出现干壁现象,此时应适当增加料液量或选择降膜蒸发设备进行浓缩;料液黏度一般控制在 0.05Pa·s 以下;药液上升速度,常压条件下上升速度一般为 20~50m/s,减压条件下可达 100~160m/s,甚至更高。

2. 降膜式蒸发　降膜式蒸发工艺过程,须保证料液呈膜式沿加热管内壁下降。如出现料液分布不均,导致结垢后干壁现象,应调整料液分布器,使液体分布均匀形成膜状。

3. 刮板式薄膜蒸发　一般刮板转速在300r/min以上,形成的液膜厚度与料液黏度及转速有关,可达0.03mm。刮板式薄膜蒸发浓缩比较高,一般为6:1或10:1,最大可达到50:1。

4. 离心式薄膜蒸发　离心式薄膜蒸发过程中,液膜厚度与料液黏度及转速有关,一般为0.05~1mm。应控制转速和蒸发速度,以维持液面恒定,保持蒸发速度与热量的平衡。

案例4-1　浓缩工艺案例

1. 操作相关文件(表4-1)

表4-1　工业化大生产中浓缩工艺操作相关文件

文件类型	文件名称	适用范围
工艺规程	××提取物工艺规程	规范工艺操作步骤、参数
内控标准	××提取物内控标准	中间体质量检查标准
质量管理文件	偏差管理规程	生产过程中偏差处理
工序操作规程	浓缩工序操作规程	浓缩工序操作
设备操作规程	××型双效真空浓缩器操作规程	双效真空浓缩器操作
	××型双效真空浓缩器维护保养操作规程	双效真空浓缩器维护保养操作
	××型双效真空浓缩器清洁操作规程	双效真空浓缩器清洁操作
卫生管理规程	洁净区工艺卫生管理规程	洁净区卫生管理
	洁净区环境卫生管理规程	洁净区卫生管理
管理规程	交接班管理规程	交接班管理

2. 生产前检查确认(表4-2)

表4-2　工业化大生产中浓缩工艺生产前检查确认项目

检查项目	检查结果	
清场记录	□有	□无
清场合格证	□有	□无
批生产指令	□有	□无
设备、容器具、管道完好、清洁	□有	□无
计量器具有检定合格证,并在周检效期内	□符合要求	□不符合要求
检验用仪器有检定合格证,并在周检效期内	□符合要求	□不符合要求
工器具定置管理	□符合要求	□不符合要求
上批遗留产品及与本批无关文件、物料已清除	□已清除	□未清除
所用工艺指令、SOP、批生产记录等文件齐全	□齐全	□不齐全
与本批有关的物料齐全	□齐全	□不齐全
有所用物料检验合格报告单	□有	□无
备注		
检查人		

岗位操作人员按表 4-2 检查确认后,填写生产操作前检查记录,并签名。质检员复核确认后发放生产许可证(表 4-3)。

表 4-3　工业化大生产中浓缩工艺生产许可证

品　名		规　格	
批　号		批　量	
检查结果		质检员	
备　注			

3. 生产准备

3.1　批生产记录要求

车间工艺员下发本批次的批生产记录,操作人员领取批生产记录后,查看首页生产指令单,获取品名、批号、设备号,严格按照《××提取物浓缩工艺规程》进行操作,在批生产记录上及时记录要求的相关参数。

3.2　操作前检查

根据生产指令单获取的设备号,操作人员按照表 4-4 对工序内精制预处理区清场情况、设备状态等进行检查,确认符合合格标准后,检查人与复核人在批生产记录上签字确认。操作人员填写"运行"设备状态标志,填写品名、批号、数量、日期、操作人相关内容,取下班组长已检查签字的"正常　已清洁"状态标志,贴于批生产记录上,悬挂"运行"设备状态标志。

表 4-4　工业化大生产中浓缩工艺精制预处理区清场及设备情况检查

区域	类别	检查内容	合格标准	检查人	复核人
精制预处理区	清场	环境清洁	无与本批次生产无关的物料、记录等	操作人员	操作人员
		设备清洁	设备悬挂"正常　已清洁"状态标志并有车间 QA 检查签字	操作人员	操作人员
	设备情况	设备零部件情况	按照《××型双效真空浓缩器维护保养操作规程》进行操作前检查,确认设备处于正常状态	操作人员	操作人员

4. 所需设备列表(表 4-5)

表 4-5　工业化大生产中浓缩工艺所需设备列表

序号	设备名称	设备型号
1	双效真空浓缩器	××

5. 工艺过程

5.1　工艺流程

工业化大生产中的浓缩工艺流程如下:

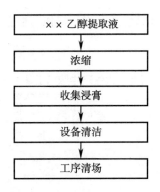

5.2 工艺过程（表4-6）

表4-6 工业化大生产中浓缩工艺过程

操作步骤	具体操作步骤	责任人
加料	打开真空总阀门,待二效真空度达到 ××~××MPa 以上时,开启进料阀门,待药液达到自控设定液位时,停止加料	操作人员
浓缩	打开蒸汽总阀门,蒸汽压力≤××MPa,开始加热浓缩。浓缩过程中温度一效控制在 ××~××℃,二效控制在 ××~××℃,真空度控制在 ××~××MPa,浓缩时间控制在 ××h 以内	操作人员
	浓缩过程中,根据设备内情况自动适时补料,至全部药液吸入设备中	
	浓缩至二效液位高度达到 ××mm 时,二效自动并入一效	
	一效继续浓缩至相对密度为 d=××~××（××℃）的浸膏,关闭蒸汽,关闭真空,停止浓缩,打开排空阀,放出浸膏,在放出浸膏的过程中人工复核浸膏相对密度	
设备清洁	根据《××型双效浓缩器清洁操作规程》对生产设备和现场进行清洁,填写设备日志中清洁部分,经班组长和 QA 复核合格后,在设备上悬挂"正常 已清洁"状态标识,填写批生产记录中"工序清场记录"	操作人员

6. 工艺参数控制（表4-7）

表4-7 工业化大生产中浓缩工艺参数控制

工序	步骤	工艺指示	
浓缩	加料	真空度	××MPa
浓缩	浓缩	蒸汽压力	××MPa
		真空度	××MPa
		浓缩温度	××℃
	出膏	浸膏相对密度（××℃）	××

7. 清场

7.1 设备清洁

设备清洁要求按所规定的清洁频次、清洁方法进行清洁。

7.2 环境清洁

生产过程中随时保持周边干净。

7.3 清场检查

清场结束后,经班组长和 QA 进行检查,符合要求后签发设备"正常 已清洁"状态标志;若不合格则需要操作人员进行重新清洁,并有相应记录。

8. 注意事项

8.1 质量事故处理

如果生产过程中发生任何偏离《×× 提取物浓缩工艺规程》的操作,必须第一时间报告车间 QA,车间 QA 按照《偏差管理规程》进行处理。

8.2 安全事故

必须严格按照《×× 提取物浓缩工艺规程》执行,如果万一出现安全事故,第一时间通知车间主任和车间 QA,并按照相关文件进行处理。

8.3 交接班

人员交接班过程中需要按照《交接班管理规程》进行,并且做好交接班记录,双方确认签字后交接班完成。

8.4 维护保养

严格按照要求定期对设备进行维护、保养操作,并且做好相关记录。

本章小结

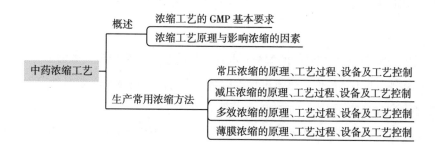

第四章 同步练习

（王延年 张岩岩 张 欣）

参 考 文 献

[1] 杨明. 中药制剂工艺技术图表解. 北京:人民卫生出版社,2010.
[2] 李范珠,李永吉. 中药药剂学. 2 版. 北京:人民卫生出版社,2016.

第五章　中药干燥工艺

学习目标

1. 掌握：中药提取物的干燥原理和方法。
2. 熟悉：中药提取物的干燥常用设备。
3. 了解：干燥工艺的GMP基本要求（软件要求、硬件要求）；结合喷雾干燥案例，了解喷雾干燥生产操作的相关文件、生产设备、生产过程、工艺控制参数等。

第一节　概述

干燥是利用热能除去湿物料中的湿分（水分或其他溶剂），并利用气流或真空带走汽化了的湿分，获得干燥物品的工艺操作。干燥过程得以持续进行需要具备的必要条件是：被干燥物料表面所产生的水蒸气分压大于干燥介质中的水蒸气分压。

中药提取液的干燥工艺，在中药生产中十分重要。不同的干燥工艺具有不同的特点，其会影响药物的药剂学性质、制剂质量、制剂稳定性及临床用药量的准确性及安全性。

实际生产中，常常使用两种或两种以上方法联合干燥。干燥方法与设备的选用，应考虑药料性质、数量及产品要求。干燥工艺的进行也会受到药物本身的性质或其他影响因素的限制，往往需要对干燥工艺条件进行正交试验等研究，筛选出最优方案。在保证药物质量和安全性的前提下，尽可能地提高产品质量、降低制剂的生产成本。

一、干燥工艺的GMP基本要求

干燥是利用热能使湿物料中的湿分（水或其他溶剂）汽化，并利用气流或真空带走汽化的湿分，从而获得干燥固体产品的操作。物料中湿分多为水分，带走湿分的气流一般为空气。

1. 基本要求　应按品种制订参数，以控制干燥盘中的湿粒厚度、数量，干燥过程中应按规定翻料，并记录。

严格控制干燥温度，防止颗粒融熔、变质，并定时记录温度。

采用流化床干燥时所用的空气应净化除尘,排出的气体要有防止交叉污染的措施。操作中随时注意流化室温度、颗粒流动情况,应不断检查有无结料现象。更换品种时必须洗净或更换滤袋。应定期检查干燥温度的均匀性。

2. 干燥方式　在固体制剂生产过程中需要干燥的物料多为中药提取、精制、浓缩后的稠浸膏,湿法制粒物,也有固体原辅料等。固体制剂中常用的干燥设备为两种,厢式干燥器和流化床干燥器。干燥设备应保证通风洁净,不能对干燥的物料造成污染,并能够防止交叉污染。对于厢式干燥设备应保证设备内部各点温度的均一性。

厢式干燥器的关键控制点有:进入风量、入风温度、湿度、干燥时间、干燥盘的摆放、物料的厚度、干燥物料的量、干燥过程中是否需要翻盘和翻盘的次数,这些都必须经过验证,并在实际操作中严格遵守,从而尽量保证厢内的温度均匀。干燥温度有监控,最好能实时记录,并设有超限时报警功能。

流化床干燥器的关键控制点有:①干燥过程应能保证批次之间的重复性、整批产品含水量的均匀性、控制的准确性;②应有工艺验证证明每个产品的干燥条件,包括入风速度/流量、入风的空气质量(过滤器的标准)、入风温度和湿度控制、集尘滤袋的材质和致密度等;③同时必须有方式证明颗粒的含水量是均匀的。例如可以在验证批生产时,在颗粒收集器的上、中、下三层和每层的不同位置取样检验,证明含水量是均匀的。

3. 产品质量控制　干燥过程的关键参数控制对保证干燥工艺的重复性、稳定性和干燥终点控制的准确性至关重要。需要严格执行验证过的工艺参数。

颗粒的含水量可能影响压片过程,进而影响产品质量。通常在干燥结束时测定含水量。含水量的测定方法和接受限度需要有明确的定义。

4. 交叉污染　颗粒干燥过程中应该注意交叉污染的事项。在使用厢式干燥器时,如果使用循环风干燥,由于管道和过滤器是公用的,有可能产生交叉污染。对于流化床干燥器,袋滤器有可能带来交叉污染;为了避免此类问题的发生,不同产品应使用不同的袋滤器。另外,如果设计合理的清洁程序,并进行清洁验证,也可以证明是否有交叉污染的现象存在。

清洗设备应能保证零部件清洗得干净彻底,对于设备建议采用在线清洗,对于零部件及管路建议采用超声波清洗,以保证清洗效果。

二、干燥工艺原理与影响干燥的因素

(一)干燥工艺原理

1. 干燥的基本原理　干燥的过程是热空气不断把热能传递给湿物料,而湿物料中的水分不断汽化到空中,直至物料中所含水分量达到该空气的平衡水分为止。在一定温度下,任何湿分的物料都有一定的湿分蒸气压,当此蒸气压小于该温度过程下湿分的饱和蒸气压,大于周围气体中湿分蒸汽的分压时,湿分将汽化。

干燥过程得以进行的必要条件是被干燥物料表面所产生的水蒸气分压大于干燥介质中的水蒸气分压。为保证干燥过程的正常进行,一是要使物料和其中的湿分有足够高的温度,这样才有足够高的蒸气压;二是要让空气不断流动,以带走物料表面的湿分蒸汽,这样才能始终维持较大的压力差。

制药生产中不管使用哪种加热干燥方法,干燥的基本原理都是相同的,其区别只在于加热方式不同。

2. 物料中水分的性质

(1)结晶水:是指化学结合水,一般用风化方法除去,在药剂学中不视为干燥过程。如白矾[KAl(SO₄)₂·12H₂O]经加热失去结晶水而成枯矾,不属于干燥过程。

(2)结合水与非结合水:结合水系指存在于物料细小毛细管中和细胞中的水分,结合水难以从物料中完全除去。非结合水系指存在于物料表面的润湿水及物料孔隙中和粗大毛细管中的水分,比较容易除去。

(3)平衡水分与自由水分:物料与一定温度、湿度的空气相接触时,将会发生排出水分或吸收水分的过程,直至物料表面水分所产生的蒸气压与空气中的水蒸气蒸气压相等,物料中的水分与空气中的水分处于动态平衡状态为止。此时物料中所含的水分称为该空气状态下物料的平衡水分。平衡水分与物料的种类、空气的状态有关。物料不同,在同一空气状态下的平衡水分不同;同一种物料,在不同的空气状态下的平衡水分也不同。物料中所含的总水分等于自由水分与平衡水分之和。干燥过程可除去的水分为自由水分,不能除去干燥条件下的平衡水分。自由水分和平衡水分的划分除了与物料有关,还取决于空气的状态。图5-1为物料中水分性质示意图。

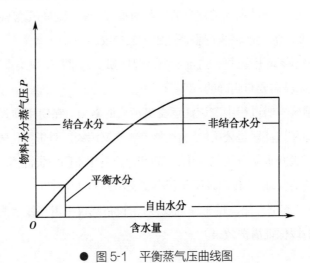

● 图5-1 平衡蒸气压曲线图

3. 干燥速率 干燥速率系指在单位时间内,在单位干燥面积上被干燥物料中水分的汽化量。以式(5-1)表示:

$$U = \frac{\mathrm{d}w'}{S\mathrm{d}t}$$ 式(5-1)

式中,U代表干燥速率(kg/m²·s),w'为气化水分量(kg);S为干燥面积(m²),t为干燥时间(s)。

当热能作用于湿润药物时,热能从药物表面向中心传导,毛细管水吸热汽化,并扩散至药物表面,再散发脱离药物表面。由于干燥过程是被汽化的水分连续进行内部扩散和表面汽化的过程,所以干燥速率取决于水分内部扩散和表面汽化速率。含水量较多的中药的干燥过程,明显地分成两个阶段,即恒速阶段和降速阶段。

在干燥初期,由于水分从物料内部向外扩散速率大于表面汽化的速率,此时表面水分的蒸气压恒定,干燥速率主要取决于表面汽化速率,该过程称为恒速干燥过程,或称为外部条件控制过程。在恒速干燥过程,干燥速率与物料湿含量无关,主要与药物温度、空气温度与相对湿度、空气流速、药物的表面积和空气压力等外部条件有关。因此提高药物温度、空气温度,提高空气流速,有利于水分脱离药物表面,加速药物表面水分的散发过程。

当物料的干燥进行到一定程度时,由于内部水分向外扩散的速率小于表面汽化速率,物料表面没有足够的水分满足汽化的需要,干燥速率逐渐降低,该过程称为降速干燥过程,或称为内部条件控制过程。在降速阶段,干燥速率近似与物料湿含量成正比。热能传递、药物内部水分向物料表面迁移、扩散的速率是药物性质、温度和湿含量的函数。药料温度高、药物粒径小、质地疏松,都有利于热能传递和水分向外迁移、扩散。研究表明,某些药物在降速干燥过程中,由于内部扩散速率小,造成物料表面迅速干燥而引起表面假干现象,会对继续干燥产生阻碍。此时,应降低表面汽化速率。实际生产中,也可以利用"废气循环"的方法,使一部分湿空气返回干燥室以降低表面汽化速率。

(二)影响干燥的因素

总体来说,湿物料的干燥速率主要由降速干燥过程控制。被干燥物料的性质、干燥温度、空气流速、压力等是影响干燥速率的主要因素。

1. 物料的性质　被干燥物料的性质是影响干燥速率的最主要因素。湿物料的形状、大小,料层的薄厚、含水量、水分的结合方式等都会影响干燥速率。一般来说,物料呈结晶状、颗粒状、堆积薄者干燥速率快,而粉末状、膏状、堆积厚者干燥速率较慢。

2. 干燥介质的温度、湿度与流速　干燥介质的温度是影响干燥速率的重要因素之一。在适当范围内,提高空气的温度,可使物料表面的温度相应提高,有利于加快蒸发速度。但温度过高容易导致热敏性药效成分的分解,因此应根据物料的性能选择适宜的干燥温度。空气中的相对湿度越低,干燥速率越大。降低有限空间的相应湿度可提高干燥速率。生产中常用生石灰、硅胶等吸湿剂或采用排风、鼓风装置等降低湿度。在等速阶段,空气的流速越大,干燥速率越快。但空气的流速对降速干燥阶段几乎无影响。原因是提高空气的流速,可以减少气膜厚度,降低表面汽化的阻力,从而提高等速阶段的干燥速率。但空气流速对内部扩散无影响,故与降速阶段的干燥速率无关。

3. 干燥速度与干燥方法　在湿物料的干燥过程中,如果干燥速度过快,物料表面的蒸发速度大大超过内部液体扩散到物料表面的速度,则会导致物料表面粉粒黏着,甚至熔化、结壳,阻碍内部水分的扩散和蒸发,形成假干燥现象,不利于继续干燥。

干燥方法也会影响干燥的速度。例如,在静态干燥方法中,温度须逐渐升高,以使物料内部的液体慢慢向表面扩散,逐渐蒸发。否则,物料易出现结壳而形成假干燥现象;在动态干燥法中,颗粒处于跳动或悬浮状态,大大增加了暴露面积,有利于提高干燥效率。但必须及时供给足够的热能,以满足蒸发和降低干燥空间相对湿度的需要。在实际生产中,沸腾干燥、喷雾干燥等都是采用了流态化技术,故干燥效率显著提高。

4. 压力　压力与蒸发量成反比。因而减压是改善蒸发、加快干燥的有效措施。真空干燥能降低干燥温度,加快蒸发速度,提高干燥效率。

第二节　生产常用干燥方法

在制剂生产过程中,湿法制粒物料和中药浸膏等均需要干燥,而干燥的效果将直接影响到制剂的内在质量。由于被干燥物料的形状、性质不同,对于干燥产品的要求也各有差异。因此,采用的干燥方法与设备也是多种多样的。

生产中常用的干燥方法,按压力可分为常压干燥及减压干燥;按操作方式可分为间歇式干燥及连续式干燥;按温度可分为高温干燥、低温干燥及冷冻干燥;按供热方式可分为传导干燥、对流干燥及辐射干燥;按物料状态可分为动态干燥及静态干燥等。操作人员应根据药料性质、数量及产品要求选择适宜的干燥方法与设备。中药制药工业中常用的几种干燥工艺,主要包括常压干燥、减压干燥、冷冻干燥、喷雾干燥、沸腾干燥、微波干燥等,其分别是通过热传导、热对流、介电加热等方式对物料进行干燥。由于干燥方式及原理的不同,会导致干燥产物的外观、性质和含量不同。

一、常压干燥的原理、工艺过程、设备及工艺控制

(一)常压干燥的原理

常压干燥是在常压下,利用干燥的热气流通过湿物料的表面,使水分汽化进行干燥的方法。

常压干燥原理是在常压下,以空气为湿热载体,或利用热传导、辐射等方法将热能传递给湿物料,物料散发的水蒸气又融入空气被带走。常压干燥常采用烘干干燥、鼓式干燥和带式干燥等干燥方式。

(二)常压干燥的工艺过程

常压干燥的工艺过程如下:

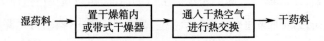

湿药料 → 置干燥箱内或带式干燥器 → 通入干热空气进行热交换 → 干药料

(三)常压干燥的设备

1. 烘干干燥　烘干干燥的工艺过程,是在常压下,将湿物料摊放在烘盘内,利用干热空气进行干燥。烘干干燥常用的设备有烘箱和烘房等。

(1)烘箱:利用烘箱进行干燥,属于间歇式操作,向箱中装料时热量损失较大,如果没有鼓风装置,烘箱内上下层温差较大,需要经常将上下层的烘盘对调位置。

热风循环烘干箱为常用的烘干干燥设备,主要由箱体、风机、蒸汽或电加热系统、电器控制箱组成。热风循环烘干箱操作原理是以散热器或翅片作为热能源,利用风机进行对流换热,对物料进行热传递。风机产生的循环流动热风,吹到湿物料的表面,将热量传给物料,并带走物料挥发的湿气,从而达到干燥的目的。热风循环烘干箱的主要优点在于可以根据物料的不同要求和干燥过

程的不同状态,调节空气循环量和排出量的比例,从而达到干燥速率与热利用率双重提高的目的。图 5-2 为热风循环烘干箱结构图。

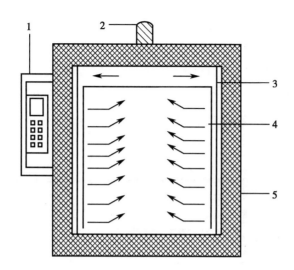

1. 电控箱;2. 风机;3. 加热管;4. 热空气;5. 网板(保温层)。

● 图 5-2　热风循环烘干箱

热风循环烘干箱干燥原理是以空气为湿热载体,即同一股空气既是热能传递者,又是水分携带者。因此,必须及时排出其中一部分湿热空气,以防空气中的水分很快达到饱和,导致干燥速度变慢,甚至降低为零。但如果将箱内湿热空气全部排出,则会增加能耗。因此,需要控制好循环湿热空气的湿度,及时补充新空气,调节好干燥速率与能耗的关系。

敞开式烘干箱也是生产中常用的烘干干燥设备,由烘箱、接管、风机、热交换器和燃烧器等组成。箱体一般为方形,网板将箱体分为上下两部分,药物置于网板上,上口敞开,干净的热空气从箱体的下部进入烘箱,穿过物料层后排入大气。热空气将热能传递给药物的同时,也带走了药物散发出来的水蒸气,直至药物被干燥。敞开式烘干箱与热风循环烘干箱的显著区别是热空气将热能传递给药物并带走水分后,将不再循环使用。图 5-3 为敞开式烘干箱的工作原理示意图。

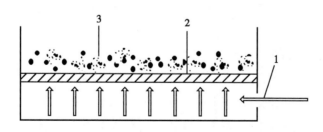

1. 热空气;2. 物料;3. 网板。

● 图 5-3　敞开式烘干箱工作原理示意图

(2)烘房:烘房的结构、原理与烘箱一致,但容量和生产规模更大。

烘干干燥法简单易行,适用于对热稳定的药物。稠浸膏、糖粉、丸剂、颗粒剂等干燥多用此法。但干燥时间长,易引起某些成分破坏,干燥品易出现板结,较难粉碎。

2. 鼓式干燥　鼓式干燥又称为鼓式薄膜干燥或滚筒式干燥,工艺过程是将湿物料涂布在热的金属转鼓上,利用热传导方法使物料得到干燥。鼓式干燥器可分单鼓式和双鼓式两种。

鼓式干燥的特点是蒸发面大,可显著地缩短干燥时间,减少成分因受热被破坏,因此适用于浓缩药液及黏稠液体的干燥。可以根据需要调节药液浓度、受热时间和温度,对热敏性药液在减压条件下进行干燥。鼓式干燥可连续生产,多用于中药浸膏的干燥和膜剂的制备,干燥成品呈薄片状,易于粉碎。

3. 带式干燥　带式干燥的工艺过程是将湿物料平铺在帆布或金属丝等传送带上,利用热气流或红外线、微波等加热干燥物料。如图5-4所示,干燥室内部装有网状传送带,物料置于传送带上,气流与物料错流流动,在传送带前移过程中,物料不断地与热空气接触而被干燥。

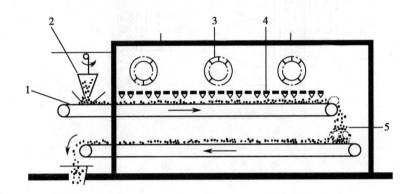

1. 传送带;2. 加料器;3. 风机;4. 热空气喷嘴;5. 压碎机。

● 图5-4　带式干燥器工作原理示意图

生产中常在物料的运动方向上分成许多区段,每个区段都可装设风机和加热器。在不同区段内,气流的方向、温度、湿度及速度都可以不同,如在湿料区段,可提高温度、操作气速等。

带式干燥设备可分为单带式、复带式和翻带式,是一种连续进料、连续出料的接触式干燥设备,适用于干燥颗粒状、块状和纤维状的药料,物料在带式干燥器内基本可保持原状。带式干燥器也可同时连续干燥多种固体物料,但要求带上物料的堆积厚度、装载密度均匀一致。在生产中,某些易结块和变硬的物料,如中药饮片、颗粒剂、茶剂的干燥灭菌等多采用带式干燥设备。

(四)常压干燥的工艺控制

常压干燥过程中,应注意如下几点:①干燥温度应根据药料性质确定,以防止热敏性成分被破坏;②加热温度应逐渐上升,同时保证干燥药料堆积厚度、装载密度的均一性;③及时翻动药料,使干燥均匀并防止粘结;④药料干燥程度,一般以含水量为指标进行控制。

二、真空干燥的原理、工艺过程、设备及工艺控制

(一)真空干燥的原理

真空干燥(vacuum drying)又称减压干燥,是利用真空泵抽去干燥器内的空气,降低干燥器内压力,使物料内水分蒸发速度加快而进行干燥的方法。

减压干燥的特点包括：①干燥温度低、速度快；②物料与空气接触机会少，避免污染或者被空气氧化变质；③干燥后产品呈松脆的海绵状，极易粉碎，可消除常压干燥情况下容易产生的表面硬化现象；④挥发性液体可以回收利用。图 5-5 为真空干燥原理示意图。

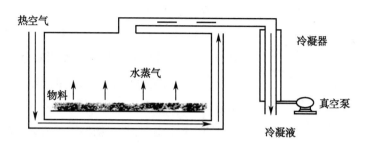

● 图 5-5　真空干燥原理示意图

（二）真空干燥的工艺过程

真空干燥的工艺过程如下：

湿药料 ——→ 置真空干燥箱内 ——→ 抽真空加热 ——→ 干药料

（三）真空干燥的设备

真空干燥的常用设备为真空干燥箱。其主要由金属箱体、冷凝器及真空泵组成。

真空干燥箱在生产中使用流程为：将药料放入箱内，关上箱门，关闭放气阀，开启真空阀；将真空干燥箱后面的导气管用真空橡胶管与真空泵连接，开始抽真空；当真空表指示值达到 0.1MPa 时，关闭真空阀，再关闭真空泵电源开关；把真空干燥箱电源开关拨至"开"处，设定所需的温度，箱内温度上升到接近设定温度后，隔板层面逐渐进入恒温状态。

（四）真空干燥的工艺控制

真空干燥的加热温度，应根据不同阶段进行控制。在干燥的等速阶段，应尽量提高加热温度以提高干燥速率；而在降速阶段，应降低加热温度，以避免产生龟裂现象及热敏性成分的破坏。

真空干燥的干燥时间可根据药料性质、湿度来选择。如果干燥时间过长，真空度下降，须再次抽气恢复真空度，应先开启真空泵电机开关，再开启真空阀。干燥结束后，应先关闭电源，旋动放气阀，解除箱内真空状态，再打开箱门取出物品。真空箱不需要连续抽气时，应先关闭真空阀，再关闭真空泵电机电源，否则真空泵油会倒灌至箱内。

当所需工作温度较低时，可采用二次设定方式，如所需工作温度 60℃，第一次可先设定温度为 50℃，等温度过冲开始回落后，再第二次设定 60℃，这样可降低甚至杜绝温度过冲现象，尽快进入恒温状态。

减压干燥属于静态干燥，为间歇操作，生产能力小。主要适用于不耐高温、易氧化、易分解的物质和成分复杂物料的快速高效干燥处理。

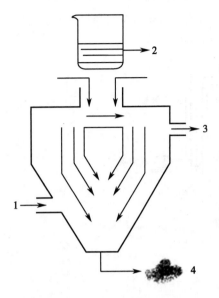

1. 热空气；2. 料液；3. 湿废气体；
4. 干燥成品。

● 图 5-6　喷雾干燥原理示意图

三、喷雾干燥的原理、工艺过程、设备及工艺控制

（一）喷雾干燥的原理

喷雾干燥（spray drying）是将溶液、乳浊液或悬浊液通过雾化器分散成微小的雾状液滴，并在干燥热气流的作用下进行热交换，使雾状液滴中的溶剂迅速蒸发，得到粉末状或细颗粒状成品或半成品的一种干燥技术。

在喷雾干燥过程中，物料的干燥是在瞬间完成，受热时间短，尤其适用于热敏性物料的干燥。喷雾干燥原理如图5-6所示。

（二）喷雾干燥的工艺过程

喷雾干燥的工艺过程包括三个步骤：药液雾化、雾状药液与热空气进行热交换、干粉与湿空气分离。喷雾干燥工艺流程如下：

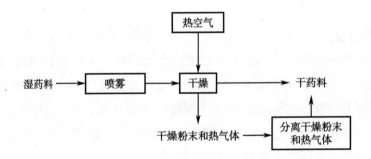

（三）喷雾干燥的设备

喷雾干燥器是将流化技术应用于液态物料干燥的一种较为有效的设备。其基本原理是利用雾化器将液态物料分散成雾滴抛掷于温度为120~300℃的热气流中，由于高度分散，这些雾滴具有很大的比表面积和表面自由能。由开尔文公式可知，其表面的湿分蒸气压比相同条件下平面液态湿分的蒸气压要大。

喷雾器是喷雾干燥的关键部分，常用的喷雾器有三种基本形式：压力式喷雾器、旋转式喷雾器、气流式喷雾器。喷雾干燥的设备有多种结构和型号，但工艺流程基本相同，主要由空气加热系统、物料雾化系统、干燥系统、气固分离系统和控制系统组成。不同型号的设备，其空气加热系统、气固分离系统和控制系统区别不大，雾化系统和干燥系统则有多种配置。

如图5-7所示，料液用送料泵压至喷嘴，经喷嘴喷成雾滴而分散在热气流中，雾滴中的水分迅速汽化，成为微粒或细粉落到器底。利用雾滴运动时与热气流的速度差，在几秒至几十秒时间内很快完成传热传质过程而获得干燥。产品由风机吸至旋风分离器中而被回收，废气经风机排出。喷雾干燥的干燥介质多为热空气，对含有机溶剂的物料，也可使用氮气等惰性气体。

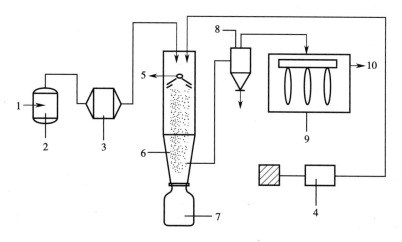

1. 空气；2. 空气过滤器；3. 加热器；4. 送料泵；5. 喷嘴；6. 喷雾塔；
7. 干料贮器；8. 旋风分离器；9. 袋滤器；10. 废气。

● 图 5-7 喷雾干燥机

（四）喷雾干燥的工艺控制

喷雾干燥的温度较低，一般控制在 50℃左右，能保留物料原有性质，故特别适用于热敏性物料的干燥或制粒。空气流量的控制，应根据药料成分的性质、粒度大小来选择。进风温度一般为110~180℃，出风温度一般为 65~100℃。喷雾干燥要求药液相对密度为 1.05~1.15，保证浸膏流动均匀。如果药液黏度大，应适度降低药液相对密度。

喷雾干燥的干燥速率快、时间短，干燥过程中无粉尘飞扬，劳动条件好；对于其他方法难于进行干燥的低浓度溶液，不须经蒸发、结晶、机械分离及粉碎等操作即可由药液直接获得干燥成品。干燥后的制品多为松脆的颗粒或粉粒，具有含水量小、质地均匀、流动性好、溶解性能好等优点。喷雾干燥也可直接用于颗粒剂、片剂、胶囊剂等的成型工艺。

喷雾干燥的缺点是：①对不耐高温的物料体积传热系数低，所需干燥器的容积大；②单位产品消耗热量及动力较大。喷雾干燥工艺过程，对细粉粒产品需采用高效分离装置。

四、沸腾干燥的原理、工艺过程、设备及工艺控制

（一）沸腾干燥的原理

沸腾干燥（boiling drying）又称为流化床干燥，其原理是利用热空气流使湿颗粒悬浮，呈流化态，似"沸腾状"，热空气在湿颗粒间通过，在动态下进行热交换，带走水气而达到干燥的目的。

沸腾干燥的特点是：①热效率高、气流阻力较小、干燥速度快；②干燥过程无杂质带入，干燥后制品干湿度较均匀，产品质量好。如果采用减压装置，则干燥所需的温度更低，干燥速度更快。

（二）沸腾干燥的工艺过程

沸腾干燥的工艺流程如下：

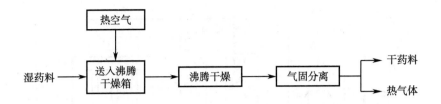

（三）沸腾干燥的设备

目前沸腾干燥使用较多的设备是卧式沸腾干燥床。干燥箱内的热源是经空气热交换器加热后的热空气。热空气由于高压风机在干燥箱中造成的负压而进入风箱体，经稳压室通过孔板，使被烘物料成沸腾状进行烘干，然后经集粉系统捕集飞粉后，废气经风道由风机排出。捕集器将干燥后的物料收集待用。卧式流化床干燥器结构图5-8。

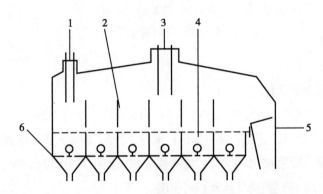

1. 加料口；2. 隔板；3. 旋风分离器回料；4. 多孔板；5. 物料出口；6. 气料进口。

● 图 5-8　卧式流化床干燥器结构图

（四）沸腾干燥的工艺控制

沸腾干燥过程须先进行空气预热，滤过空气经空气热交换器加热后，成为热气流，温度可调节至80℃以上。湿药料加入前，应先打开蒸汽加热器，使流化床内部干燥，再加入湿药料，调节风量和温度。

沸腾干燥的特点是：干燥过程中不需要翻料，完成干燥后可自动出料，适用于大规模生产。在实际生产中，为了使待干燥物料在干燥机内"流动"起来，防止物料颗粒形成沟流、死区或出现返混现象，常在流化床上施加机械振动。调节振动参数，可使返混较严重的普通流化床，在连续操作时得到较为理想的活塞流。

五、冷冻干燥的原理、工艺过程、设备及工艺控制

（一）冷冻干燥的原理

冷冻干燥（freeze drying）又称升华干燥，系将被干燥的液态物料冷冻成固体，在低温减压条件下利用冰的升华性能，使物料脱水而达到干燥目的的方法。

冷冻干燥是低温低压下水的物态变化过程。如图5-9所示，"0"为三相点，固、液、气三相共

存,三相点以下不存在液相。低温下药液中的自由水被冻结成冰晶,有效成分存在于冰晶之间。当水蒸气分压低于水的三相点压力,且给冰加热时,冰不经液相直接升华为气体被除去,从而获得干燥制品。

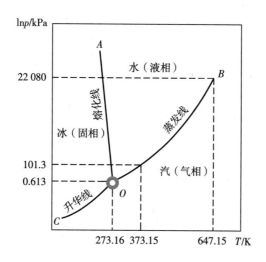

● 图 5-9　冷冻干燥原理示意图

(二)冷冻干燥的工艺过程

冷冻干燥的工艺流程如下:

(三)冷冻干燥的设备

冷冻干燥的设备主要由冷冻干燥箱、真空机组、制冷系统、加热系统、冷凝系统、控制及其他辅助系统组成。冷冻干燥箱为密封容器,干燥时其内部抽成真空,这是冷冻干燥器的核心部分。常用的抽真空设备分为两组:前级泵和主泵。真空条件下,冰升华后的水蒸气体积比常压下大得多,因此,冷冻干燥对真空泵系统要求较高。

(四)冷冻干燥的工艺控制

冷冻干燥工艺的真空系统可采取两种方法:一是使用两级真空泵抽真空,前级泵先将大量气体抽走,达到预抽真空度的要求后,再使用主泵;二是在干燥箱和真空泵之间加设冷凝器,使抽出的水分冷凝,以降低气体量。制冷系统用于干燥箱和水汽凝华器的制冷。根据制冷的循环方式,制冷分为单级压缩制冷、双级压缩制冷和复叠式制冷。单级压缩制冷只使用一台压缩机,设备结构简单,但动力消耗大,制冷效果不佳。另外两种使用两台压缩机。双级压缩制冷使用低、高压两种压缩机。复叠式制冷则相当于高温和低温两组单级压缩制冷,通过蒸发冷凝器互联而成。

冷冻干燥工艺的加热系统一般分为热传导和热辐射两种供热方式。传导供热又分为直热式和间热式。直热式以电加热直接给隔板供热为主;间热式用载热流体为隔板供热。热辐射主要采用红外线加热。冷冻干燥过程主要由药品准备、预冻、升华干燥、解吸干燥和密封保存等五个环节组成。

在预冻阶段,预冻温度应降低至药液共熔点以下 10~20℃,预冻时间一般控制在 2~4 小时,以制品各部分完全冻实为准。预冻的速度应根据实际需要来确定,缓慢冷冻(1℃/min)形成粗冰晶,利于提高冻干效率;快速冷冻(10~15℃/min)产生的冰晶小,产品质量好,但不利于冻干。

在升华阶段,干燥时间与品种、分装厚度及升华时提供的热量有关;真空度主要由加热板、加热功率和冷凝器表面温度共同决定;冷冻的温度应低于产品共熔点 10~20℃,不能使制品局部熔融或熔化;升华干燥速度由隔板供热能力和真空冷凝器的捕水能力而定。

在解析干燥阶段,干燥温度一般在室温至 40℃,干燥时间一般为升华时间的 35%~50%,干燥产品水分含量大多控制在 0.5%~3%。

冷冻干燥过程中,有时会出现喷瓶现象,其主要原因可能与预冻温度过高、升华供热过快、局部过热熔化有关,可通过控制预冻温度保证药液冻实,或控制升华温度不超过共熔点进行预防。

如产品含水量过高,可能与容器药液装量过厚、升华干燥过程中供热不足、干燥室真空度不够或冷凝器温度偏高等因素有关,一般采取控制装量厚度在 10~15mm,增强供热,调整干燥室真空度和冷凝器温度等措施。

冷冻干燥工艺的特点是:①在较低温度下进行干燥,利于保持生物制剂原来的性状,如蛋白质、微生物制品等;②尤其适用于某些极不耐热的生物制品的干燥,如血清、血浆等;③干燥在真空条件下进行,可较好保证易氧化药物的质量;④冷冻干燥过程中挥发性成分的损失少,干燥后制品多孔疏松,溶解性好;⑤产品含水量通常在 1%~3%,利于长期贮存。

六、微波干燥的原理、工艺过程、设备及工艺控制

(一)微波干燥的原理

微波干燥(microwave drying)是指由微波能转变为热能而使湿物料干燥的方法。其原理为极性水分子和脂肪能不同程度地吸收微波能量,在交流电场中,因电场时间的变化,使极性分子发生旋转振动,致使分子间互相摩擦而生热,从而达到干燥灭菌的目的。图 5-10 为微波干燥原理示意图。

微波干燥与传统干燥方式有很大的不同。常规加热中,设备预热、辐射热损失和高温介质热损失在总的能耗中占据较大的比例。微波干燥是使被干燥物料本身成为发热体,介质材料能吸收微波,并转化为热能不需要热传导的过程。因此,尽管是热传导性较差的物料,也可以在极短的时间内达到干燥温度。

微波干燥的特点由其干燥原理决定,表现为:

1. 干燥迅速　构成设备壳体的金属材料是微波反射型材料,它只能反射而不能吸收微波(或极少吸收微波)。所以,组成微波加热设备的热损失仅占总能耗的极少部分。

2. 干燥均匀　无论物体各部位形状如何,微波干燥均可使物体表里同时均匀渗透电磁波而产生热能,所以干燥均匀性好,不会出现外焦内生的现象。

3. 工艺先进　只要控制微波功率即可实现立即干燥和终止,利于自动化控制。

4. 防霉、杀菌、保鲜　微波干燥具有热效应和生物效应,能在较低温度下灭菌和防霉。

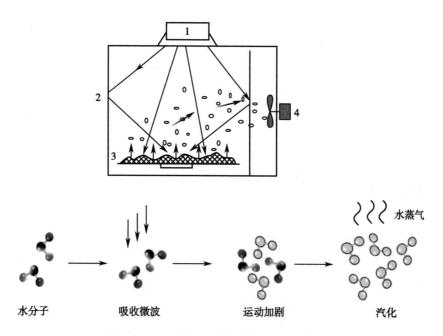

水分子   吸收微波   运动加剧   汽化

1. 微波输入；2. 微波反射；3. 湿物料；4. 排湿装置。

● 图 5-10 微波干燥原理示意图

5. 安全无害 微波加热所用能源为电能，对环境污染小。用微波辐射生物体时，除了产生微波热效应外，微波还能使生物体的生物活性得到抑制或激励，即微波的非热效应或生物效应。在相同温度条件下，微波对细菌的致死率远高于常规加热。

6. 节能高效 含有水分的物质容易吸收微波而发热，因此微波干燥工艺一般只有少量的传输损耗，故热效率高、节能。

微波干燥不受燃料废气污染的影响，且能杀灭微生物及真菌，具有消毒作用，可以防止发霉和生虫。适用于中药原药材、炮制品及中成药之水丸、浓缩丸、散剂、小颗粒等的干燥灭菌。微波干燥对中药中所含的挥发性物质及芳香性成分损失较少。

微波干燥的缺点主要是成本高、设备投资费用较大，而且微波对人体，尤其是对眼睛有不良影响。

（二）微波干燥的工艺过程

微波干燥的工艺流程如下：

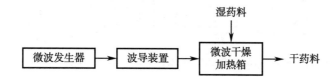

（三）微波干燥的设备

微波干燥的设备主要是由直流电源、微波发生器、波导装置、微波干燥器、传动系统、安全保护系统及控制系统组成，常见的有厢式微波干燥器和连续式谐振腔微波干燥器。

（四）微波干燥工艺控制

微波干燥工艺的干燥速率,与单位药料占有的微波功率成正比,因此,应根据微波功率调整药料的装量。

药料中不允许混有金属,以防出现打火现象而造成设备损坏。

微波能深入物料的内部,干燥时间是常规热空气加热的 1/100~1/10。干燥过程应使药料处于动态,使之接受磁场更均匀。

七、其他干燥原理、工艺过程、设备及工艺控制

除了上述干燥方法,还有红外辐射干燥、接触干燥、吸湿干燥等。

（一）红外辐射干燥

1. 红外辐射干燥原理　红外辐射干燥是指利用红外线辐射器产生的电磁波,被含水物料吸收后,直接转变成热能,使物料中水分汽化而干燥的一种方法,属于辐射干燥。红外线的波长在 0.76~1 000nm,是介于可见光和微波之间的电磁波,其中波长在 0.76~2.5μm 之间的称为近红外线, 2.5~25μm 之间的为中红外线,在 25~1 000μm 之间的为远红外线。图 5-11 为红外辐射干燥原理示意图。

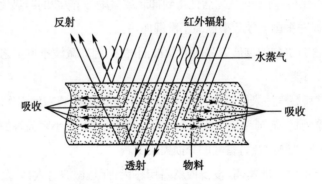

● 图 5-11　红外辐射干燥原理示意图

2. 红外辐射干燥工艺过程　红外干燥的工艺流程如下:

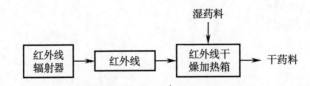

3. 红外干燥设备　红外线辐射加热器的结构,主要由涂层、热源和基体 3 部分组成。其中涂层的主要功能是在一定温度下发射所需波段、频谱宽度和较大辐射功率的红外辐射线。热源的功能是向涂层提供足够的能量,以保证辐射涂层正常发射辐射线时具有必须的工作温度。常用的热源有电阻发热体、燃烧气体、蒸汽和烟道气等。基体的作用是安装和固定热源或涂层,多用绝缘、导热性能良好、具有一定强度的材料而制成。

从结构上看,红外线辐射干燥器和对流传热干燥器有很大的相似之处,区别在于热源的不同。

很多干燥器加以改造,都可以用于红外线加热干燥。常见的红外线辐射干燥设备有带式红外线干燥器和振动式远红外干燥器。

4. 红外干燥工艺控制　红外辐射干燥的主要特点是结构简单、调控操作灵活、便于自动化、设备投资较少、干燥速度快、时间短。干燥过程不需要干燥加热介质,蒸发水分的热能是物料吸收红外线辐射能后直接转变而来,因此能量利用率高。由于物料内外均能吸收红外线辐射,故适合于多种形态物料的干燥。

红外干燥工艺控制主要在于红外线光谱的选择,辐射器的发射光谱应与被干燥药料的吸收光谱一致。

由于红外线辐射穿透深度有限,故红外线辐射加热器干燥物料的厚度受到限制,只限于较薄材料。

(二)接触干燥

接触干燥是指被干燥物料直接与加热面接触进行干燥的方法。适用于化学性质稳定的浓缩液及稠膏的干燥。双筒式薄膜干燥器是直接将液体干燥成固体的设备。它由两个相对转动的表面光滑的金属转鼓组成,利用鼓内热电源,给鼓面加热而干燥物料。

接触干燥的工艺过程是:将已蒸发至一定稠度的浓缩液或稠膏涂于加热的鼓面上,形成一薄层。当鼓转动一圈时,此薄层物料已干燥而被刮刀刮下,然后继续涂待干燥物料,干燥、刮下,如此反复连续操作,直至干燥完成。

(三)吸湿干燥

吸湿干燥是指利用干燥剂吸收空间水分,使物料干燥或保持干燥的方法。将湿物料置于密闭容器内的架盘上层,吸湿剂放于架盘的下层,经过一定时间后,上层物料中水分被吸湿剂吸收而达干燥要求。

吸湿干燥法适用于不能以高温加热干燥,减压干燥又会挥散有效成分的药物或制剂的干燥。常用干燥剂有:

(1)硅胶干燥剂:主要成分是二氧化硅,其微孔结构对水分子具有良好的亲和力。硅胶最适合的吸湿环境为室温(20~32℃)、高湿(60%~90%)。硅胶干燥剂能使环境的相对湿度降低至40%左右。

(2)矿物干燥剂:是由数种天然矿物组成,外观为灰白色小球,是可降解的环保型干燥剂。吸湿率常可达50%以上。

(3)分子筛干燥剂:为人工合成的干燥剂产品,对水分子有较强吸附性。分子筛的孔径可通过加工工艺的不同来控制,可吸附水气及其他气体。

随着科技的进步,新的测量仪器不断产生,干燥工艺在医药领域的应用已经十分广泛。各种制剂适宜的干燥工艺也产生了相应的变化,组合多种干燥工艺的优点可以避免单一的干燥工艺对制剂产生的不良影响,例如,流化床技术与其他干燥工艺结合,微波与其他传统技术结合等。通过发明新的干燥工艺或通过进一步优化干燥工艺,可减少添加剂的使用及降低制剂的生产成本,最终达到增加药物的稳定性、减少药物的使用量、减少不良反应的目的,从而保证药品的安全、有效。

案例 5-1 喷雾干燥工艺案例

1. 操作相关文件（表 5-1）

表 5-1 工业化大生产中喷雾干燥工艺操作相关文件

文件类型	文件名称	文件编号
工艺规程	×× 颗粒工艺规程	××
内控标准	×× 中间体及成品内控质量标准	××
质量管理文件	偏差管理规程	××
SOP	生产操作前检查标准操作程序	××
	台秤称量标准操作程序	××
	喷雾干燥岗位标准操作程序	××
	离心式喷雾干燥机组标准操作程序	××
	高速粉碎机组标准操作程序	××
	生产指令流转标准操作程序	××
	喷雾干燥岗位清场标准操作程序	××
	离心式喷雾干燥机组清洁规程	××
	洁净区清场标准操作程序	××

2. 生产前检查确认（表 5-2）

表 5-2 工业化大生产中喷雾干燥工艺生产前检查确认项目

检查项目	检查结果	
清场记录	□有	□无
清场合格证	□有	□无
批生产指令	□有	□无
设备、容器具、管道完好、清洁	□是	□否
计量器具有检定合格证，并在周检效期内	□符合要求	□不符合要求
检验用仪器有检定合格证，并在周检效期内	□符合要求	□不符合要求
工器具定置管理	□符合要求	□不符合要求
上批遗留产品及与本批无关文件、物料已清除	□已清除	□未清除
所用工艺指令、SOP、批生产记录等文件齐全	□齐全	□不齐全
与本批有关的物料齐全	□齐全	□不齐全
有所用物料检验合格报告单	□有	□无
备注		
检查人		

　　岗位操作人员按表 5-2 检查确认后，填写生产操作前检查记录，并签名。质检员复核确认后发放生产许可证，生产许可证如表 5-3 所示。

表 5-3　工业化大生产中喷雾干燥工艺生产许可证

品　名		规　格	
批　号		批　量	
检查结果		质检员	
备　注			

3. 生产准备

3.1　批生产记录准备

车间工艺员下发本产品喷雾干燥岗位的批生产记录,操作人员领取批生产记录后,查看批生产指令,获取品名、批量等信息,严格按照本岗位的 ×× 喷雾干燥岗位工艺卡操作,在批生产记录上及时记录相关参数。

3.2　设备检查

检查设备、各管路连接,应完好;检查系统各阀门是否处于关闭状态,进料口软连接是否连接并牢固;检查喷雾塔观察窗、收粉桶等连接部位是否密封不漏气;检查各个气锤固定是否牢固;检查雾化器油泵油位是否正常(标尺的 1/2~2/3),并在喷雾干燥过程中及时添加润滑油;检查水沫除尘水位是否正常(溢水口不流水为宜);检查生产用水、电、蒸汽、压缩空气等动力系统是否正常。

4. 所需设备列表

×× 喷雾干燥使用高速离心喷雾干燥机等进行生产,详见表 5-4。

表 5-4　工业化大生产中喷雾干燥工艺所需设备列表

工艺步骤	设备	设备型号
×× 喷雾干燥	配液罐	××
	高速离心喷雾干燥机	××
	移动式高速离心喷雾干燥机	××
×× 粉碎混合	粉碎机	××
	周转桶	××
	自动提升混合机	××

5. 工艺过程

5.1　工艺流程

工业化大生产中喷雾干燥工艺流程如下:

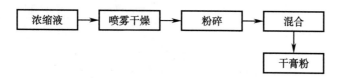

5.2　工艺过程

将浓缩液抽入配液罐,加入处方量辅料,搅拌至均匀且黏稠度适中。将混合液抽入喷雾干燥塔中进行干燥,控制进风温度 175~185℃,出风温度 85~95℃,塔内负压 –12~–8Pa,至混合液全部干燥完成,定时收集干膏粉至塑料袋中,密封,放入不锈钢桶中;粉碎机粉碎,过筛;粉碎后干膏粉加入槽型混合机中,混合 20 分钟。

6. 工艺参数控制（表 5-5）

表 5-5　工业化大生产中喷雾干燥工艺参数控制

操作步骤	具体操作步骤
喷雾干燥	进风温度 175~185℃，出风温度 85~95℃
粉碎	粉碎机粉碎，过筛
混合	混合 20min

7. 清场

7.1　设备清洁

按照《喷雾干燥岗位清场标准操作程序》和《离心式喷雾干燥机组清洁规程》中所规定的清洁频次、清洁方法进行清洁。

7.2　环境清洁

按照《洁净区清场标准操作程序》对中药提取车间喷雾干燥区域卫生进行清洁，注意保持干净。

7.3　清场检查

生产结束后操作人员须清场，并填写清场记录，经质检人员检查、签字后，发给清场合格证。

8. 注意事项

8.1　提取液或浸膏质地黏性较强者，不宜用此种干燥设备干燥。

8.2　喷雾干燥过程中，随时从视镜观察雾化情况，收粉时查看粉末性状。

8.3　喷雾完毕，将进料转换成进纯化水，适当调小流量后继续喷雾干燥 15~30 分钟清洗管道和喷头，至清洗干净。

8.4　喷雾干燥过程中发生任何偏离本文件操作时，必须第一时间报告车间管理人员，按照《偏差管理规程》进行处理。

本章小结

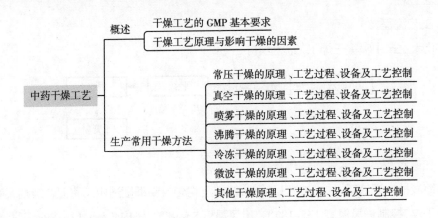

（王延年　张　欣　张岩岩）

参 考 文 献

[1]　杨明.中药制剂工艺技术图表解.北京:人民卫生出版社,2010.

[2]　李范珠,李永吉.中药药剂学.北京:人民卫生出版社,2016.

第六章　中药粉碎、筛析与混合工艺

---

1. 掌握：药料粉碎、筛析与混合的目的与基本原理；常用的粉碎、筛析、混合的方法。
2. 熟悉：粉碎、筛析、混合常用设备的构造、性能与使用保养方法。
3. 了解：粉碎设备的选择、验证与养护。

第一节　粉碎与筛析

一、粉碎与筛析的 GMP 基本要求

浸膏的粉碎、过筛等操作，其洁净度级别应当与其制剂配制操作区的洁净度级别一致。

中药饮片粉碎、过筛、混合后直接入药的，上述操作的厂房应当能够密闭，有良好的通风、除尘等设施，人员、物料进出及生产操作应当参照洁净区管理。

产尘房间相对于走廊应保持负压，且要安装捕尘装置。

二、生产常用粉碎的原理、工艺过程、设备及工艺控制

（一）生产常用粉碎的原理

粉碎是利用外力破坏固体药物分子间的内聚力，从而使整块物料破碎成小尺寸物料的单元操作。常用于粉碎物质的外力有下列几种类型：截切、挤压、研磨、撞击、劈裂、撕裂和锉削等，根据药物性质选用不同类型作用外力的粉碎设备，才能得到预期的粉碎效果。

物质的形成依赖于分子间的内聚力，物质因内聚力的不同显示出不同的硬度和性质，因此，药物粉碎的难易，主要取决于药物的结构、性质，以及外力的大小。药物的性质是影响粉碎效率和决定粉碎方法的主要因素。因此粉碎药材时，要根据不同的药材性质，采用不同的方法粉碎。比如对樟脑、冰片等粉碎时加入少量挥发性液体；具有一定弹性的乳香、没药，在低温下粉碎；注意防止低共熔现象；有些难溶于水的矿物药如朱砂、珍珠、磁石等要求特别细度时，常采用水飞法进行

粉碎。不溶于水的药物,利用颗粒不同的重量进行分离,可采用水飞法。

粉碎过程应注意以下事项:①保持药物的组成和药理作用不变;②粉碎至需要粒度大小,不过度粉碎;③难以粉碎部分,不随意丢弃;④毒性或刺激性较强的药物粉碎中需注意劳动保护与环境安全。

(二)工艺过程

粉碎的工艺流程分为开路流程和闭路流程。

1. 开路流程　从粉碎机中卸出的物料即为产品,没有检查筛分设备的粉碎流程。优点是比较简单、设备少、扬尘点少;缺点是当要求粉碎产品粒度较小时,粉碎效率较低,产品中会存在部分粒度不合格的粗颗粒物料。此工艺流程如下:

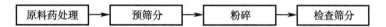

$$原料药处理 \longrightarrow 粉碎$$

2. 闭路流程　带检查筛分或设备的粉碎流程。特点是:从粉碎机中卸出的物料须经检查筛分设备,粒度合格的颗粒作为产品,不合格的粗颗粒作为循环物料重新回至粉碎机中再行粉碎。粗颗粒回料质量与该级粉碎产品的质量之比称为循环负荷率。此工艺流程如下:

$$原料药处理 \longrightarrow 预筛分 \longrightarrow 粉碎 \longrightarrow 检查筛分$$

(三)设备及工艺控制

1. 柴田氏粉碎机　柴田氏粉碎机亦称万能粉碎机,其粉碎能力最大,是中药制药企业普遍应用的粉碎机,万能粉碎机由机座、电机、加料斗、粉碎室、固定齿盘、活动齿盘、环形筛板、抖动装量、出料口等组成,如图6-1所示。柴田氏粉碎机结构简单、坚固、运转平稳、粉碎效果良好,广泛应用于黏软性药材、纤维性药材及质地坚硬药材的粉碎,但对油性过多的药料不适用。

柴田氏粉碎机示意图

工作原理:物料从加料斗经抖动装置进入粉碎室,靠活动齿盘高速旋转产生的离心力由中心部位被甩向室壁,在活动齿盘与固定齿盘之间受钢齿的冲击、剪切、研磨及物料间的撞击作用而被粉碎,最后物料到达转盘外壁环状空间,细粒经外形筛板由底部出料,粗粉在机内重复粉碎。

工艺操作:①开动粉碎设备前检查各部件安装是否牢固,拧紧螺丝;②关闭粉碎室盖,开动机器空转至正常转动;③由少至多逐渐添加药料进行粉碎;④收集粉碎后的产品;⑤粉碎完成后,必须在粉碎机内物料全部排出后方可停机;⑥对粉碎产品进行包装并清场;⑦更换品种时,应彻底清扫机膛、沉降器及管路,保证物料质量。

结合万能粉碎机的使用,粉碎工艺过程中关键控制点及参数如下:

(1)使用前准备:粉碎机起动前,先用手转动转子,检

● 图6-1　柴田氏粉碎机

查一下齿爪、锤片及转子运转是否灵活可靠,壳内有无碰撞现象,转子的旋转方向是否与机箭头所指方向一致,动力机及粉碎机润滑是否良好。在启动前,应当先用人力将转动轮搬动一、两圈,开始粉碎时应先空转30秒,确无异常声响方可进行投料粉碎。

（2）原料药的选择及处理:需粉碎的原料药应保持适度干燥,若是黏性物料最好烘干处理或混合粉碎,这样效果会更好。且物料体积不宜过大,直径应在1cm以下,防止卡在粉碎槽中。万能磨粉机由于构造上的特点,在粉碎中容易产生热量,故不宜用于粉碎含大量挥发性成分、黏性强或软化点低且遇热发黏的药物。

（3）粉碎过程:物料加入应均匀,不宜过量,工作中发现异常声响,应立即停车检查,如因料太潮或油黏性太大,应将物料烘干或更换较大的筛网。粉碎细度可根据需要选择筛网,一次粉碎完毕不用过筛。万能磨粉机的粉碎细度为10~120目。

（4）清场:粉碎完一种物料后应清扫粉碎室,为下次粉碎做准备,确保物料的纯度。清理时粉碎室切忌注水,可用湿性介质擦拭,粉碎完黏性、腐蚀性物料后请及时清理以防腐蚀。

2. 万能磨粉机　万能磨粉机应用比较广泛,药材被撞击伴以撕裂、碾磨而粉碎,适用于根类、茎木类、皮类等中药,干燥的非组织性药物、结晶性药物及干浸膏等的粉碎。由于万能磨粉机在粉碎过程中高速旋转,容易产生热量,故不宜用于粉碎含大量挥发性成分、黏性强或软化点低且遇热发黏的药物。万能磨粉机如图6-2所示。

3. 球磨机　球磨机广泛应用于干法粉碎。球磨机是物料被破碎之后,再进行粉碎的关键设备,它适用于粉碎结晶性药物（如朱砂、皂矾、硫酸铜等）、树胶（如阿拉伯胶、桃胶等）、树脂（如松香）及其他植物药材的浸提物（如儿茶）;对具有刺激性的药物（如蟾酥、芦荟等）可防止粉尘飞扬;对具有很大吸湿性的浸膏（如大黄浸膏等）可防止吸潮。此外,其还也可用于挥发性药物（如麝香等）及贵重药物（如羚羊角、鹿茸等）,与铁易发生作用的药物也可用瓷质球磨机进行粉碎。球磨机亦可用于无菌条件。球磨机如图6-3所示。

4. 流能磨　流能磨亦称气流式粉碎机,其原理是将空气、蒸汽或其他气体以一定压力喷入机体,使药物颗粒之间以及颗粒与室壁之间在高速流体的作用下发生碰撞、冲击、碾磨而产生强烈的

● 图6-2　万能磨粉机

● 图6-3　球磨机

粉碎作用。粉碎过程中,由于气流在粉碎室中膨胀时的冷却效应,使物料粉碎时产生的热量被抵消,温度不会升高,因此本法可用于抗生素、酶、低熔点或其他对热敏感药物的粉碎。操作时应注意加料速度一致,以免堵塞喷嘴。流能磨如图6-4所示。

● 图6-4　流能磨

三、超微粉碎的原理、工艺过程、设备及工艺控制

(一)超微粉碎的原理

超微粉碎是20世纪70年代以后,为适应现代高新技术的发展而产生的一种物料加工高新技术。其指利用机械或流体动力的方法克服固体内部凝聚力使之破碎,将物料降至微米级以下的操作技术。超微粉体又称超细粉体,通常分为微米级、亚微米级以及纳米级粉体,粒径在1~100nm的粉体称为纳米粉体,1~100μm的粉体称为微米粉体,在0.1~1μm的粉体称为亚微米粉体。

根据粉碎过程中物料载体种类可分为干法粉碎和湿法粉碎。干法粉碎有气流式、高频振动式、旋转球(棒)磨式、锤击式和自磨式等几种形式;湿法粉碎主要是胶体磨和均质机。对于黏性、韧性、纤维类和热敏性物料的超微粉碎,可采用深冷冻超微粉碎方法。该法的原理是利用不同温度下物料具有不同性质的特性,先将物料冷冻至脆化点或玻璃体温度之下,使其成为脆性状态,然后再用机械粉碎或气流粉碎方式,使物料超微化。

超微细粉末是超微粉碎的最终产品,具有一般颗粒所没有的特殊理化性质,如良好的溶解性、分散性、吸附性、化学反应活性等。超微粉碎的关键是方法、设备以及粉碎后的粉体分级,对超微粉体不仅要求粉体极细,而且粒径分布范围要小。

(二)工艺过程

超微粉碎的工艺流程如下:

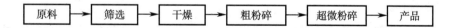

原料 → 筛选 → 干燥 → 粗粉碎 → 超微粉碎 → 产品

(三)设备及工艺控制

1. 气流式超微粉碎机　气流式超微粉碎机是利用粉碎刀片高速旋转撞击并由空气气流旋风分离的形式来实现干性物料超细粉碎的设备。它由投料口、集料罐、粉碎室、高速电机等组成,如图6-5。物料由投料口进入粉碎室,被高速旋转的刀片(23 000r/min)撞击粉碎,刀片的高速旋转也会引起空气气流的流动,从而把粉碎后的物料带到粉碎罐中,气流经滤袋排出,完成粉碎。气流式超微粉碎机可充分满足用户对超细粉碎的需求,具有细度高、设计巧、体积小、重量轻、操控性好、安全性能好等特点。

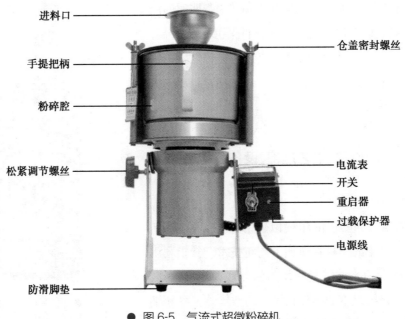

图中标注：进料口、手提把柄、粉碎腔、松紧调节螺丝、防滑脚垫、仓盖密封螺丝、电流表、开关、重启器、过载保护器、电源线

● 图 6-5　气流式超微粉碎机

超微粉碎工艺过程中关键控制点与粉碎工艺过程的关键控制点相同,结合气流式超微粉碎机的使用,对超微粉碎机工艺参数的探讨如下:

(1)为了达到超微粉碎的目的,气流粉碎的气流必须具有很高的速度,才能产生很大的能量。因此提高喷嘴的气流速度,对提高物料粉碎效果、粉碎效率是有利的。但是,如果过高地追求高速度,则会增加能耗。因此需要筛选一个最佳的气流速度。

(2)进料速度是影响粉碎效果的重要参数之一。进料速度的大小决定粉碎室每个颗粒受到的能量的大小。当加料速度过小,粉碎室内颗粒数目不多时,颗粒碰撞机会下降,颗粒粒径变大;当进料速度过大时,粉碎室内的颗粒浓度增加,每个颗粒所获得的动能减少,颗粒粒径增加,颗粒粒度分布大,因此寻找最佳进料速度是很重要的。

(3)工质压力提高使颗粒获得的动能增加,碰撞能量增加,产品粒度更细。但是工质压力增加到某一值时,粒度减少的趋势变缓。这是因为喷嘴气流速度与工质压力并非线性关系,当工质压力超过某一定值时,打破了喷嘴前后的压力比,在粉碎室产生激波,气相穿过激波时速度下降而固相速度几乎不变,气相、固相的速度差导致固相撞击速度下降而影响了粉碎效果。因此,工质压力应有一个最优值。

2. 球磨机　球磨机是由水平的筒体,进出料空心轴及磨头等部分组成,如图6-3。球磨机是物料被破碎之后,再进行粉碎的关键设备。根据研磨物料的粒度加以选择,物料由球磨机进料端空心轴装入筒体内,当球磨机筒体转动时,研磨体由于惯性和离心力、摩擦力的作用,使它附在筒体衬板上被筒体带走,当被带到一定的高度时,由于其本身的重力作用而被抛落,下落的研磨体像抛射体一样将筒体内的物料给击碎。球磨机可用于干法碾磨和湿法碾磨。

3. 重压研磨式超微粉碎机　重压研磨式超微粉碎机是通过重压研磨、剪切的方式来实现对干性物料进行超微粉碎处理的设备,如图 6-6 所示。物料的粉碎由粉碎机主机完成,碾轮在轨道上圆周滚动,反复碾轧,使物料粉碎并达到需要的细度。粉碎机粉碎了的物料到一定细度时,风机吸入、排走。不断粉碎,不断吸走,集中到下一部分的集料罐中。集料部分分为一级集料和二级集料。一级集料是旋风集料,大量物料在一级中收集,少量进入二级集料罐,二级集料完成剩余的物料收集。

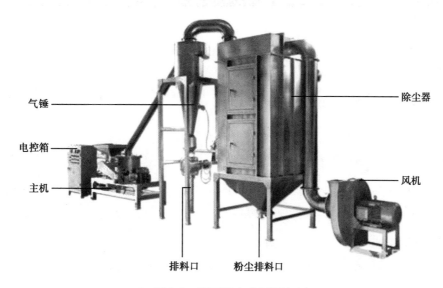

● 图 6-6　重压研磨式超微粉碎机

案例 6-1　粉碎工艺案例(干浸膏粉碎)

1. 操作相关文件(表6-1)

表 6-1　工业化大生产中干浸膏粉碎工艺操作相关文件

文件类型	文件名称	适用范围
工艺规程	××提取物工艺规程	规范工艺操作步骤、参数
内控标准	××提取物内控标准	中间体质量检查标准
质量管理文件	偏差管理规程	生产过程中偏差处理
工序操作规程	粉碎工序操作规程	粉碎工序操作
设备维护保养规程	××型万能粉碎机设备维护保养操作规程	万能粉碎机维护保养
设备清洁规程	××型万能粉碎机清洁操作规程	万能粉碎机清洁
设备操作规程	××型万能粉碎机操作规程	万能粉碎机操作
卫生管理规程	洁净区工艺卫生管理规程	洁净区卫生管理
	洁净区环境卫生管理规程	洁净区卫生管理
交接班规程	交接班管理规程	交接班

2. 生产前检查确认(表6-2)

岗位操作人员按表6-2检查确认后,填写生产操作前检查记录,并签名。质检员复核确认后发放生产许可证(表6-3)。

3. 生产准备

3.1 批生产记录要求

车间工艺员下发本批次的批生产记录,操作人员领取批生产记录后,查看首页生产指令单,获取品名、批号、设备号,严格按照相关文件进行操作,在批生产记录上及时记录要求的相关参数。

表6-2 工业化大生产中干浸膏粉碎工艺生产前检查确认项目

检查项目	检查结果	
清场记录	□有	□无
清场合格证	□有	□无
批生产指令	□有	□无
设备、容器具、管道完好、清洁	□有	□无
计量器具有检定合格证,并在周检效期内	□符合要求	□不符合要求
检验用仪器有检定合格证,并在周检效期内	□符合要求	□不符合要求
工器具定置管理	□符合要求	□不符合要求
上批遗留产品及与本批无关文件、物料已清除	□已清除	□未清除
所用工艺指令、SOP、批生产记录等文件齐全	□齐全	□不齐全
与本批有关的物料齐全	□齐全	□不齐全
有所用物料检验合格报告单	□有	□无
备注		
检查人		

表6-3 工业化大生产中干浸膏粉碎工艺生产许可证

品　名		规　格	
批　号		批　量	
检查结果		质检员	
备　注			

3.2 操作前检查

根据生产指令单获取的设备号,操作人员按照表6-4对工序内精制预处理区清场情况、设备状态等进行检查,确认符合合格标准后,检查人与复核人在批生产记录上签字确认。操作人员填写"运行"设备状态标志,填写品名、批号、数量、日期、操作人相关内容,取下班组长已检查签字的"正常　已清洁"状态标志,贴于批生产记录上,悬挂"运行"设备状态标志。

表6-4 工业化大生产中干浸膏粉碎工艺精制预处理区清场及设备情况检查

区域	类别	检查内容	合格标准	检查人	复核人
精制预处理区	清场	环境清洁	无与本批次生产无关的物料、记录等	操作人员	操作人员
		设备清洁	设备悬挂"正常　已清洁"状态标志并有车间QA检查签字	操作人员	操作人员
	设备情况	设备零部件情况	按照《××型万能粉碎机设备维护保养操作规程》进行操作前检查	操作人员	操作人员

4. 所需设备列表（表6-5）

表6-5　工业化大生产中干浸膏粉碎工艺所需设备列表

序号	设备名称	设备型号
1	万能粉碎机	××

5. 工艺过程

5.1　工艺流程

工业化大生产中干浸膏粉碎工艺流程如下：

×× 干浸膏
↓
粉碎
↓
收集称量
↓
设备清洁
↓
工序清场

5.2　工艺过程（表6-6）

表6-6　工业化大生产中干浸膏粉碎工艺过程

操作步骤	具体操作步骤	责任人
领料	根据批生产指令开具领料单,到中转站领取 ×× 干浸膏,核对品名、批号、重量,无误后,领入并办理交接手续	操作人员
操作前准备	安装粉碎用筛网(×× 目筛),并进行筛网完整性检查,检查粉碎机是否安装正确	操作人员
粉碎	带电空转 3min 无异常响声,将待粉碎物料缓缓加入加料斗内,均匀下料,粉碎成细粉,过 ×× 目筛。粉碎结束后,进行筛网完整性检查,如有筛网断裂现象,先上报偏差,发现筛网断裂物料通过金属离子探测器除去杂质 药粉用洁净的周转桶盛装,称定重量,加盖密封好,加签注明品名、批号、重量、操作者及生产日期等,送至中转站,整齐码放在规定的区域,挂好标示牌,并做好交接手续	操作人员
设备清洁	根据《×× 型万能粉碎机清洁操作规程》对生产设备和现场进行清洁,填写设备日志中清洁部分,经班组长和QA复核合格后,在设备上悬挂"正常　已清洁"状态标识,填写批生产记录中"工序清场记录"	操作人员

6. 工艺参数控制（表6-7）

表6-7　工业化大生产中干浸膏粉碎工艺参数控制

工序	步骤	工艺指示	
粉碎	操作前准备	筛网目数	×× 目

7. 清场

7.1 设备清洁

设备清洁要求按所规定的清洁频次、清洁方法进行清洁。

7.2 环境清洁

生产过程中随时保持周边干净。

7.3 清场检查

清场结束后由车间 QA 进行检查,符合要求后签发设备"正常 已清洁"状态标志;若不合格则需要操作人员进行重新清洁,并有相应记录。

8. 注意事项

8.1 质量事故处理

如果生产过程中发生任何偏离相关文件的操作,必须第一时间报告车间 QA,车间 QA 按照《偏差管理规程》进行处理。

8.2 安全事故

必须严格按照相关文件执行,如果万一出现安全事故,第一时间通知车间主任、车间 QA 按照相关文件进行处理。

8.3 交接班

人员交接班过程中需要按照《交接班管理规程》进行,并且做好交接班记录,双方确认签字后交接班完成。

8.4 维护保养

严格按照要求定期对设备进行维护、保养操作,并且做好相关记录。

四、筛析的原理、工艺过程、设备及工艺控制

(一)筛析原理

筛析是一种固体粉末的分离技术。筛即过筛,系指粉碎后的药料粉末通过网孔性的工具,使粗粉与细粉分离的操作。药筛是筛选粉末粒度(粗细)或混匀粉末的工具,粉碎后药物粉末粒度不同,成分也不均匀,影响应用,故粉碎后的药物都需要用适当的药筛筛过,达到粉末分等级的目的。析即离析,系指粉碎后的药料粉末借空气,或流动液体,或旋转的力,使粗粉(重)与细粉(轻)分离的操作。

1. 药筛的分类与规格 药筛的种类按药筛制法可分两类:冲眼筛和编织筛。《中国药典》(2020 年版)所用药筛,选用国家标准的 R40/3 系列,共规定了 9 种筛号,一号筛的筛孔内径最大,其后依次减小,九号筛的筛孔内径最小。具体分等如表 6-8 所示。

经粉碎后得到的粉末须经过筛选才能得到粒度均匀的粉末,以适应医疗和药品生产的需要。筛选时须以适当的药筛进行过筛,过筛的粉末包括了所有能够通过该药筛的全部粉末。为了控制粉末的均匀性,《中国药典》(2020 年版)规定了 6 种粉末规格,如表 6-9 所示。

表6-8　药筛的分等

筛号	筛孔内径（平均值）/μm	目号／目
一号筛	2 000 ± 70	10
二号筛	850 ± 29	24
三号筛	355 ± 13	50
四号筛	250 ± 9.9	65
五号筛	180 ± 7.6	80
六号筛	150 ± 6.6	100
七号筛	125 ± 5.8	120
八号筛	90 ± 4.6	150
九号筛	75 ± 4.1	200

表6-9　粉末的分等

粉末等级	规定
最粗粉	指能全部通过一号筛，但混有能通过三号筛不超过20%的粉末
粗粉	指能全部通过二号筛，但混有能通过四号筛不超过40%的粉末
中粉	指能全部通过四号筛，但混有能通过五号筛不超过60%的粉末
细粉	指能全部通过五号筛，并含能通过六号筛不少于95%的粉末
最细粉	指能全部通过六号筛，并含能通过七号筛不少于95%的粉末
极细粉	指能全部通过八号筛，并含能通过九号筛不少于95%的粉末

（二）工艺过程

筛析工艺流程如下：

粉碎物料　→　筛析　→　产品

（三）设备及工艺参数

1. 筛分设备　筛分设备有很多种类，应根据对粉末粗细的要求、粉的性质和数量来适当选用。

（1）手摇筛：手摇筛系由不锈钢丝、铜丝、尼龙丝等编织的筛网，固定在圆形或长方形的竹圈或金属圈上。此筛多用于小批量生产，也适用于筛毒性、刺激性或质轻的药粉，可避免轻尘飞扬。手摇筛如图6-7所示。

● 图6-7　手摇筛

（2）振动筛粉机：振动筛粉机又称筛箱，系利用偏心轮对连杆所产生的往复振动而筛选粉末的装置，其有规律的振动是由电机带动偏心轮所产生的，过筛过程中由于不断的往复运动产生了平动和振动。振动筛粉机适用于无黏性的植物药、化学药、毒性药物、刺激性药物及易风化或易潮解的药物粉末过筛。振动筛粉机如图6-8所示。

（3）悬挂式偏重筛粉机：悬挂式偏重筛粉机系利用偏重轮转动时不平衡惯性而产生簸动，筛粉机悬挂于弓形铁架上，如图6-9所示。此种筛构造简单，效率高，适用于矿物药、化学药品或无显著黏性中药粉末的筛分。

● 图6-8 振动筛粉机

● 图6-9 悬挂式偏重筛粉机

（4）电磁簸动筛粉机：电磁簸动筛粉机系利用较高频率（每秒200次以上）与较小幅度（振动幅度在3mm以内）造成簸动。由于振幅小，频率高，药粉在筛网上跳动，故能使粉粒离散，易于通过筛网，加强其过筛效率。电磁簸动筛粉机是按电磁原理进行设计的，具有较强的振荡性能，故适用于筛黏性较强的药粉，如含油或树脂的药粉等。电磁簸动筛粉机如图6-10所示。

2. 过筛的注意事项

（1）振动：使用手摇筛时，不仅需要水平方向晃动，同时应有上下方向的振动，以利过筛。速度既不可过快，也不可过慢，否则会减低过筛的效率。

（2）粉末应干燥：湿粉容易堵塞筛网，易吸潮的药粉应及时过筛或在干燥环境中过筛。

（3）粉层厚度适中：药筛内粉层不宜过厚或者过薄，否则会影响过筛效率。

3. 离析的设备　中药制药企业在进行粉碎时常采用柴田式粉碎机，当进行物料粉碎时，应先将挡板调到一定的高度。常用的离析设备有如下两种：

（1）旋风分离器：旋风分离器，系指用于气固体系或者液固体系的分离的一种设备。工作原理为靠气流切向引入造成的旋转运动，使具有较大惯性离心力的固体颗粒或液滴甩向外壁面分开。旋风分离器在制药工业中应用广泛,其主要特点是结构简单、操作弹性大、效率较高、管理维修方便,价格低廉。但也有一些缺点,如气体中的细粉不能除尽、对气体的流量变动敏感,为了避免分离效率低,气体的流量不应太小。旋风分离器如图 6-11 所示。

旋风分离器

● 图 6-10　电磁簸动筛粉机

● 图 6-11　旋风分离器

（2）袋滤器:袋滤器在制药工业中应用广泛,是利用含尘气体穿过做成袋状而支撑在适当骨架上的滤布,以滤除气体中的细粉的设备。袋滤器主要由滤袋及其骨架、壳体、清灰装置、灰斗和排灰阀等部分构成,如图 6-12 所示。

该设备的优点是截留气流中微粒的效率很高,一般可达 94%~97%,甚至高达 99%,并能截留直径小于 1μm 的细粉。袋滤器设备结构简单,操作方便,过滤效果较好。但换洗滤布袋的操作条件较差,时间较长。目前国内中药制药企业常见的是将粉碎机和旋风分离器与袋滤器串联组合起来,成为药物粉碎、分离的整体设备。

（四）筛析的设备及其工艺控制

圆形振动筛粉机是以筛机外观来命名的,其底座与筛框、网架都是圆形的,由立式振动电机做振源,物料在筛面呈圆形向外扩散运动,因此以物料运行轨迹也叫圆形旋振筛,如图 6-13 所示。圆形振动筛粉机主要用于筛分 500 目以内的粉末、颗粒,也可过滤 5 微米以内的浆液物料,可将一种物料分选出 2~6 种不同的粒度规格。

结合振动筛粉机和旋风分离器的使用,筛析工艺过程中关键控制点及参数如下。

1. 使用前准备　每次开机前一定要清理筛网,并检查振动筛筛片有无破损,不符合要求及时更换。

2. 选择合适的药筛　根据所需药粉细度,正确选用适当筛号的药筛。

3. 药粉的前处理　①粉末应干燥:粉末的含水量过高,药粉黏性增强,易阻塞筛孔,影响过筛的效率;②粉层厚度应适中:加到药筛中的药粉不宜太多,应让药粉在筛网上有足够多的空间在较大范围内移动,这样有利于过筛,但也不宜太少,药粉层太薄,也会影响过筛的效率。

4. 过筛时需要不断地振动　药粉在静止状态下,由于表面自由能等因素的影响,易结成药粉

● 图 6-12　袋滤器

● 图 6-13　圆形振动筛粉机

块而不易通过筛孔。当不断振动时,各种力的平衡受到破坏,小于筛孔的药粉才能通过。但振动速度应适中,太快或太慢均会降低过筛效率。

案例 6-2　筛析工艺案例(干浸膏细粉筛析)

1. 操作相关文件(表 6-10)

表 6-10　工业化大生产中干浸膏细粉筛析工艺操作相关文件

文件类型	文件名称	适用范围
工艺规程	××提取物工艺规程	规范工艺操作步骤、参数
内控标准	××提取物内控标准	中间体质量检查标准
质量管理文件	偏差管理规程	生产过程中偏差处理
工序操作规程	粉碎工序操作规程	粉碎工序操作
设备维护保养规程	××型旋振筛设备维护保养操作规程	旋振筛维护保养
设备清洁规程	××系列旋振筛清洁操作规程	旋振筛清洁
设备操作规程	××系列旋振筛操作规程	旋振筛操作
卫生管理规程	洁净区工艺卫生管理规程	洁净区卫生管理
	洁净区环境卫生管理规程	洁净区卫生管理
交接班规程	交接班管理规程	交接班

2. 生产前检查确认(表 6-11)

表 6-11　工业化大生产中干浸膏细粉筛析工艺生产前检查确认项目

检查项目	检查结果	
清场记录	□有	□无
清场合格证	□有	□无
批生产指令	□有	□无
设备、容器具、管道完好、清洁	□有	□无
计量器具有检定合格证,并在周检效期内	□符合要求	□不符合要求

检查项目	检查结果	
检验用仪器有检定合格证,并在周检效期内	□符合要求	□不符合要求
工器具定置管理	□符合要求	□不符合要求
上批遗留产品及与本批无关文件、物料已清除	□已清除	□未清除
所用工艺指令、SOP、批生产记录等文件齐全	□齐全	□不齐全
与本批有关的物料齐全	□齐全	□不齐全
有所用物料检验合格报告单	□有	□无
备注		
检查人		

岗位操作人员按表6-11检查确认后,填写生产操作前检查记录,并签名。质检员复核确认后发放生产许可证(表6-12)。

表6-12　工业化大生产中干浸膏细粉筛析工艺生产许可证

品　　名		规　　格	
批　　号		批　　量	
检查结果		质 检 员	
备　　注			

3. 生产准备

3.1 批生产记录要求

车间工艺员下发本批次的批生产记录,操作人员领取批生产记录后,查看首页生产指令单,获取品名、批号、设备号,严格按照相关文件进行操作,在批生产记录上及时记录要求的相关参数。

3.2 操作前检查

根据生产指令单获取的设备号,操作人员按照表6-13对工序内筛析区清场情况、设备状态等进行检查,确认符合合格标准后,检查人与复核人在批生产记录上签字确认。操作人员填写"运行"设备状态标志,填写品名、批号、数量、日期、操作人相关内容,取下班组长已检查签字的"正常已清洁"状态标志,贴于批生产记录上,悬挂"运行"设备状态标志。

表6-13　工业化大生产中干浸膏细粉筛析工艺筛析区清场及设备情况检查

区域	类别	检查内容	合格标准	检查人	复核人
筛析区	清场	环境清洁	无与本批次生产无关的物料、记录等	操作人员	操作人员
		设备清洁	设备悬挂"正常 已清洁"状态标志并有车间QA检查签字	操作人员	操作人员
	设备情况	设备零部件情况	按照《××型万能粉碎机设备维护保养操作规程》进行操作前检查	操作人员	操作人员

4. 所需设备列表(表6-14)

表6-14　工业化大生产中干浸膏细粉筛析工艺所需设备列表

序号	设备名称	设备型号
1	旋振筛	××

5. 工艺过程

5.1 工艺流程

工业化大生产中干浸膏细粉筛析工艺流程如下：

$$×× 干浸膏$$
$$\downarrow$$
$$筛析$$
$$\downarrow$$
$$收集称量$$
$$\downarrow$$
$$设备清洁$$
$$\downarrow$$
$$工序清场$$

5.2 工艺过程（表6-15）

表6-15　工业化大生产中干浸膏细粉筛析工艺过程

操作步骤	具体操作步骤	责任人
领料	根据批生产指令开具领料单，到中转站领取经粉碎的××干浸膏细粉，核对品名、批号、重量，无误后，领入并办理交接手续	操作人员
操作前准备	一次将××目、××目的筛网装入旋振筛中，并进行筛网完整性检查，检查安装正确	操作人员
摇筛	启动电源，开启设备，空转3min，无异常，均匀地将干浸膏细粉倒入依次叠好的筛子中进行筛析，在筛析过程中旋振筛上下振动，水平转动 筛析结束后，进行筛网完整性检查，如有筛网断裂现象，先上报偏差，发生筛网断裂物料通过金属离子探测器除去杂质 药粉用洁净的周转桶盛装，称定重量，加盖密封好，加签注明品名、批号、重量、操作者及生产日期等，送至中转站，整齐码放在规定的区域内，挂好标示牌，并做好交接手续 分别称量出过××目及××目筛网的细粉各多少，计算各自所占的百分比	操作人员
设备清洁	根据《××系列旋振筛清洁操作规程》对生产设备和现场进行清洁，填写设备日志中清洁部分，经班组长和QA复核合格后，在设备上悬挂"正常　已清洁"标识，填写批生产记录中"工序清场记录"	操作人员

6. 工艺参数控制（表6-16）

表6-16　工业化大生产中干浸膏细粉筛析工艺参数控制

工序	步骤	工艺指示	
摇筛	操作前准备	筛网目数	××目和××目

7. 清场

7.1 设备清洁

设备清洁要求按所规定的清洁频次、清洁方法进行清洁。

7.2 环境清洁

生产过程中随时保持周边干净。

7.3 清场检查

清场结束后由车间 QA 进行检查,符合要求后签发设备"正常 已清洁"状态标志;若不合格则需要操作人员进行重新清洁,并有相应记录。

8. 注意事项

8.1 质量事故处理

如果生产过程中发生任何偏离相关文件的操作,必须第一时间报告车间 QA,车间 QA 按照《偏差管理规程》进行处理。

8.2 安全事故

必须严格按照相关文件执行,如果万一出现安全事故,应第一时间通知车间主任、车间 QA 按照相关文件进行处理。

8.3 交接班

人员交接班过程中需要按照《交接班管理规程》进行,并且做好交接班记录,双方确认签字后交接班完成。

8.4 维护保养

严格按照要求定期对设备进行维护、保养操作,并且做好相关记录。

第二节 混合

一、混合的 GMP 基本要求

混合的目的是保证配方的均一性。

1. GMP 以混合产生的均质产品界定"批"。GMP 第十四章附则,第三百一十二条规定:"口服或外用的固体、半固体制剂在成型或分装前使用同一台混合设备一次混合所生产的均质产品为一批;口服或外用的液体制剂以灌装(封)前经最后混合的药液所生产的均质产品为一批。"

2. "对于混合工艺来说最关键的一点是如何能够达到其混合均一度","不均一的混合可能会导致某些产品的剂量不能达到要求"。(《药品 GMP 指南·口服固体制剂》)

3. 混合的影响因素(《药品 GMP 指南·口服固体制剂》)

(1)物料粉体性质的影响,如粒度分布、表面特点、堆密度、含水量、流动性、黏附性等都会对其产生影响,一般来说粒径小于 $30\mu m$ 时,颗粒的大小不会导致产生分层。各个组分的比例也将对混合效果产生影响。

(2)设备类型,如容器的尺寸、挡板的设计、表面的粗糙度以及旋转的角度。

(3)操作的条件,如转速、装料体积、装料方式、混合时间都会直接影响混合的效果。应当选择适当的填充体积、转速和适当的防静电措施以防结块。(《药品 GMP 指南·口服固体制剂》)

4. 混合的取样应该具有代表性,且针对最可能发生死角的位置,运用合适的工具进行取样分析,以考察其混合效果,一般来说,应该联系最终的含量均一度指标,混合均一度应该控制在85%~115%或更严格的工艺指标,相对标准偏差不应高于7.8,而对一般固定制剂,至少应在上、中、下三个水平位置进行多点取样,每个点的取样量应该相对适中。可参考FDA混合均一度指南。(《药品GMP指南·口服固体制剂》)

二、混合的原理、工艺过程、设备及工艺控制

(一)混合的原理

混合系指将两种及两种以上的固体粉末相互均匀分散的过程或操作。由于粉体均化目的不一样,对均化的要求和评价方式也不完全一样,均化的途径也不一样,但均化过程的基本原理是基本相同的。通常按照粉体在混料器中的运动状态,其混合原理可以分为以下三种。

1. 对流混合　是指在搅拌器的作用下,不同组分的固体颗粒进行大幅度的位置移动,在来回流动过程中进行混合。

2. 扩散混合　是指在微观状态下,两个相邻的颗粒之间的局部混合,由于相邻颗粒间位置的改变,会引起粉体颗粒之间相互渗透、掺和,扩散混合过程可以使物料达到完全均匀的混合程度。

3. 剪切混合　剪切混合是指由于不同组分的固体颗粒的运动速度不同,在粉体中会形成很多滑移面,各个滑移面之间发生相对滑动,像薄层状的流体一样进行混合。

在整个粉体混合过程中,初期是以对流混合为主,这一阶段特点是混合速度较快;中期以扩散混合为主;剪切混合在全部混合过程中都起着作用。但因所用混合器械和混合方法的不同,可能以其中某种方式混合为主。

(二)工艺过程

混合工艺流程如下:

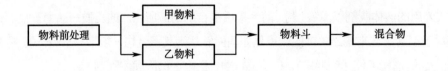

(三)设备及工艺控制

1. 槽型混合机

(1)工作原理:槽内装有"S"形与旋转方向成一定角度的搅拌桨,搅拌桨可使物料不停地以上下、左右、内外的各个方向运动的过程中达到均匀混合。槽可绕水平轴转动,以便卸出槽内粉末。

(2)主要构造:由固定的"U"形混合槽和内装螺旋状的带式搅拌桨组成,如图6-14。

(3)应用:各种药粉的混合,颗粒剂、片剂、丸剂、软膏等团块的混合和捏合。

2. 混合筒

（1）工作原理：混合筒的轴不对称地固定在筒的两面，由传动装置带动，在适宜的转速下将药粉混合均匀。

（2）分类：按形状分为"V"字形、双圆锥形及正立方体形，如图6-15。

（3）应用：密度相近粉末的混合。

● 图6-14　槽形混合机

● 图6-15　"V"字形混合机

3. 双螺旋锥形混合机

（1）工作原理：在混合的过程中，物料在螺旋推进器的作用下自底部上升，又在公转的作用下在全容器内产生旋涡和上下循环运动，使物料在较短时间内混合均匀。

（2）主要构造：由锥形容器和内装的螺旋桨、摆动臂和传动部件等组成，如图6-16。

（3）应用：粉状、粒状物料的混合。

● 图6-16　双螺旋锥形混合机

4. 湿法混合制粒机　湿法混合制粒机能一次完成混合加湿、制粒等工序，适用于制药、食品、化工等行业（图6-17）。它是符合药品生产GMP要示的先进设备，具有高效、优质、低耗、无污染、安全等特点。

● 图 6-17　湿法混合制粒机

案例 6-3　混合工艺案例（制粒原辅料混合）

1. 操作相关文件（表 6-17）

表 6-17　工业化大生产中制粒原辅料混合工艺操作相关文件

文件类型	文件名称	适用范围
工艺规程	××胶囊工艺规程	规范工艺操作步骤、参数
内控标准	××胶囊内控标准	中间体质量检查标准
质量管理文件	偏差管理规程	生产过程中偏差处理
工序操作规程	混合工序操作规程	混合工序操作
设备操作规程	××型湿法混合制粒机操作规程	湿法混合制粒机操作
设备维护保养规程	××型湿法混合制粒机设备维护保养操作规程	湿法混合制粒机维护保养
设备清洁规程	××型湿法混合制粒机清洁操作规程	湿法混合制粒机清洁
卫生管理规程	洁净区工艺卫生管理规程	洁净区卫生管理
	洁净区环境卫生管理规程	洁净区卫生管理
交接班规程	交接班管理规程	交接班

2. 生产前检查确认（表 6-18）

岗位操作人员按表 6-18 检查确认后,填写生产操作前检查记录,并签名。质检员复核确认后发放生产许可证（表 6-19）。

3. 生产准备

3.1　批生产记录要求

车间工艺员下发本批次的批生产记录,操作人员领取批生产记录后,查看首页生产指令单,获取品名、批号、设备号,严格按照相关文件进行操作,在批生产记录上及时记录要求的相关参数。

表 6-18 工业化大生产中制粒原辅料混合工艺生产前检查确认项目

检查项目	检查结果	
清场记录	□有	□无
清场合格证	□有	□无
批生产指令	□有	□无
设备、容器具、管道完好、清洁	□有	□无
计量器具有检定合格证,并在周检效期内	□符合要求	□不符合要求
检验用仪器有检定合格证,并在周检效期内	□符合要求	□不符合要求
工器具定置管理	□符合要求	□不符合要求
上批遗留产品及与本批无关文件、物料已清除	□已清除	□未清除
所用工艺指令、SOP、批生产记录等文件齐全	□齐全	□不齐全
与本批有关的物料齐全	□齐全	□不齐全
有所用物料检验合格报告单	□有	□无
备注		
检查人		

表 6-19 工业化大生产中制粒原辅料混合工艺生产许可证

品　名		规　格	
批　号		批　量	
检查结果		质检员	
备　注			

3.2 操作前检查

根据生产指令单获取的设备号,操作人员按照表 6-20 对工序内混合区清场情况、设备状态等进行检查,确认符合合格标准后,检查人与复核人在批生产记录上签字确认。操作人员填写"运行"设备状态标志,填写品名、批号、数量、日期、操作人相关内容,取下班组长已检查签字的"正常　已清洁"状态标志,贴于批生产记录上,悬挂"运行"设备状态标志。

表 6-20 工业化大生产中制粒原辅料混合工艺混合区清场及设备情况检查

区域	类别	检查内容	合格标准	检查人	复核人
混合区	清场	环境清洁	无与本批次生产无关的物料、记录等	操作人员	操作人员
		设备清洁	设备悬挂"正常　已清洁"状态标志并有车间 QA 检查签字	操作人员	操作人员
	设备情况	设备零部件情况	按照《××管式高速分离机设备维护保养操作规程》进行操作前检查	操作人员	操作人员

4. 所需设备列表（表 6-21）

表 6-21　工业化大生产中制粒原辅料混合工艺所需设备列表

序号	设备名称	设备型号
1	电子台秤	××
2	整粒湿法混合制粒机	××

5. 工艺过程

5.1　工艺流程

工业化大生产中制粒原辅料混合工艺流程如下：

×× 软材细粉和糊精等原辅料

↓

称量

↓

投料

↓

混合

↓

设备清洁

↓

工序清场

5.2　工艺过程

工业化大生产中制粒原辅料混合工艺过程详见表 6-22。

表 6-22　工业化大生产中制粒原辅料混合工艺过程

操作步骤	具体操作步骤	责任人
领料	根据批生产指令开具领料单,到中转站领取 ×× 胶囊软材细粉、糊精等原辅料,核对品名、批号、数量,无误后,领入并办理交接手续	操作人员
物料称量	开启层流罩,待设备运行 1min 以上检查初、中、高效气压实测值是否符合规定（初效：10~100Pa,中效：20~200Pa,高效：40~350Pa）,待检查结果符合规定后计时静置 15min 以上方可进行物料的称量操作,按工艺配比称取 ×× 胶囊软材细粉、糊精等	操作人员
投料	按《×× 湿法混合制粒机操作规程》操作设备,整粒湿法混合制粒机悬挂"运行"状态标识。依次开启进料阀门、真空阀门,将 ×× 胶囊软材细粉与糊精吸入整粒湿法混合制粒机物料缸中,吸料结束后,关闭真空阀门,关闭进料阀门	操作人员
混合	设定搅拌速度为 ××r/min,切刀转速为 ××r/min,混合时间为 ××s,开启搅拌和切刀按设定的参数混合至规定时间	
设备清洁	根据《×× 型湿法混合制粒机清洁操作规程》对生产设备和现场进行清洁,填写设备日志中清洁部分,经班组长和 QA 复核合格后,在设备上悬挂"正常　已清洁"标识,填写批生产记录中"工序清场记录"	操作人员

6. 工艺参数控制（表 6-23）

表 6-23　工业化大生产中制粒原辅料混合工艺参数控制

工序	步骤	工艺指示	
混合	混合	搅拌速度	××r/min
	混合	切刀转速	××r/min
	混合	混合时间	××s

7. 清场

7.1　设备清洁

设备清洁要求按所规定的清洁频次、清洁方法进行清洁。

7.2　环境清洁

生产过程中随时保持周边干净。

7.3　清场检查

清场结束后由车间 QA 进行检查,符合要求后签发设备"正常　已清洁"状态标志;若不合格则需要操作人员进行重新清洁,并有相应记录。

8. 注意事项

8.1　质量事故处理

如果生产过程中发生任何偏离相关文件的操作,必须第一时间报告车间 QA,车间 QA 按照《偏差管理规程》进行处理。

8.2　安全事故

必须严格按照相关文件执行,如果万一出现安全事故,第一时间通知车间主任、车间 QA 按照相关文件进行处理。

8.3　交接班

人员交接班过程中需要按照《交接班管理规程》进行,并且做好交接班记录,双方确认签字后交接班完成。

8.4　维护保养

严格按照要求定期对设备进行维护、保养操作,并且做好相关记录。

本章小结

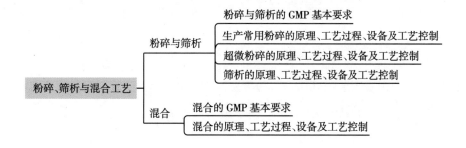

（李小芳　张岩岩　张　欣）

参 考 文 献

[1] 杨明.中药药剂学.9版.北京:中国中医药出版社,2012.

[2] 李小芳.中药提取工艺学.北京:人民卫生出版社,2014.

[3] 王沛.中药制药工程原理与设备.9版.北京:中国医药科技出版社,2013.

[4] 刘芳.中药粉末饮片质量评价示范性研究.成都:成都中医药大学,2017.

[5] 蒋且英,曾荣贵,赵国巍,等.中药粉体改性技术与改性设备研究进展.中草药,2017,48(8):1677-1681.

[6] 李婧琳,王媚,史亚军,等.超微粉碎技术在中药制剂中的应用分析.现代中医药,2018,38(5):121-123,130.

第七章　制药用水制备工艺

学习目标

1. 掌握:《中国药典》(2020 年版)中制药用水的相关规定；制药用水中纯化水和注射用水的典型制备工艺和方法。

2. 熟悉:制药用水中纯化水和注射用水的制备设备的工作原理。

3. 了解:制药用水的发展前沿。

4. 能够根据制药用水的需要进行制备工艺设计,并进行设备选型,并对现有制备工艺进行生产管理。

第一节　概述

制药生产过程中,水是用量最大、使用最广的一种基本原料,涉及生产过程中的各个环节,因此水是制药业的生命线。其中注射剂用量最大,约占制药用水的 90%。制药用水一方面是良好的溶剂,广泛应用于制药生产工艺；另一方面具有极强的溶解能力和极少的杂质,广泛应用于制药设备和系统的在线清洗。

制药工业生产中的水用作原料、溶剂、清洗剂,历版《中国药典》对制药用水的质量标准、用途都有明确的定义和要求。各个国家和组织的 GMP 将制药用水的生产和储存分配系统视为制药生产的关键系统,对其设计、安装、验证、进行和维护等提出了明确的要求。

根据制药生产工艺流程和需求的不同,制药用水的水质要求也不同。

一、制药用水的分类

《中国药典》(2020 年版)规定,制药用水因其使用的范围不同而分为饮用水、纯化水、注射用水和灭菌注射用水。

制药用水的原水通常为饮用水。

1. 饮用水　为天然水经净化处理所得的水,其质量必须符合现行中华人民共和国国家标准

《生活饮用水卫生标准》。饮用水可作为药材净制时的漂洗、制药用具的粗洗用水。除另有规定外,也可作为饮片的提取溶剂。

2. 纯化水 为饮用水经蒸馏法、离子交换法、反渗透法或其他适宜的方法制备的制药用水。不含任何附加剂,其质量应符合纯化水项下的规定。

纯化水

纯化水可作为配制普通药物制剂用的溶剂或试验用水;可作为中药注射剂、滴眼剂等灭菌制剂所用饮片的提取溶剂;口服、外用制剂配制用溶剂或稀释剂;非灭菌制剂用器具的清洗用水。也用作非灭菌制剂所用饮片的提取溶剂。纯化水不得用于注射剂的配制与稀释。

纯化水有多种制备方法,应严格监测各生产环节,防止微生物污染。

注射用水

3. 注射用水 为纯化水经蒸馏所得的水,应符合细菌内毒素试验要求。注射用水必须在防止细菌内毒素产生的设计条件下生产、贮藏与分装。其质量应符合注射用水项下的规定。

注射用水可作为配制注射剂、滴眼剂等的溶剂或稀释剂及容器的精洗。

为保证注射用水的质量,应减少原水中的细菌内毒素,监控蒸馏法制备注射用水的各生产环节,并防止微生物的污染。应定期清洗与消毒注射用水系统。注射用水的储存方式和静态储存期限应经过验证确保水质符合质量要求,例如可以在80℃以上保温或70℃以上保温循环或4℃以下的状态下存放。

灭菌注射用水

4. 灭菌注射用水 为注射用水按照注射剂生产工艺制备所得。不含任何添加剂。主要用于注射用灭菌粉末的溶剂或注射剂的稀释剂。其质量应符合灭菌注射用水项下的规定。

灭菌注射用水灌装规格应适应临床需要相适应,避免大规格、多次使用造成的污染。

二、原水的处理方法与工艺

一般原水中含有悬浮物、气体、无机物、有机物、细菌及热原等,须将从水源获得的原水进行一定的预处理,使其成为有一定澄清度的饮用水。同时,为了满足膜分离系统的进水水质要求,延长膜分离系统的周期和使用期限,防止系统的损坏,需要对原水进行预处理。

(一)原水预处理系统组成

一般包括原水箱、原水泵、多介质过滤器、活性炭过滤器、软化处理器、精密过滤器等单元操作。原水预处理工作流程如图7-1所示。

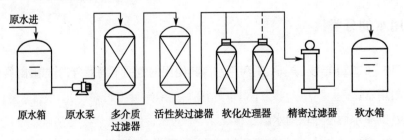

● 图7-1 原水预处理工作流程图

1. **原水箱** 原水箱是起缓冲作用的储水箱,根据制水系统的要求设置其体积,以保证足够的缓冲时间使水处理系统正常运转。为了避免原水箱由于水流速较慢,产生微生物繁殖,水在进入缓冲罐前加入 0.3~0.5mg/L 的次氯酸钠溶液,系统运行中可应用余氯检测仪自动检测。

2. **多介质过滤器** 又称机械过滤器,是采用两种以上的介质作为滤料层,在一定压力下把原水通过粒状或非粒状过滤介质,以去除水中的泥砂、悬浮物、胶体等,使水澄清的过滤装置。一般采用离子交换、电渗析、反渗透等膜分离系统的进水须通过多介质过滤器进行预处理。常用的过滤介质有石英砂、无烟煤、锰砂等,出水浊度可达 3 度以下。

多介质过滤器的主要结构:过滤器、配套管线和阀门。其中过滤器又包括水箱、进水管、反洗水管、液体分布器、支撑架、滤料层等。过滤器内多介质滤料层根据其比重和粒径的大小在过滤器水箱内分层分布,比重小而粒径稍大的无烟煤放在滤床的最上层,比重适中而粒径小的石英砂放在滤床的中层,比重大且粒径大的沙砾放在滤床的最下层。保证过滤器在进行反冲洗的时候不会产生乱层现象,从而保证滤料层的截留能力。

多介质过滤器的工作原理是原水通过泵的输送,在一定的压力下自上而下通过滤料层,水中悬浮物由于吸附和流体阻力作用被滤层表面截留下来;当水流进入滤层中间时,滤料层中的砂粒排列紧密,水中微粒与砂粒接触面反复碰撞,水中的凝絮物、悬浮物和砂粒表面相互黏附,杂质截留在滤料层中。过滤过程中,较大的悬浮物颗粒在顶层被去除,较小的微粒在底层被去除,从而使水质达到粗过滤后的标准。经过滤后的水中悬浮物须达到 5mg/L 以下。过滤器在运行过程中需要通过浊度仪或进出口压差来判断设备是否需要定期清洗,一般设置 24 小时清洗一次滤料层,或根据原水进水水质不定期设置手动装置启动反洗功能。洗水自下而上反冲洗,将截留的杂质洗脱。为保证出水水质要求,滤料层一般要求 2~3 年更换一次。多介质过滤器工作原理如图 7-2 所示。

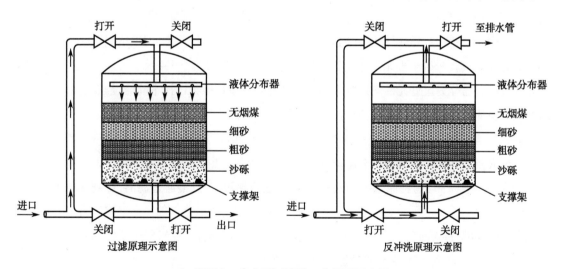

● 图 7-2 多介质过滤器工作原理示意图

多介质过滤器在制水方面广泛应用,且运行成本低,日常维护简单,滤料层可多次使用,使用寿命长。

3. **活性炭过滤器** 是一种常用的水处理设备,应用于水处理脱盐系统前处理,能够吸附前级过滤中无法去除的余氯,保证后级设备使用寿命,提高出水水质、防止污染,特别是防止后级处理系统中离子交换树脂、反渗透膜等的游离态余氯中毒污染。同时,活性炭可吸附小分子有机物等污染性物质,对水中异味、胶体、色素及重金属离子等有较明显的吸附去除作用,还具有降低COD(化学需氧量,chemical oxygen demand)的作用。可以进一步降低反渗透RO(reverse osmosis)进水的SDI(污染密度指数,silt density index)值,保证SDI<5,TOC(总有机碳,total organic carbon)<2.0ppm。

活性炭过滤器外壳一般为不锈钢或者玻璃钢,底层填粗石英砂垫层,上层装优质活性炭。活性炭以煤或木炭为原料,用煤焦油黏合制成颗粒状吸附过滤材料。吸附原理是通过活性炭表面毛细孔的吸附能力,在颗粒表面形成一层平衡的表面浓度,有机物杂质被吸附到活性炭颗粒内。活性炭颗粒的大小对吸附能力也有影响。粉末状活性炭颗粒小,过滤面积大,吸附效果最佳,但活性炭粉末很容易随水流入水箱中,难以过滤,较少采用。应用较多的是颗粒状的活性炭,因为颗粒状活性炭的颗粒成形不易流动,水中有机物等杂质在活性炭过滤层中不易阻塞,吸附能力强,携带、更换方便。活性炭的吸附能力与水接触的时间成正比,接触时间越长,过滤后的水质越佳。

设备运行过程中,活性炭过滤器易成为细菌滋生的场所,须采取蒸汽消毒。活性炭过滤吸附饱和时,须进行反清洗,一般设置24小时清洗一次。

4. 软化处理器 是由离子交换树脂作为介质,降低水硬度的设备。目前主要是用阳离子树脂中的阳离子Na^+来交换原水中的Ca^{2+}、Mg^{2+}等,防止Ca^{2+}、Mg^{2+}等在反渗透膜表面结垢,软化后水硬度应<1.5mg/L。当树脂吸收一定量的Ca^{2+}、Mg^{2+}之后,就必须进行再生,再生过程就是用食盐水冲洗树脂层,置换出树脂上的硬度离子,随再生废液排出罐外,树脂就又恢复了软化交换功能。同时采用热水、过氧乙酸、碱进行消毒。

一般设置两个软化器,一个正在工作,另外一个进行再生,确保生产的连续性。罐体部分由玻璃钢或碳钢内部衬胶制成,采用PVC(聚氯乙烯,polyvinyl chloride)或PP(聚丙烯,polypropylene)/ABS(丙烯腈A-丁二烯B-苯乙烯S的三元共聚物,acrylonitrile butadiene styrene plastic)或不锈钢材质的管材和多接口阀门进行管道的连接,应用PLC控制系统控制软化器。

5. 精密过滤器 又称保安过滤器,处于原水处理的末端,用于过滤水中的细小颗粒,比如破碎树脂颗粒。筒体外壳一般采用不锈钢材质制造,内部采用PP熔喷、线烧、折叠、钛滤芯、活性炭滤芯等管状滤芯作为过滤元件。根据不同的过滤介质及设计工艺选择不同的过滤元件,以达到水质要求。机体也可设计为快装式,以方便更换滤芯及清洗。

(二)原水预处理系统工艺设计要求

1. 原水浊度<30时,在原水中加入絮凝剂,通过机械过滤器、滤芯过滤器,得到饮用水再用紫外线消毒。

2. 当原水同时除浊、有机物、余氯时,在原水中加入絮凝剂,通过机械过滤器、活性炭过滤器,并加入亚硫酸氢钠,再通过滤芯过滤器,即可得到饮用水。

3. 原水含盐量>500mg/L时,在原水中加入絮凝剂,通过机械过滤器、活性炭过滤器、滤芯过滤器,再用电渗析器或反渗透装置处理,即可得到饮用水。

(三)对原水预处理设备的基本要求

为了保证原水预处理的水质要求,对于水处理系统特别要求注意以下问题:

1. 纯化水的预处理设备可根据原水水质情况配备,要求先达到饮用水标准。

2. 多介质过滤器及软化处理器要求能自动反冲、再生、排放。

3. 活性炭过滤器为有机物集中地,为防止细菌、细菌内毒素的污染,除要求能自动反冲外,还可用蒸汽消毒。

4. 设备可用紫外灯灭菌,由于紫外线激发的 255nm 波长的光强与时间成反比,要求有记录时间的仪表和光强度仪表,其浸水部分采用 316L 不锈钢,石英灯罩应可拆卸。

第二节 纯水的制备工艺

原水经预处理后得到饮用水,饮用水根据水质条件和水质要求,可通过离子交换法、电渗析法、反渗透法、超滤法、微滤法等进一步净化处理得到纯化水或超纯水。

一、离子交换法制备纯水的原理和方法

离子交换法处理是通过离子交换树脂将盐类、矿物质及溶解性气体等杂质去除。由于水中杂质种类繁多,因此需要同时使用阴离子交换树脂和阳离子交换树脂,或者在装有混合树脂的离子交换器中进行。

离子交换树脂有阳离子交换树脂和阴离子交换树脂。常用的离子交换树脂有 732 型苯乙烯强酸性阳离子交换树脂,其极性基团是磺酸基,解离度大,酸性强,在酸性或碱性溶液中均能进行交换反应,可除去水中阳离子,可用简化式 RSO_3H^+、RSO_3Na^+ 表示,前者为氢型,后者为钠型,钠型为出厂型;717 型苯乙烯强碱性阴离子交换树脂,其极性基团是季胺基团,解离度大,碱性强,在酸性或碱性溶液中均能进行交换作用,可除去水中强酸根与弱酸根,可用简化式 $R—N^+(CH_3)_3OH^-$ 和 $R—N^+(CH_3)_3Cl^-$ 表示,前者为 OH 型,后者叫氯型,氯型为出厂型。

离子交换法制备水,原水依次进入阳离子交换树脂柱、阴离子交换树脂柱、阴阳离子混合树脂柱,采用串联组合方式。工作时,原水预处理过程中已除去有机物、固体颗粒、细菌及其他物质,预处理的水先进入阳离子交换树脂柱,使水中阳离子与树脂上的氢离子进行交换,并结合成无机酸,再进入阴离子交换树脂交换柱,除去水中的阴离子。水经阳离子和阴离子交换树脂柱处理后,已得到初步的净化。最后,进入混合离子交换柱进一步净化,得到产品纯水。离子交换树脂柱工作流程如图 7-3 所示。

当预处理水的碱度(≥50mg/L)较高时,在阳离子树脂柱后加一脱气塔,以除去水中大量的二氧化碳,减轻阴离子交换树脂的负担。当待处理水中 SO_4^{2-}、Cl^-、NO_3^- 等强酸根(≥100mg/L)较多时,可在阴离子树脂柱前加用弱碱性阴离子交换树脂柱,先除去大部分酸根离子。弱碱性阴离子

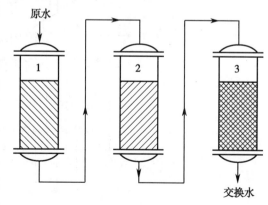

1. 强酸性阳离子树脂交换柱;2. 强碱性阴离子树脂交换柱;3. 强酸强碱混合树脂交换柱。

● 图 7-3 离子交换树脂柱工作流程图

交换树脂柱中,阴阳树脂用量的配比一般为 1:1.5 或 1:2,树脂装量为柱容量的 3/4。交换运行时的出水量,每小时一般约为湿树脂体积的 5~10 倍。

树脂工作一段时间后,会逐渐失去交换能力,使交换水质量不合格,树脂应定期再生。交换水的质量多通过测定其比电阻来控制,要求在 $1 \times 10^6 \Omega \cdot cm$ 以上。阳离子交换树脂可用 5% 的盐酸溶液再生,阴离子交换树脂用 5% 的氢氧化钠溶液再生。由于阴离子、阳离子交换树脂所用再生试剂不同,因此混合柱再生前须于柱底逆流注水,再利用阴离子、阳离子交换树脂的密度差使其分层,将上层的阳离子交换树脂引入再生柱,两种树脂分别于两个容器中再生,再生后将阳离子交换树脂抽入混合柱中混合,使其恢复交换能力。

离子交换法处理水,可除去绝大部分阴、阳离子,也可吸附清除热原和细菌,但是树脂床层中可能存有微生物以致水中含有热原。另外,树脂本身也会释放一些低分子量的胺类物质以及大分子有机物等,也会被树脂吸附和截留,从而使树脂毒化,这也是引起离子交换水质下降的主要原因之一。因此,离子交换水主要供蒸馏法制备注射用水,也可用于洗涤设备,但是不能用于配制注射液。通过混合床去离子器后的纯化水必须循环,使水质稳定。但混合床只能去除水中的阴、阳离子,对去除热原是无用的。

二、电渗析法制备纯水的原理和设备

电渗析法制备纯水较离子交换法经济、节约酸碱,此法制得的水电阻低,一般在 $10 \times 10^4 \Omega \cdot cm$ 左右。因此,常与离子交换法联用,以制备纯水。

电渗析是在外加电场作用下,使水中的离子发生定向迁移,通过具有选择性和良好导电性的离子交换膜,使水净化的技术。

电渗析器中交替排列着许多阳膜和阴膜,分隔成多个小水室。原水进入时,在电场的作用下,水中的离子发生定向迁移。阳膜允许阳离子通过截留阴离子;阴膜允许阴离子通过截留阳离子。因此,多组交替排列的阴、阳膜,形成了除去离子区间的"淡水室"和浓聚离子区间的"浓水室",在电极两端区域为"极水室"。收集各淡水室的出水,即为纯水。电渗析工作原理如图 7-4 所示。

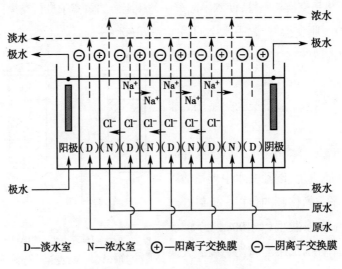

● 图 7-4 电渗析工作原理示意图

电渗析主要是除去带电荷的杂质,对不带电荷的杂质净化能力很弱,原水必须经预处理为饮用水后,才能进入电渗析器。

三、电除盐系统

电除盐(electrodeionization,EDI)系统,又称连续电子除盐技术。这是一种结合离子交换技术、离子交换膜技术和离子电迁移技术的纯水制造技术。它同时结合离子交换技术和电渗析技术,利用电极两端产生的高压使水中带电离子定向移动,系统设置离子交换树脂和选择性树脂膜协助离子移动,从而达到纯化水的目的。该技术在除盐过程中,离子在电场作用下通过离子交换膜被清除。同时,在电场作用下水分子产生氢离子(H^+)和氢氧根离子(OH^-),对离子交换树脂进行连续再生,能够促使离子交换树脂保持最佳状态。

多年来,混床离子交换技术一直作为超纯水制备的标准工艺。这种工艺一方面需要周期性的再生,另外一方面树脂再生过程中需要消耗大量的化学药品(酸碱)和工业纯水,造成一定的环境问题。因此,传统的离子交换法无法满足现代工业和环保的需求,EDI技术将膜、树脂和电化学原理相结合,开启了水处理技术的新变革。该工艺过程取电渗析和离子交换之长,弥补对方之短,即利用离子交换能深度脱盐来克服电渗析极化脱盐不彻底,又利用电渗析极化发生水电离,产生H^+和OH^-,实现树脂的自再生,克服树脂失效后通过化学药剂再生的缺陷。这种技术离子交换树脂的再生利用的是电能,不再需要酸碱,更符合我国目前制药工业发展的环保要求。

四、反渗透法制备纯水的原理和设备

反渗透(reverse osmosis,RO)又称逆渗透,是一种以压力差为推动力,从溶液中分离出溶剂的膜分离操作。反渗透法制得的纯水可用于生产的精制工序、容器器具的洗净、注射用容器的首洗净用水及临床检查仪器的洗净用水。用反渗透法制备注射用水,除盐及除热原的效率较高,可以达到相关标准。

反渗透,顾名思义就是与自然渗透相反的一种渗透,作用原理是扩散和筛分。对膜一侧的浓水施加压力,当压力超过它的自然渗透压时,溶剂会逆着自然渗透的方向作反向渗透,即为反渗透。从而在膜的低压侧得到透过的水,即淡水;高压侧得到浓缩的溶液,即浓水。反渗透工作原理如图7-5所示。

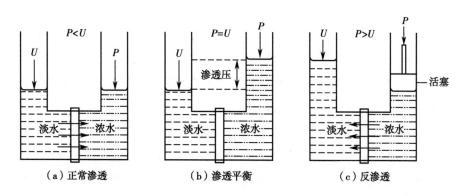

● 图7-5 反渗透工作原理示意图

反渗透过程必须具备两个条件：①具有高选择性和高渗透性（透水）的选择性半透膜；②操作压力必须高于溶液的渗透压。

反渗透装置进口处须安装 3~5μm 过滤器。水持续地通过半透膜，而离子和微粒留在未透过水中，未透过水被排出或再循环。过滤过程中，反渗透工艺需要克服渗透压、透过膜的摩擦损失、产品侧的余压、膜额外压力损失等。反渗透常用的半透膜有醋酸纤维素膜（CA，cellulose acetate）和聚酰胺膜等。

第三节　注射用水的制备工艺

注射用水是指不含热原的纯化水，质量必须符合《中国药典》规定，是制备注射剂最常用的溶剂。检查项目包括酸碱度、氯化物、硫酸盐、钙盐、硝酸盐、亚硝酸盐、氨、二氧化碳、易氧化物、不挥发物、重金属等，此外还必须通过热原检查，且要求制备后 12 小时内使用。

一、热原的基本性质

1. 热原的定义　热原是指由微生物代谢产生的能引起恒温动物体温异常升高的致热物质。它包括细菌性热原、内源性高分子热原、内源性低分子热原及化学热原等。制水过程中的"热原"，主要是指细菌性热原，是某些细菌的代谢产物、细菌尸体及内毒素。热原主要是由革兰氏阴性杆菌产生的，且产生的热原致热作用最强，革兰氏阳性杆菌产生的次之，革兰氏阳性球菌产生的最弱。霉菌、酵母菌甚至病毒也能产生热原。

临床上的"热原反应"：当注射液中含有热原，此注射液经静脉注射被注入人体，约半小时后，就会出现发冷、寒战、发热、出汗和恶心呕吐等症状，有时体温可升高至 40℃以上，严重者可出现昏迷、休克，危及生命。

2. 热原的组成　热原是由磷脂、脂多糖和蛋白质组成的高分子复合物，亦称内毒素，存在于细菌的细胞膜和固体膜之间。其中脂多糖是内毒素的主要成分，具有强烈的热原活性。脂多糖在细胞内合成，然后通过外膜与细胞质膜之间的连接部输送到外膜，存在于外膜的外侧。因此，活的细菌并不将热原排出体外，当细菌死亡、细胞膜破裂时，就释放出热原。热原的分子量一般为 1×10^6 左右。

3. 热原的基本性质

（1）水溶性：热原组成中含磷脂、脂多糖及蛋白质等，水溶性强。浓缩后水溶液带有乳光，所以带乳光的水与溶液提示其中含有热原性物质。

（2）不挥发性：热原本身不挥发，但是具有水溶性，在蒸馏的过程中会随着水蒸气的雾滴夹带进入蒸馏水中，因此在蒸馏时装置必须设置除沫器。

（3）耐热性：不同热原的耐热性不同。热原在 60℃加热 1 小时不受影响，100℃大多也不会分解，在 180℃加热 3~4 小时、250℃加热 30~45 分钟或 650℃加热 1 分钟可彻底被破坏。

（4）滤过性：热原体积小，约在 1~5nm，能通过一般的过滤器。活性炭可以吸附热原，石棉板、纸浆等对热原也有吸附作用。超滤膜也可截留热原。

（5）其他：热原也可被强酸强碱破坏，也能被氧化剂破坏，也能被某些离子交换树脂所吸附，超声波也可破坏热原。

二、注射用水的基本要求

注射用水是无菌制剂生产中应用最为广泛的一种，其质量要求在《中国药典》中已作出严格规定，除一般的蒸馏水检查项目，如酸碱度、氯化物、硫酸盐、钙盐、铵盐、二氧化碳、易氧化物、不挥发物及重金属均应符合规定外，尚须通过热原检查。

GMP中明确规定"纯化水、注射用水的制备、储存和分配应当能够防止微生物的滋生。""纯化水、注射用水储罐和输送管道所用材料应当无毒、耐腐蚀。储罐的通气口应当安装不脱落纤维的疏水性除菌滤器。""注射用水的储存可采用70℃以上保温循环。"

注射用水用于配制注射剂与无菌冲洗剂的溶剂，或用于无菌粉针、输液、水针等注射剂生产的洗瓶（精洗）、胶塞终洗、纯蒸汽发生及医疗临床水溶性注射粉末溶剂。由于其所配制药物直接用于肌内注射或静脉注射，质量要求非常高，必须具备注射剂的必备要求：

（1）无菌条件：微生物指标菌落数<50CFU/ml。

（2）通过热原试验合格：细菌内毒素<0.25EU/ml。

（3）含盐量低，纯度高，满足《中国药典》的要求。

水质的盐度可测量其电导率。水的电阻率是指某一温度下，边长为1cm正方体的相对两侧间的电阻，单位为Ω·cm或MΩ·cm。电导率为电阻率的倒数，单位为S/cm（或μS/cm）。水的电阻率（或电导率）是水纯度的一个重要指标，反映了水中含盐量的多少。水的电阻率越大（电导率越小），水的纯度越高，含盐量越低。一般检测探头插在注射用水的送水或回水管道上，实时监控，同时测定水的电阻率、pH及温度。水的电导率与水温、pH相关，根据《中国药典》（2020年版）规定，按照实时测定条件测定水的电导率必须小于表7-1、表7-2的限定要求。

0704

制药用水电导率测定法

表7-1 温度和电导率的限度（注射用水）

温度/℃	电导率/(μS·cm⁻¹)	温度/℃	电导率/(μS·cm⁻¹)
0	0.6	55	2.1
5	0.8	60	2.2
10	0.9	65	2.4
15	1.0	70	2.5
20	1.1	75	2.7
25	1.3	80	2.7
30	1.4	85	2.7
35	1.5	90	2.7
40	1.7	95	2.9
45	1.8	100	3.1
50	1.9		

表 7-2 pH 和电导率的限度（注射用水）

pH	电导率/($\mu S \cdot cm^{-1}$)	pH	电导率/($\mu S \cdot cm^{-1}$)
5.0	4.7	6.1	2.4
5.1	4.1	6.2	2.5
5.2	3.6	6.3	2.4
5.3	3.3	6.4	2.3
5.4	3.0	6.5	2.2
5.5	2.8	6.6	2.1
5.6	2.6	6.7	2.6
5.7	2.5	6.8	3.1
5.8	2.4	6.9	3.8
5.9	2.4	7.0	4.6
6.0	2.4		

制药用水中总有机碳测定法

（4）总有机碳浓度达到《中国药典》的要求。其余各项标准应符合纯水水质化学指标及总有机碳浓度达 PPB 级，此项可用专门的总有机碳分析仪。制药用水中的有机物质一般来自水源、供水系统（包括净化、贮存和输送系统）以及水系统中菌膜的生长。检查制药用水中有机碳总量，可以间接控制水中的有机物含量。总有机碳检查也被用于制水系统的流程控制，如监控净化和输水等单元操作的效能。

三、注射用水的制备方法、设备及贮存

1. 蒸馏法制备注射用水原理和设备　制备注射用水常用的方法为纯化水加热蒸馏法。《中国药典》（2020 年版）规定：注射用水为纯化水经蒸馏所得的水，应符合细菌内毒素试验要求。这种制备方法质量可靠，但是耗能较多。常用设备为多效蒸馏水机、气压式蒸馏水机、ZC-1 型蒸馏水器，其中多效蒸馏水机又有列管式、盘管式和板式三种类型。

（1）多效蒸馏水机：其工作原理是让经充分预热的纯化水通过多效蒸发和冷凝，排除不凝性气体和杂质，从而获得高纯度的蒸馏水。多效蒸馏水机主要由蒸发器、冷凝器、高压水泵、电气控制元器件及有关管道、阀门、计量仪表等主要部件组成。基本工艺流程如下：

列管式多效蒸发器是制取蒸馏水常用的一种蒸馏水机。根据多效蒸发原理，效数越多，加热蒸汽的利用率越高，但随着效数的增加，设备投资和操作费用随之增大，一般超过五效，几乎没有节能效果。实际生产中，多效蒸馏水机一般采用 3~5 效。

如图 7-6 所示为列管式四效蒸馏水机的工艺流程，采用逆流式四效蒸发流程。工作时，原水

即纯化水经冷凝器进入系统,在冷凝器中被四效蒸发器的蒸馏水及二次蒸汽预热至100~110℃,再依次经四效、三效、二效蒸发器内的发夹形换热器加热至温度为142℃进入一效蒸发器。进入一效蒸发器的高温纯化水,被温度为165℃的外来蒸汽进一步加热,进入管间使纯化水蒸发,蒸汽被冷凝后排出。在一效蒸发器内约有30%纯化水被蒸发,剩余纯化水的进入温度为130℃的二效蒸发器内,生成的141℃的纯蒸汽,作为热源进入二效蒸发器。在二效蒸发器内,纯化水被再次蒸发,所产生的130℃的纯蒸汽,作为热源进入三效蒸发器,而由三效蒸发器引入的纯蒸汽则全部被冷凝为蒸馏水。三效蒸发器和四效蒸发器的工作原理与二效蒸发器的相同。最后从四效蒸发器排出的蒸馏水及二次蒸汽全部引入冷凝器,被纯化水和冷却水冷凝。纯化水经蒸发后所残余的浓缩水由四效蒸发器的底部排出,而不凝性气体由冷凝器的顶部排出。一般情况下,蒸馏水的出口温度约为97~99℃。

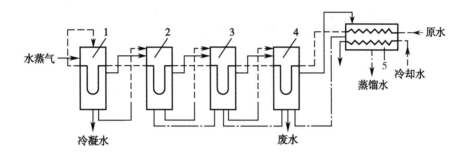

1~4. 蒸发器;5. 冷凝器。

● 图7-6　列管式四效蒸馏水机工作流程图

(2)热压式蒸馏水机:热压式蒸馏水机即蒸汽压缩式(简称气压式)蒸馏水机,热压式蒸馏水机主要由自动进水器、热交换器、加热室、蒸发室、冷凝器、蒸汽压缩机等组成。

热压式蒸馏水机是利用动力对二次蒸汽进行压缩,循环蒸发而制备注射用水的设备。如图7-7所示,纯化水自进水管经预热器由离心泵打入蒸发的管内,受热蒸发;蒸汽自蒸发室上升,经除沫器进入压缩机;蒸汽被压缩成热蒸汽,在蒸发冷凝器的管内进行热交换,纯蒸汽被冷凝为蒸馏水,冷凝时释放的热量使进水受热蒸发;蒸馏水经水泵打入蒸馏水换热器,对新进水进行预热,成品水经蒸馏水出口引出。热压式蒸馏水机工艺结构如图7-7所示。

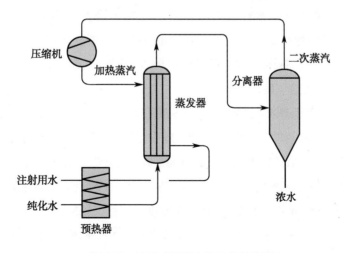

● 图7-7　热压式蒸馏水机工艺结构图

从进入系统的方式来分,可分为机械式蒸汽再压缩和热力学压缩或蒸汽压缩,机械式蒸汽再压缩即压缩使用机械驱动的离心式压缩机、罗茨鼓风机、轴流压气机等方式。热力学压缩使用高压动力蒸汽喷射器。

(3)ZC-1型蒸馏水器:这种蒸馏设备是塔式蒸馏水器的改进型产品,其冷凝器由立式改为卧式,且倾斜一定角度,从而可提高热交换率、防止锅垢沉积。同时增加一个除氨器,直接接在蒸发器侧面,由蒸发器蛇形管出来的水蒸气,经过一个专设的冷凝器冷凝成蒸馏水后,从除氨器侧面上部流到除氨器内。经阳离子交换树脂除氨,再从除氨器下部经管道流回蒸发器内,补充蒸发器内的蒸馏水。蒸馏水的制备过程完全在密闭无菌条件下进行,可以保证出水水质要求。

近年来,新型的蒸馏水机不断涌现,主要发展方向是密闭性、模块化、自动化、规模化、节能高效及先进的在线检测技术。

2. 膜分离法制备注射用水原理和设备　超滤、微滤、纳滤和反渗透都是膜分离过程。与蒸馏技术生产注射用水相比较,膜分离技术在经济性和生态环保性能方面都更具优势,也更加高效。这是因为过程中省去了生产热蒸汽所需的许多设备,节约了大量的能源,因此生产成本更低。但截至目前,《中国药典》(2020年版)规定注射用水仍为纯化水经蒸馏所得的水,实践应用中也没有出现哪种工艺技术生产出来的注射用水是最佳注射用水的定论。2016年欧盟修订了《欧洲药典》专论0169章节"注射用水",该修订版放开了只允许采用蒸馏法制造注射用水的严格要求,允许使用等效替代的方法生产注射用水,如反渗透法结合其他技术。

(1)微滤:微滤所用微滤膜是指一种孔径为0.02~10μm,以具有筛分过滤作用为特征的多孔固体连续介质。基于微滤膜发展起来的微滤技术是一种精密过滤技术。微滤是在压差为100~200kPa,截留直径0.05~10μm的微粒或相对分子质量$>10^6$的高分子。微孔对微粒的截留机制是筛分作用,决定膜分离效果的是膜的物理结构、孔的大小与形状。常用的微滤膜材料有醋酸纤维素、聚酰胺、聚四氟乙烯、聚偏氟乙烯、聚氯乙烯等。

微滤技术和设备主要用来截留微粒和细菌,在水针剂、输液剂等方面应用广泛。它与常规的深层过滤有本质的区别,属精密过滤,应用孔径分布较均一的多孔结构的天然或合成的高分子材料,具有过滤精度高、孔隙率高、流速快、吸附少、无介质脱落等优点,但颗粒容量少,易堵塞。微滤器的结构型式有单板式、多板式和折叠式。

(2)超滤:超滤是指纯水在高压泵的作用下,通过超滤膜截留水中的大、中分子物质及细菌热原,形成浓缩水被排除,透过膜得到高纯度的超滤水。用于医药、食品等工业用纯水、超纯水制备的预处理。超滤是一种筛分分离设备。

超滤采用错流膜工艺,超滤组件的超滤膜呈中空毛细管状,管壁密布微孔。原水在一定压力下通过管内或管外流动,水及小分子溶质通过膜为超滤液,原水被浓缩为浓缩液。从而达到部分溶剂及溶质的分离、浓缩、过滤的目的。其非离子和大分子去除能力极佳,可去除胶体(铁、硅等)、内毒素(运行温度80℃,灭菌温度121℃或138℃)、微生物、有机大分子等物质(相对分子质量10^3~10^5)。通过去除热原和控制细菌,制备注射水、注射剂产品用水、有内毒素要求的纯化水(《欧洲药典》的高纯水)、注射水质量淋洗用水、蒸馏水机或纯蒸汽发生器供水、非肠道注射剂的生产用注射用水或最终淋洗用水。

超滤装置的进水要求很高,基本不应再有污染物的存在,否则会严重损坏装置的寿命,简单地说就是膜被阻塞了。因此,超滤在离子交换装置的下游,此时进水中的有机物、微生物、胶状物和内毒素已经很少了。

控制热原的聚合物超滤系统可采用热水消毒,连续热运行。与陶瓷膜相比,超滤膜成本低,投资和运行均比蒸馏低,但高温下系统完整性受限制,一些膜不能蒸汽消毒。

纳滤(NF,nanofiltration)是介于反渗透和超滤之间的一种压力驱动型膜分离技术。它具有两个特性:一是对水中的分子量为数百的有机小分子成分具有分离性能;二是对于不同价态的阴离子存在 Donnan 效应。物料的荷电性、离子价数荷浓度对膜的分离效应有很大影响。

纳滤生产操作压差一般为 0.5~2.0MPa,截留分子量界限为 200~1 000(或 200~500),可用于分子大小为 1nm 的溶解组分的分离。由于 NF 膜达到同样的渗透通量所必须施加的压差比用反渗透膜低 0.5~3MPa,故 NF 膜过滤又被称为"疏松型 RO"或"低压反渗透"。

微滤(MF,microfiltration)、超滤(UF,ultra-filtration)、纳滤和反渗透都是以压差为推动力使淡水通过膜的分离过程,它们组成了可以分离溶液中离子、分子到固体微粒的三级膜分离过程。分离溶液中相对分子质量低于 500 的糖、盐等低分子物质,应该采用反渗透;分离溶液中相对分子质量大于 500 的大分子或极细的胶体粒子可以选超滤;分离溶液中直径 0.1~10μm 的粒子应该选用微滤。需要指出的是,反渗透、超滤和微滤相互间的分界不很严格、明确。超滤膜的小孔径一端与反渗透膜相重叠,而大孔径一端则与微孔滤膜相重叠。反渗透、超滤和微滤的原理与操作性能见表 7-3。

表 7-3　超渗、微滤、纳滤、反渗透及电渗析的比较

分离过程	推动力	传递机理	膜类型	分离的物质	水的渗透通量 /($m^3 \cdot m^{-2} \cdot d^{-1}$)
微滤	压力差约 100~200kPa	筛分	多孔膜	粒径大于 10μm 的粒子	20~2 000
超滤	压力差 100Pa~100kPa	筛分	非对称膜	相对分子质量大于 500 的大分子和细小胶体微粒	0.5~5
纳滤	压力差 0.5~2.0MPa	溶解-扩散	非对称膜或复合膜	相对分子质量 200~500 的分子和细小胶体微粒	0.5~5
反渗透	压力差 1.5~10.5MPa	优先吸附、毛细管流动(溶解-扩散)	非对称膜或复合膜	相对分子质量小于 500 的小分子物质	0.1~2.5
电渗析	电化学势、电渗透	反离子经离子交换膜的迁移	离子交换膜	电离离子 0.000 4~0.15μm	0.5~5

注:以上表格仅供参考,实际生产以具体设备工艺参数为准。

膜分离技术的分离范围十分广泛,可从水中分离出细菌、大肠埃希菌、热原、病毒、胶体微粒、大分子有机物质等,其过程不发生相变,能耗低,属节能技术,广泛用于溶液的分离提纯,尤其是在常温下工作,能防止热敏性物质的热分解,从而确保产品质量。由于膜具有水通量大、运转周期

长,以及能较好地除去水中的微粒、细菌等的良好特性,可用作超纯水的终端装置和混床的前级保护装置。如采用截留分子量为2万的聚砜中空纤维超滤膜,能除去自来水中95%以上的微粒,并能除去热原(热原的相对分子质量为80万~100万),所制纯水用于安瓿的精洗。

3. 注射用水系统的基本要求 注射用水系统是由水处理设备、存储设备、分配泵及管网等组成。制水系统存在由原水及制水系统外部原因所致的外部污染的可能,而原水的污染则是制水系统最主要的外部污染源。《美国药典》《欧洲药典》及《中国药典》均明确要求制药用水的原水至少要达到饮用水的质量标准。若达不到饮用水标准的,先要采取预净化措施。由于大肠埃希菌是水质遭受明显污染的标志,国际上对饮用水中大肠埃希菌均有明确的要求。其他污染菌则不作细分,在标准中以"细菌总数"表示,我国规定的细菌总数限度为100个/ml,这说明符合饮用水标准的原水中也存在着微生物污染,而危及制水系统的污染菌主要为革兰氏阴性菌。其他如贮罐的排气口无保护措施或使用了劣质气体过滤器、水从污染了的出口倒流等也可导致外部污染。

此外在制水系统运行过程中还存在着内部污染。内部污染与制水污染系统的设计、选材、运行、维护、贮存、使用等因素密切相关。各种水处理设备可能成为微生物的内部污染源,如原水中的微生物被吸附于活性炭、去离子树脂、过滤膜和其他设备的表面上,形成生物膜,存活于生物膜中的微生物受到生物膜的保护,一般消毒剂对它不起作用。另一个污染源存在于分配系统里。微生物能在管道表面、阀门和其他区域生成菌落并大量繁殖,形成生物膜,从而成为持久性的污染源。因此,国外一些企业对制水系统的设计有比较严格的标准。

4. 注射用水系统的运行方式 纯化水和注射用水系统的运行中管道分配系统须定期清洁和消毒,通常有两种运行方式。一种是将水像产品一样作成批号,即批量式运行方式。"批量式"运行方式主要是出于安全性的考虑,因为这种方法能在化验期内将一定量的水分隔开来,直到化验有了结论为止。另一种是连续制水的"直流式"运行方式,可以一边生产一边使用。

5. 注射用水系统的日常管理 制水系统的日常管理包括运行、维修,它与验证及正常使用关系极大,所以应建立监控、预修计划,以确保水系统的运行始终处于受控状态。

这些内容包括:

(1)制水系统的操作、维修规程。

(2)关键的水质参数和运行参数的监测计划,包括关键仪表的校准。

(3)定期消毒/灭菌计划。

(4)水处理设备的预防性维修计划。

(5)关键水处理设备(包括主要的零部件)、管路分配系统及运行条件变更的管理方法。

6. 对注射用水制备设备的要求 注射用水用纯化水经蒸馏而制得是世界公认的首选方法,而清洁蒸汽可用同一台蒸馏水机或单独的清洁蒸汽发生器获得。蒸馏法对原水中不挥发性的有机物、无机物,包括悬浮物、胶体、细菌、病毒、热原等杂质有很好的去除作用。蒸馏水机的结构、性能、金属材料、操作方法以及原水水质等因素,均会影响注射用水的质量。多效蒸馏水机的"多效"主要是节能,可将热能多次合理使用。蒸馏水机去除热原的关键部件是汽-水分离器。对蒸馏水设备的要求是:

(1)材料选择316L医药级不锈钢制的多效蒸馏水机或清洁蒸汽发生器。

(2)电抛光(240粒)并作钝化处理。

（3）装有测量、记录和自动控制电导率的仪器,当电导率超过设定值时自动转向排水。

7. 注射用水的贮存　注射用水贮罐应采用优质低碳不锈钢或其他经过验证合格的材料制作。贮罐宜采用保温夹套,保证注射用水在70℃以上保温循环。无菌制剂用注射用水宜采用氮气保护。不用氮气保护的注射用水贮罐的通气口应安装不脱落纤维的疏水性除菌滤器。贮罐宜采用球形或圆柱形,内壁应光滑,接管和焊缝不应有死角或沙眼。应采用不会形成滞水污染的显示液面、温度、压力等参数的传感器。注射用水储存周期不宜大于12小时。储存注射用水的贮罐要定期清洗、消毒灭菌,并对清洗、灭菌效果进行验证。

注射用水的制备、贮存和分配应能防止微生物的滋生和污染。贮罐和输送管道所用材料应无毒、耐腐蚀。管道的设计和安装应避免死角、盲管。贮罐和管道要规定清洗、灭菌周期。注射用水的预处理设备所用的管道一般采用ABS工程塑料,也可采用PVC、PPR(无规共聚聚丙烯,polypropylene random)或其他合适的材料。但纯化水及注射用水的分配系统应采用与化学消毒、巴氏消毒、热力灭菌等相应的管道材料,如PVDF(聚偏二氟乙烯,polyvinylidene difluoride)、ABS、PPR等,最好采用不锈钢,尤以316L型号为最佳。

对贮水容器的总体要求是防止生物膜的形成,减少腐蚀,便于用化学品对贮罐消毒;贮罐要密封,内表面要光滑,有助于热力消毒和化学消毒,并能阻止生物膜的形成。贮罐对水位的变化要做补偿,通常有两种方法:①采用呼吸器;②采用充氮气的自控系统,在用水高峰时,经无菌过滤的氮气送气量自动加大,保证贮罐能维持正压,在用水量小时送气量自动减少,但仍对贮罐外维持一个微小的正压,这样做的好处是能防止水中氧含量的升高,防止二氧化碳进入贮罐,并能防止微生物污染。对贮罐的要求如下:

（1）材料选择316L不锈钢,内壁电抛光并作钝化处理。

（2）贮水罐上安装0.2μm疏水性的通气过滤器(呼吸器),并可以加热消毒或有夹套。

（3）可以进行121℃的高温蒸汽的消毒。

（4）采用不锈钢隔膜阀设置排水阀。

（5）设置氮气自控系统,须装0.2μm的疏水性过滤器过滤。

8. 对管路及分配系统的基本要求　管路分配系统的设置能够使水在管路中连续循环,并进行定期清洁和消毒。水泵的出水应设计成"紊流式",以阻止生物膜的形成。分配系统的管路安装应有足够的坡度并设有排放点,以便系统在必要时能够完全排空。水循环的分配排放系统应避免低流速。隔膜阀应具有便于去除阀体内溶解杂质和微生物不易繁殖的特点。对管路分配系统的具体要求如下:

（1）材料选择316L不锈钢管材,内壁电抛光作钝化处理。

（2）管道采用热溶式氩弧焊焊接,或者采用卫生夹头分段连接。

（3）阀门采用不锈钢聚四乙烯隔膜阀,卫生夹头连接。

（4）管道有一定的倾斜度,便于排出存水。

（5）管道采取循环布置,回水流入贮罐,可采用并联或串联的连接方法,以串联连接方法较好。使用点阀门处的"盲管"段长度,对于加热系统不得大于6倍管径,冷却系统不得大于4倍管径。

（6）管路用121℃的清洁蒸汽消毒。

9. 对注射用水输送泵的基本要求

（1）浸水部分材料选择 316L 不锈钢，并且电抛光钝化处理。

（2）卫生夹头作连接件。

（3）采用纯化水或注射用水本身作为润滑剂。

（4）能够完全排出积水。

10. 对热交换器的基本要求　热交换器用于加热或冷却注射用水，或者作为清洁蒸汽冷凝用。其基本要求如下：

（1）材料选择 316L 不锈钢制，电抛光和钝化处理。

（2）按卫生要求设计。

（3）完全排出积水。

本章小结

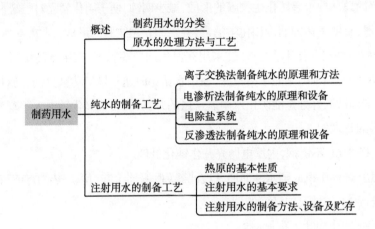

第七章　同步练习

（张丽华）

参 考 文 献

[1] 罗兰多 M A. 罗克·马勒布. 纳米多孔材料内的吸附与扩散. 史喜成, 白书培, 译. 北京: 国防工业出版社, 2018.

[2] 佐田俊胜. 离子交换膜制备, 表征, 改性和应用. 汪锰, 任庆春, 译. 北京: 化学工业出版社, 2015.

[3] 王方. 现代离子交换与吸附技术. 北京: 清华大学出版社, 2015.

[4] 陈欢林, 张林, 吴礼光. 新型分离技术. 北京: 化学工业出版社, 2019.

[5] 付晓玲. 生物分离与纯化技术. 北京: 科学出版社, 2012.

[6] 胡永红. 生物分离工程. 武汉: 华中科技大学出版社, 2019.

[7] 刘承先.流体输送与非均相分离技术.2版.北京:化学工业出版社,2013.

[8] 元英进,赵广荣,孙铁明.制药工艺学.2版.北京:化学工业出版社,2017.

[9] 王湛,王志,高学理.膜分离技术基础.3版.北京:化学工业出版社,2019.

[10] 杨维慎,班宇杰.金属-有机骨架分离膜.北京:科学出版社,2017.

[11] 陈翠仙,郭红霞,秦培勇,等.膜分离.北京:化学工业出版社,2017.

第八章　中药液体制剂制备工艺

学习目标

1. 掌握：中药液体制剂制备工艺的 GMP 总体要求、基本流程及主要特点。

2. 熟悉：中药合剂、口服液、糖浆剂、煎膏剂、酒剂、酊剂、流浸膏剂与浸膏剂等主要液体制剂制备工艺。

3. 了解：中药液体制剂制备案例，了解其异同点。

4. 能根据中药液体制剂的特点，设计符合要求的中药制备工艺。

第一节　概述

一、中药液体制剂的 GMP 基本要求

（一）中药液体制剂的 GMP 基本要求

中药液体制剂包括无菌液体制剂和非无菌液体制剂，本章主要介绍非无菌液体制剂相关的 GMP 要求。

中药液体制剂生产的暴露工序区域及其直接接触药品的包装材料最终处理的暴露工序区域，应当参照 GMP "无菌药品"附录中 D 级洁净区的要求设置；其配制、过滤、灌封、灭菌等工序应当在规定时间内完成；口服或外用的液体制剂以灌装（封）前经最后混合的药液所生产的均质产品为一批。

（二）硬件要求

1. 厂房要求

一般原则：口服液体等非无菌制剂生产的暴露工序（例如药液配制、灌装）区域及其直接接触药品的包装材料最终处理的暴露工序（例如包材清洗、干燥）区域，应当参照 GMP "无菌药品"附录中 D 级洁净区（D 级洁净区指无菌药品生产过程中重要程度较低操作步骤的洁净区）的要求设置，企业可根据产品的标准和特性对该区域采取适当的微生物监控措施。其他工序可在普通区进行。

具体要求有：

（1）地面：表面光滑、易于清洁。

（2）墙面：表面坚固，无气孔。

（3）天花板吊顶：吊顶要求密封无缝，承受室内压力，保护产品，避免吊顶以上空间的污染。

（4）墙/地结合处：通常要求与地面做成整体及圆弧处理。

（5）门、窗：门、窗表面应光洁，不要求抛光表面，但要考虑易于清洁。厂房内门如需满足风平衡漏风要求，则不需要完全密封。对外窗户要求密封并具有保温性能，不能开启。对外应急门要求密封并具有保温性能。

（6）五金器具：选择便于清洁的设计结构。

（7）穿墙、地、天花板到房间的管道等部件的密封：应该通过填充的方法密封，如果要求使用防火型密封填料，可采用阻燃硅胶，必要时采用不锈钢盖板覆盖以便于清洁。

2. 设备要求　使用的设备应满足生产工艺技术要求，使用过程中不污染产品和环境，有利于清洗、消毒或灭菌，能够符合设备验证需要。

（三）软件要求

1. 清洁要求

（1）玻璃容器清洁：清洗操作可以去除容器表面的微粒和化学物。根据容器大小、材质、质量以及装载结构设置具体的灭菌温度和时间。

大规模生产中，通常的方法是容器通过输送机械进行自动流转，采用一体化的清洗设备和隧道烘箱，对容器进行清洗操作。容器一旦清洗过后，洁净空气将为容器流转到隧道烘箱提供保护，最大程度降低容器二次污染的风险。

清洗设备设计成旋转式或者箱体式系统。清洗介质包括无菌过滤的压缩空气、纯化水相连的循环水。

以口服液玻璃瓶清洗为例，现在生产中多使用洗烘灌连动生产线，包括洗瓶机、隧道烘箱以及后续的灌装机和封口机。洗瓶机通常由超声波清洗槽、传送系统、纯化水供应系统、压缩空气供应系统和控制系统组成。隧道烘箱设有预热段（或进瓶区）、高温灭菌段和冷却段。容器离开烘干隧道时的温度应该降低到能够避免灌装操作时影响产品，或不改变传输带出口上方的单向流。

（2）塑料容器清洁：塑料容器在灌装药液前，要经过清洗。清洗的主要目的是除去异物。一般考虑使用过滤空气吹洗的方法。塑料软袋容器内部一般不需清洗。

（3）设备清洁：设备清洁应当经过验证，证实其清洁的效果，以有效防止污染和交叉污染。清洁验证应当综合考虑设备使用情况、所使用的清洁剂和消毒剂、取样方法和位置以及相应的取样回收率、残留物的性质和限度、残留物检验方法的灵敏度等因素。

2. 药液配制要求　药液配制就是按工艺规程要求把各活性成分或提取物、辅料以及溶解成分进行配制，并按顺序进行混合，制成批配制溶液，以待下一步的灌装。配制可以包括固体活性成分的溶解，或者简单的液体混合；还可以包括更为复杂的操作，例如乳化或者脂质体的形成。液体制剂，应用纯化水作为溶剂，或使用适量的有机溶剂。

一般原则：配制的每一物料及其重量或体积应当由他人独立进行复核，并有复核记录。生产过程中应当尽可能采取措施,防止污染和交叉污染。

配制过程应重点关注:尽可能减少物料的微生物污染程度;配制的准确性(包括组分的准确性、最终浓度的准确性、pH、溶解澄明度等);工艺的规范性;混合的均匀性;应有防污染的措施避免粉尘飞扬;配制过程有时限规定;应设计合适的配液罐。

3. 灌装、轧盖要求　灌装、轧盖应在 D 级洁净区进行。

轧盖的目的是轧紧瓶颈处已压的胶塞,从而保证产品在长时间内的完整性。

4. 灭菌要求　灭菌方法是指应用物理和化学等方法杀灭或除去一切存活的微生物繁殖体或芽孢,使之达到无菌的方法。灭菌不仅要实现杀灭或除去所有微生物繁殖体和芽孢,最大限度地提高药物制剂的安全性,同时也必须保证制剂的稳定性及其临床疗效,因此选择适宜的灭菌方法对保证产品质量具有重要意义。

灭菌方法可分为两大类:物理灭菌法和化学灭菌法。物理灭菌法是利用蛋白质与核酸具有遇热、射线不稳定的特性,采用加热、射线和过滤方法,杀灭或除去微生物,包括干热灭菌法、湿热灭菌法、除菌过滤法和辐射灭菌法等。化学灭菌法系指用化学药品直接作用于微生物而将其杀灭的方法,灭菌剂可分为气体灭菌剂和液体灭菌剂。

灭菌方法的选择受灭菌对象的稳定性、使用目的和具体条件等限制。比如,环境设施宜使用化学灭菌法处理,玻璃容器一般使用干热灭菌处理,衣物、橡胶制品等多使用湿热灭菌处理,制剂产品的灭菌方法通常根据产品特性进行选择。产品应在灌装到最终容器内后进行最终灭菌,如果因产品处方对热不稳定不能进行最终灭菌时,则应考虑除菌过滤和 / 或无菌生产。

中药口服液常用湿热灭菌法。湿热灭菌法系指物质在灭菌器内利用高压蒸汽或其他热力学灭菌手段杀灭微生物,具有穿透力强、传导快、灭菌能力更强的特点,为热力学灭菌中最有效及用途最广的方法之一。采用湿热灭菌方法进行最终灭菌,通常标准灭菌时间应当大于 8 分钟。

二、中药液体制剂的含义、分类和特点

液体制剂是指药物以一定形式分散于液体介质中所制成的供口服或外用的液体分散体系。液体制剂具有分散度大、吸收迅速、给药途径多、易于分剂量、服用方便,以及减少某些药物的刺激性等优点,是一种应用广泛的制剂类型。液体制剂根据药物在溶剂中的分散状态,可以分为溶液剂、混悬剂以及乳剂,其中溶液剂中的药物以分子形式分散在溶剂当中,属物理化学均相稳定体系;混悬剂与乳剂中的药物以固体微粒或者不相容液体的形式分散在溶剂当中,同属物理化学非均相不稳定体系。液体制剂中的溶剂可以选用水、醇以及油类介质,中药液体制剂中的溶剂以水居多,有时也称浸出药剂,系指采用适宜的浸出溶剂和方法浸提中药饮片中有效成分,直接制得或再经一定的制备过程而制得的一类药剂,主要有合剂(含口服液)、糖浆剂、煎膏剂、酒剂、酊剂、流浸膏剂及浸膏剂等剂型。

三、中药液体制剂的前处理过程

中药制剂的前处理是指药物在提取与精制浓缩之前对药材进行的处理,包括中药材挑选、洗

药、切制、炮炙、烘干、粉碎、筛分、包装等工序。中药前处理是中药制剂生产的重要工序,是保证中成药质量的关键环节。中药与化学药品、生物药品相比较,其主要区别在于药物原材料的不同,中药来源多为植物、动物等,存在用量大、体积大、口感差等缺点。在中药制剂生产中一般都需要对其组方中的中药材先进行前处理,原药材通过净选、切制、炮制等过程而制成一定规格的炮制品,以满足制剂的需要。

(一)净选

净选的目的是除去药材中的杂质以达到一定净度标准,保证剂量的准确。净选的主要方法有挑选、筛选、风选、洗净、漂净等。洗药是指用清水通过翻滚、碰撞、喷射等方法对药材进行清洗。洗药机是用清水通过翻滚、碰撞、喷射等方法对药材进行清洗的机器,将药材所附着的泥土或不洁物洗净。洗药机有滚筒式、履带式和刮板式三种形式,其中滚筒式洗药机适用于直径 5~240mm 或长度短于300mm 的大多数药材的洗涤;履带式洗药机是利用运动的履带将置于其上的药材通过高压水喷射而洗净,适用于长度较长的药材的洗净;刮板式洗药机是利用三套旋转的刮板搅拌置于浸入水槽内的弧形滤板上的药材,并推向前进,杂质通过弧形滤板的筛孔落于槽底,不能洗涤长度小于 20mm 的颗粒药材。目前以滚筒式洗药机在实际使用中比较多见,喷淋式滚筒洗药机外形结构如图 8-1 所示。

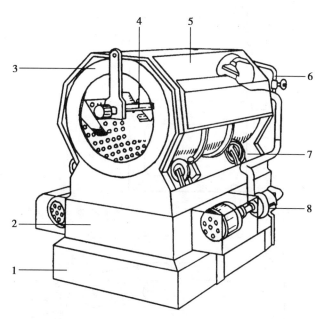

1. 水槽;2. 水箱;3. 滚筒;4. 冲洗管;5. 防护罩;6. 二次冲洗管;7. 导轮;8. 水泵。

● 图 8-1　喷淋式滚筒洗药机外形结构图

喷淋式滚筒洗药机利用内部带有筛孔的圆筒在回转时与水产生相对运动,使杂质随水经筛孔排出,药材洗净后在另一端排出。圆筒内有内螺旋导板推进物料,实现连续加料。洗水可用泵循环加压,直接喷淋于药材。

(二)切制

切制是将净选后的中药材进行软化再切成一定规格的片、段、块等,切制品一般通称生片。药材切制的目的是:便于煎出药效;便于进一步加工制成各种剂型;便于进行炮制;便于处方调配和鉴别。

将制作饮片的药材浸润,使其软化的设备为润药机;对根、茎、块、皮等药材进行均匀切制的设备为切药机。润药是在药材切制前,对干燥的原药材进行的软化处理,一般采用冷浸软化和蒸煮软化。冷浸软化,可分为水泡润软化、水湿润软化;蒸煮软化可用热水焯和蒸煮处理。为加速药材的软化,可以加压或真空操作。润药机主要有卧式罐和立式罐两种。经润药软化药材的切制可采用转盘式切药机或者往复式切药机。其中转盘式切药机的刀盘内侧有三片切刀,切刀前侧有一固定的方形开口的刀门,上、下覆带完成送料进入刀门,成品由护罩底部出料,其结构如图8-2所示。转盘式切药机适用于根、茎、草、皮、块状及果实类药材的切制,不宜切坚硬、球状及黏度过大的药材。往复式切药机切刀做上、下运动,药材通过刀床送出时即受到刀片的截切,适应于根、茎、叶、全草等长形药材的截切,不适于块状、块茎等切制。往复式切药机的构造如图8-3所示。

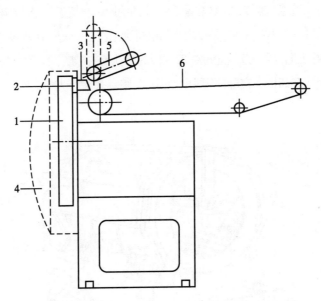

1. 刀盘;2. 切刀;3. 刀门;4. 护罩;5. 上履带;6. 下履带。

● 图8-2　转盘式切药机构造图

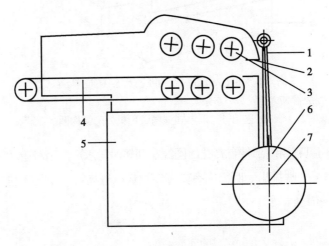

1. 刀片;2. 刀床;3. 压辊;4. 传送带;5. 变速箱;6. 皮带轮;7. 曲轴。

● 图8-3　往复式切药机构造图

（三）干燥

药材切制后应及时进行干燥,干燥温度一般不超过80℃,含挥发性物质的饮片温度不超过50℃。饮片干燥设备常用的有翻板式干燥器、远红外干燥器、微波干燥器、振动干燥器、隧道式干燥器等。

（四）炮制

常用炮制方法有蒸、炒、炙、煅等。炒制系指直接在锅内加热药材,并不断翻动,炒至一定程度取出;炙制系指将药材与液体辅料共同加热,使辅料渗入药材内,如蜜炙、酒炙、醋炙、盐炙、姜炙等;煅制一般分煅炭和煅石法。炒药机有卧式滚筒炒药机和立式平底搅拌炒药机,可用于饮片的炒黄、炒炭、砂炒、麸炒、盐炒、醋炒、蜜炙等。药材投入卧式滚筒炒药机带有抄板的炒药筒中,筒外加热,炒毕,反向旋转炒药筒,由于抄板的作用,药即卸出,如图8-4所示。

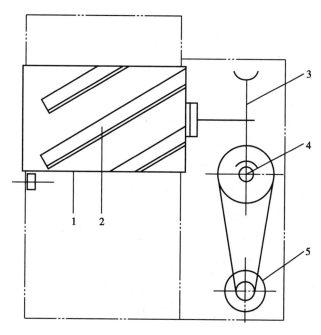

1. 炒药筒;2. 抄板;3. 蜗杆;4. 蜗轮;5. 电机。
● 图8-4 卧式转筒炒药机

（五）粉碎

粉碎是将药物进一步破碎达到一定的细度,直接添加至制剂或者利于提取的过程。粉碎设备按产品粒度分类,产品粒度在数毫米以上为粗碎设备,数毫米至零点几毫米的为中碎设备,零点几毫米至数十微米为细碎设备,数微米以下为超细碎设备。按粉碎机构造分类可分为机械式粉碎机、气流粉碎机、研磨机和低温粉碎机。按对物料所施加的外力分类可分为以压缩力为主的粉碎机为压缩型,以冲击力为主的为冲击型,以剪切力为主的为剪切型,以及以磨削力为主的为研磨型。

机械式粉碎机是以机械方式为主对药物粉碎的机器,常用的有锤式粉碎机、刀式粉碎机、齿式粉碎机、涡轮式粉碎机、铣削式粉碎机等。锤击式粉碎机是由高速旋转的活动锤击件与固定圈间的相对运动,对药物进行粉碎的机器,如图8-5所示。锤击件对物料主要作用以冲击力,物料受到锤击、碰撞、摩擦等而粉碎,适用于大多数药物,但不适宜于高硬度物料及黏性物料。锤击式粉碎机内细粒的运动受离心力及重力作用,在较高转速下通过筛孔,所得产品粒度较细。筛孔的形状多为人字形,适用于结晶状物料的粉碎,但不适于纤维状物料;圆形筛孔适用于纤维状物料。

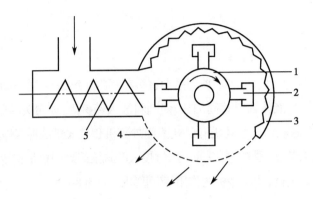

1. 圆盘;2. 锤头;3. 衬板;4. 筛板;5. 加料器。

● 图 8-5　锤式粉碎机

刀式粉碎机是由高速旋转的刀板与固定的齿圈的相对运动对药物进行粉碎的机器,如图 8-6 所示。刀板对物料主要作用以刀板边缘的剪切力和刀板的冲击力,物料受到剪切、冲击、碰撞、摩擦等而粉碎,故此种粉碎机特别适合于中药材的粉碎。由于中药材含大量纤维韧性很高,一般采用多级刀式粉碎机,方可达到所需粒度。刀式粉碎机生产能力较大,机内轴的后端多设有风轮,物料和空气同时进入机内,最后空气携带粉料排出。

刀式粉碎机粒度由打板与衬板的间隙控制,粉碎机送出的细粉经风选器将粗细粒分离,粗粒重回加料口继续粉碎。也可采用内置风选器,粗粒重回加料口,细粒至旋风分离器分出为产品,该粉碎机组是生产中药丸剂等常用的设备,如图 8-7 所示。

齿式粉碎机是由固定的齿圈与转动的齿盘的高速相对运动,对药物进行粉碎的机器,如图 8-8 所示。物料从中心加入,由于离心力的作用被甩向外圈,受到齿的冲击与剪切,并受到内壁的碰撞摩擦而粉碎,细粉经底部的筛孔出料。此设备可粉碎干燥物料,也可粉碎少量湿润物料和含油物料。有"万能"粉碎机之称。

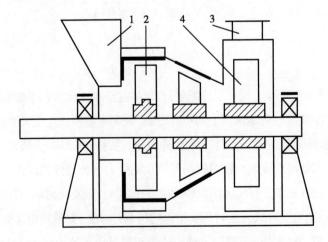

1. 加料口;2. 打板;3. 出料口;4. 风轮。

● 图 8-6　刀式粉碎机

涡轮式粉碎机是由高速旋转的涡轮叶片与固定齿圈的相对运动,对药物进行粉碎的机器,如图8-9所示。涡轮高速旋转(3 000~4 000r/min)产生气体涡流以及由此产生的超声高频压力振动,有冲击、剪切、研磨作用。由于机械和气流的双重作用使物料得到均匀良好的粉碎,细粉经筛网分出。涡轮式粉碎机粉碎效率高,粉碎粒度60~320目,有自冷作用,可解决热敏性材料的粉碎发热问题,是一种使用范围广泛的新型粉碎机,除用于粉碎一般物料外,还可用于粉碎纤维类物料(中草药如甘草、大黄等)和有机化合物。

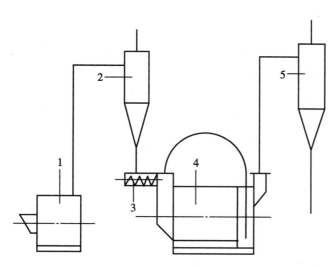

1. 破碎机;2. 料仓;3. 加料器;4. 粉碎机;5. 旋风分离器。
● 图8-7　带有风选机的刀式粉碎机组

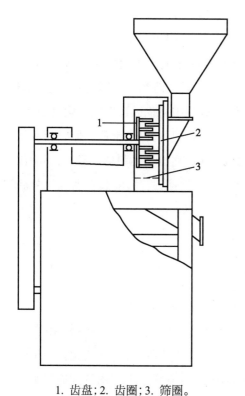

1. 齿盘;2. 齿圈;3. 筛圈。
● 图8-8　齿式粉碎机

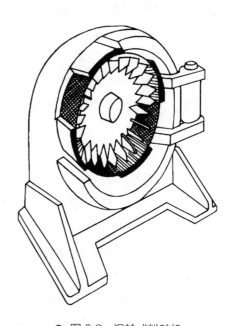

● 图8-9　涡轮式粉碎机

（六）筛分

筛分系指借助于筛网将粒度不均匀的松散物料分离为两种或两种以上粒级的操作。《中国药典》规定了药筛的九个筛号；英国、美国等以每英寸（1英寸=2.54cm）筛网长度上的孔数作为各筛号的名称，通称为目，各种筛的标准筛序与目数有对应关系，如六号筛为100目，九号筛为200目。

中药材前处理用筛选机主要用于筛除切制后饮片中的碎屑，或是药材净选过程中除去夹杂的泥沙、石屑等，前处理筛选常用往复式摆动筛，如图8-10所示。物料在筛中以往复直线运动为主，并以振动为辅，摆动频率常在600次/min以下。

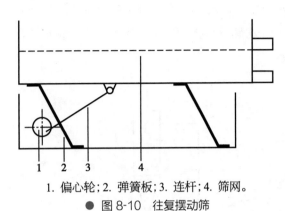

1. 偏心轮；2. 弹簧板；3. 连杆；4. 筛网。

● 图 8-10　往复摆动筛

第二节　制备合剂的工艺

一、合剂的含义、基本要求

（一）合剂的含义

合剂系指饮片用水或其他溶剂，采用适宜方法提取，经浓缩制成的内服液体剂型。单剂量包装的合剂称口服液。中药合剂是在汤剂的基础上改进和发展起来的中药剂型，一般是选用疗效可靠、应用广泛的方剂制备。其特点如下：①能综合浸出药材中的多种有效成分，以保证制剂的综合疗效；②吸收快，起效迅速；③可大量生产，免去临用煎药的麻烦；④应用方便，经浓缩工艺，服用量减少；⑤可加入矫味剂，口感好，易被患者接受，成品中可加入适宜的防腐剂，并经灭菌处理，密封包装，质量稳定，若单剂量包装，则携带、保存和服用更方便、准确。但中药合剂不能随证加减，制作过程中常用乙醇等精制处理，必要时成品中亦可含有适量的乙醇，故不能代替汤剂。同时制备时生产设备、工艺条件要求高，如配制环境应清洁避菌、灌装容器应灭菌洁净等。

（二）合剂的基本要求

1. 合剂在生产与贮藏期间应符合下列规定。

（1）饮片应按各品种项下规定的方法提取、纯化、浓缩制成口服液体制剂。

（2）根据需要可加入适宜的附加剂。除另有规定外，在制剂确定处方时，如需加入抑菌剂，该处方的抑菌效力应符合抑菌效力检查法［《中国药典》（2020年版）通则1121］的规定。山梨酸和苯甲酸的用量不得超过0.3%（其钾盐、钠盐的用量分别按酸计），对羟基苯甲酸酯类的用量不得超过0.05%，如加入其他附加剂，其品种与用量应符合国家标准的有关规定，不影响成品的稳定性，并应避免对检验产生干扰。必要时可加入适量的乙醇。

（3）合剂若加蔗糖,除另有规定外,含蔗糖量一般不高于20%（g/ml）。

（4）除另有规定外,合剂应澄清。在贮存期间不得有发霉、酸败、异物、变色、产生气体或其他变质现象,允许有少量摇之易散的沉淀。

（5）一般应检查相对密度、pH等。

（6）除另有规定外,合剂应密封,置阴凉处贮存。

2. 除另有规定外,合剂应进行以下相应检查。

（1）装量:单剂量灌装的合剂,照下述方法检查,应符合规定。

检查法:取供试品5支,将内容物分别倒入经标化的量入式量筒内,在室温下检视,每支装量与标示装量相比较,少于标示装量的不得多于1支,并不得少于标示装量的95%。多剂量灌装的合剂,照最低装量检查法[《中国药典》（2020年版）通则0942]检查,应符合规定。

（2）微生物限度:除另有规定外,照非无菌产品微生物限度检查。微生物计数法[《中国药典》（2020年版）通则1105]和控制菌检查法[《中国药典》（2020年版）通则1106]及非无菌药品微生物限度标准[《中国药典》（2020年版）通则1107]检查,应符合规定。

二、合剂的制备方法、设备、工艺过程

合剂制备的一般工艺为:浸提—精制—浓缩与配液—分装—灭菌。

（一）浸提

一般按汤剂的煎煮方法操作,但由于一次投料量较大,故煎煮时间相应延长,一般每次煎煮1~2小时,共煎煮2~3次,含有芳香挥发性成分的药材如薄荷、荆芥、菊花、柴胡等,可先用水蒸气蒸馏法提取挥发性成分,药渣再与处方中其他药材一起加水煎煮,将每次煎煮液合并、滤过,即得提取液。此外,亦可根据药材有效成分的特点,选用不同浓度的乙醇或其他溶剂,采用渗漉法、回流提取法等方法制得药材提取液。

（二）精制

中药饮片煎煮液经初滤后,放置一定时间还会产生大量沉淀,其中含有泥沙、植物组织等,可采用沉降分离法或高速离心分离法除去这些固体杂质,以供浓缩配液使用。如果药材水煎液中还存在大量不易滤除的杂质,如淀粉、鞣质、蛋白质、果胶等,它们的存在会大大降低合剂的稳定性,对合剂的澄清度也会带来很大的影响,故须进一步精制处理。乙醇沉淀法较为常用,但由于该法成本高,耗醇量大,生产周期较长,且提取液中某些成分的损失会影响疗效,故对醇沉工艺不能盲目使用,尤其对于成分较复杂的经方。近年来,絮凝沉淀和膜分离技术在提取液的精制领域应用增多,其中絮凝沉淀系采用絮凝剂如鞣酸、明胶、蛋清、101果胶澄清剂、壳聚糖（甲壳素）等水溶性高分子化合物与蛋白质、淀粉、鞣质、果胶等杂质形成絮状物,并从药液中沉淀出来,达到除去杂质的目的。膜分离法是利用孔径筛分原理,将分子量大于相应孔径的大分子杂质如蛋白质、淀粉、鞣质、果胶等滤除,保留小分子活性部位的方法,此法不添加任何物质,且操作过程中无化学转化,在实际应用中取得了较好的效果,极具推广价值,膜分离法原理如图8-11所示。

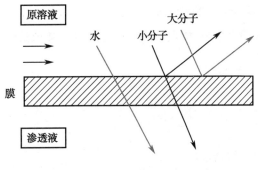

● 图8-11 膜分离法原理示意图

（三）浓缩与配液

经提取、精制的药液,应根据实际使用要求进行浓缩至相应浓度,一般来说合剂中的药液浓度为每毫升1~2g饮片,经醇处理的药液应浓缩至无醇再配制到相应浓度。中药浓缩常用方法为多效蒸发,料液在抽真空状态下加热,溶剂挥发得到浓缩液,溶剂中的醇可以回收再利用。由于多效蒸发耗热量大,为中药生产工艺中的能耗较大单元,最新出现的机械增压浓缩技术(mechanical vapor recompression, MVR)在中药提取浓缩中得到了越来越多的应用,该技术采用低温与低压蒸汽技术和清洁能源为能源产生蒸汽,将料液中的水或其他溶剂分离出来,属目前国际先进的蒸发技术,是替代传统蒸发器的升级换代产品,MVR原理如图8-12所示。

配液系指将不宜浓缩的挥发性成分以及矫味剂、防腐剂等成分加入浓缩液中等待灌装的过程。中药饮片中提取的挥发性成分通常在配液时加入,以防浓缩过程中挥发。处方中若含有提取物醇溶液时,应以细流状将其缓缓加入并随之搅拌,以使析出物细腻,分散均匀。合剂应有良好的口感和稳定性,药液浓缩至规定要求后,配液时可酌情加入适量的附加剂,如防腐剂、抗氧剂、矫味剂等,并充分混合均匀。常用的矫味剂有蜂蜜、单糖浆、甜菊苷等,防腐剂有山梨酸、苯甲酸、对羟基苯甲酸酯类等,必要时还可加入少量的天然香料以增加合剂的香气。

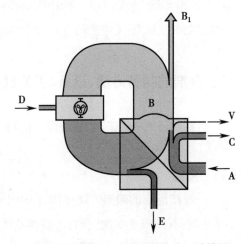

A. 产品;B. 蒸汽;B$_1$. 残余蒸汽;C. 浓缩液;D. 电能;E. 加热蒸汽冷凝水;V. 热损失。

● 图8-12 MVR原理示意图

（四）分装

合剂应在清洁无菌的环境中配制,并及时灌装于无菌的干燥容器中,立即封口。灌装药液时,要求不沾瓶颈、计量准确。合剂在制备过程中应减少污染,尽量在短期内完成。瓶装合剂灌装机如图8-13所示。

（五）灭菌

灭菌应在封口后立即进行,小包装可采用流通蒸汽灭菌法,大包装需要热压灭菌法,以保证灭菌效果,有利于长期储藏。如果是在无菌条件下配液、分装的,并添加了防腐剂,且药瓶是无菌干燥的,则可不必灭菌。混悬性合剂应贴"服时振摇"标签或加盖"服时振摇"印章,合剂的成品应在阴凉干燥处保存。

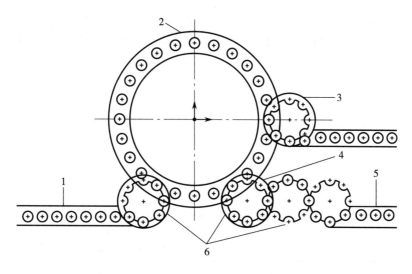

1. 进瓶；2. 旋转式传送带；3. 次品检出器；4. 旋盖；5. 出瓶；6. 传递轮。

● 图 8-13　瓶装合剂灌装机

案例 8-1　合剂制备工艺案例

1. 操作相关文件（表 8-1）。

表 8-1　工业化大生产中合剂制备工艺操作相关文件

文件类型	文件名称
工艺规程	×× 合剂工艺规程
内控标准	原辅料、包装材料、中间产品及成品质量标准
	中间产品控制方法及合格标准
	成品质量标准及内控标准
SOP	提取罐标准操作规程
	提取岗位标准操作规程
	提取岗位安全标准操作规程
	浓缩岗位标准操作规程
	浓缩岗位安全标准操作规程
	二效浓缩器标准操作规程
	醇沉岗位标准操作规程
	醇沉岗位安全标准操作规程
	醇沉罐标准操作规程
	乙醇回收岗位标准操作规程
	乙醇回收岗位安全标准操作规程
	酒精回收器标准操作规程

文件类型	文件名称
SOP	配料岗位标准操作规程
	配料岗位安全标准操作规程
	灌装岗位标准操作规程
	灌装岗位安全标准操作规程
	灌装机标准操作规程
	贴标机标准操作规程
	外包岗位安全标准操作规程

2. 生产前检查确认（表 8-2）。

表 8-2　工业化大生产中合剂制备工艺生产前检查确认项目

检查项目	检查结果	
清场记录	□有	□无
清场合格证	□有	□无
批生产指令	□有	□无
设备、容器具、管道完好、清洁	□是	□否
计量器具有检定合格证，并在周检效期内	□符合要求	□不符合要求
检验用仪器有检定合格证，并在周检效期内	□符合要求	□不符合要求
工器具定置管理	□符合要求	□不符合要求
上批遗留产品及与本批无关文件、物料已清除	□已清除	□未清除
所用工艺指令、SOP、批生产记录等文件齐全	□齐全	□不齐全
与本批有关的物料齐全	□齐全	□不齐全
有所用物料检验合格报告单	□有	□无
备注		
检查人		

岗位操作人员按表 8-2 检查确认后，填写生产操作前检查记录，并签名。质检员复核确认后发放生产许可证，生产许可证如表 8-3 所示。

表8-3　工业化大生产中合剂制备工艺生产许可证

品　　名		规　　格	
批　　号		批　　量	
检查结果		质检员	
备　　注			

3. 生产准备

3.1　批生产记录的准备

车间工艺员下发本产品的批生产记录,操作人员领取批生产记录后,查看批生产指令,获取品名、批量等信息,严格按照本岗位的工艺卡操作,在批生产记录上及时记录要求的相关参数。批生产记录和批包装记录应能及时、准确、真实地记录生产过程中的每一具体步骤及各工艺控制点,具有质量的可追踪性。其内容包括:产品名称、产品批号、生产数量、日期、操作者及复核者签名、有关操作与设备、相关生产阶段的产品数量、物料平衡的计算、生产过程的控制记录及特殊问题的记录。

3.2　物料准备

按处方量计算出各种原辅料的投料量,精密称定(或量取),双人复核无误,备用。

3.3　设备准备(表8-4)

表8-4　工业化大生产中合剂制备工艺所需设备列表

工艺步骤	设备名称	设备型号
××合剂提取与配制	直筒提取罐	××
	提取液储罐	××
	配液罐	××
	醇沉罐	××
	双效浓缩器	××
	筒式微孔过滤器一台	××
	双联过滤器一套	××
××合剂灌封	供瓶机	××
	液体灌、旋一体机	××
	电磁薄膜封口机	××
××合剂包装	智能型立式贴标机	××

4. 生产操作过程及工艺条件

4.1　工艺流程

工业化大生产中合剂制备工艺流程如下文所示。

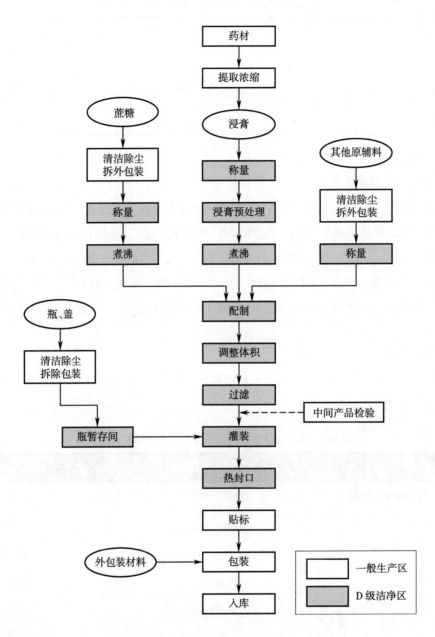

4.2 生产过程

4.2.1 领料

根据生产指令领取原药材,并确认品名、编号、数量与生产指令一致。将药材按处方规定炮制成合格的饮片。

4.2.2 提取与浓缩

将饮片按处方比例投入提取罐中,第一次加中药饮片量 8 倍的饮用水,煎煮 2 小时,第二、三次加入中药饮片量 6 倍的饮用水煎煮 1.5 小时,合并煎液,滤过(100 目),再与生姜提取液合并,置贮罐中备用。提取过程中,夹套内蒸汽压力为 0.02~0.08MPa。

将贮罐中滤液泵入双效浓缩器中,浓缩(真空度 −0.08~−0.02MPa,蒸汽压力 0.02~0.09MPa)至相对密度为 1.18~1.22(50℃)的浸膏后,泵入醇沉罐中,挂上物料状态标识,备用。

向醇沉罐中药液加入乙醇,边加边搅拌至含醇量达 75% 为止,静置 24 小时,用 100 目筛网滤过,滤液泵入酒精回收塔内,按《酒精回收塔标准操作规程》进行操作,回收乙醇,并浓缩至相对密度为 1.18~1.22(50℃)的浸膏,贴上物料标签,送入洁净区,备用。

4.2.3 配料

根据生产指令领取原料与辅料,核对品名、批号、数量是否与生产指令一致,且核对是否有合格证。将所领取的蔗糖用不锈钢桶盛装,加入足够量的纯化水,稀释,溶解,用 100 目筛网滤过,倒入配液罐中搅拌,再依次加入其他辅料和原料,边加边搅拌,物料加完后混合 10 分钟,再加纯化水至规定量,搅拌 5 分钟后出料。盛于洁净的容器中,取样、检验,静置 24 小时后,待检验合格后取上清液进行灌装。

4.2.4 灌装与贴标

根据生产指令领取合剂半成品及所需药瓶及瓶盖,核对品名、批号及数量,检查生产环境是否符合生产要求后进行生产。

按《灌装岗位标准操作规程》及《灌装机标准操作规程》对设备进行调试,符合规定后进行灌装,灌装规格为 100ml/ 瓶。

在塑料瓶分装过程中每 30 分钟检查一次装量,并随时检查塑料瓶是否变形、旋盖是否到位、密封垫是否完全粘合密封等情况。

调节好贴标机,上好标签,试运行 1~2 张标签后,操作人员检查无误,经车间管理人员或车间监控员签字确认后进行生产。开始生产 1 小时内每 10 分钟检查一次打印批号、生产日期、有效期是否正确、清晰等。1 小时后每 30 分钟检查一次。

4.2.5 外包装与入库

根据批包装指令领取合剂所用包装材料,确认所领物料有合格报告书或合格证,复核物料名称、数量正确无误,由库管员与物料员双方签字确认。认真检查外包装现场是否清场合格,有无上次包装遗留物。

根据批包装指令,在小盒、纸箱上打印产品批号、生产日期及有效期,并由相应的人员复核后,签字确认,附入批生产记录中。包装规格按 100ml/ 瓶 ×1 瓶 / 盒 ×100 盒 / 件进行包装。包装结束后,挂黄色"待检"状态标志。检验合格办理入库手续。

5. 工艺参数控制(表 8-5)

表 8-5 工业化大生产中合剂制备工艺参数控制

工序	关键控制点	技术参数及注意事项
前处理	拣选	1. 复核品名、编号、数量等 2. 拣选出杂质及非药用部分、霉变及虫蛀部分 3. 饮片杂质不得过 0.5%
	洗药	1. 药材表面干净、无可见残留 2. 清洗水不能用于不同药材的清洗
	切药	将药材切制为 4~6cm 的小段
提取、浓缩	配料、投料	1. 检查是否有霉变、虫蛀、杂质等 2. 复核品名、编号、数量等

工序	关键控制点	技术参数及注意事项
提取、浓缩	提取	1. 温浸时间：2~12h；加水量：14倍中药饮片量 2. 提取时间：回流 2h+1.5h；夹套内蒸汽压力：0.02~0.08MPa 3. 罐内压力：0MPa
	浓缩	1. 真空度：−0.08~−0.02MPa 2. 蒸汽压力：0.02~0.09MPa 3. 相对密度：1.18~1.22（50℃）
配料	配料	1. 核对物料品名、合格证、编号、数量 2. 混合时间：加入辅料 10 分钟、加入纯化水后混合 5min 3. 静置 24h 4. 棕红色液体；气微带药香，味微甜而后带苦、涩
灌装	灌装	1. 复核瓶子是否有合格证，品名、编号、数量。瓶签内容是否整洁、清晰 2. 批号、生产日期、有效期打印是否正确、清晰；封口严密，装量正确 3. 抽样频次：开始 1 小时内每 10 分钟抽查一次装量，1 小时后每 30 分钟抽查一次
外包	装盒	1. 复核小盒、说明书文字清晰、整洁、正确。数量、编号、规格无误 2. 打印的生产日期、批号、有效期与生产指令一致、正确、清晰
	装箱	数量正确，有合格证，印刷内容、生产日期、批号、有效期正确

6. 卫生

6.1 物料卫生

进入洁净区的物料、容器应在外清间除去外包装或对表面进行清洁处理，必须采取消毒措施后进入。洁净区内的物料、容器应放在不影响或少影响气流的规定位置。流转过程中的物料必须闭封，在生产过程中，应尽量减少物料暴露的时间，盛装物料的容器具必须经过清洁消毒，以避免污染和交叉污染。工作结束后，应将剩余物料清除出操作场地。

6.2 生产过程卫生

操作间内不得存放与药品生产无关的物品。生产中使用的容器、器具应有清洁状态标志，且在有效期内，使用后应及时清洁。生产过程中随时保持现场的卫生，不得出现脏、乱、差现象。

6.3 人员卫生

洁净区内操作人员应规范操作，按进入洁净区规定洗手、消毒，洁净服穿戴整齐才能进入洁净区，不允许化妆及佩戴任何首饰物品。皮肤病患者、传染病患者、药物过敏者、体表有伤者不得从事直接接触药品的生产。净区内操作人员不得裸手直接接触药品。进入洁净区的人员要勤剪指甲、勤理发剃须、勤换衣服、勤洗澡洗头。

6.4 设备卫生

所用设备必须有完好及清洁状态标志，并在清洁有效期内。设备定期维护保养，产尘设备有吸尘捕尘设施。生产结束后必须及时进行清洁。

6.5 环境卫生

洁净区内表面（墙面、地面、天棚）应平整光滑、无裂缝、接口严密、无颗粒物脱落，避免积灰。洁净区应定期进行有效清洁和必要的消毒。

第三节　制备口服液的工艺

一、口服液的含义、基本要求

（一）口服液的含义

中药口服液是以中药汤剂为基础,提取药物中有效成分,加入矫味剂、抑菌剂等附加剂,并参照注射剂灌封处理工艺,制成的一种无菌或半无菌的单剂量口服液体制剂。其特点是服用剂量小、味道好、吸收快、奏效迅速、易为患者所接受。与合剂相比,口服液采用单剂量包装,携带和服用方便,易为患者,特别是儿童、婴幼儿所接受。有些品种可用于中医急症用药,如四逆汤口服液、银黄口服液等。近几年来,工业生产中多将片剂、颗粒剂、丸剂、汤剂、中药合剂、注射剂等改制成口服液,使之成为发展较快的剂型之一。但是,口服液对生产设备和工艺条件要求都较高,成本较合剂昂贵。

（二）口服液的基本要求

1. 口服溶液剂、口服混悬剂和口服乳剂在生产与贮藏期间应符合下列规定。

（1）除另有规定外,口服溶液剂的溶剂、口服混悬剂的分散介质一般用水。

（2）根据需要可加入适宜的附加剂,如抑菌剂、分散剂、助悬剂、增稠剂、助溶剂、润湿剂、缓冲剂、乳化剂、稳定剂、矫味剂以及色素等,其品种与用量应符合国家标准的有关规定。其附加剂品种与用量应符合国家标准的有关规定。

（3）除另有规定外,在制剂确定处方时,如需加入抑菌剂,该处方的抑菌效力应符合抑菌效力检查法［《中国药典》（2020年版）通则1121］的规定。

（4）口服溶液剂通常采用溶剂法或稀释法制备;口服乳剂通常采用乳化法制备;口服混悬剂通常采用分散法制备。

（5）制剂应稳定、无刺激性,不得有发霉、酸败、变色、异物、产生气体或其他变质现象。

（6）口服乳剂的外观应呈均匀的乳白色,以半径为10cm的离心机每分钟4 000转的转速离心15分钟,不应有分层现象。乳剂可能会出现相分离的现象,但经振摇应易再分散。

（7）口服混悬剂应分散均匀,放置后若有沉淀物,经振摇应易再分散。

（8）除另有规定外,应避光、密封贮存。

（9）口服滴剂包装内一般应附有滴管和吸球或其他量具。

（10）口服混悬剂在标签上应注明"用前摇匀";以滴计量的滴剂在标签上要标明每毫升或每克液体制剂相当的滴数。

2. 除另有规定外,口服溶液剂、口服混悬剂和口服乳剂应进行以下相应检查。

（1）装量:除另有规定外,单剂量包装的口服溶液剂的装量,照下述方法检查,应符合规定。

检查法:取供试品10袋（支）,将内容物分别倒入经标化的量入式量筒内,检视,每支装量与标示装量相比较,均不得少于其标示量。凡规定检查含量均匀度者,一般不再进行装量检查。

多剂量包装的口服溶液剂、口服混悬剂、口服乳剂和干混悬剂照最低装量检查法[《中国药典》（2020年版）通则0942]检查,应符合规定。

（2）装量差异:除另有规定外,单剂量包装的干混悬剂照下述方法检查,应符合规定。

检查法:取供试品20袋(支),分别精密称定内容物,计算平均装量,每袋(支)装量与平均装量相比较,装量差异限度应在平均装量的±10%以内,超出装量差异限度的不得多于2袋(支),并不得有1袋(支)超出限度1倍。凡规定检查含量均匀度者,一般不再进行装量差异检查。

（3）微生物限度:除另有规定外,照非无菌产品微生物限度检查:微生物计数法[《中国药典》（2020年版）通则1105]和控制菌检查法[《中国药典》（2020年版）通则1106]及非无菌药品微生物限度标准[《中国药典》（2020年版）通则1107]检查,应符合规定。

二、口服液的制备方法、设备、工艺过程

（一）口服液的制备方法与工艺流程

口服液制备的一般工艺为:中药饮片提取—中药提取液净化与浓缩—配制—过滤、精制—洗瓶、灌封—灭菌—检漏、贴签、装盒。

1. 中药饮片提取　采用不同方法从中药饮片中提取有效成分,所选流程应当合理,坚持既能除去大部分杂质以缩小体积,又能提取并尽量保留有效成分以确保疗效。根据所用溶剂性质、药材的药用部分、工艺条件和生产规模的不同,可采用不同的提取方法。常用的方法有煎煮法、渗漉法、浸渍法、回流法等。

（1）煎煮法:是将经过处理过的药材,加入适量的水加热煮沸,使其有效成分煎出的一种方法。煎煮法是汤剂的制备方法,遵循传统的调制理论和方法,并应掌握好药材的处理、煎煮方法、煎煮时间、设备、温度、加水量等诸多因素,才能发挥预期的疗效。首先将中药材洗净,适当加工成片、段或粉,一般按汤剂的煎煮方法进行提取,由于一次投料量较多,故煎煮时间每次为1~2小时,取汁留渣,通常煎2~3次,合并汁液,滤过备用。如果方中含有芳香挥发性成分的药材,可先用蒸馏法收集挥发性成分,药渣再与方中其他药材一起煎煮、过滤,收集滤液,并与挥发性成分分别放置、备用。此法适用于有效成分能溶于水,且对湿、热稳定的药材。

（2）渗漉法:是将经过预处理的中药饮片放在渗漉器中,从上部连续加入溶剂,渗漉液不断地从底部流出,从而浸出药物的有效成分的方法。因其具有良好的浓度差,故提取效果较好。渗漉法适用于贵重药材、毒性药材和有效成分含量较低的药材。

（3）浸渍法:是用定量的溶剂,在选定的温度下,将药材饮片或颗粒浸泡一定时间,以浸出饮片中有效成分的方法。此法适用于黏性药物、无组织结构的药材、价格低廉的芳香性药材等的成分提取。

（4）回流法:是易挥发的有机溶剂提取中药饮片或粗粉的有效成分,在提取过程中,对放出的提取液加热蒸发,蒸发出的挥发性溶剂蒸气被冷凝后,再回流到提取器中重复使用至有效成分被充分浸出的一种方法。

2. 中药提取液净化与浓缩　为了减少口服液中的沉淀,须采用净化处理。口服液的制备,大多数采用水提醇沉净化处理方法除去提取液的杂质,但此种方法醇的使用量大,而且还会造成醇不溶性成分大量损失,影响药物疗效。目前采用的酶处理方法,可降低成本,提高质量。此外,还可以通过超滤的方法分离药液中不同分子量的组分,分离效率高,能耗低。净化后的提取液再进行适当浓缩。其浓缩程度,一般以每日服用量在 30~60ml 为宜。

3. 配制　配制口服液所用的原辅料应严格按质量标准检查,并由配制人员进行复核。按处方要求计量并称重原料用量及辅料用量,并按工艺要求控制好原辅料的加入顺序,搅拌时间等参数。选加适当的添加剂,采用处理好的配液用具,严格按程序配液。可根据需要选择添加矫味剂和防腐剂。常用的矫味剂有蜂蜜、单糖浆、甜菊苷等;防腐剂有山梨酸、苯甲酸和丙酸等。

4. 过滤、精制　药液在提取、配制过程中,由于各种因素带入的各种异物,如提取液中所含的树脂、色素、黏液质及胶体等均须滤除,以使药液澄明,再通过精滤除去微粒及细菌。按工艺要求选用适宜的过滤器材和过滤方法对溶液进行过滤。

5. 洗瓶、灌封　首先应完成包装物的洗涤、干燥、灭菌,然后按注射剂的制备工艺将药液灌封于小瓶当中。小瓶目前以玻璃瓶为主,也有少量塑料瓶作为口服液容器。

6. 灭菌　灭菌是指对灌封好的瓶装口服液进行百分之百的灭菌,以求杀灭在包装物和药液中的所有微生物,保证药品稳定性。不论前工序对包装物是否做了灭菌,只要药液未能严格灭菌则必须进行本工序——瓶装产品的灭菌。微生物包括细菌、真菌、病毒等,微生物的芽孢具有极强的生命力和很高的耐热性,因此,灭菌效果应以杀死芽孢为标准。常用的灭菌方法有物理灭菌法、微波灭菌法、辐射灭菌法等,具体实施可视药物需要,适当采用一种或几种方法联合灭菌。目前最通用的是物理灭菌法,其中应用更多的是热力灭菌法。对于口服液剂型,微波灭菌也是一种很有前途的灭菌方式。

7. 检漏、贴签、装盒　封装好的瓶装制品须经真空检漏、异物灯检,合格之后贴上标签,打印上批号和有效期,最后装盒和外包装箱。

8. 口服液的包装　口服液核心包装材料是装药小瓶和封口盖,具有 4 种形式。

(1)安瓿瓶包装:20 世纪 60 年代初,将液体制剂按照注射剂工艺灌封于安瓿瓶中,成为一种新型口服液,服用方便,可较长期保存,成本低,所以早年使用十分普及。但服用时须用小砂轮割去瓶颈,容易使玻璃碎屑落入口服液中,现已淘汰。

(2)塑料瓶包装:伴随着意大利塑料瓶灌装生产线的引进而采用的一种包装形式。该联动机入口处以塑料薄片卷材为包装材料,通过将两片卷材分别热成型,并将两片热压在一起制成成排的塑料瓶,然后自动灌装,热封封口,切割得成品。这种包装成本较低,服用方便,但由于塑料透气、透湿性较高,且产品不易灭菌,对生产环境和包装材料的洁净度要求很高,产品质量不易保证。

(3)直口瓶包装:这本是 80 年代初随着进口灌装生产线的引进而发展起来的一类新型玻璃包装。为了提高包装水平,原国家医药管理局制定了《管制口服液瓶》(YY 0056—91)行业标准。C 型直口瓶规格与尺寸如表 8-6、图 8-14 所示。

表 8-6 C 型直口瓶规格

满口容量 /ml	规格尺寸 /mm			
	瓶身直径 D	瓶身高度 H	瓶口直径 d	瓶口高度 h
10	18	70	12.5	8.7
12	18.4	72	12.0	7.5

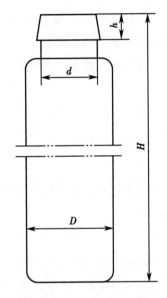

D. 瓶身直径；H. 瓶身高度；d. 瓶口直径；h. 瓶口高度。

● 图 8-14 C 型直口瓶尺寸示意图

（4）螺口瓶包装：螺口瓶是在直口瓶基础上新发展的一种很有前景的改进包装，它克服了封盖不严的隐患，而且结构上取消了撕拉带这种启封形式，可制成防盗盖形式，但由于这种新型瓶制造相对复杂，成本较高，而且制瓶生产成品率低，所以现在制药企业实际采用的并不多。

（二）口服液生产设备

1. 洗瓶设备 口服液瓶的清洗、干燥属于灌液前的重要准备工序。为保证产品达到无菌或基本无菌状态，防止微生物污染和滋长导致药液变质，除应确保药液无菌，还应对包装物清洗和灭菌。药品包装物在生产及运输过程中污染是不可避免的，所以清洗和灭菌是必不可少的步骤，为防止交叉污染，瓶的内外壁均须清洗，而且每次冲洗后，必须充分除去残留水分，洗瓶后须对瓶做洁净度检查，合格后进行干燥灭菌，灭菌的温度、时间必须严格按工艺规程要求，并须定期验证灭菌效果，做好详细记录备查。

（1）喷淋式洗瓶机：一般用泵给水加压，经过滤器压入喷淋盘，由喷淋盘将高压水分成多股激流将瓶内外冲净。但喷淋式洗瓶机人工参与较多，在《直接接触药品的包装材料、容器生产质量管理规范》实施以前，该设备较为流行，现已少用。

（2）毛刷式洗瓶机：这种洗瓶机既可单独使用，也可接联动线，以毛刷的机械动作再配以碱水、饮用水、纯化水可获得较好的清洗效果。但以毛刷的动作来刷洗，粘牢的污物和死角处不易彻底洗净，且还有易掉毛的弊病。

（3）超声波洗瓶机：利用超声波换能器发出的高频机械振荡（20~40Hz）在清洗介质中疏密相间地向前辐射，使液体流动而产生大量非稳态微小气泡，在超声场的作用下气泡进行生长闭合运动，即通常称之为"超声波空化"效应。空化效应可形成超过 1 000MPa 的瞬间高压，其强大的能量连续不断冲撞被洗对象的表面，使污垢迅速剥离，达到清洗目的，该机清洗效果好，无残留，目前应用较多。转盘式超声波洗瓶机结构如图 8-15 所示。

转鼓式洗瓶机的主体部分为卧式转鼓，其进瓶装置及超声处理部分基本与转盘式相同，经超声处理后的瓶子继续下行，经排列和分离，以定数瓶子为一组，由导向装置缓缓推入做间歇回转的转鼓针管上。随着转鼓的回转，在后续不同的工位上断续循环冲水、冲气、冲净水、再冲净气，瓶子在末工位从转鼓上退出，翻转使瓶口向上，从而完成洗瓶工序。转鼓式洗瓶机结构如图 8-16 所示。

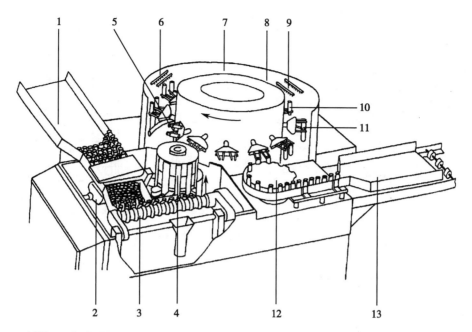

1. 料槽；2. 超声波换能头；3. 送瓶螺杆；4. 提升轮；5. 瓶子翻转工位；6、7、9. 喷水工位；
8、10、11. 喷气工位；12. 拨盘；13. 滑道。

● 图 8-15 转盘式超声波洗瓶机

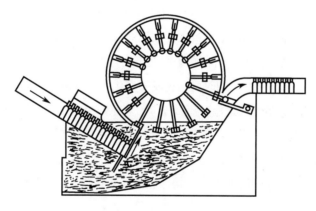

● 图 8-16 转鼓式洗瓶机

2. 灭菌干燥设备

（1）口服液瓶灭菌干燥设备：是对洗净的口服液玻璃瓶进行灭菌干燥的设备,根据生产过程自动化程度的不同,须配备不同的灭菌设备。最普通的是手工操作的蒸汽灭菌柜,利用高压蒸汽杀灭细菌是一种较可靠的常规湿热灭菌方式,一般需 115.5℃（表压 68.9kPa）30 分钟。联动线中的灭菌干燥设备是隧道式热风循环灭菌干燥机,已有行业标准,可提供 350℃的灭菌高温,以保证瓶子在热区停留时间不短于 5 分钟,确保灭菌。

如图 8-17 所示,隧道中由 3 条同步前进的不锈钢丝网形成输瓶通道,主传送带宽 600mm,水平安装,两侧带高 60mm；共同完成对瓶子的约束和传送。瓶子从进入到移出隧道约需 40 分钟,确保瓶子在热区停留 5 分钟以上完成灭菌,3 条传送带由一台小电机同步驱动,电机根据传送带上

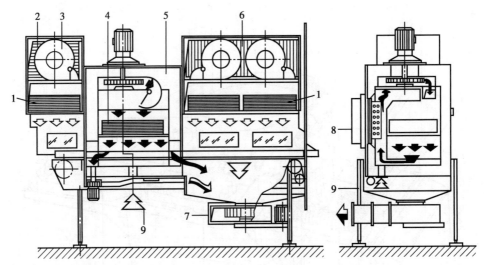

1. 高效过滤器；2. 空气过滤部分；3. 风机；4. 高效过滤器；5. 热区；6. 冷区；7. 排风机；
8. 加热装置；9. 热区新鲜空气补充。

● 图 8-17 隧道式热风循环灭菌干燥机

瓶满状态传感器的控制启停交替状态。瓶子在隧道内先后通过预热区（长约 600mm）、高温灭菌区（长约 900mm）、冷却区（长约 1 500mm）。高温灭菌区的温度可自行设定，最高可达到 350℃，在冷却区瓶子经大风量洁净冷风进行冷却，隧道出口处的瓶温应降至常温左右。

隧道传送带下方装有高效排风机，其出口处装有调节风门，控制排出的废气量和带走的热量。高温热空气在热箱内循环运动，充分均匀混合后经过高效过滤器过滤，获得洁净度 A 级的平行流空气，直接对玻璃瓶进行加热灭菌。该设备主要依靠对流传热，所以传热速度快，热空气的温度和流速非常均匀，在整个传送带宽度上所有瓶子均处于均匀的热吹风下，热量从瓶子外表面向里层传递，均匀升温，确保瓶子灭菌彻底，同时可避免瓶子产生大的热应力。高温灭菌区的热箱外壳中充填硅酸铝棉以隔热，确保箱体外壁温升不高于 7℃。生产结束后，主机停机，但风机继续工作，排风门开到最大，强迫高温区降温至某设定值（通常是 80~100℃），风机自动停机。为了完成瓶子的预热烘干、灭菌和快速冷却，必须在隧道不同部位创造所需的温度、气流、洁净度环境，为此分别安装了前风机、热风机、后冷风机、排风机、抽湿机。它们的控制由人工按规定的程序通过电控柜面板上的一系列按钮来完成。

（2）口服液成品灭菌设备：采用科技新成就，利用新的灭菌机制完成成品口服液的灭菌是一个方向，现在已采用的有辐射灭菌法、微波灭菌法等。

辐射灭菌法目前主要是应用穿透力较强的 γ 射线，钴 -60 辐射灭菌已用于近百种中成药、中药材的灭菌，其原理主要是利用钴 -60 的 γ 射线能量传递过程，破坏细菌细胞中的 DNA 和 RNA，受辐照后的 DNA 和 RNA 分子受损，发生降解，失去合成蛋白质和遗传的功能，细菌细胞停止增殖而死亡。

微波灭菌法是以高频交流电场（300MHz 以上）的作用使电场中的物质分子产生极化现象，随着电压按高频率交替地转换方向，极化分子也随之不停地转动，结果，有一部分能量转化为分子杂乱热运动的能量，分子运动加剧，温度升高，由于热是在被加热的物质中产生的，所以加热均匀、升温迅速。由于微波可穿透物质较深，水也可强烈地吸收微波，所以微波特别适于液体药物的灭菌，目前广泛使用。

3. 灌封设备　口服液剂灌封机是用于易拉盖口服液玻璃瓶的自动定量灌装和封口的设备。灌封过程可完成送瓶、灌液、加盖、轧封。灌封机有直线式和回转式两种,灌药量的准确性对产品非常重要,故灌药部分的关键部件是泵组件和药量调整结构,它们主要功能就是定量灌装药液。

大型联动生产线上的泵组件由不锈钢件精密加工而成,简单生产线上也有用注射用针管构成泵组件的。药量调整机构有粗调和精调两套结构,这样的调整结构一般要求保证 0.1ml 的精确度。送盖部分主要由电磁振动台、滑道实现瓶盖的翻盖、选盖,实现瓶盖的自动供给。封口部分主要由三爪三刀组成的机械手完成瓶子的封口。密封性和平整是封口部分的主要指标。口服液剂灌封机结构如图 8-18 所示。

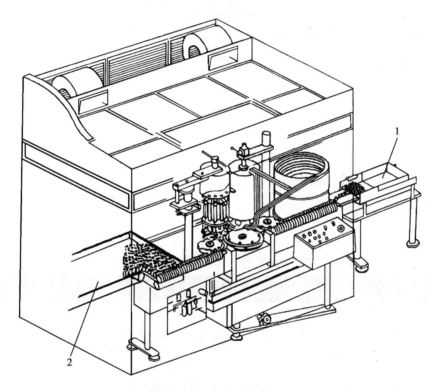

1. 空瓶入口; 2. 口服液出口
● 图 8-18　口服液剂灌封机

4. 口服液联动生产线　口服液联动线是用于口服液包装生产的各台生产设备,为了生产和保证产品质量的需要,有机地连接起来而形成的生产线。其中包括洗瓶机、灭菌干燥设备、灌封设备、贴签机等。瓶子由洗瓶机入口处送入,洗干净的瓶子进入灭菌隧道,传送带将瓶子送到出口处的转动台,经输瓶螺杆,送入灌封机构,灌装、封口后,再由输瓶螺杆送到出口处。与贴签机连接目前有两种方式,一种是直接和贴签机相连完成贴签;另一种是由瓶盘装走,进行清洗和烘干外表面,送入灯检,再贴签。

采用联动线生产能提高和保证口服液剂生产质量。在单机生产中,从洗瓶机到灭菌干燥机,再由灭菌干燥机到灌封机,都需要人工搬运,很难避免污染,如人体的接触、空瓶等待灌封时环境的污染等,而采用联动线生产,口服液瓶在各工序间由机械传送,减少了中间停留时间,尤其是灭菌干燥后的瓶子由传送装置直接送入洁净度 A 级的平行流罩中,保证了产品不受污染。因此,采用联动线灌装口服液可保证产品质量达到 GMP 要求。联动线生产减少了人员数量和劳动强度，设备布置更为紧凑，车间管理得到了改善。口服液联动生产线如图 8-19 所示。

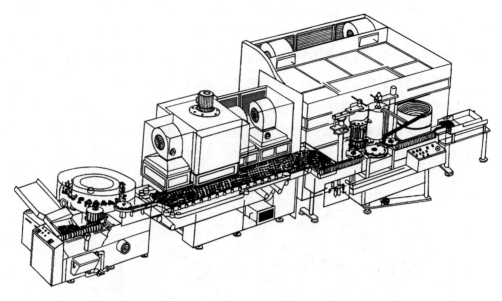

● 图 8-19　口服液联动生产线

案例 8-2　口服液制备工艺案例

1. 操作相关文件

工业化大生产中口服液制备工艺操作相关文件详见表 8-7。

表 8-7　工业化大生产中口服液制备工艺操作相关文件

文件类型	文件名称
工艺规程	×× 口服液工艺规程
内控标准	×× 中间体及成品内控质量标准
质量管理文件	偏差管理规程
SOP	生产操作前检查标准操作程序
	台秤称量标准操作程序
	口服液、合剂配制岗位标准操作程序
	口服液、合剂洗烘灌岗位标准操作程序
	口服液、合剂灭菌岗位标准操作程序
	口服液、合剂灯检岗位标准操作程序
	生产指令流转标准操作程序
	配液罐清洁规程
	洗烘灌联动线清洁规程
	灭菌柜（口服液）清洁规程
	中间产品、待包装产品及成品取样标准操作程序
	洁净区清场标准操作程序

2. 生产前检查确认

工业化大生产中口服液制备工艺生产前检查确认项目详见表8-8。

表8-8 工业化大生产中口服液制备工艺生产前检查确认项目

检查项目	检查结果	
清场记录	□有	□无
清场合格证	□有	□无
批生产指令	□有	□无
设备、容器具、管道完好、清洁	□有	□无
计量器具有检定合格证,并在周检效期内	□符合要求	□不符合要求
检验用仪器有检定合格证,并在周检效期内	□符合要求	□不符合要求
工器具定置管理	□符合要求	□不符合要求
上批遗留产品及与本批无关文件、物料已清除	□已清除	□未清除
所用工艺指令、SOP、批生产记录等文件齐全	□齐全	□不齐全
与本批有关的物料齐全	□齐全	□不齐全
有所用物料检验合格报告单	□有	□无
备注		
检查人		

岗位操作人员按表8-8检查确认后,填写生产操作前检查记录,并签名。质检员复核确认后发放生产许可证,生产许可证如表8-9所示。

表8-9 工业化大生产中口服液制备工艺生产许可证

品　　名		规　　格	
批　　号		批　　量	
检查结果		质 检 员	
备　　注			

3. 生产准备

3.1 批生产记录的准备

车间工艺员下发本产品配制、灌装岗位的批生产记录,操作人员领取批生产记录后,查看批生产指令,获取品名、批量等信息,严格按照本岗位的"××口服液配制、灌装岗位工艺卡"操作,在批生产记录上及时记录要求的相关参数。

3.2 物料准备

按处方量计算出各种原料、辅料的投料量,精密称定(或量取),双人复核无误,备用。

4. 所需设备列表

工业化大生产中口服液制备工艺所需设备列表详见表8-10。

表 8-10 工业化大生产中口服液制备工艺所需设备列表

工艺步骤	设备名称	设备型号
××口服液配制	配液罐	××
	储液罐	××
××口服液灌装	转盘式超声波洗瓶机	××
	隧道式热风循环灭菌干燥机	××
	口服液铝盖清洗烘干机	××
	口服液瓶灌轧机	××
××口服液灭菌	水浴式安瓿灭菌柜	××
××口服液灯检	澄明度检测仪	××
××口服液包装	卧式圆瓶口服液自动贴标机	××

5. 工艺过程

5.1 工艺流程

工业化大生产中口服液制备工艺流程如下。

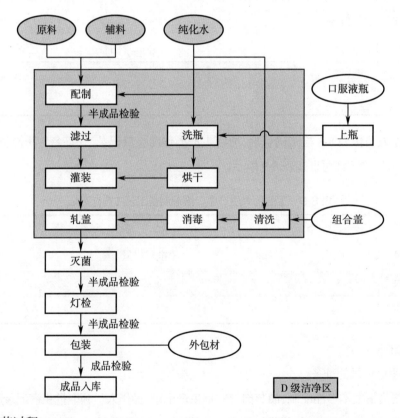

5.2 工艺过程

5.2.1 原辅料的准备

按处方量计算出各种原料、辅料的投料量,精密称定(或量取),双人复核无误。

炼蜜:进行生产操作前现场检查,确认配液罐清洁、完好。取经检验合格的蜂蜜加入罐中,加入约 1/5 重量的纯化水,加热至 116~118℃炼制 25~35 分钟至相对密度为 1.36~1.38(立即测定),经过滤后称定备用。

5.2.2 配制药液

将中药提取液经过滤后加入到配液罐中,再加入生产批量的炼蜜,搅拌 10~20 分钟使药液混合均匀。

将称量好的防腐剂溶于热纯化水(70~80℃)中,搅拌使全部溶解后,加入上述药液中。

加纯化水至 95% 全量,另取氢氧化钠加纯化水配制成 10% 的氢氧化钠溶液(每 10g 氢氧化钠加水至 100ml)。向药液中逐步少量的加入 10% 的氢氧化钠溶液,搅拌均匀,调节 pH 至 4.7~5.0。加纯化水至全量,搅拌 10 分钟使均匀,配制时间不得超过 8 小时。将配制好的药液置冷库 0~10℃冷藏静置 48 小时,取样检验。

检验合格后,抽取冷藏静置后的药液上清液,经过滤,输送至洗烘灌岗位。

5.2.3 洗盖操作

进行生产操作前现场检查,确认铝盖清洗机清洁、完好。将设备调整至工作状态,设定参数,粗洗 5 分钟,漂洗 2 分钟,精洗 1 分钟,放水 15 分钟,冲洗 1 分钟,烘干 60 分钟,主电机洗涤转速 8Hz,烘干转速 5Hz,烘干温度 80℃,将口服液瓶铝塑组合盖送入洗盖机内,进行清洗操作。出盖后盛放于洁净不锈钢桶内,备用。

消毒后的组合盖存放于洁净存放间的时间不得超过 3 天,若超时重新清洗消毒。(存放时间需要进行验证确认)

5.2.4 洗烘灌操作

进行生产操作前现场检查,确认口服液洗烘灌联动机生产线清洁、完好。将设备调整至工作状态,将 10ml 口服液瓶送入洗瓶入料口,调整压缩空气压力 0.3~0.5MPa,纯化水压力 0.2~0.5MPa,循环水压力 0.2~0.5MPa,降级水压力 0.2~0.5MPa,水温常温(10~30℃),经过粗洗、精洗、烘干消毒,烘干消毒后口服液瓶存放时间不得超过 48 小时,若超时重新洗涤消毒。设定消毒区温度 260℃,烘干后的口服液瓶洁净干燥。将过滤后的药液进行灌装,灌装速度≤260 瓶 /min,使用经过清洗的口服液瓶铝塑组合盖进行轧盖。合格半成品转到灭菌岗位。

灌轧过程中,每隔 30 分钟检测一次装量,每个灌轧针头检查 1 支;每支药液装量均应不少于 10.0ml,口服液瓶与盖封合严密,平整。

5.2.5 灭菌操作

进行生产操作前现场检查,确认灭菌柜清洁、完好。将灌轧后的半成品于 100℃灭菌 20 分钟。用纯化水检漏,水温常温(10~30℃),检漏真空度≤−0.08MPa,真空检漏时间 3 分钟,将检漏不合格品剔除后,分批分柜码放在规定区域内,取样检验。取样方法见《中间产品、待包装产品及成品取样标准操作程序》。从灌轧开始到灭菌结束时间不得超过 12 小时(时间需要经过验证进行确认)。

5.2.6 灯检操作

进行生产操作前现场检查,确认现场清洁、完好。灯检以《中国药典》(2020 年版)四部(通则 0904)规定的装置与方法进行检查。在 2 000~3 000lx 照度下逐支目检(有无玻璃、裂纹、纤维、装量、封口是否严密等),灯检后的合格品取样检验,质检员抽检合格后递交至中间站,灯检后的不合格品按规定及时予以销毁。灯检操作人员裸眼视力在 4.9 或 4.9 以上;每年体检一次。

5.2.7 包装操作

进行外包装岗位生产操作前检查,确认外包现场清场合格。双人复核领取包装材料。中间站的半成品待全项检验合格后递交至包装岗位,在包装线上贴标签,要求标签粘贴牢固、平整、位置适中,产品批号、有效期至正确、端正;剔除贴签不合格品,贴签后合格品入盒、入箱,打包入库。

6. 工艺参数控制

工业化大生产中口服液制备工艺参数控制详见表8-11。

表8-11 工业化大生产中口服液制备工艺参数控制

操作步骤	具体操作步骤
配制	核对原辅料的品名、数量和检验报告单
	炼蜜过程符合工艺要求
	配液相对密度 1.12~1.20、pH 4.7~5.0;冷藏静置时间 48h;滤材为 332 滤板
灌封	口服液瓶、铝盖清洗符合要求;装量符合要求;压盖外观严密平整
灭菌	100℃灭菌 20min

7. 清场

7.1 设备清洁

按照《配液罐清洁规程》《洗烘灌联动线清洁规程》《灭菌柜(口服液)清洁规程》中所规定的清洁频次、清洁方法进行清洁。

7.2 环境清洁

按照《洁净区清场标准操作程序》对口服液车间生产区域卫生进行清洁,注意保持干净。

7.3 清场检查

生产结束后操作人员须清场,并填写清场记录,经质检人员检查、签字后,发给清场合格证。

8. 注意事项

8.1 称量过程要求双人复核,保证称量准确无误。

8.2 向溶液中滴加 10% 氢氧化钠溶液要缓慢,边加边搅拌,至药液恰好澄清为止。

8.3 烘干消毒后口服液瓶存放时间不得超过 48 小时,若超时重新洗涤消毒。

第四节 制备糖浆剂的工艺

一、糖浆剂的含义、基本要求

(一)糖浆剂的含义

糖浆剂系指含有药物、中药饮片提取物或芳香物质的浓蔗糖水溶液。中药糖浆剂一般含糖量应不低于 45%(g/ml),可达 60%。单纯的蔗糖的近饱和水溶液称为"单糖浆",或简称"糖浆"。糖浆剂中的糖和芳香剂(香料)主要作为矫味剂,能掩盖某些药物的苦、咸等不适气味,改善口感,故糖浆剂深受儿童欢迎。

中药糖浆剂因含糖等营养成分,在制备与贮藏过程中极易被微生物污染,导致糖浆霉败变质。

为防止霉败现象的发生,生产中除采取防止污染措施外,常加入适宜的防腐剂阻止或延缓微生物的增殖,使糖浆质量符合卫生学要求。

糖浆剂中如须加防腐剂,须注意防腐效果与糖浆剂的 pH 有很大关系,一般防腐剂在 pH 较低时防腐效果较好。几种防腐剂联合使用能增强防腐效能,对羟基苯甲酸甲酯、对羟基苯甲酸乙酯混合物在一些含枸橼酸的糖浆剂中对霉菌和酵母菌的抑制作用较强。此外,适当浓度的乙醇、甘油也有一定的防腐性能。某些挥发油在糖浆剂中除可起矫味作用外,尚有一定的防腐作用,如 0.01% 的桂皮醛能抑制长霉,其用量为 0.1% 时可抑制发酵;橘子油和八角茴香油单独使用(0.3%)都能抑制长霉和发酵。几种挥发油混合使用时作用更强,如在 40% 糖浆中仅使用橘子油 0.04%,八角茴香油 0.01% 和乙醇 5% 的混合物,就可以达到抑制长霉、发酵的目的。

糖浆剂根据其组成和用途不同,可以分为以下几类。

1. 单糖浆 为蔗糖的近饱和水溶液,其浓度为 85%(g/ml)或 64.72%(g/g)。不含任何药物,除供制备含药糖浆外,一般供矫味及作为不溶性成分的助悬剂,或片剂、丸剂等的黏合剂。

2. 药用糖浆 为含药物或药材提取物的浓蔗糖水溶液,具有相应的治疗作用,如复方百部止咳糖浆,具清肺止咳作用;五味子糖浆具有益气补肾、镇静安神作用。

3. 芳香糖浆 为含芳香性物质或果汁的浓蔗糖水溶液。主要用作液体药剂的矫味剂,如橙皮糖浆等。

(二)糖浆剂的基本要求

1. 糖浆剂在生产与贮藏期间应符合下列有关规定。

(1)含蔗糖量应不低于 45%(g/ml)。

(2)将原料药物用水溶解(饮片应按各品种项下规定的方法提取、纯化、浓缩至一定体积),加入单糖浆;如直接加入蔗糖配制,则需煮沸,必要时滤过,并自滤器上添加适量新煮沸过的水至处方规定量。

(3)根据需要可加入适宜的附加剂。如需加入抑菌剂,除另有规定外,在制剂确定处方时,该处方的抑菌效力应符合抑菌效力检查法[《中国药典》(2020 年版)通则 1121]的规定。山梨酸和苯甲酸的用量不得过 0.3%(其钾盐、钠盐的用量分别按酸计),对羟基苯甲酸酯类的用量不得过 0.05%。如需加入其他附加剂,其品种与用量应符合国家标准的有关规定,且不应影响成品的稳定性,并应避免对检验产生干扰。必要时可加入适量的乙醇、甘油或其他多元醇。

(4)除另有规定外,糖浆剂应澄清。在贮存期间不得有发霉、酸败、产生气体或其他变质现象,允许有少量摇之易散的沉淀。

(5)一般应检查相对密度、pH 等。

(6)除另有规定外,糖浆剂应密封,避光置干燥处贮存。

2. 除另有规定外,糖浆剂应进行以下相应检查。

(1)装量:单剂量灌装的糖浆剂,照下述方法检查应符合规定。

检查法:取供试品 5 支,将内容物分别倒入经标化的量入式量筒内,尽量倾净。在室温下检视,每支装量与标示装量相比较,少于标示装量的不得多于 1 支,并不得少于标示装量的 95%。多剂量灌装的糖浆剂,照最低装量检查法[《中国药典》(2020 年版)通则 0942]检查,应符合规定。

（2）微生物限度：除另有规定外，照非无菌产品微生物限度检查。微生物计数法[《中国药典》（2020 年版）通则 1105]和控制菌检查法[《中国药典》（2020 年版）通则 1106]及非无菌药品微生物限度标准[《中国药典》（2020 年版）通则 1107]检查，应符合规定。

二、糖浆剂的制备方法、设备、工艺过程

中药糖浆剂的制备工艺流程为：浸提—净化—浓缩—配制—滤过—分装—成品。

制备糖浆剂所用的蔗糖应符合《中国药典》的相关规定，应是经精制的无色或白色干燥的结晶品，极易溶于水，水溶液较稳定。但在加热时，特别是在酸性条件下，易水解转化成葡萄糖和果糖，这两种单糖的等分子混合物俗称转化糖，其甜度比蔗糖高，具还原性，可以延缓某些易氧化药物的变质。较高浓度的转化糖在糖浆中还能防止在低温中析出蔗糖结晶。但果糖易使制剂的颜色变深、变暗，微生物在单糖中也比在双糖中容易生长。

中药糖浆剂中中药成分的浸提、提取液的净化及浓缩详见本章第二节、第三节相应项下内容。配制方法根据药物性状的不同，一般有以下 3 种。

（一）热溶法

热溶法是将蔗糖加入沸蒸馏水或中药浸提浓缩液中，加热使溶解，再加入可溶性药物，混合溶解后，滤过，从滤器上加适量蒸馏水至规定容量。此法的优点是蔗糖易于溶解，糖浆易于滤过澄清，因蔗糖中所含少量蛋白质可被加热凝固而滤除，同时，可杀灭微生物，使糖浆利于保存。但加热时间不宜太长（一般沸后 5 分钟），温度不宜超过 100℃，否则，转化糖的含量过高，制品的颜色容易变深。故最好在水浴或蒸汽浴上进行，溶后即趁热保温过滤。此法适用于单糖浆、不含挥发性成分的糖浆、受热较稳定的药物糖浆和有色糖浆的制备。

（二）冷溶法

冷溶法是在室温下将蔗糖溶解于蒸馏水或含药物的溶液中，待完全溶解后，滤过。此法的优点是制得的糖浆色泽较浅或呈无色，转化糖较少。因糖溶解时间较长，生产过程中容易受微生物污染，故可用密闭容器或渗漉筒溶解。此法适用于单糖浆和不宜用热熔法制备的糖浆剂，如含挥发油或挥发性药物的糖浆。

（三）混合法

混合法是将药物与单糖浆直接混合而制得。根据药物状态和性质有以下几种混合方式。

1. 药物为水溶性固体，可先用少量蒸馏水制成浓溶液后再与计算量单糖浆混匀。在水中溶解度较小者，可酌加适宜辅助溶剂使其溶解后，再与计算量单糖浆混合。

2. 药物为可溶性液体，可直接与计算量单糖浆混匀，必要时滤过。如为挥发油时，可先溶于少量乙醇等辅助溶剂或酌加适宜的增溶剂，溶解后再与单糖浆混匀。

3. 药物为含乙醇的制剂（如酊剂、流浸膏剂、醑剂等），当其与单糖浆混合时往往发生浑浊而不易澄清，可加适量甘油助溶，或加滑石粉等作助滤剂滤净。

4. 药物为水浸出制剂,因含蛋白质、黏液质等易致发酵,长霉变质,可先加热至沸腾后 5 分钟使其凝固滤除,滤液再与单糖浆混匀。必要时浸出液的浓缩物用浓乙醇处理 1 次,回收乙醇后的母液用单糖浆混匀。

5. 药物为干浸膏,应先粉碎成细粉后加少量甘油或其他适宜稀释剂,在无菌研钵中研匀后,再与单糖浆混匀。

案例 8-3 糖浆剂制备工艺案例

1. 操作相关文件

工业化大生产中糖浆剂制备工艺操作相关文件详见表 8-12。

表 8-12 工业化大生产中糖浆剂制备工艺操作相关文件

文件类型	文件名称	适用范围
工艺规程	×× 糖浆工艺规程	规范工艺操作步骤、参数
内控标准	×× 糖浆内控标准	中间体质量检查标准
质量管理文件	偏差管理规程	生产过程中偏差处理
工序操作规程	口服液体制剂配料工序操作规程 交接班管理规程	口服液体制剂配料工序操作 交接班工序操作
设备操作规程	×× 热配罐操作规程 ×× 夹套贮液罐操作规程	热配罐和夹套贮液罐操作
卫生管理规程	洁净区工艺卫生管理规程 洁净区环境卫生管理规程	洁净区卫生管理 洁净区卫生管理

2. 生产前检查确认

工业化大生产中糖浆剂制备工艺生产前检查确认项目详见表 8-13。

表 8-13 工业化大生产中糖浆剂制备工艺生产前检查确认项目

检查项目	检查结果	
清场记录	□有	□无
清场合格证	□有	□无
批生产指令	□有	□无
设备、容器具、管道完好、清洁	□有	□无
计量器具有检定合格证,并在周检效期内	□符合要求	□不符合要求
检验用仪器有检定合格证,并在周检效期内	□符合要求	□不符合要求
工器具定置管理	□符合要求	□不符合要求
上批遗留产品及与本批无关文件、物料已清除	□已清除	□未清除
所用工艺指令、SOP、批生产记录等文件齐全	□齐全	□不齐全
与本批有关的物料齐全	□齐全	□不齐全
有所用物料检验合格报告单	□有	□无
检查人（签字）:	备注:	
检查时间:		

岗位操作人员按表 8-12 检查确认后,填写生产操作前检查记录,并签名。质检员复核确认后发放生产许可证,生产许可证如表 8-14 所示。

表 8-14 工业化大生产中糖浆剂制备工艺生产许可证

品　名		规　格	
批　号		批　量	
检查结果		质检员	
备　注			

3. 生产准备

3.1 批生产记录要求

车间工艺员下发本批次的批生产记录,操作人员领取批生产记录后,查看首页生产指令单,获取品名、批号、设备号,严格按照《××糖浆工艺规程》进行操作,在批生产记录上及时记录要求的相关参数。

3.2 操作前检查

根据生产指令单获取的设备号,操作人员按照表 8-15 对工序内配液区清场情况、设备状态等进行检查,确认符合合格标准后,检查人与复核人在批生产记录上签字确认。操作人员填写"运行"设备状态标志,填写品名、批号、数量、日期、操作人相关内容,取下班组长已检查签字的"正常已清洁"状态标志,贴于批生产记录上,悬挂"运行"设备状态标志。

表 8-15 工业化大生产中糖浆剂制备工艺配液区清场检查

区域	类别	检查内容	合格标准	检查人	复核人
配液区	清场	环境清洁	无与本批次生产无关的物料、记录等	操作人员	操作人员
		设备清洁	设备悬挂"正常　已清洁"状态标志并有车间 QA 检查签字	操作人员	操作人员

4. 所需设备列表

工业化大生产中糖浆剂制备工艺所需设备列表详见表 8-16。

表 8-16 工业化大生产中糖浆剂制备工艺所需设备列表

序号	设备名称	设备型号
1	热配罐	××
2	夹套贮液罐	××

5. 工艺过程

工业化大生产中糖浆剂制备工艺过程详见表 8-17。

6. 工艺参数控制

工业化大生产中糖浆剂制备工艺参数控制详见表 8-18。

表 8-17　工业化大生产中糖浆剂制备工艺过程

操作步骤	具体操作步骤	责任人
领料	按工序批生产指令单要求,领取本批生产所用原料、辅料,并核对所领物料的名称、批号、数量、外观质量等,核对是否有检验报告书、合格证,核对无误后方可使用	操作人员
物料称量	依据生产品种的工艺规程要求在电子秤上称取本批生产所需原辅料重量。称量操作要求必须由两人进行,一人称量,一人复核。不得同时称取多种原料或辅料,应分开称量,以免发生混淆、差错	操作人员
检查	检查配液罐进气阀门、疏水器、双联过滤器密封是否正常(无松动、冒气、滴水现象),蒸汽压力是否符合要求(0.3~0.5MPa)。开启配液罐呼吸器	操作人员
配料	打开热配罐纯化水阀。加入纯化水 ××kg,填写设备日志中"运行开始时间",打开蒸汽阀门,保持夹层蒸汽压力在 ××MPa 以下,加热煮沸后开启搅拌桨,边搅拌边加入蔗糖 ××kg,加完后继续搅拌 10min 往热配罐中加入 ×× 渗漉液 ××kg、苯甲酸钠水溶液(0.7kg 苯甲酸钠溶于 3kg 热水)、纯化水 ××kg,搅拌 10min,加热煮沸 20min,停止加热,补加纯化水至 ××L(±2%),搅拌 10min。取样,测定药液相对密度 检测合格,开启输液泵,药液打入夹套贮液罐中。填写配液罐设备日志中"运行结束时间"。从药液打入夹套储液罐开始,填写夹套储液罐设备日志中"运行开始时间" 开启夹套贮液罐冷却水,待药液冷却至室温后(10~30℃),加入 ×× 香精 ××ml。开启搅拌桨,搅拌 10min 药液静置 48~72h	操作人员
设备清洁	根据《×× 热配罐操作规程》对生产设备和现场进行清洁,填写设备日志中清洁部分,经班组长和 QA 复核合格后,在设备上悬挂"正常　已清洁"标识,填写批生产记录中"工序清场记录"	操作人员

表 8-18　工业化大生产中糖浆剂制备工艺参数控制

工序	步骤	工艺指示	
配料	配料	药液温度	××℃
	配料	蒸汽压力	××MPa

7. 清场

7.1　设备清洁

设备清洁要求按所规定的清洁频次、清洁方法进行清洁。

7.2　环境清洁

生产过程中随时保持周边干净。

7.3　清场检查

清场结束后由车间 QA 进行检查,符合要求后签发设备"正常　已清洁"状态标志;若不合格则需要操作人员进行重新清洁,并有相应记录。

8. 注意事项

8.1　质量事故处理

如果生产过程中发生任何偏离《×× 糖浆工艺规程》操作,必须第一时间报告车间 QA,车间 QA 按照《偏差管理规程》进行处理。

8.2 交接班

人员交接班过程中需要按照《交接班管理规程》进行,并且做好交接班记录,双方确认签字后交接班完成。

8.3 维护保养

严格按照要求定期对设备进行维护、保养操作,并且做好相关记录。

第五节　制备煎膏剂的工艺

一、煎膏剂的含义、基本要求

(一)煎膏剂的含义

煎膏剂系指饮片用水煎煮,取煎煮液浓缩,加炼蜜或糖(或转化糖)制成的半流体制剂。

(二)煎膏剂的基本要求

1. 煎膏剂在生产与贮藏期间应符合下列有关规定。

(1)饮片按各品种项下规定的方法煎煮,滤过,滤液浓缩至规定的相对密度,即得清膏。

(2)如需加入饮片原粉,除另有规定外,一般应加入细粉。

(3)清膏按规定量加入炼蜜或糖(或转化糖)收膏;若需加饮片细粉,待冷却后加入,搅拌混匀。除另有规定外,加炼蜜或糖(或转化糖)的量,一般不超过清膏量的 3 倍。

(4)煎膏剂应无焦臭、异味,无糖的结晶析出。

(5)除另有规定外,煎膏剂应密封,置阴凉处贮存。

2. 除另有规定外,煎膏剂应进行以下相应检查。

(1)相对密度:除另有规定外,取供试品适量,精密称定,加水约 2 倍,精密称定,混匀,作为供试品溶液。照相对密度测定法[《中国药典》(2020 年版)通则 0601]测定,按式(8-1)计算,应符合各品种项下的有关规定。

$$供试品相对密度 = \frac{W_1 - W_1 \times f}{W_2 - W_1 \times f} \qquad 式(8\text{-}1)$$

式中,W_1 为比重瓶内供试品溶液的重量,g;W_2 为比重瓶内水的重量,g;$f=$ 加入供试品中的水重量/(供试品重量 + 加入供试品中的水重量)。

凡加饮片细粉的煎膏剂,不检查相对密度。

(2)不溶物:取供试品 5g,加热水 200ml,搅拌使溶化,放置 3 分钟后观察,不得有焦屑等异物。加饮片细粉的煎膏剂,应在未加入细粉前检查,符合规定后方可加入细粉,加入药粉后不再检查不溶物。

(3)装量:照最低装量检查法[《中国药典》(2020 年版)通则 0942]检查,应符合规定。

(4)微生物限度:照非无菌产品微生物限度检查。微生物计数法[《中国药典》(2020 年版)通则 1105]和控制菌检查[《中国药典》(2020 年版)通则 1106]及非无菌药品微生物限度标准[《中国药典》(2020 年版)通则 1107]检查,应符合规定。

二、煎膏剂的制备方法、设备、工艺过程

煎膏剂的制备,除炼糖和炼蜜外,其一般工艺流程为:煎煮—浓缩—收膏—分装—成品。

(一)煎煮

根据方中药材性质,将其切成片、段或粉碎成粗粉,加水煎煮 2~3 次,每次 2~3 小时,滤取煎液,药渣压榨,压榨液与滤液合并,静置。若为新鲜果类,则宜洗净后榨取果汁,果渣加水煮,滤汁合并备用。

(二)浓缩

将上述滤液加热浓缩至规定的相对密度,或以搅拌棒趁热蘸取浓缩液滴于桑皮纸上,以液滴的周围无渗出水迹时为度,即得"清膏"。

(三)收膏

取清膏,加入规定量的炼糖或炼蜜。除另有规定外,一般加入糖或蜜的量不超过清膏量的 3 倍。收膏时随着稠度的增加,加热温度可相应降低,并须不断搅拌和掠去液面上的浮沫。收膏稠度视品种而定,一般相对密度在 1.3~1.4 之间。

(四)分装

由于煎膏剂较黏稠,为便于取用,故应用大口容器盛装;容器应洗净、干燥,如有条件,可灭菌后使用,以免生霉、变质。分装时应待煎膏充分放冷后再装入容器,然后加盖,切勿在热时加盖,以免水蒸气冷凝回入煎膏中,久贮后易产生霉败现象。

案例 8-4 煎膏剂制备工艺案例

1. 操作相关文件

工业化大生产中煎膏剂制备工艺操作相关文件详见表 8-19。

表 8-19 工业化大生产中煎膏剂制备工艺操作相关文件

文件类型	文件名称	文件编号
工艺规程	××煎膏工艺规程	××
内控标准	××饮片内控质量标准	××
	××煎膏半成品内控质量标准	××
	××煎膏成品内控质量标准	××
质量管理文件	偏差管理规程	××
SOP	××药材检验操作规程	××
	制药用水检验规程	××
	××煎膏检验操作规程	××
	××煎膏半成品检验操作规程	××
	××煎膏洁净区清场标准操作程序	××

2. 生产前检查确认

工业化大生产中煎膏剂制备工艺生产前检查确认项目详见表 8-20。

表 8-20 工业化大生产中煎膏剂制备工艺生产前检查确认项目

检查项目	检查结果	
清场记录	□有	□无
清场合格证	□有	□无
批生产指令	□有	□无
设备、容器具、管道完好、清洁	□是	□否
计量器具有检定合格证,并在周检效期内	□符合要求	□不符合要求
检验用仪器有检定合格证,并在周检效期内	□符合要求	□不符合要求
工器具定置管理	□符合要求	□不符合要求
上批遗留产品及与本批无关文件、物料已清除	□已清除	□未清除
所用工艺指令、SOP、批生产记录等文件齐全	□齐全	□不齐全
与本批有关的物料齐全	□齐全	□不齐全
有所用物料检验合格报告单	□有	□无
备注		
检查人		

岗位操作人员按表 8-20 检查确认后,填写生产操作前检查记录,并签名。质检员复核确认后发放生产许可证,生产许可证如表 8-21 所示。

表 8-21 工业化大生产中煎膏剂制备工艺生产许可证

品　名		规　格	
批　号		批　量	
检查结果		质检员	
备　注			

3. 生产前准备

3.1 生产前检查

3.1.1 投料前检查所用提取设备、容器具是否符合清洁要求、是否有清场合格标志。需用的设备是否设施完好,有无状态标志。水、电、气及阀门是否灵活正常,是否处于关闭状态。

3.1.2 计量器具测试范围符合生产要求,并有检定合格证。

3.2 领料

按批生产指令单领取甘草饮片 200kg,将中药饮片用小车运到称量备料室,并要有专人检查复核,称量后做好状态标志,及时填写批生产记录。

4. 所需设备列表

工业化大生产中煎膏剂制备工艺所需设备列表详见表8-22。

表 8-22 工业化大生产中煎膏剂制备工艺所需设备列表

序号	设备名称	设备型号
1	多功能提取罐	××
2	不锈钢提取罐 1 号	××
3	自动刮板离心机	××
4	搪瓷冷沉罐	××
5	双效节能浓缩罐	××
6	真空浓缩罐	××
7	储液罐	××
8	低温真空干燥器	××
9	粉碎机	××
10	振荡筛	××

5. 工艺过程

5.1 工艺流程

工业化大生产中煎膏剂制备工艺流程如下。

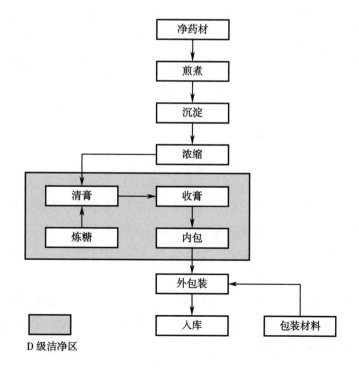

5.2 工艺过程

5.2.1 煎煮

第一次煎煮：备料工序完成后，先将多功能提取罐出渣门关闭，提取操作人员将甘草通过吊车吊到操作台上开始投料。将提取罐上部投料口打开，按处方量将甘草饮片投入提取罐中，并做好记录，打开提取罐进水阀门，向提取罐内计量加入甘草量的7倍量饮用水，关闭进水阀门和投料口。打开蒸汽阀门，加热至沸腾。煎煮温度控制在95~105℃，保持沸腾，煎煮2小时，煎煮过程应不断观察煎煮情况。待煎煮2小时后，关闭蒸汽阀门，待温度降至65℃时，打开提取罐的出液阀门，将煎液通过80目滤布，抽入储液罐内。

第二次煎煮：打开提取罐进水阀门，计量加入5倍量饮用水，打开蒸汽阀门重复以上煎煮操作，待煎煮2小时后，待温度降至65℃时将提取液过滤，打入储液罐。

第三次煎煮：打开提取罐进水阀门，计量加入4倍量饮用水，关闭进水阀门，打开蒸汽阀门重复以上煎煮操作，待煎煮2小时后，待温度降至65℃时将提取液过滤，打入储液罐。

操作过程有专人进行过程监控，并做好记录。在储液罐上挂状态标志，注明煎煮液名称、批号、数量、日期、操作者等等。

5.2.2 沉淀

按沉淀标准操作规程，提取液在储液罐中静置过夜沉淀12小时。然后将上清液抽入双效节能浓缩罐，将沉淀物打入离心机。

5.2.3 过滤

沉淀物通过离心机，使滤渣与液体分离。滤液再打回储液罐，抽入浓缩罐；滤渣收集后弃掉。提取液（沉淀上清液和过滤液总量）收率指标范围：92%~100%。

5.2.4 浓缩

先将双效节能浓缩器的真空、冷凝水阀门打开，将药液通过80目滤布抽入浓缩器，开启蒸汽阀门进行减压浓缩（温度：70~80℃，真空度：0.02~0.04MPa）。在浓缩过程中要随时注意各表数值，控制在安全范围内，并做好记录。浓缩近结束时，打开取样口用量筒收集浓缩液，用波美比重计测相对密度，如相对密度不够，应当继续浓缩，直至浓缩液相对密度达到1.18~1.22时（50℃），关闭真空阀门、蒸汽阀门和冷凝水阀门，打开蒸发室的放空阀。打开底部下料口用80目滤布过滤，出膏，称量得清膏。

5.2.5 炼糖

煎膏剂中的蔗糖必须炼制后加入，其目的在于去除杂质，杀灭微生物，减少水分，防止煎膏剂产生"返砂"现象（煎膏剂贮藏一定时间后析出糖的结晶）。炼糖的方法是：取蔗糖加入糖量一半的水及0.1%的酒石酸，加热溶解保持微沸，至糖液呈金黄色，转化率达40%~50%。返砂与煎膏剂所含总糖量和转化糖有关，总糖量应控制在85%以下，转化率应控制在40%~50%。

5.2.6 收膏

清膏中加入规定量的炼糖或炼蜜，不断搅拌，继续加热熬炼至规定的标准即可。除另有规定外，加炼糖和炼蜜的量一般不超过清膏量的3倍。收膏时随着药液稠度的增加，加热温度可相应降低，收膏时的相对密度控制在1.3~1.4之间。

6. 工艺参数控制

工业化大生产中煎膏剂制备工艺参数控制详见表8-23。

7. 清场

7.1 设备清洁

按照《××煎膏工艺规程》中所规定的清洁频次、清洁方法进行清洁。

7.2 环境清洁

按照《××煎膏洁净区清场标准操作程序》对煎膏剂车间生产区域卫生进行清洁,注意保持卫生干净。

表 8-23 工业化大生产中煎膏剂制备工艺参数控制

操作步骤	关键工艺参数控制
煎煮	第一次煎煮:7 倍量水,温度控制在 95~105℃,煎煮 2h
	第二次煎煮:5 倍量水,温度控制在 95~105℃,煎煮 2h
	第三次煎煮:4 倍量水,温度控制在 95~105℃,煎煮 2h
沉淀	沉淀时间 12h
过滤	收率 92%~100%
浓缩	浓缩的温度控制在 70~80℃,真空度 0.02~0.04MPa,浓缩后的浸膏相对密度应达到 1.18~1.22(50℃),浓缩液收率指标范围:60%~70%
炼糖	转化率 40%~50%,总糖量 80%~85%
收膏	相对密度 1.3~1.4

7.3 清场检查

生产结束后操作人员须清场,并填写清场记录,经质检人员检查、签字后,发给清场合格证。

8. 注意事项

8.1 称量过程要求双人复核,保证称量准确无误。

8.2 烘干消毒后玻璃液瓶存放时间不得超过 48 小时,若超时重新洗涤消毒。

第六节 制备酒剂的工艺

一、酒剂的含义、基本要求

(一) 酒剂的含义

酒剂系指饮片用蒸馏酒提取制成的澄清液体制剂。药酒多供内服,并可加糖或蜂蜜矫味和着色。我国医药典籍《黄帝内经》中有汤液醪醴论篇,专论了汤液醪醴的制法和作用等内容,"醪醴"就是指治病的药酒。由此可见,药酒的历史悠久,是一种传统的中药剂型。

(二) 酒剂的基本要求

1. 酒剂在生产与贮藏期间应符合下列有关规定。

（1）生产酒剂所用的饮片，一般应适当粉碎。

（2）生产内服酒剂应以谷类酒为原料。

（3）可用浸渍法、渗漉法、热回流等方法制备。蒸馏酒的浓度及用量、浸渍温度和时间、渗漉速度，均应符合各品种制法项下的要求。

（4）可加入适量的糖或蜂蜜调味。

（5）配制后的酒剂须静置澄清，滤过后分装于洁净的容器中。在贮存期间允许有少量摇之易散的沉淀。

（6）酒剂应检查乙醇含量和甲醇含量。

（7）除另有规定外，酒剂应密封，置阴凉处贮存。

2. 除另有规定外，酒剂应进行以下相应检查。

（1）总固体：含糖、蜂蜜的酒剂照第一法检查，不含糖、蜂蜜的酒剂照第二法检查，应符合规定。

第一法：精密量取供试品上清液 50ml，置蒸发皿中，水浴上蒸至稠膏状，除另有规定外，加无水乙醇搅拌提取 4 次，每次 10ml，滤过，合并滤液，置已干燥至恒重的蒸发皿中，蒸至近干，精密加入硅藻土 1g（经 105℃干燥 3 小时、移置干燥器中冷却 30 分钟），搅匀，在 105℃干燥 3 小时，移至干燥器中，冷却 30 分钟，迅速精密称定重量，扣除加入的硅藻土量，遗留残渣应符合各品种项下的有关规定。

第二法：精密量取供试品上清液 50ml，置已干燥至恒重的蒸发皿中，水浴上蒸干，在 105℃干燥 3 小时，移至干燥器中，冷却 30 分钟，迅速精密称定重量，遗留残渣应符合各品种项下的有关规定。

（2）乙醇量：照乙醇量测定法［《中国药典》（2020 年版）通则 0711］测定，应符合各品种项下的规定。

（3）甲醇量：照甲醇量检查法［《中国药典》（2020 年版）通则 0871］检查，应符合规定。

（4）装量：照最低装量检查法［《中国药典》（2020 年版）通则 0942］检查，应符合规定。

（5）微生物限度：照非无菌产品微生物限度检查。微生物计数法［《中国药典》（2020 年版）通则 1105］和控制菌检查法［《中国药典》（2020 年版）通则 1106］及非无菌药品微生物限度标准［《中国药典》（2020 年版）通则 1107］检查，除需氧菌总数每 1ml 不得过 500cfu，霉菌和酵母菌总数每 1ml 不得过 100cfu 外，其他应符合规定。

二、酒剂的制备方法、设备、工艺过程

药酒可用浸渍法、渗漉法或回流法等提取方法制备，所用蒸馏酒的浓度和用量、浸渍温度和时间、渗漉速度，以及成品含醇量等，均因品种而异，目前尚无统一规定。

（一）冷浸法

将药材加工炮制后，置瓷坛或其他适宜容器中，加规定量白酒，密闭浸渍，每日搅拌 1~2 次，1 周后，每周搅拌 1 次；共浸渍 30 日，取上清液，压榨药渣，榨出液与上清液合并，加适量糖或蜂

蜜,搅拌溶解,密封、静置至少 14 日以上,滤过,灌装,即得。

(二)热浸法

是一种传统的药酒制备方法。系将药材切碎或粉碎后,置于有盖容器中,加入处方规定量的白酒,用水浴或蒸汽加热,待酒微沸后,立即取下,倾入另一个有盖容器中,浸泡 30 日以上,每日搅拌 1~2 次,滤过,压榨药渣,榨出液与滤液合并,加入糖或炼蜜,搅拌溶解,静置数天,滤过,即得。

(三)渗漉法

以白酒为溶剂按渗漉法操作,收集渗漉液。若处方中需加糖或炼蜜矫味者,可加至渗漉完毕后的药液中,搅匀密闭,静置适当时间,滤过,即得。

(四)回流热浸法

以白酒为溶剂按回流热浸法操作,连续操作多次,至白酒无色。合并回流液,加入蔗糖或炼蜜,搅拌溶解后,密闭静置一定时间,滤过,分装,即得。

第七节　制备酊剂的工艺

一、酊剂的含义、基本要求

(一)酊剂的含义

酊剂系指将原料药物用规定浓度的乙醇提取或溶解而制成的澄清液体制剂,也可用流浸膏稀释制成,多供内服,少数外用,酊剂不加糖或蜂蜜矫味或着色。酊剂用乙醇做溶剂,由于乙醇对药材中各种成分的溶解能力有一定的选择性,故用适宜浓度的乙醇浸得的药液内杂质少,有效成分含量高,剂量小,服用方便且不易长霉。但乙醇与白酒一样有一定的药理活性,故应用受到一定的限制。

(二)酊剂的基本要求

1. 酊剂在生产与贮藏期间应符合下列有关规定。

(1)除另有规定外,每 100ml 相当于原饮片 20g。含有剧毒药品的中药酊剂,每 100ml 应相当于原饮片 10g;其有效成分明确者,应根据其半成品的含量加以调整,使符合各酊剂项下的规定。

(2)除另有规定外,酊剂应澄清,久置允许有少量摇之易散的沉淀。

(3)除另有规定外,酊剂应遮光,密封,置阴凉处贮存。

2. 除另有规定外,酊剂应进行以下相应检查。

(1)乙醇量:照乙醇量测定法(《中国药典》2020 年版通则 0711)测定,应符合各品种项下的规定。

（2）甲醇量：照甲醇量检查法[《中国药典》（2020 年版）通则 0871]检查，应符合规定。

（3）装量：照最低装量检查法[《中国药典》（2020 年版）通则 0942]检查，应符合规定。

（4）微生物限度：除另有规定外，照非无菌产品微生物限度检查。微生物计数法[《中国药典》（2020 年版）通则 1105]和控制菌检查法[《中国药典》（2020 年版）通则 1106]及非无菌药品微生物限度标准[《中国药典》（2020 年版）通则 1107]检查，应符合规定。

二、酊剂的制备方法、设备、工艺过程

酊剂除可用浸渍法、渗漉法、回流法等浸提方法制备外，还可用溶解法和稀释法。

（一）溶解法或稀释法

取原料药物的粉末或流浸膏，加规定浓度的乙醇适量，溶解或稀释，静置，必要时滤过，即得。此法适用于化学药物及中药有效部位或提纯品酊剂的制备。如复方樟脑酊、颠茄酊等。

（二）浸渍法

取适当粉碎的饮片，置有盖容器中，加入溶剂适量，密盖，搅拌或振摇，浸渍 3~5 日或规定的时间，倾取上清液，再加入溶剂适量，依法浸渍至有效成分充分浸出，合并浸出液，加溶剂至规定量后，静置，滤过，即得。

（三）渗漉法

照流浸膏剂项下的方法[《中国药典》（2020 年版）通则 0189]，用溶剂适量渗漉，至流出液达到规定量后，静置，滤过，即得。如十滴水即采用浸渍与渗漉联合方法制备。

第八节　制备流浸膏剂与浸膏剂的工艺

一、流浸膏剂与浸膏剂的含义、基本要求

（一）流浸膏剂与浸膏剂的含义

流浸膏剂、浸膏剂系指饮片用适宜的溶剂提取，蒸去部分或全部溶剂，调整至规定浓度而成的制剂。

（二）流浸膏剂与浸膏剂的基本要求

1. 除另有规定外，流浸膏剂系指每 1ml 相当于饮片 1g；浸膏剂分为稠膏和干膏两种，每 1g 相当于饮片 2~5g。流浸膏剂、浸膏剂在生产与贮藏期间应符合下列有关规定。

（1）除另有规定外，流浸膏剂用渗漉法制备，也可用浸膏剂稀释制成；浸膏剂用煎煮法、回流法或渗漉法制备，全部提取液应低温浓缩至稠膏状，加稀释剂或继续浓缩至规定的量。

（2）流浸膏剂久置若产生沉淀时，在乙醇和有效成分含量符合各品种项下规定的情况下，可滤过除去沉淀。

（3）除另有规定外，应置遮光容器内密封，流浸膏剂应置阴凉处贮存。

2. 除另有规定外，流浸膏剂、浸膏剂应进行以下相应检查。

（1）乙醇量：除另有规定外，含乙醇的流浸膏照乙醇量测定法[《中国药典》（2020年版）通则0711]测定，应符合规定。

（2）甲醇量：除另有规定外，含甲醇的流浸膏照甲醇量检查法[《中国药典》（2020年版）通则0871]检查，应符合各品种项下的规定。

（3）装量：照最低装量检查法[《中国药典》（2020年版）通则0942]检查，应符合规定。

（4）微生物限度：照非无菌产品微生物限度检查。微生物计数法[《中国药典》（2020年版）通则1105]和控制菌检查法[《中国药典》（2020年版）通则1106]及非无菌药品微生物限度标准[《中国药典》（2020年版）通则1107]检查，应符合规定。

二、流浸膏剂与浸膏剂的制备方法、设备、工艺过程

（一）流浸膏的制备

流浸膏剂的制备工艺流程为：浸渍—渗漉—浓缩—调整含量—成品。

流浸膏剂，除另有规定外，多用渗漉法制备，渗漉时应先收集中药饮片量85%的初漉液，另器保存。续漉液低温浓缩成稠膏状与初漉液合并，搅匀。若有效成分已明确者，须做含量测定及含乙醇量测定；有效成分不明确者只作含乙醇量测定，然后按测定结果将浸出浓缩液加适量溶剂稀释，或低温浓缩使其符合规定标准，静置24小时以上，滤过，即得。制备流浸膏时所用溶剂的数量，一般为中药饮片量的4~8倍。若原料中含有油脂者应先脱脂，再进行浸提。若渗漉溶剂为水，且有效成分又耐热者，可不必收集初漉液，将全部漉液常压或减压浓缩后，加适量乙醇作防腐剂。此外，某些以水为溶剂的中药流浸膏，也可用煎煮法制备，如益母草流浸膏、贝母花流浸膏等；也有的是用浸膏按溶解法制成的，如甘草流浸膏等。

（二）浸膏剂的制备

浸膏剂的制备一般多采用渗漉法、煎煮法，有的也采用回流法或浸渍法。在实际生产时，应根据具体设备条件和品种，选用浸出率高、耗能少、成本低、质量佳的方法。

（三）干浸膏的制备

干浸膏制备过程中，干燥操作往往比较费时麻烦，可将浸膏摊铺在涂油或撒布一层药粉的烘盘内，在80℃以下干燥，制成薄片状物；也可在浸膏中掺入适量原药细粉或药渣粉、淀粉稀释后再干燥。如要直接制得干浸膏粉，要求既能缩短时间，又能防止药物的分解或失效，最好采用喷雾干燥法。

```
                    ┌─ 中药液体制剂的 GMP 基本要求
              概述 ─┼─ 中药液体制剂的含义、分类和特点
                    └─ 中药液体制剂的前处理过程

                             ┌─ 合剂的含义、基本要求
              制备合剂的工艺 ─┼─ 合剂的制备方法、设备、工艺过程
                             └─ 合剂制备工艺案例

                               ┌─ 口服液的含义、基本要求
              制备口服液的工艺 ─┼─ 口服液的制备方法、设备、工艺过程
                               └─ 口服液制备工艺案例

                               ┌─ 糖浆剂的含义、基本要求
  中药液体制剂   制备糖浆剂的工艺 ─┼─ 糖浆剂的制备方法、设备、工艺过程
  制备工艺                       └─ 糖浆剂制备工艺案例

                               ┌─ 煎膏剂的含义、基本要求
              制备煎膏剂的工艺 ─┼─ 煎膏剂的制备方法、设备、工艺过程
                               └─ 煎膏剂制备工艺案例

                             ┌─ 酒剂的含义、基本要求
              制备酒剂的工艺 ─┴─ 酒剂的制备方法、设备、工艺过程

                             ┌─ 酊剂的含义、基本要求
              制备酊剂的工艺 ─┴─ 酊剂的制备方法、设备、工艺过程

                                     ┌─ 流浸膏剂与浸膏剂的含义、基本要求
              制备流浸膏剂与浸膏剂的工艺 ─┴─ 流浸膏剂与浸膏剂的制备方法、设备、工艺过程
```

第八章　同步练习

（付廷明　张　欣　张岩岩）

参 考 文 献

[1]　徐荣周,缪立德,薛大权,等.药物制剂生产工艺与注解.北京:化学工业出版社,2008.

[2]　张兆旺.中药药剂学.北京:中国中医药出版社,2003.

[3]　范碧亭.中药药剂学.上海:上海科学技术出版社,1997.

[4]　国家药典委员会.中华人民共和国药典:2020年版.一部.2020年版.北京:中国中医药出版社,2020.

[5]　国家药典委员会.中华人民共和国药典:2020年版.四部.2020年版.北京:中国中医药出版社,2020.

第九章 中药乳化工艺

学习目标

1. 掌握：乳剂的含义、分类；乳剂的工艺流程，工艺过程中关键控制点及参数。
2. 熟悉：乳剂制备对原辅料的处理要求；影响乳剂成型和质量的因素。
3. 了解：乳剂的设备；乳剂制备过程中常见问题解决方案。

乳剂（乳状液、乳状物）是一种液体制剂，油相、水相和乳化剂是乳剂的主要组成成分，其中的乳化剂具有显著的表面活性；能在液滴周围形成界面膜；能在液滴表面形成电屏障。药物在乳化剂的作用下分散在水相或者油相中形成乳剂；乳剂吸收好，能掩盖药物的不良气味，制法较简单。

一、乳剂的含义、分类和基本要求

（一）乳剂的含义

乳剂是一种液体制剂，系指一种液体以液滴状态分散于另一种不相溶的液体中形成的非均相液体分散体系。其中一种液体往往是水或水溶液，另一种则是与水不相溶的有机液体，又称为"油"，一种液体以细小液滴的形式分散在另一种液体中，分散的液滴称为分散相、内相或不连续相，包在液滴外面的另一种液体称为分散介质、外相或连续相。一般分散相液滴的直径在 $0.1 \sim 100 \mu m$ 之间。

（二）乳剂的分类

乳剂的基本类型有两种：油为分散相，分散在水中，称为水包油（O/W）型乳剂；水为分散相，分散在油中，称为油包水（W/O）型乳剂。另外，也可以形成复乳，如水包油包水型（W/O/W）或油包水包油型（O/W/O）。

乳剂根据乳滴的大小可分为三种：①普通乳（emulsions），乳滴大小一般在 $1 \sim 100 \mu m$，乳白色不透明的液体；②亚微乳（sub-microemulsions），乳滴大小一般在 $0.1 \sim 1 \mu m$ 常作为胃肠道外给药的载体，如静脉脂肪乳；③纳米乳（nanoemulsions），乳滴 $<0.1 \mu m$，处于胶体分散系统范围，透明或半透明液体。不同类型乳剂的示意图见图 9-1 所示。

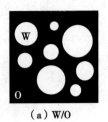 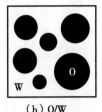 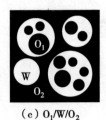 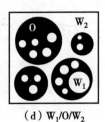

(a) W/O　　　　(b) O/W　　　　(c) O₁/W/O₂　　　　(d) W₁/O/W₂

● 图9-1　乳剂结构示意图

（三）乳剂的制备方法

乳剂的制备方法有干胶法、湿胶法、新生皂法、两相交替加入法、机械法。

（1）干胶法：系指将水相加至含乳化剂的油相中，用力研磨使成初乳，再稀释至全量并混匀的制备方法。应掌握初乳中油、水、胶的比例，乳化植物油时一般为4∶2∶1，乳化挥发油时为2∶2∶1，乳化液体石蜡时为3∶2∶1。

（2）湿胶法：系指将油相加至含乳化剂的水相中，用力研磨使成初乳，再稀释至全量并混匀的制备方法。油、水、胶的比例与干胶法相同。

（3）新生皂（化）法：系指经搅拌或振摇使两相界面生成乳化剂，制成乳剂的方法，例如石灰水与花生油组成的石灰搽剂的制备。

（4）两相交替加入法：系指向乳化剂中每次少量交替加入油或水，边加边搅拌，制成乳剂的方法。

（5）机械法：系指采用乳匀机、胶体磨、超声波乳化装置制备乳剂的方法。用机械法乳化，一般可不考虑混合次序。

乳剂中添加药物的方法为：若药物能溶于内相或外相，可先溶于内相或外相中，然后制成乳剂；若药物在两相中均不溶解，可加入亲和性大的液相中研磨混合后，再制成乳剂，也可以在制成的乳剂中研磨药物，使药物分散均匀。

二、乳剂对物料的基本要求

1. 中药原料的处理要求　制备乳剂的原料主要为中药挥发油或中药提取物。中药挥发油是采用水蒸气蒸馏法提取；中药提取物是采用适当的浸提、分离、纯化以富集的有效成分。

2. 辅料的处理要求　制备乳剂最常用的辅料为水、油和乳化剂。

（1）制乳用水的要求：所用水一般选用纯化水。纯化水为饮用水经蒸馏法、离子交换法、反渗透法或者其他适宜的方法制得，不含任何添加剂。《中国药典》规定须对其酸碱度、硝酸盐、亚硝酸盐、氨、电导率、总有机碳、易氧化物、不挥发物、重金属、微生物限度进行检测，并符合要求。

（2）制乳用油的要求：应为澄明液体，无臭，无酸败味，皂化值为188~195，碘值为126~140，酸值不大于0.1。

（3）制乳用乳化剂及其他辅料的要求：均应符合质量规定，合格者方可投产。

三、乳剂制备对环境的基本要求

制乳对于环境的要求主要涉及制乳室和制乳设备，基本要求如下。

（一）制乳车间的基本要求

1. 车间内部布局应合理，应设人流、物流专用通道，不交叉污染；应尽量减少物料的运输距离和运输步骤；生产操作区为药品生产的专门区域，不可作为物料传递通道。

2. 要有足够的暂存空间。

3. 物料应经缓冲区脱外包装或经适当清洁处理后才能进入配料室，原辅料配料室的环境和空气洁净度要与生产一致，并有捕尘和防止交叉污染的措施。

4. 中药干浸膏的粉碎、称重、混合等操作（特别是粉碎操作）容易产生粉尘，应当采取有效措施以控制粉尘扩散（应在负压房间进行粉碎），避免污染，通常设置专门的粉碎间，并在该房间安装专门的捕尘设备，结合排风设施进行控制，通常要求达到 D 级洁净区要求；处理高危物料，要对操作工安全予以考虑，在房间内设置固定或可移动的称量 / 配料隔离器。

5. 制备车间与外室保持相对负压。操作人员应当穿戴区域专用的防护服。制乳间和设备均应采用经过验证的清洁操作规程进行清洁。

6. 内包装操作一般在最终操作间进行，因为产品是暴露的，所以应是控制区域。外包装区域一般属于防护要求的区域，内包装区和外包装区通常需要分开，以防对内包装区污染。有数条包装线同时包装时应采取隔离或其他有效防止污染或混淆的措施。包材的采购、验收、入库、储藏、清洗、领用、退回等环节均要有章可循，包材经检验合格后方可使用。

（二）制备车间构造与内环境基本要求

制备乳剂的过程大致可分为如下几个环节：提取环节、粉碎环节、制乳环节、包装环节。

提取环节、粉碎环节环境要求见前面各章。

制备乳剂环节是生产乳剂的核心环节。制乳设备应安装于单独房间内，在同一房间内可安置多台设备同时生产。

《中国药典》（2020 年版）规定对于不含药材原粉的中药口服液体制剂，每毫升含细菌数、霉菌数和酵母菌数均不得过 100 个；阴道、创伤、溃疡用制剂，每克或每毫升含细菌数不得过 1 000 个，霉菌数不得过 100 个；用于完整表皮、黏膜的含药材原粉的制剂，每克含细菌数不得过 50 000 个，霉菌数不得过 500 个。为达到上述要求，制乳操作通常在 C 级或 D 级洁净区进行。乳剂生产区域的温度一般控制在 18~26℃，相对湿度一般控制在 45%~65%。

包装环节分为内包装区和外包装区，内包装区同样属于控制区，环境控制及人员控制同上所述。温度、湿度控制同制乳。

四、乳剂制备工艺过程、设备及影响因素

（一）制乳的工艺过程

制乳的工艺流程如下：

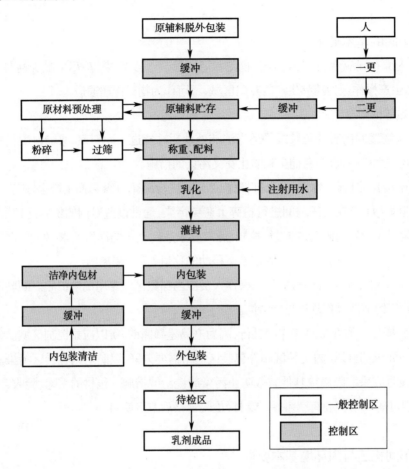

制乳工艺过程：生产部召开生产调度会，下达生产任务，值班调度长安排调度员实施生产，填写生产日报表、调度日志、交班记录。

1. 生产前准备　复核清场情况，检查生产场地是否有上一批物料、产品、用具、状态标志的遗留；检查操作间是否已清洁；检查是否有清场合格证，是否有质保人员签字；领取 ×× 乳生产记录、物料标志、状态标志；准备生产用具、设备，按照规程检查设备（如天平、混合机、搅拌锅）是否运作正常。

2. 前处理　称取原料和辅料，装入洁净的容器中，填写中间品检验单，移交下一步工序。

3. 制乳

（1）核对物料品名、产品批号、数量；采用高纯水制乳。

（2）配制：根据工艺流程将中药挥发油或中药提取物及乳化剂溶于油相或水相中，依次将水相、油相加入制乳设备中，开启制乳设备，按工艺参数进行乳化后负压抽入贮存罐中静置。

4. 清场

（1）设备清洁：关闭设备，用饮用水冲洗用具、制乳设备，随后用纯水清洗至清洁，用75%乙

醇擦拭用具和设备内表面、进风口、排风口、操作窗。

（2）操作间环境卫生：对操作间彻底清场，对操作间顶棚、四壁（含窗户）、地面及交接处进行清洁；对所有管道、风口、灯具及灯具与墙壁、顶棚交接处进行清洁；对水池、地漏进行清洁；填写清场记录，请QA检查，合格后发清场合格证，悬挂"已清洁"标志牌。

（二）影响乳剂成型和质量的因素

1. 原料的影响　中药乳剂常见的原料为中药挥发油和中药提取物，挥发油和提取物在油相或水相中的溶解度对中药乳剂成型有重要影响，通常以能全部溶解在油相或水相中为宜。

2. 辅料的影响　乳剂制备需要油相、乳化剂和矫味剂；常用油有植物油、合成油；常用的乳化剂有非离子型表面活性剂、阴离子型表面活性剂；常用的矫味剂有食用香精。不同的油和表面活性剂会对乳剂成型过程造成影响。

3. 乳化的操作　在乳化时要注意物料加入的顺序，控制好乳化的温度、搅拌速度和乳化时间。

（三）乳剂生产过程质量控制要点与参数

对各工序的严格控制是保证乳剂质量的前提。乳剂的生产质量控制要点与参数见表9-1。

表9-1　制乳生产质量控制要点与参数

工序	控制要点	控制项目	一般参数	频次
生产前检查	生产设施	运转	正常运转	每批
	消毒	设备	75% 乙醇	每批
		车间室内	75% 乙醇	每批
粉碎	原辅料	异物、细度	≥100 目	每批
配料	投料	品种数量	双人操作	每批
溶解	齐度	药物溶于油相或水相	工艺要求	当批
乳化	齐度	物料加入的顺序、乳化的温度、搅拌速度和乳化时间	工艺要求	当批
静置	齐度	静置时间	工艺要求	当批

（四）乳剂常见质量问题与解决方案

1. 乳剂不稳定　乳剂的稳定性直接影响成品的质量。造成乳剂不稳定的原因及解决方案详见表9-2。

表9-2　乳剂不稳定的原因与解决方案

原因	解决方案
乳化剂的性质与用量	选择合适的乳化剂，并保证用量
分散相的浓度与乳滴大小	①控制分散相浓度为50% 左右 ②保持乳滴大小均匀

原因	解决方案
油相、水相的密度差	加入附加剂以增加外相黏度和密度,调节油水相的密度差
电位	防止引入其他电解质
黏度与温度	适当增加分散介质的黏度;保证适宜的乳化温度和贮存温度
制备方法	采用适宜油相、水相及乳化剂的混合次序及药物的加入方法
乳化设备的机械力	选择适宜的乳化设备

2. 微生物限度不合格　按照非无菌产品微生物限度检查。微生物计数法[《中国药典》(2020 年版)通则 1105]和控制菌检查法[《中国药典》(2020 年版)通则 1106]及非无菌药品微生物限度标准[《中国药典》(2020 年版)通则 1107]检查,应符合规定。影响微生物限度的制剂工艺相关因素及解决方案详见表 9-3。

表 9-3　乳剂微生物限度不合格的原因与解决方案

原因	解决方案
原料、辅料、包装材料的洁净度	应选择合适的工艺对原料、辅料及包装材料进行灭菌
生产过程	按照 GMP 要求,严格控制生产环境卫生、人员及设备的卫生

案例　乳剂制备工艺案例

1. 操作相关文件

工业化大生产中乳剂制备工艺操作相关文件详见表 9-4。

表 9-4　工业化大生产中乳剂制备工艺操作相关文件

文件类型	文件名称	文件编号
工艺规程	××乳工艺规程	××
内控标准	××中间体及成品内控质量标准	××
质量管理文件	偏差管理规程	××
SOP	生产操作前检查标准操作程序	××
	原辅料、工器具进出洁净区管理规程	××
	称量备料操作规程	××
	乳化操作规程	××
	粉碎、过筛操作规程	××
	××型乳化机操作规程	××
	××型自动灌装机操作规程	××
	乳剂岗位清洁规程	××
	洁净区清场标准操作程序	××

2. 生产前检查确认

工业化大生产中乳剂制备工艺生产前检查确认项目详见表 9-5。

表 9-5　工业化大生产中乳剂制备工艺生产前检查确认项目

检查项目	检查结果	
清场记录	□有	□无
清场合格证	□有	□无
批生产指令	□有	□无
设备、容器具、管道完好、清洁	□有	□无
计量器具有检定合格证，并在周检效期内	□符合要求	□不符合要求
检验用仪器有检定合格证，并在周检效期内	□符合要求	□不符合要求
工器具定置管理	□符合要求	□不符合要求
上批遗留产品及与本批无关文件、物料已清除	□已清除	□未清除
所用工艺指令、SOP、批生产记录等文件齐全	□齐全	□不齐全
与本批有关的物料齐全	□齐全	□不齐全
有所用物料检验合格报告单	□有	□无
备注		
检查人		

岗位操作人员按表 9-5 检查确认后，填写生产操作前检查记录，并签名。质检员复核确认后发放生产许可证，如表 9-6 所示。

表 9-6　工业化大生产中乳剂制备工艺生产许可证

品　　名		规　　格	
批　　号		批　　量	
检查结果		质 检 员	
备　　注			

3. 生产准备

3.1　批生产记录的准备

根据批生产指令，车间物料管理员填写领料单从库房领取有合格报告书且经放行的原辅料，复核名称、物料编码/生产批号、放行单编号等与生产指令一致后，并按《原辅料、器具进出洁净区管理规程》转入原辅料暂存间。

3.2　物料准备

按处方量计算出各种原料、辅料的投料量，精密称定（量取），双人复核无误，备用。

4. 所需设备列表

工业化大生产中乳剂制备工艺所需设备列表详见表 9-7 所示。

5. 工艺过程

5.1　工艺流程

物料准备→称量→混合→乳化→质量检查→包装。

5.2　生产过程

5.2.1　称量备料

依照批生产指令，称取批生产的投料量；整个称量过程应至少两人操作，一人称量一人复核。

表 9-7　工业化大生产中乳剂制备工艺所需设备列表

设备名称	设备编码
B 型万能粉碎机组	× ×
负压称量罩	× ×
搅拌混合机	× ×
乳化机	× ×
全自动乳剂灌装机	× ×

将已称取好的所需原辅料装入 PE 洁净袋或洁净容器中,密封。贴上车间物料标识,摆放整齐,并做好记录,确认无误后方可进行下一物料的称量。称量结束后将物料转运至混合间进行混合。

5.2.2　混合

将以上工序的物料置搅拌混合机中,设置混合频率 × × Hz,混合时间 × × 分钟。总混结束后将混合后的混合物料用洁净袋或洁净容器盛装,密封。计算总混工序物料平衡率(97.0%~100.0%),若超出范围,应按《偏差管理规程》进行分析处理。

5.2.3　乳化

按《乳化操作规程》操作。把混合物料 × × kg 投入 × × 型乳化机中。启动乳化机,控制转速 × × r/min,温度 × × ℃,乳化时间 × × 分钟。装入洁净的贮罐中,密封。入中间库分区存放并分别挂上标识,注明品名、规格、产品批号、数量等。取样检验。

5.2.4　包装

①内分装:调试装量按内分装操作规程执行。设备运行正常后将乳剂加入全自动灌装机进行装量调试。正式分装,调试装量合格后进行正式分装,分装过程中,操作人员每隔 30 分钟抽取 10 瓶装量差异。②外包装:根据批包装指令,按包装操作规程进行包装。

6. 工艺参数控制

工业化大生产中乳剂制备工艺参数控制详见表9-8。

表 9-8　工业化大生产中乳剂制备工艺参数控制

工序	质量控制项目	要求
粉碎过筛	筛网规格、完好性	× × 目,粉碎前后筛网完好
称量备料	物料名称、物料编码、数量的复核	与生产指令一致,称量准确
混合	混合时间	× × min
乳化	设备参数	转速:× × r/min 乳化温度:× × ℃ 乳化时间:× × min
	性状	应为浅黄色的乳剂;味微辛。外观细腻,色泽均匀,无酸败现象
	稳定性	无分层、絮凝、破裂、转相、酸败
内分装	外观	外观清洁,包装严密
	装量差异	± 10%

7. 清场

7.1 设备清洁

按照《乳剂岗位清洁规程》中所规定的清洁频次、清洁方法进行清洁。

7.2 环境清洁

按照《洁净区清场标准操作程序》对生产区域进行清洁,注意保持干净。

7.3 清场检查

生产结束后操作人员须清场,并填写清场记录,经质检人员检查、签字后,发给清场合格证。

8. 注意事项

8.1 称量过程要求双人复核,保证称量准确无误。

8.2 采用适宜的加入顺序和乳化温度,是制备高稳定性乳剂的关键。

本章小结

```
                         ┌─── 乳剂的含义、分类和基本要求
                         │
                         ├─── 乳剂对物料的基本要求
           中药乳化工艺 ──┤
                         ├─── 乳剂制备对环境的基本要求
                         │
                         └─── 乳剂制备工艺过程、设备及影响因素
```

第九章 同步练习

（陈晓兰）

参 考 文 献

[1] 国家药典委员会 . 中华人民共和国药典:2020 年版 . 四部 . 2020 年版 . 北京:中国医药科技出版社,2020.

[2] 徐荣周,缪立德,薛大权,等 . 药物制剂生产工艺与注解 . 北京:化学工业出版社,2008.

[3] 沈宝享,沈国海,王雪,等 . 现代制剂生产关键技术 . 北京:化学工业出版社,2006.

第十章　中药制粒工艺

1. 掌握：制粒的目的与基本原理；常用的制粒方法。
2. 熟悉：制粒常用机械的构造、性能与使用保养方法。
3. 了解：制粒机械的选择、验证与养护。

第一节　概述

一、中药固体制剂的 GMP 基本要求

中药固体制剂的生产过程，要实行全过程规范化管理，防止药品的污染、交叉污染和混淆，确保药品安全有效和质量均一。

主要从三方面进行控制，即人员、硬件、软件。

1. 人员是实施 GMP 的关键　在 GMP 中，人员与机构列为第三章，显然在实施 GMP 时，人员的作用非常重要。

首先，人员的培训应该是全方位的，上至企业的管理者，要让企业管理者把产品质量的重视放在首位，下至一线操作人员和检验人员，能做到对 GMP 知识的融会贯通；对于人员专业技术培训的检查也要跟上，可以针对现场操作人员对 SOP 的理解和熟悉程度，以及管理人员如工艺员、质检员、车间主任等对各种管理标准的制定原理和执行熟练程度等进行检查。如操作人员要了解清洁剂的使用方法和种类、不同情况下的清场方法、废弃物的处理等。

2. 硬件是实施 GMP 的基础　药品生产的硬件对实施 GMP 起着重要的作用，没有良好的硬件基础，只用软件是不能达到 GMP 要求的。

硬件包括生产厂房、仓库、设备、设施。因此对于硬件的检查，新建生产车间、新建仓库的检查可从设计入手。车间、仓库可检查它的布局是否合理，是否配置了应有的设施，设施的设计参数是否满足需求；车间生产操作间、中间站的面积与企业的生产量是否相适应，如果没有足够的空间用于物料的周转、存放，将是造成药品污染、混淆的一大隐患。检查仓储的面积是否足够、记账是否

真实可以通过实物来检查账面,再通过账面检查实物的双向检查。

生产用设备要充分考虑是否容易清洁、消毒,采用的材质应不与药品发生化学反应。每年制订一套硬件的维修、保养计划,实施记录及验证记录,需要有一系列的厂房、设备、设施的使用、保养、维护标准操作规程,并按标准操作规程的要求,定期对设备进行检查、维护,使其时刻处于良好的工作状态,并进行记录,记录定期归档和销毁。

硬件的检查还应重点检查:①纯化水系统抽检频次、内控指标的制定,如果出现不符合内控指标时的处理方法等。②空气净化系统应检查滤袋的清洁方法和频率、回风口的清洁以及回风口前是否有不合理的物品阻挡,缓冲间的设置是否合理、互锁是否有效等。

3. 软件是实施 GMP 的保障 所谓的软件指的是标准、规程及记录,其中记录包括生产记录和检验记录,这两项记录是药品生产企业管理水平的集中体现,它可以延伸至企业对物料检验和管理,标准、工艺的制定和执行,当发生偏差或不合格品时的处理、物料平衡的管理、批记录审核以及成品放行的管理等。

二、颗粒剂的分类和基本要求

颗粒剂系指原料药物与适宜的辅料混合制成具有一定粒度的干燥颗粒状制剂。

1. 颗粒剂的分类 颗粒剂按溶解性能和溶解状态可分为可溶颗粒(通称为颗粒)、混悬颗粒、泡腾颗粒、肠溶颗粒、缓释颗粒等。

(1)可溶颗粒:分为水溶颗粒与酒溶颗粒。水溶颗粒加水冲洗后药液澄清,大部分中药颗粒剂均为此类;酒溶颗粒溶于白酒,服用前应加一定量饮用酒以药酒形式饮用。

(2)混悬颗粒:系指难溶性原料药物与适宜辅料混合制成的颗粒剂。临用前加水或其他适宜的液体振摇即可分散成混悬液。除另有规定外,混悬颗粒剂应进行溶出度检查。

(3)泡腾颗粒:系指含有碳酸氢钠和有机酸,遇水可放出大量气体而呈泡腾状的颗粒剂。泡腾颗粒中的原料药物应是易溶性的,加水产生气泡后应能溶解。有机酸一般用枸橼酸、酒石酸等。

(4)肠溶颗粒:系指采用肠溶材料包裹颗粒或其他适宜方法制成的颗粒剂。肠溶颗粒耐胃酸而在肠液中释放活性成分或控制药物在肠道内定位释放,可防止药物在胃内分解失效,避免对胃的刺激。肠溶颗粒应进行释放度检查。

(5)缓释颗粒:系指在规定的释放介质中缓慢地非恒速释放药物的颗粒剂。缓释颗粒应符合缓释制剂的有关要求,并应进行释放度检查。

2. 基本要求

(1)性状要求:颗粒剂应干燥,颗粒均匀,色泽一致,无吸潮、软化、结块、潮解等现象。除另有规定外,颗粒剂应密封,置干燥处贮存,防止受潮。

(2)粒度要求:除另有规定外,按照粒度和粒度分布测定法[《中国药典》(2020 年版)通则0982 第二法双筛分法]测定,不能通过一号筛与能通过五号筛的总和不得超过 15%。

(3)水分要求:中药颗粒剂照水分测定法[《中国药典》(2020 年版)通则 0832]测定,除另有规定外,水分不得超过 8.0%。

(4)干燥失重:除另有规定外,颗粒剂照干燥失重测定法[《中国药典》(2020 年版)通则

0831]测定,于105℃干燥(含糖颗粒应在80℃减压干燥)至恒重,减失重量不得超过2.0%。

（5）溶化性：可溶颗粒取供试品10g(中药单剂量包装取1袋),加热水200ml,搅拌5分钟,立即观察,可溶颗粒应全部溶化或轻微浑浊;泡腾颗粒取供试品3袋,将内容物分别转移至盛有200ml水的烧杯中,水温为15~25℃,应迅速产生气体而呈泡腾状,5分钟内颗粒应完全分散或溶解在水中。颗粒剂按上述方法检查时,均不得有异物,中药颗粒不得有焦屑。

（6）装量差异：取供试品10袋(瓶),除去包装,分别精密称定每袋(瓶)内容物的重量,求出每袋(瓶)内容物的装量与平均装量。每袋(瓶)装量与平均装量相比较,超出装量差异限度的颗粒剂不得多于2袋(瓶),并不得有1袋(瓶)超出装量差异限度1倍。

（7）微生物限度：照《中国药典》(2020年版)四部通则1105~通则1107检查,应符合规定。

三、制粒技术在制剂中的应用

制粒系指将一定性状药料中加入适宜的黏合剂和润湿剂,经加工制成具一定形状和大小的颗粒状物的操作。

1. 挤出制粒　系指药物加入适量的黏合剂制成软材后,用强制挤压方式使其通过筛网制成具有一定大小形状的颗粒状物体的操作。生产过程中,中药提取物在挤压制粒的过程中,关键步骤是制软材,若黏合剂的用量过多会导致软材被挤压成条状,再重新黏合在一起;若黏合剂的用量过少则不能制成完整的颗粒,形成粉粒状。因此,在制软材的过程中选择合适的中药稠膏、黏合剂以及用量非常重要。

2. 高速搅拌制粒　系指在加料口加入黏合剂后,在搅拌桨的作用下使物料混合、翻动,通过切割刀将混合均匀的物料中大块颗粒切割成小块,小块间相互摩擦形成较大颗粒,与搅拌桨的搅拌作用相呼应,使颗粒互相挤压、滚动形成均匀颗粒,是一种集混合与制粒于一体的方法。多用于胶囊、细粒剂、压片前制粒以及化学药物的干糖浆、干混悬剂等的制备。

3. 流化床制粒　系指利用气流使药粉保持悬浮的流化状态,将黏合剂液体由上部或下部向流化室内喷入,使粉末聚结成颗粒的方法。可在一台设备内完成沸腾混合、喷雾制粒、气流干燥的过程,故又称"一步制粒"。多用于小丸或颗粒等固体制剂的薄膜包衣或缓控释的包衣,以及对湿热敏感的药物制粒。

4. 喷雾干燥制粒　系指将药物浓缩液或黏合剂送至雾化喷嘴与压缩空气混合形成雾滴喷入干燥室,通过热气流使雾滴中水分迅速蒸发从而获得球状干燥细粒,是一种集喷雾干燥、流化制粒为一体的一步制粒过程。多用于微粉辅料、热敏性物料及微囊、固体分散体、包合物、抗生素粉针等的制备。

5. 滚转法制粒　系指将浸膏或半浸膏细粉与适宜辅料混匀,置于包衣锅中转动,在滚转时将润湿剂乙醇呈雾状喷入,使之黏合成粒,继续转动至颗粒干燥。尤适于中药浸膏粉、半浸膏粉及黏性较强的药物细粉制粒,多用于小丸粒的制备。

6. 干法制粒　系指利用压缩力作用使粒子间产生结合力,从而重压成粒,无须加热干燥的方法。多用于热敏性物料及遇水易分解的药物,如阿司匹林、氨基比林等。

7. 离心转动制粒　系指在制粒容器中,高速旋转的圆盘使物料受离心作用向器壁靠拢,在物料层上部表面喷雾黏合剂,靠颗粒的剧烈运动使颗粒表面均匀润湿,并使散布的药粉均匀附着在颗粒表面,多次操作可得球形颗粒。多用于制备高密度的球形制粒物。

第二节　生产中常用的制粒方法

一、挤出制粒的原理、工艺过程、设备及工艺控制

(一)挤出制粒的原理

挤出制粒系指药物加入适量的黏合剂制成软材后,用强制挤压的方式使其通过具有一定孔径的筛网或孔板而制粒的方法。其特点主要有:①颗粒的粒度可通过筛网的孔径大小调节,制得粒径的范围在 0.3~30mm,且粒度分布较窄;②所制颗粒的松软程度可通过不同黏合剂及其用量调节;③制粒过程中须经过混合、制软材等,程序多、劳动强度大,不适合大批量生产;④制备小粒径颗粒时筛网的寿命较短。

(二)挤出制粒的工艺过程

挤出制粒工艺流程如下:

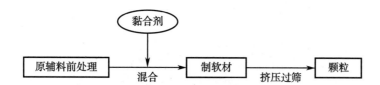

1. 原辅料前处理　原辅料均须粉碎过筛,以达到粒度要求,否则会产生混料不均、主药含量不合格问题。生产中多控制在 100 目以上。
2. 制软材　药物与辅料的混合粉末混合均匀后加入液体黏合剂,以"握之成团,压之即散"为宜。常用的设备为槽型混合机。
3. 制湿颗粒(软材过筛制粒法)
(1)手工制粒:用手将软材握成团块,手掌压过筛网即得,适用于小量生产。
(2)机械制粒:包括单次制粒和多次制粒,常用的设备有摇摆式挤压制粒机、旋转式制粒机。

(三)挤出制粒的设备及工艺控制

1. 摇摆式挤压制粒机　摇摆式挤压制粒机主要构造:机身,颗粒制造装置,筛网夹管,减速箱,机坐电机,在加料斗底部装有一个钝角六角形棱柱状转动轴,转动轴一端连于一个半月形齿轮带动的转轴上,另一端用一个圆形帽盖将其支撑住,如图 10-1 所示。其工作原理是:借助机械动力做摇摆式往复转动,使加料斗内的软材压过装于转动轴下的筛网而成为颗粒。该种机械制粒部位、接触物料部位、外观部位全部采用不锈钢制作,符合 GMP 标准规范。具有结构简洁、运转平稳、密封性好、操作方便、造型美观等特点。根据药品要求,选择合适的筛网,即可生产各种规格的颗粒。

摇摆式制粒机

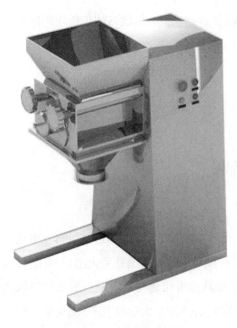

● 图 10-1　摇摆式制粒机

摇摆式制粒机制粒过程中的工艺控制如下。

（1）摇摆式颗粒机运行时，须控制加料量和调整筛网的位置，其将直接影响所制颗粒的质量。

（2）若加料斗中的加料量多且筛网夹得比较松时，滚筒旋转时能增加软材的黏性，故制得的颗粒粒粗且紧密；反之，制得的颗粒粒细且松软。

（3）可适当增加黏合剂用量或浓度，或增加软材通过筛网的次数，使制得的颗粒坚硬。

2. 旋转式制粒机　如图 10-2 所示，旋转式制粒机的工作原理主要是通过减速机齿轮箱变速、变向，使碾力和压料叶做相向旋转，压料时通过斜面把物料下压，通过离心力和曲线推力，碾刀把物料向筛筒网孔外挤压，从而形成所需颗粒。常见设备类型有以下两种。

旋转式制粒机

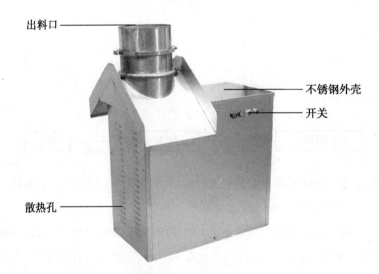

● 图 10-2　旋转式制粒机

（1）环模式辊压旋转式：在圆筒状钢皮筛网内通过滚压轮旋转将软材挤出，由刮刀切割制粒，由刮刀、分流梭、滚压轮及模等组成。

（2）篮式叶片旋转式：轴心上由一组呈"S"形相对旋转的刀片切割，将软材经"切割-挤压"通过不锈钢筛筒的孔将微湿的粉料碾挤成颗粒，由弹簧板、挤出叶片、加料叶片及筛网等组成。其主要适用于黏度较高的物料，不适用于固体、浆状或具有强粘结性粉料的制粒。

旋转式制粒机制粒过程中的工艺控制如下。

（1）可通过调节筛网的紧松与滚筒的转速控制颗粒的粒度与密度。

（2）轴转动密封良好，不会污染物料。

（3）电磁调速，兼具减速与提速功能。

（4）可通过电磁调速装置调节主轴转速，转速越快，颗粒松散；转速越慢，颗粒紧密，以达到粒度的要求。

（5）主轴变速箱根据齿轮变换可使主轴提速或减速。

3. 螺旋挤压式制粒机　工作原理：将粉体原料、赋形剂、湿润黏合剂等均匀混合制成的松散或团状软材，从进料口进入螺杆滚筒中，在螺杆送料器的推动下，进入挤压仓，依靠螺杆推进力将湿粉料软材强制挤出孔板，形成致密的颗粒。

主要构造由投料口、螺杆、模、电动机及减速器等组成，如图 10-3。

4. 挤出滚圆制粒机　工作原理：粉体原料、赋形剂、湿润黏合剂等均匀混合制成的松散或团状软材，经挤压仓通过筛孔形成的圆柱条状物料，在高速旋转的离心转盘上被破断齿切断，形成长度相等的短圆柱状颗粒。由于转盘离心力，颗粒与齿盘、桶壁及颗粒之间的摩擦力，以及转盘与物料筒体之间的气体推动力的综合作用，所有颗粒处于三维螺旋滚动中，形成均匀的搓揉作用使颗粒迅速滚制成圆球。

主要构造由进料斗、物料槽、转盘容器、出料装置、传动装置、机柜、控制系统及气动系统等组成，如图 10-4。

● 图 10-3　螺旋挤压式制粒机

● 图 10-4　挤出滚圆制粒机

二、快速搅拌制粒的原理、工艺过程、设备及工艺控制

（一）快速搅拌制粒的原理

快速搅拌制粒系指先将药物粉末和辅料加入高速搅拌制粒机的容器内，搅拌混匀后加入黏合剂高速搅拌制粒的方法。其特点如下：①在一个容器内进行混合、捏合与制粒过程；②工序少，操作简单、快速；③可避免粉尘飞扬，防止交叉污染；④不能进行干燥；⑤与传统制粒工艺比，黏合剂用量少、干燥时间短。但该法所制得的颗粒粒度分布宽，且制粒过程中会导致物料发热，不适宜热敏性药物。

（二）快速搅拌制粒的工艺过程

快速搅拌制粒工艺流程如下：

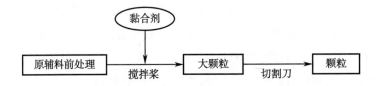

（1）原辅料前处理：原辅料均须粉碎过筛，以达到粒度要求，否则会产生混料不均、主药含量不合格问题，生产中多控制在 100 目以上。

（2）制备大颗粒：药物与辅料的混合粉末混合均匀后加入黏合剂，搅拌混合形成大颗粒。须添加适宜的黏合剂及调整其用量，调节搅拌桨的速度。

（3）制颗粒：在切割刀的作用下将形成的大块颗粒绞碎、切割，再结合搅拌桨的作用，通过挤压与滚动形成均匀的颗粒。可通过控制搅拌桨和切割刀的转速调整颗粒粒度的大小。

（三）快速搅拌制粒的设备及工艺控制

1. 快速搅拌制粒机　快速搅拌制粒机的主要构造包括混合容器、搅拌桨、切割刀、盖及电动机等，如图 10-5 所示。其工作原理为：在搅拌桨的作用下使物料混合、翻动、分散甩向器壁后向上运动，形成较大颗粒；在切割刀的作用下将大块颗粒绞碎、切割，并和搅拌桨的搅拌作用相呼应，使颗粒得到强大的挤压、滚动而形成致密且均匀的颗粒。

快速搅拌制粒机

注意事项：在投料以前必须开启压缩空气，在搅拌桨、切刀旋转轴部位形成气封，防止液体、颗粒进入轴承对设备造成损坏。中药提取物黏性较强，通常在湿法制粒机内难以形成均匀颗粒。因此，通常将其与摇摆制粒机或旋转制粒机相结合。

快速搅拌制粒机制粒过程中的工艺控制如下。

（1）搅拌桨与剪切桨转速。

（2）混合、制粒程序与时间。

（3）制粒锅内装量：制粒锅中药料的量为制粒锅体积的 1/2 左右。

（4）黏合剂的种类与用量。

2. 案例分析——无糖型中药颗粒的制备

（1）工艺过程：将适量糊精与中药清膏混合均匀，按每 5kg 干粉加入按比例计算的清膏，置高速搅拌制粒机的物料锅内，略加拌和，提升物料锅至密闭状态，用慢拌快制档，搅拌 5 秒后，从送料口加入适量乙醇，再搅拌一次，即可制得所需颗粒。

（2）基本要求

1）选择适宜的黏合剂，加入量应适宜，加入方式应正确。

● 图 10-5　快速搅拌制粒机

2）制粒机在运转的过程中不要用手去摸软材，因为搅拌桨高速运转很容易造成生产事故。

3）要控制好搅拌速度,否则制得的颗粒可能粒度差别太大,不均匀。

4）选择原料粉末时,尽量选粒度较小的物料,有利于制粒过程的顺利进行。

（3）所用设备:快速搅拌制粒机。

（4）工艺参数控制

1）辅料用量:由于无糖型颗粒辅料用量较少,如果计算不准确,将出现物料用完,而剩余清膏的现象。

2）时间与转速:搅拌时间太长,易使物料发热,变成极黏的面糊状,导致制粒失败;高速搅拌制粒机的搅拌桨叶应设定在慢速档,制粒切割刀设定在快速档,时间设定为5秒。

3）湿润剂的浓度和用量:选择乙醇的浓度与清膏的比重有关,比重大,浓度相应低一些,以75%为宜;比重小,浓度则要高一些,在85%~95%之间。在第一次干料与清膏初步拌和后,视物料的成粒性状决定湿润剂的用量。

4）物料锅的容量与物料的关系:物料锅内装物料不宜太多,否则搅拌桨叶易顶死,难启动,而且出现搅拌不匀的现象,尤其是物料锅底部。

三、流化床喷雾制粒法的原理、工艺过程、设备及工艺控制

（一）流化床喷雾制粒法的原理

流化床喷雾制粒系指利用气流使药物粉末呈悬浮流化状态,再喷入黏合剂液体,使粉末聚结成粒的方法。由于将混合、制粒、干燥等操作在一台设备内完成,又称一步制粒或沸腾制粒。

流化床喷雾制粒法原理:物料粉末粒子在原料容器（流化床）中呈环状流化,受到经过净化的加热空气预热和混合,将黏合剂溶液雾化喷入流化床,使若干粒子聚集成含有黏合剂的团粒,由于热空气对物料的不断干燥,使团粒中的水分蒸发,黏合剂凝固,此过程不断重复进行,形成理想的均匀的多微孔球状颗粒。

（二）流化床喷雾制粒法的工艺过程

流化床喷雾制粒工艺流程如下:

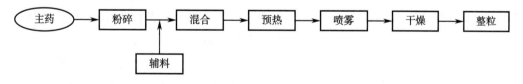

（三）流化床喷雾制粒法的设备及工艺控制

1. 流化床喷雾制粒机　流化喷雾制粒机是一种将喷雾干燥技术与流化床制粒技术结合为一体的新型中成药、西药制粒设备。其主要构造包括空气过滤器、加热器、喷雾干燥室、辅风机、气体分布板、引风机、捕集袋,如图10-6。该设备集混合、喷雾干燥、制粒、颗粒包衣多功能于一体,可生产出微辅料、少剂量、无糖或低糖的中成药产品。制得颗粒速溶,使所制颗粒剂易于溶出、片剂易于崩解。

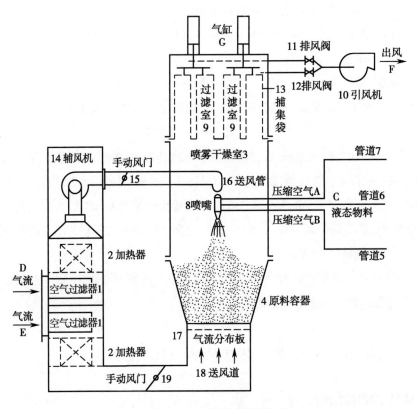

● 图 10-6 流化床喷雾制粒机

2. 影响制粒的因素

（1）物料粒度：一步制粒机所使用的物料粒度必须在80目以上,否则制得的颗粒有色斑,粒度不好,药物的溶出度也不好,还会影响药物的吸收。另外,主、辅料的比重相差太大,也会造成混合不均匀及分层现象,影响产品的最终含量。

（2）机内物料量：机内物料量的多少由物料的堆密度和设备决定。物料少时,进入机内的热空气从物料间隙排出,物料在机内无法形成有效的环状流化；物料多时,进入机内的热空气无法将物料吹起,物料在机内也无法形成有效的环状流化,并容易塌床。

（3）喷雾速度：黏合剂的喷雾速度增大时,液体流量增大,黏合剂溶液尤其是高黏度的黏合剂溶液对物料的润湿能力和渗透能力增强,颗粒直径增大,雾化不均匀,脆性减小,而松密度和流动性几乎不变；若是喷雾速度降低,颗粒直径减小或不成粒,成品率低。

（4）喷雾压力：雾化程度是由喷嘴空气量和黏合剂溶液量的混合比来决定的。增大空气比即增大雾化压力,雾滴小,雾化面积大,制得粒度均匀的小颗粒,细粉多,成品率低,且脆性增大,但松密度和流动性几乎不变；降低雾化压力,颗粒粒度增大,但易产生少量大颗粒,降低成品率,但此可通过整理解决。

（5）进风量控制：进风量过大,物料粉末未被吹起,尤其是物料量较少和较轻的物料,从底部喷入的黏合剂无法与足够的药物细粉接触,从而延长制粒的时间,同时造成底部物料为大颗粒,而被吹起的粉末制成颗粒的结果,使得颗粒不均匀,过大的风量还会带走大量的热量,使产品的温度降低,而延长制粒时间,增加颗粒中细粉的量,并能带走部分的药物细粉,增加高效除尘过滤器的负担。进风量较小,则物料的流化状态不好,颗粒粒度不均匀,容易造成塌床现象。

(6)进风温度:若进风温度过高,黏合剂在雾化时即被干燥,无法浸入物料颗粒底部,而不能成粒。同时,进风温度过高还会导致筒体内温度大于局部物料的熔点,从而引起结块现象。若在较低进风温度下,黏合剂溶液蒸发较慢,颗粒的平均直径增大,堆密度也会增加,会产生较硬的颗粒,流动性较好,但制粒时间增加。

四、干法制粒的原理、工艺过程、设备及工艺控制

(一)干法制粒的原理

干法制粒系将具一定相对密度的中药提取液,经喷雾干燥得到干浸膏粉,添加一定辅料后,以干燥制粒机压成薄片,再粉碎成颗粒的方法。压缩力作用使粒子间产生结合力,基本工作原理为重压成粒的物理过程,无须加热干燥步骤。将药物提取物与辅料混合均匀后,依靠重压或辊压挤压成薄片状,再经磨碎和过筛,制成一种预定大小的颗粒。

1. 滚压法制粒　滚压法制粒是将药物和辅料混匀后,使之通过转速相同的两个滚动圆筒间的缝隙压成所需硬度的薄片,然后通过颗粒机破碎制成一定大小的颗粒的方法。生产过程分为了滚压、碾碎、整粒三个过程。

2. 重压法制粒　又称压片法制粒。将药物与辅料混匀后,用较大压力的压片机压成大片(直径为 20~25mm),然后再粉碎成所需大小的颗粒。生产过程分进料、重压、粉碎三个过程。

(二)干法制粒的工艺过程

干法制粒工艺流程如下:

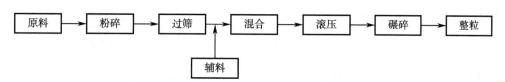

1. 干法制粒的适用范围　一般含结晶水的物料、中药提取物,以及含一定水分(3%~8%)的物料均可用干法制粒,纯中药粉碎的没经过特殊处理的很难造粒,可以考虑加入适当辅料;粉料的细度在 80~300 目较佳,较粗或较细粉对干粉制粒均有较大影响:粉料过粗,易导致所制得的颗粒不均匀;粉料过细,在送料和压片时存在一定的难度,会直接影响颗粒的成品率。

2. 干法制粒的优点　干法制粒一般情况下不需要加入添加剂,直接可以将干粉制成颗粒,增加堆积密度,改善外观和流动性及可控制崩解度,便于贮存和运输,较湿法制粒节省能源,改善湿法制粒的多道工序,减少污染。

(三)干法制粒的设备及工艺控制

1. 设备主要结构　脱气式送料螺旋桨、压缩成形轧辊机构、粉碎机组、造粒机组、加压机构,

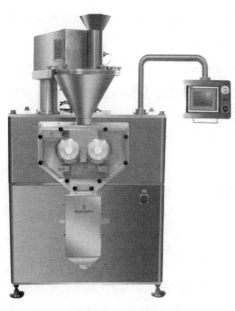

● 图 10-7　干法制粒机

控制机构及容器等,如图 10-7。

2. 影响制粒的因素

(1) 送料速度:送料是干法制粒的第一步。目前,干法制粒机有一级和二级两种送料系统。所谓一级送料系统是只有垂直送料系统;二级送料系统包括垂直和水平送料系统。干法制粒是一个连续的过程,因此在送料时必须保证制剂原料具有良好的连续性和均匀性。

(2) 滚轮速度及压力:滚轮速度及压力对所压制条带的硬度和颗粒的粒度、脆碎度等性质有着重要的影响。

(3) 滚轮压力:滚轮压力对所压制条带的硬度和颗粒的粒度、脆碎度等性质有着重要的影响。

案例 10-1　挤出制粒工艺案例

1. 操作相关文件

工业化大生产中挤出制粒工艺操作相关文件详见表 10-1。

表 10-1　工业化大生产中挤出制粒工艺操作相关文件

文件类型	文件名称	适用范围
工艺规程	××颗粒工艺规程	规范工艺操作步骤、参数
内控标准	××颗粒内控标准	中间体质量检查标准
质量管理文件	偏差管理规程	生产过程中偏差处理
工序操作规程	颗粒剂制粒工序操作规程	颗粒剂制粒工序操作
清洁规程	××清洁操作规程	清洁
设备操作规程	××湿法混合颗粒机操作规程	湿法混合颗粒机和旋转式颗粒机操作
	××旋转式颗粒机操作规程	
卫生管理规程	洁净区工艺卫生管理规程	洁净区卫生管理
	洁净区环境卫生管理规程	洁净区卫生管理
交接班规程	交接班管理规程	交接班

2. 生产前检查确认

工业化大生产中挤出制粒工艺生产前检查确认项目详见表 10-2。

岗位操作人员按表 10-2 检查确认后,填写生产操作前检查记录,并签名。质检员复核确认后发放生产许可证,生产许可证如表 10-3 所示。

表 10-2　工业化大生产中挤出制粒工艺生产前检查确认项目

检查项目	检查结果	
清场记录	□有	□无
清场合格证	□有	□无
批生产指令	□有	□无
设备、容器具、管道完好、清洁	□有	□无
计量器具有检定合格证,并在周检效期内	□符合要求	□不符合要求
检验用仪器有检定合格证,并在周检效期内	□符合要求	□不符合要求
工器具定置管理	□符合要求	□不符合要求
上批遗留产品及与本批无关文件、物料已清除	□已清除	□未清除
所用工艺指令、SOP、批生产记录等文件齐全	□齐全	□不齐全
与本批有关的物料齐全	□齐全	□不齐全
有所用物料检验合格报告单	□有	□无
备注		
检查人		

表 10-3　工业化大生产中挤出制粒工艺生产许可证

品　　名		规　　格	
批　　号		批　　量	
检查结果		质 检 员	
备　　注			

3. 生产准备

3.1　批生产记录要求

车间工艺员下发本批次的批生产记录,操作人员领取批生产记录后,查看首页生产指令单,获取品名、批号、设备号,严格按照相关文件进行操作,在批生产记录上及时记录要求的相关参数。

3.2　操作前检查

根据生产指令单获取的设备号,操作人员按照表 10-4 对工序内制粒区清场情况、设备状态进行检查,确认符合合格标准后,检查人与复核人在批生产记录上签字确认。操作人员填写"运行"设备状态标志,填写品名、批号、数量、日期、操作人相关内容,取下班组长已检查签字的"正常　已清洁"状态标志,贴于批生产记录上,悬挂"运行"设备状态标志。

表 10-4　工业化大生产中挤出制粒工艺制粒区清场检查

区域	类别	检查内容	合格标准	检查人	复核人
制粒区	清场	环境清洁	无与本批次生产无关的物料、记录等	操作人员	操作人员
		设备清洁	设备悬挂"正常　已清洁"状态标志并有车间 QA 检查签字	操作人员	操作人员

4. 所需设备列表

工业化大生产中挤出制粒工艺所需设备列表详见表 10-5 所示。

表 10-5　工业化大生产中挤出制粒工艺所需设备列表

序号	设备名称	设备型号
1	湿法混合颗粒机	××
2	旋转式颗粒机	××

5. 工艺过程

5.1　工艺流程

工业化大生产中挤出制粒工艺流程如下：

5.2　工艺过程

工业化大生产中挤出制粒工艺过程详见表 10-6。

表 10-6　工业化大生产中挤出制粒工艺过程

操作步骤	具体操作步骤	责任人
领料	按工序批生产指令单要求，领取本批生产所用原料、辅料，并核对所领物料的名称、批号、数量、外观质量等，核对是否有检验报告书、合格证，核对无误后方可使用	操作人员
物料称量	依据生产品种的工艺规程要求在电子秤上称取本批生产所需原辅料重量。称量操作要求必须由两人进行，一人称量，一人复核。不得同时称取多种原料或辅料，应分开称量，以免发生混淆、差错	操作人员
混合、制软材	打开物料锅盖，将已称量好的乳糖置于湿法混合颗粒机中，盖好物料锅盖，锁死手柄，设置搅拌、切碎速度，搅拌混合 ××s 打开物料锅盖，加入浸膏和 95% 乙醇，盖好物料锅盖，锁死手柄，设置搅拌、切碎速度，搅拌混合 ××s，制成"握之成团，触之即散"的软材，开启搅拌桨，排出物料，软材排入物料小车内	操作人员

操作步骤	具体操作步骤	责任人
挤出制粒	开启设备,将物料由料斗缓缓加入旋转式颗粒机中,不宜加料过多而溢出料斗,制粒筛网目数为××目,切料刀切割从筛筒内挤出的颗粒。在出料处依次放置洁净的不锈钢盘,将生产出的合格颗粒及时盛出,制粒完成后按停止开关(STOP)。过筛前后须对筛网进行完整性检查,若有破损,先上报偏差,发生筛网断裂物料通过金属离子探测器除去杂质	操作人员
设备清洁	根据《××清洁操作规程》对生产设备和现场进行清洁,填写设备日志中清洁部分,经班组长和QA复核合格后,在设备上悬挂"正常 已清洁"标识,填写批生产记录中"工序清场记录"	操作人员

6. 工艺参数控制

工业化大生产中挤出制粒工艺参数控制详见表 10-7。

表 10-7 工业化大生产中挤出制粒工艺参数控制

工序	步骤	工艺指示	
混合、制软材	混合	搅拌速度	××
		搅拌时间	××s
	制软材	搅拌速度	××
		搅拌时间	××s
挤出制粒	制粒	筛网目数	××目

7. 清场

7.1 设备清洁

设备清洁要求按所规定的清洁频次、清洁方法进行清洁。

7.2 环境清洁

生产过程中随时保持周边干净。

7.3 清场检查

清场结束后由车间 QA 进行检查,符合要求后签发设备"正常 已清洁"状态标志;若不合格则需要操作人员进行重新清洁,并有相应记录。

8. 注意事项

8.1 质量事故处理

如果生产过程中发生任何偏离相关文件操作,必须第一时间报告车间 QA,车间 QA 按照《偏差管理规程》进行处理。

8.2 安全事故

必须严格按照相关文件执行,如果万一出现安全事故,第一时间通知车间主任、车间 QA 按照相关文件进行处理。

8.3 交接班

人员交接班过程中需要按照《交接班管理规程》进行,并且做好交接班记录,双方确认签字后交接班完成。

8.4 维护保养

严格按照要求定期对设备进行维护、保养操作，并且做好相关记录。

案例 10-2 喷雾制粒工艺案例

1. 操作相关文件

工业化大生产中喷雾制粒工艺操作相关文件详见表 10-8。

表 10-8 工业化大生产中喷雾制粒工艺操作相关文件

文件类型	文件名称	文件编号
工艺规程	××颗粒工艺规程	××
内控标准	××中间体及成品内控质量标准	××
质量管理文件	偏差管理规程	××
SOP	生产操作前检查标准操作程序	××
	台秤称量标准操作程序	××
	喷雾制粒标准操作程序	××
	混料标准操作程序	××
	固定提升转料标准操作程序	××
	生产指令流转标准操作程序	××
	喷雾干燥制粒机清洁规程	××
	SF1200-2S旋振筛清洁规程	××
	洁净区清场标准操作程序	××

2. 生产前检查确认

工业化大生产中喷雾制粒工艺生产前检查确认项目详见表 10-9。

表 10-9 工业化大生产中喷雾制粒工艺生产前检查确认项目

检查项目	检查结果	
清场记录	□有	□无
清场合格证	□有	□无
批生产指令	□有	□无
设备、容器具、管道完好、清洁	□有	□无
计量器具有检定合格证，并在周检效期内	□符合要求	□不符合要求
检验用仪器有检定合格证，并在周检效期内	□符合要求	□不符合要求
工器具定置管理	□符合要求	□不符合要求
上批遗留产品及与本批无关文件、物料已清除	□已清除	□未清除
所用工艺指令、SOP、批生产记录等文件齐全	□齐全	□不齐全

检查项目	检查结果	
与本批有关的物料齐全	□齐全	□不齐全
有所用物料检验合格报告单	□有	□无
备注		
检查人		

岗位操作人员按表 10-9 检查确认后,填写生产操作前检查记录,并签名。质检员复核确认后发放生产许可证,生产许可证如表 10-10 所示。

表 10-10 工业化大生产中喷雾制粒工艺生产许可证

品　　名		规　　格	
批　　号		批　　量	
检查结果		质　检　员	
备　　注			

3. 生产准备

3.1 批生产记录的准备

车间工艺员下发本产品喷雾制粒岗位的批生产记录,操作人员领取批生产记录后,查看批生产指令,获取品名、批量等信息,严格按照本岗位的"××颗粒剂喷雾制粒岗位工艺卡"操作,在批生产记录上及时记录要求的相关参数。

3.2 物料准备

按处方量计算出各种原料、辅料的投料量,精密称定(或量取),双人复核无误,备用。

4. 所需设备列表

每批次 ×× 颗粒使用喷雾干燥制粒机、三偏心固定混合机等进行生产,详见表 10-11。

表 10-11 工业化大生产中喷雾制粒工艺所需设备列表

工艺步骤	设备	设备编号
×× 颗粒剂喷雾制粒	喷雾干燥制粒机	××
	固定提升转料机	××
	振荡筛	××
×× 颗粒剂混合	周转桶	××
	三偏心固定混合机	××
×× 颗粒剂包装	自动充填包装机	××
	纸盒印字机	××
	半自动捆扎机	××
	高速赋码机	××

5. 工艺过程

5.1 工艺流程

工业化大生产中喷雾制粒工艺流程如下。

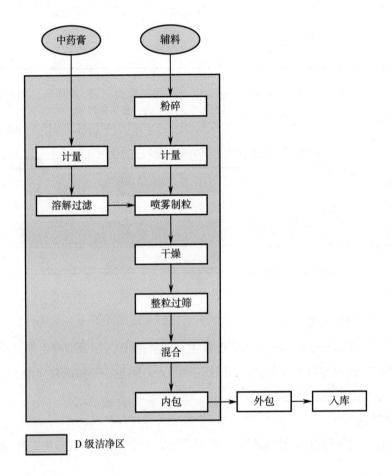

5.2 工艺过程

5.2.1 原辅料的准备

根据生产计划、物料领用和物料净化标准操作程序的要求,领取原辅料及中药浸膏,存放在指定区域,标识明显。

根据批生产指令核对每种原辅料及中药浸膏,确认检验合格报告单齐全,内外标签一致,无异常现象。双人复核称取生产所需矫味剂、辅料、中药浸膏、挥发油等。若需要分装时,料签上必须标明总重量及分装份数、每份重量。称好的物料存放在规定区域,按批生产指令双人复核后发料。

5.2.2 喷雾制粒

双人复核领取每批生产用量的中药浸膏,加0.6~1倍量的80℃以上纯化水稀释,并搅拌3~5分钟至均匀,50~60℃测量相对密度应为1.10~1.20,备用。

将领取的辅料加入到已预热的喷雾干燥器容器中,设定物料温度为80~95℃,调节引风风量为30~50Hz,使物料在沸腾床内保持流化状态,混合预热10~20分钟。

待温度升至 50℃ 时,将溶好的中药浸膏通过 100 目筛网过滤到药液车盛料桶,打开蠕动泵开始喷雾。喷入药液均匀,根据成粒情况及药液的量调节药液喷速为 50~300r/min 和雾化压力为 0.08~0.30MPa。喷枪高度设为第 3 或第 4 孔处,随时观察颗粒的运动情况,将引风风量在 30~50Hz 范围内不断增大,至使粉末悬浮在气流中作一定程度的流动。内加的矫味剂在喷膏过程的最后加入到药液中,搅拌均匀,过 100 目筛。

膏喷完后,根据成粒情况,将药粉或大块颗粒用适量 80℃ 以上的纯化水进行溶浆,并通过 100 目筛网过滤到药液车盛料桶内。每批取药粉或大块颗粒 1~20kg,若成粒情况较差,溶浆后测量相对密度为 1.10~1.15;若成粒情况较好,溶浆后测量相对密度为 1.14~1.20。喷浆过程中,根据物料状态将雾化压力在 0.08~0.30MPa 范围内适当降低,将风机频率在 30~50Hz 范围内适当增大,进行反复喷雾干燥,直至溶浆喷完且颗粒成粒均匀、良好,色泽一致,符合要求后停止喷雾。每个班次药粉或大块颗粒加入量为 10~60kg。整个过程中,定时震动袋滤器使收集的粉末震落到流化床与液滴和颗粒接触成粒。

喷雾结束后,物料继续在 80~95℃ 干燥 2~3 小时,关闭加热,逐渐降低干燥温度至 40℃ 以下时,抖袋清粉出料。

5.2.3 整粒过筛

将沸腾床推出,与自动提升转料机连接,将沸腾床提升后与振荡筛连接,控制出料蝶阀开度及筛料速度,使干燥后颗粒均充分、完全地通过 12 目筛,但不通过 60 目筛,取 12~60 目之间粒度均一的颗粒加到混合机内。下料过程中将生产用量的挥发油及外加矫味剂分次均匀洒入干颗粒中。注意混合机装料不应超过容积的 75%。

5.2.4 混合

确认混合岗位清洁、完好。调整混合机至工作状态,以 5r/min 的速度混合 8 分钟,混合结束后,将已清洁的周转桶推到下料处,对齐下料口,打开下料蝶阀,开始出料,当出料完毕后,关闭出料蝶阀,挂上标识,注明品名、产品批号等,按规定入中间站,取样化验。

5.2.5 包装

设定包装机相关参数:

①调节纵封温度:140~200℃;横封温度:150~200℃;②设定好产品名称、产品批号、有效期至;③设定装量上、下限范围 =6g × (1 ± 5%)(5.700~6.300g)。开机试车,空走几袋,双人复核确认小袋形状正确、色标定位正确,产品批号、有效期至清楚正确,封口严密。开始下料,再次确认小袋形状、色标定位是否正确。当物料装量、封合、刀口符合要求后通知外包岗位协调运行设备。包装开始,时时监测装量差异在内控范围内,包装正常后,每 30 分钟检测每道小袋装量,测总重、皮重,计算料重,并做好记录。随时检查外观、封合等情况。

要求小袋形状正确、封合严密、平整,刀口长度符合规定,产品批号、有效期至等内容正确无误。

6. 工艺参数控制

工业化大生产中喷雾制粒工艺参数控制详见表 10-12。

表 10-12　工业化大生产中喷雾制粒工艺参数控制

操作步骤	具体操作步骤
喷雾制粒	核对原辅料的品名、数量和检验报告单
	溶膏加水量为 0.6~1 倍量,水温 80℃以上,搅拌时间 3~5min,100 目筛网过滤
	制粒物料温度 80~95℃,供液转速 50~300r/min,雾化压力 0.08~0.30MPa,喷枪高度第 3 或 4 孔,风机频率 30~50Hz
	沸腾干燥温度 80~95℃,时间 2~3h,出料温度 40℃以下
	整粒过筛筛网为 12 和 60 目筛
混合	混合转速 5r/min,混合时间 8min,颗粒粒度均一

7. 清场

7.1　设备清洁

按照《喷雾干燥制粒机清洁规程》《SF1200-2S 旋振筛清洁规程》中所规定的清洁频次、清洁方法进行清洁。

7.2　环境清洁

按照《洁净区清场标准操作程序》对喷雾制粒生产区域进行清洁,注意保持干净。

7.3　清场检查

生产结束后操作人员须清场,并填写清场记录,经质检人员检查、签字后,发给清场合格证。

8. 注意事项

8.1　称量过程要求双人复核,保证称量准确无误。

8.2　根据成粒情况及药液的量调节供液转速为 50~300 转 /min,雾化压力为 0.08~0.30MPa。喷枪高度设为第 3 或第 4 孔处。

8.3　喷雾制粒过程中,定时震动袋滤器使收集的粉末震落到流化床与液滴和颗粒接触成粒。

本章小结

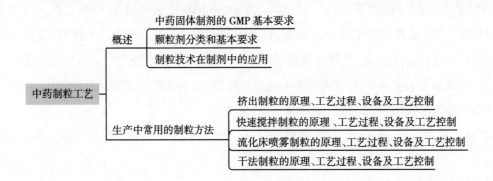

第十章 同步练习

（李小芳 张 欣 张岩岩）

参 考 文 献

[1] 杨明 . 中药药剂学 . 北京 : 中国中医药出版社, 2012.

[2] 李小芳 . 中药提取工艺学 . 北京 : 人民卫生出版社, 2014.

[3] 王沛 . 中药制药工程原理与设备 .9 版 . 北京 : 中国中医药出版社, 2013.

[4] 李远辉, 伍振峰, 李延年, 等 . 基于粉体学性质分析浸膏干燥工艺与中药配方颗粒制粒质量的相关性 . 中草药, 2017, 48（10）: 1930-1935.

[5] 王丽 . 中药颗粒剂制备工艺研究进展 . 内蒙古中医药, 2018, 37（4）: 109-110.

[6] 万锋 . 喷雾干燥技术在新型制剂设计与生产中的应用 . 药学进展, 2019, 43（3）: 174-180.

第十一章　中药压片和包衣工艺

1. 掌握：中药片剂的制备工艺流程；湿法制粒压片工艺过程中关键控制点及参数；常用包衣方法工艺流程与原理。

2. 熟悉：中药片剂制备对原辅料的处理要求；影响中药片剂成型和质量的因素；影响中药包衣质量的因素。

3. 了解：干法制粒压片、粉末直接压片工艺流程；中药片剂制备过程中常见问题解决方案；中药片剂药企制备案例。

第一节　概述

中药片剂（tablet）系指中药材提取物、中药材提取物加中药细粉、中药材细粉与适宜辅料混匀压制或用其他适宜方法制成的片状制剂。目前，市场上主要有提纯片、浸膏片、半浸膏片、全粉片等。我国中药片剂的研发、生产始于20世纪50年代，到目前为止中药片剂品种已达1 000余种。中药片剂是对丸剂、汤剂、锭剂等传统剂型的改进，是伴随着中药现代化研究和现代工业药剂学的发展，与中药特色相结合的基础上进行的。与西药片剂相比，中药片剂的制备要求其制剂工艺适合中药特性，如对含有挥发油、脂肪油的中药片剂的制备，需要采用适宜技术对挥发油、脂肪油进行包合或预处理；再如由于中间体吸湿性较强需要采用糖衣、薄膜衣和半薄膜衣工艺等技术改善中药片剂的吸湿性。如今，中药片剂不仅有传统的素片、包衣片，还发展出泡腾片、分散片、缓释片等新型片剂，成为品种众多、产量大、用途广泛、患者认可度高的中药主要剂型。

一、压片工艺及原理

（一）片剂的制备工艺

片剂的制备根据物料性质、临床用药的要求和设备条件等来选择适宜的制备工艺。片剂的制备方法有制粒压片法和全粉末直接压片法两大类。制粒压片法包括湿法制粒压片法和干法制粒压片法。片剂制备工艺流程与生产洁净区域划分如下。

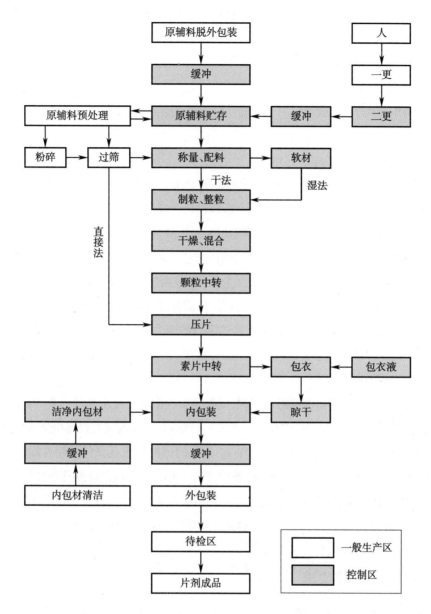

两类方法均要求物料有良好的流动性及可压性。除某些流动性及可压性较好的物料可供直接压片外，一般粉末状药物须预先制成颗粒，以增加流动性，改善可压性。在实际工作中，湿法制粒压片应用较为广泛。

（二）物料结合成片剂的原理

压片前药粉或颗粒呈疏松状态，颗粒间存在许多间隙，间隙内充满空气；压片时在压力作用下，药物颗粒（粉末）发生一系列的移动、破碎、变形等变化，最后结合成较坚实的片剂。这一过程归纳起来主要借助以下几方面的作用。

1. 粒间力　颗粒被压缩时，受压变形或破碎，相互间被挤压而使粒间距离缩短，接触面积增大，粒子间范德瓦耳斯力增大而发挥作用。

2. 水分的作用　亲水性药物可与水结合形成一层厚度约为 3mm 的水膜，在颗粒接触面上有润滑作用，使颗粒活动性增强，填装更紧密。此外，水膜还可增强颗粒在压力下的可塑性。

3. 毛细管的作用　颗粒间隙中,毛细管在挤压后试图复原而产生很强的吮吸力,使管壁收缩,增强片剂的黏合力。

4. 固体桥　由于受压产生热,局部温度升高,产生熔融或可溶性成分的重结晶,压力解除后在粒子间形成固体桥,将相邻粒子连接起来。

5. 氢键作用　部分原料或辅料由于氢键作用而相互结合,如微晶纤维素。

(三)压制成型原理

1. 压制成型　采用压制法制片时,在压力作用下,颗粒变形、破碎,粒子间距离减小,使得粒子间结合力增大,进而颗粒黏结,产生塑性形变,颗粒结合成坚实的片剂。另外,物料受压时,局部温度较高,使熔点较低的物料熔融,当压力解除后又重结晶,在颗粒间形成固体桥,利于成型。

2. 压片过程中压力的传递和分布　压片的压力通过颗粒传递时,可以分解为垂直方向传递的力(轴向力)和水平方向传递到模圈壁的力(径向力)两部分。单冲压片机压片时由于分布至颗粒中的各种压力不均匀,因而片剂的周边、片芯、片面各部分的压力和密度的分布也不均匀。一般面向上冲一面边缘处的压力较高,面向下冲边缘处的压力较低,主要原因是压片时仅由上冲加压,由上冲传递到下冲的压力小于所施加的压力。旋转式压片机压片时,由上下压轮同时加压,故片剂上、下两面的压力相近。

3. 片剂的弹性复原　固体物料被压缩时,既发生塑性形变又发生弹性形变,因此在压制的片剂中存在方向与压缩力相反的弹性内应力。当外力解除后,弹性内应力趋向松弛和恢复物料原来形状,使片剂体积增大(一般约增大 2%~10%)。片剂的这种膨胀现象称为弹性复原。由于压缩时片剂各部分受力不同,各方向的内应力也不同,当上冲上抬时,片剂在模孔内先发生轴向膨胀,推出模孔后同时发生径向膨胀,当黏合剂用量不当或黏结力不足时,片剂压出后可能在表面出现裂痕,所以片剂的弹性复原和压力分布不均也是产生裂片的主要原因。

二、压片对物料的基本要求

欲制备质量优良的中药片剂,压片所用的物料一般应具以下特点:①有良好的流动性和可压性;②有一定的黏性但不能黏附冲头和冲模;③成品中药片剂应有优良的崩解度、溶解度和疗效。但是很少中药物料能完全具备这些性能,必须适当加入一些辅料并进行制剂工艺处理后,达到制剂质量要求,如添加填充剂、崩解剂、润湿剂、黏合剂、润滑剂、着色剂、矫味剂等,这些辅料应满足无生理活性、性质稳定、不与主药发生反应、不影响主药含量测定、对药物的溶出和吸收无不良影响等要求。

(一)中药原料的处理要求

1. 按处方选择合格的中药原料,并进行处理后制成净中药或炮制后使用。片剂所用的中药饮片,均应符合质量规定,检验不合格的均不得投入生产。车间领取的中药原料,均应在规定地点拆包,擦拭洁净后,经复核无误后放入配料室。

2. 中药原料中含有有效物质和无效物质,应在制剂前经过浸提、分离、纯化处理,尽量除去无效物质,保留有效物质。

3. 中药处方用量普遍较大,应选择有效的工艺手段减少体积,减少服用量。

4. 对于中药片剂处方中的非有效物质要有选择的处理。有些非有效物质不仅没有明确的疗效,还有可能影响压片的质量,如过量的植物纤维素会导致松片的问题发生,应尽量去除;但是有些物质可以有选择的保留,如含有较多淀粉的中药材粉末,淀粉可以直接作为片剂的稀释剂或崩解剂;中药经提取后的稠浸膏既是有效物质,又可以作为黏合剂。这也体现了中药制剂的"药辅合一"的特点。

5. 处方中的贵细药、用量较少的矿物药及含淀粉较多中药在制剂中,最好选择粉碎成细粉后直接加入原辅料中进行压片。

6. 浸膏片、半浸膏片中的稠膏应浓缩至相对密度 1.2~1.3。全浸膏片应将稠膏烘干后,以细粉加入使用。

7. 对于成分不明确的中药,一般应制成浸膏或粉碎成细粉后制片。

(二)化学药品辅料的处理要求

1. 片剂所用的化学药品辅料,均应符合质量规定,检验不合格的均不得投入生产。车间领取的化学药品辅料,均应在规定地点拆包,擦拭洁净后,放入配料室。

2. 因某些化学药品辅料在贮藏时会因受潮等原因而产生结块现象。因此,即使是粉末状化学原辅料也必须经干燥处理后粉碎、过筛使用。

3. 毒剧药、贵重药和颜色深的化学药品辅料,应重点粉碎,细度以至少过六号筛为宜。

(三)制剂工艺对原辅料的处理要求

1. 粉碎与过筛　中药片剂生产过程中,对于领取的原辅料,无论是中药还是辅料均应进行物理性状和粒度的检验,特别是结晶类化学药品应仔细粉碎,建议过 100 目以上的筛,以保证物料有较好的细度,利于混合、制粒和压片。

2. 称量与混合　生产人员应严格遵循生产工艺规程,根据处方称取中药原料或辅料,且需按要求双人操作、核对。当处方中有液体成分,应先用辅料吸收再混匀,如果是中药挥发油成分或挥发性中药时,应在颗粒干燥后加入。

3. 制备软材　湿法制粒压片是目前片剂生产主流工艺。其关键步骤是软材的制备,软材标准应为"握之成团,压之即散"。中药制剂中的原料,成分往往比较复杂,因此处方中的黏合剂的用量,应考虑到物料中是否含有淀粉、糖、黏液质等成分;如果制备工艺中含有浸膏类成分,更应仔细调整比例用量,改进工艺条件,直至生产出合格的软材。

4. 制粒　可根据原料的性质采用不同的制粒方法,包括药材全粉制粒法、药材细粉与稠浸膏混合制粒法、全浸膏制粒法及提纯物制粒法等。操作方法有流化床喷雾制粒法、挤出制粒法、喷雾干燥制粒法等。

药材全粉制粒法:将全部中药饮片细粉混匀,加适量的黏合剂或润湿剂制成适宜的软材,挤压过筛制粒。适用于药味少、计量小、药材细粉有黏性的中药处方。制剂一般选用 100~150g/L 糖浆、50~100g/L 明胶、200~500g/L 淀粉浆为黏合剂。聚维酮(povidone,PVP)作为黏合剂在各种类型的中药片剂中均有重要应用,常用型号为 K30 和 K25。其干粉为直接压片的干燥黏合剂; 2%~5% 的 PVP 水溶液常用做普通片或咀嚼片的黏合剂;若为中药泡腾剂则须使用 3%~5% 的 PVP 乙醇溶液,以便更好地控制片中的水分;5%~10% 的 PVP 溶液做黏合剂还可用于流化床喷雾干燥制粒。

部分药材细粉与稠浸膏混合制粒:是将处方中部分中药饮片制成稠浸膏,另一部分中药饮片粉碎成细粉,两者混合后若黏性适中可直接制成软材,制颗粒。此法可根据中药饮片的性质及出膏率决定磨粉的药材量,还应考虑片剂能否快速崩解,应力求使稠浸膏与药材细粉混合后恰可制成好的软材。一般选用 10%~20% 药材磨成细粉,80%~90% 药材提取浸膏。

全浸膏制粒法通常包括以下几步。

(1)将干浸膏直接粉碎成颗粒:如干浸膏黏性适中、吸湿性不强时,可直接粉碎成通过二至三号筛的颗粒。此法颗粒宜细些,避免压片时产生花斑、麻点。采用真空干燥法所得浸膏疏松易碎,直接过颗粒筛即可。

(2)用浸膏粉制粒:干浸膏先粉碎成细粉,加润湿剂,制软材,制颗粒。

(3)稠浸膏制粒:将药物提取物浓缩至一定相对密度,加入辅料,采取适宜的方法制备成颗粒。全浸膏片因不含药材细粉,服用量少,易达到卫生标准,尤其适用于有效成分含量较低的中药材制片。但其存在易吸潮、黏性大等缺点,所以通常要加入一定量的辅料。

提纯物制粒法:将提纯物细粉(有效成分或有效部位)与适量稀释剂、崩解剂等混匀后,加入黏合剂或润湿剂,制软材,制颗粒。

5. 干燥 若为湿颗粒应立即干燥,久放会导致湿颗粒之间的挤压变形、粘连成块。烘干时应对在烘盘上的物料厚度加以控制,不宜超过 2.5cm,且干燥温度不宜超过 60℃;因中药原料的特殊性,建议干燥过程中每 30~60 分钟翻动一次,水分控制在 3% 以下为宜,且要防止"假干"现象出现。

6. 整粒与总混 湿颗粒在干燥过程因为彼此叠压,容易造成颗粒之间的粘连,因此在干燥之后必须经过一次整粒,不能通过筛网的颗粒、硬块应碾碎,重新过筛备用。干法制成的颗粒可直接过筛整粒后备用。整粒后的颗粒加入其他辅料后,可进行压片。如果有挥发油或其他挥发性成分,应将其喷入颗粒中,密闭闷 30 分钟,让挥发性成分进入颗粒内;也可以将颗粒用 80 目筛筛分出适量的细粉,用以吸收挥发油,然后再将吸收了挥发油的细粉加入干颗粒中混匀。若是像薄荷脑一类的固体挥发成分,可以先将其溶解于乙醇中,再喷入颗粒或细粉中。随着现代新辅料、新技术的应用,亦可以将挥发油或其他挥发成分包合于 β- 环糊精中,再以固体粉末形态投料,从而达到液态药物固体化、防止挥发和掩味等多重作用。

7. 压片 压片的颗粒中可以适当含有一定量的粉末,这样更有利于片重差异控制,但是切忌过多的粉末,过多的粉末会吸附和容存大量的空气,当冲头加压时,粉末中的空气不能及时排除,而直接压在片剂中,当压力移除后,片剂内的空气膨胀,容易产生松片和顶裂。压片的颗粒的流动性也应加以重视,休止角以≤45° 为宜。

制剂工艺过程中,对于生产操作程序的规范要格外重视。如凡是领取的各种原料、辅料,均应仔细检查标识牌上的产品名称、数量是否与交接单一致。操作过程中按物料平衡管理规程做好物料平衡计算。操作结束后及时、准确、完整地填写批生产记录,要求字迹清晰、内容真实、数据完整,并由操作人员及复核人签名,记录应保持清洁,不得撕毁和任意涂改,更改时,在更改处签字,并使原数据仍可辨认。操作结束后,将产品和尾料运至中间站,一人称量,一人复核。称重后填写中间产品交接单、中间站记录,挂上标识,标明品名、批号、规格、生产日期、生产岗位、重量、责任人。

三、压片对环境的基本要求

按照 GMP 的要求,压片对于环境的要求主要涉及片剂车间的压片室和压片设备。

(一)压片车间认证的基本要求

1. 车间内部设计应布局合理、清洁整齐。从膏粉混合到小包装为关键工序(控制区),其他为一般生产区。

2. 车间内墙、平顶和地面的质材合格、坚硬,墙棚顶要平整光滑、无缝隙、无死角、易清洁、易消毒,排水管道化,地漏要水封式,车间排风良好,保持干燥清洁。

3. 照明灯要暗装。

4. 生产车间窗要封闭,有外窗的房间要做双层窗,门要求光滑,造型简单,关闭严密,开起方向应朝洁净度高的方向,经常保持清洁。

5. 公用系统管线,要安装在技术夹层内,不得直接露在空间。

6. 一般生产区必须地面整洁,门窗玻璃洁净完好,设备管道、管线排列整齐、包扎光洁。无跑、冒、滴、漏,保持清洁。

7. 控制区除达到一般生产区要求外,还应设有空调、空气净化设备及紫外线杀菌设备,工艺卫生及洁净度必须达到本区要求。

8. 中药片剂的压片操作区应与中药材的前处理、提取、浓缩以及动物脏器、组织的洗涤和处理等生产操作区严格区分。

9. 中药材的炮制中的蒸、炒、炙、煅等炮制操作应分别在相应的厂房或车间进行,不能与压片车间混用。

(二)压片车间构造与内环境基本要求

1. 压片室应单独设置,须能够防止粉尘污染且便于清扫。

2. 压片车间应属于控制区。

3. 压片机应安装于单独的房间(隔间),以防止交叉污染。若同一批号大量生产时,可以在一个房间(隔间)内安置两部甚至多部压片机生产同一批片剂。

4. 压片房间可放置试验设备,如天平、硬度仪、崩解仪等,但压片机一般位于中间,以利于操作和维修。

5. 压片车间应重视生产环境和生产房间的卫生,应对生产车间的天棚、四壁、门窗等进行清扫以达到无尘。室内应用 75% 乙醇喷雾灭菌。

第二节 压片方法、设备和工艺过程

一、颗粒压片法

（一）湿法制粒压片工艺

　　湿法制粒压片是在原料、辅料中加入黏合剂、润湿剂，再制粒压片的方法。此法制成的颗粒经过表面润湿，表面性质好，外形美观，耐磨性较强，压缩成型性好，是目前应用最广泛的一种制片方法。湿法制粒压片适用于药物不能直接压片，且遇湿、热不起变化的片剂制备。目前制药企业常用的压片机械有单冲压片机、旋转式压片机和高速旋转式压片机等。其中旋转式压片机使用最为广泛。旋转式压片机结构如图 11-1 所示。

旋转式压片
机正面图

旋转式压片
机正面图

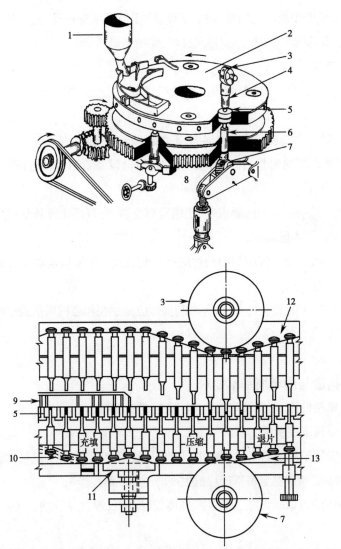

1. 加料斗；2. 旋转盘；3. 上压轮；4. 上冲；5. 中模；6. 下冲；7. 下压轮；8. 片重调节器；9. 栅式加料器；
10. 下冲下行轨道；11. 重量控制用凸轮；12. 上冲上行轨道；13. 下冲上行轨道。

● 图 11-1　旋转式压片机结构示意图

结合旋转式压片机的使用,湿法制粒压片工艺过程中关键控制点及参数如下:

1. 生产准备　生产前准备阶段,应全面对生产设施、生产设备的运转正常情况进行检查,合格后方可生产。生产一旦开始,原则上不再检修设备。

凡直接与药品接触的机械部件,均应用纯净水擦拭洁净,最后用 75% 乙醇再次擦拭,以达到洁净度要求。室内用 75% 乙醇喷雾消毒。

2. 原辅料的前处理　一般情况下,原辅料均须粉碎过筛,以达到粒度要求。否则会产生混料不均、主药含量不合格问题。生产中多控制在 100 目以上。

某些原辅料,如淀粉类辅料虽然粉碎到 100 目以上,但是里面常常混有小的黑色斑点或者麸皮,因此多将其进行 100~120 目的振动筛筛分,以去除这些杂质,从而保证片剂表面的光滑、无杂质、平整。

3. 黏合剂的制备　目前淀粉浆仍是主要的片剂黏合剂。淀粉浆的制备一般采用冲浆法。一般先称量淀粉后,放入"打浆筒"中,加入与淀粉等量的蒸馏水,注意水温控制在 50℃ 以下,缓慢搅拌至淀粉充分混悬,将剩余的蒸馏水加热至沸腾,不断地搅拌打浆筒的同时,冲入沸水至成浆,放冷至 50℃ 后,方可使用。

4. 混合　按照制备工艺,将处方中的原辅料加入混合机中,一般搅拌时间为 15~30 分钟,根据设备的不同参数亦有不同。

5. 制软材　在混合好的原辅料中加入黏合剂,搅拌至合格,标准为"握之成团,压之即散"。

6. 制粒

(1)筛网的选择:根据中药片剂的大小和重量选择合适的筛网。一般片重≤0.3g 者,选择 16~20 目筛网;片重>0.3g 者,选择 10~13 目筛网。

(2)筛网的消毒:筛网一般用蒸馏水清洗后再放入 75% 的乙醇中浸泡 15~30 分钟。

(3)颗粒的制备:如发现制成的颗粒有条块状,应停止制粒,采取更换筛网等措施。

7. 干燥、整粒与总混　中药的成分较为复杂,应先确定中药中是否含有热敏性、挥发性等特殊物质。其关键控制点及参数与制剂工艺对原辅料的处理要求一致。温度一般为 60~80℃。对热稳定的药物,干燥温度可提高到 80~100℃,以缩短干燥时间。含挥发性及苷类成分的中药颗粒应控制在 60℃ 以下,否则易使有效成分散失或破坏。中药片剂颗粒含水量一般为 3%~5%。品种不同,要求不同,应进行实验掌握各品种的最佳含水标准。

8. 压片

(1)压片前:一般压片工艺要求控制室内相对室外应呈正压,室内温度 18~26℃、相对湿度 45%~65%。试压前,将片厚调节至较大位置,填充量调节至较小位置,将颗粒加入料斗内,点动 2~3 周,试压时先调节填充量,调至符合工艺要求的片重,然后调节压力至产品工艺要求的硬度。试压合格,换状态标志,挂上"正在运行"状态标志,加入颗粒,开机给机器送电,按"吸尘开关"启动吸尘机,按压片机"启动"开关,使空车运转 2~3 分钟,平稳正常方可投入生产。

(2)压片中:要经常检查片重,每 20 分钟检查一次。外观检查从始至终不能懈怠。机器运转中必须关闭所有玻璃窗,不得用手触摸运转件。压片过程每隔 15 分钟测一次片重,确保片重差异在规定范围内,并随时观察片剂外观,做好记录。运行时,注意机器是否正常,不得开机离岗。料斗内所剩颗粒较少时,应降低车速,及时调整充填装置,以保证压出合格的片剂;结束时先把变频电位器调至零位,再关闭主机。

（3）压片结束:压片完毕,片剂装入洁净中转桶,一般装量不超过筒身的2/3。加盖封好后,交中间站。并称量贴签,填写请验单,由化验室检测。卸掉液压压力、轮压力。

9. 清场

（1）物料收集:将生产所剩物料收集,标明状态,交中间站,并填写好记录。

（2）机身的清洁:生产结束时,用真空管吸出机台内粉粒。将上、下冲拆下,再用真空管吸一遍机台粉粒。依次用饮用水、纯化水擦拭冲模、机台等每一个部位。冲模擦净后,待其干燥后放模具保存柜保存。用75%乙醇擦拭加料斗和月形栅式加料器。不可用水冲洗以防止短路。

（3）环境卫生:按照D级洁净区清洁工作进行压片房间的清洁。

（二）干法制粒压片工艺

干法制粒压片系指不用润湿剂或液态黏合剂而制备颗粒进行压片的方法。常用的制粒方法分为滚压法和重压法。在干法制粒压片工艺中,全部物料均未经湿、热处理,因此能有效提高含有对湿、热敏感的成分的中药制剂产品的质量,且可缩短工时;制备过程可不用或仅用少量黏合剂,较湿法制粒压片节省辅料和成本。但干法制粒难以将不同性质的中药物料均制成符合压片特定要求的颗粒,特别是含有大量植物纤维的中药原材料,所以在应用上受到较大限制。干法制粒压片其关键控制点及参数要求,除黏合剂的制备、制软材材、干燥外,基本与湿法制颗粒压片要求一致。

二、粉末直接压片法

粉末直接压片法系指将药物粉末与适宜的辅料混匀后,不经制颗粒而直接压片的方法。粉末直接压片缩短了工艺过程,简化了设备,有利于自动化连续生产,适用于热敏性药物。粉末直接压片所得的产品崩解、溶出较快。尽管粉末直接压片技术已成为国外大型药企改造片剂生产线的重点和趋势,但粉末直接压片对辅料粉体学性质要求较高,因此在中药片剂的生产中尚未广泛应用。其生产前准备、原辅料的前处理、混合、压片、清场等关键工序控制点及参数与湿法制颗粒压片要求一致。

三、影响片剂成型和质量的因素

在压片过程中为控制片剂的质量,须对影响片剂成型的因素进行全方位的分析和质量控制。

（一）影响片剂成型的因素

1. 原辅料的影响　优良的片剂原辅料应具有良好的可压性、熔点、粒度、亲水性。可压性是指片剂物料压制成片剂的成型性能力,所需压力越小,可压性越好。中药材原粉往往含有植物纤维,因此可压性一般不理想,往往需要将中药材进一步粉碎成100目的细粉,来增加其可压性。物料的熔点对制剂成型性影响亦较大,压制法制片时,压片过程会产生热量,而且压力越大、压片速度越快,产生的热量就越高,局部温度的升高使得熔点低的药物发生熔融,当压力解除后,熔融部分再次结晶成"固体桥",增加了片剂的硬度。粒度小的物料比表面积更大,接触面积也更大,结合力更强,所以压出的片剂硬度也就更高。此外,原料的粒度还会影响到混合均匀度。

2. 压力的影响 压力对片剂的影响主要表现在压力的大小、压力的加压时间。压力大可以产生更多的塑性形变,增加粒子的接触面积,增大硬度,但是过大压力反倒会直接压碎片芯。压片过程是由加压、压力滞留、压力解除、推出片步骤组成,延长压缩时间,可更加有利于片剂的成型,增强片剂的强度。

3. 水分的影响 水在压片中起到三点作用:一是增加干燥物料的可塑性,降低其弹性;二是改变压实的程度,存在于颗粒中毛细管中的水分在压片时被挤出,并在颗粒表面呈膜状,可以减少颗粒之间以及颗粒与模圈壁之间的摩擦力,从而使颗粒排列更加紧密,结合力更强,压力传递更好,分布更均匀,压片的强度更大;三是压制后,水分的流失更有利于形成固体桥,增加片剂的结合力。

4. 黏合剂、崩解剂、润滑剂的影响 黏合剂是指可利用自身的黏性,使某些本身不具有黏性或黏性较小药物粉末,聚集粘合成颗粒或压缩成型的,具有黏性的固体粉末或黏稠液体。崩解剂是可使片剂在胃肠道中迅速裂碎成细小颗粒的辅料,用量一般为片重的 5%~20%。除了缓(控)释片以及某些特殊用途(如口含片、舌下片、植入片等)的片剂以外,一般均需加入崩解剂。而在压片时为增加颗粒的流动性,并减少黏冲及降低颗粒与颗粒、药片与模孔壁之间的摩擦力,能顺利加料和使片剂从模圈中推出,并且使片面光滑美观,在压片前一般需在颗粒中加入适宜的润滑剂。在药剂学中,润滑剂是一个广义的概念,是助流剂、抗黏剂和(狭义)润滑剂的总称。助流剂可降低颗粒之间摩擦力从而增加颗粒流动性;抗黏剂可减少粉末(颗粒)对冲模的附着性;(狭义)润滑剂可降低药片与冲模孔壁之间的摩擦力,是真正意义上的润滑剂。三者的关系既矛盾又统一,共同决定了片剂的成型性和质量。

(二)片剂生产质量控制要点与参数

片剂生产中对各个工序实施严格的质量监控是保证片剂质量的有效方法。因此,必须合理制定片剂生产质量控制要点与参数,详见表 11-1。

表 11-1 片剂生产质量控制要点与参数

工序	控制要点	控制项目	一般参数	频次
生产前检查	生产设施	运转	正常运转	每批
	消毒	设备	75% 乙醇	每批
		车间室内	75% 乙醇	每批
粉碎	原辅料	异物、细度	≥100 目	每批
	特殊原辅料(淀粉)	异物、细度	100~120 目的振动筛	每批
配料	投料	品种数量	双人操作	每批
黏合剂的制备(淀粉)	水温	混合水温	40~50℃	1 次/班
		冲浆水温	沸水	1 次/班
	浓度	黏合剂	10%~30% 淀粉浆	1 次/班

工序	控制要点	控制项目	一般参数	频次
混合	混合机	时间	15~30min	1次/班
制软材	含水量	黏度	握之成团,压之即散	1次/班
制粒	筛网	筛网选择	一般片重≤0.3g, 16~20目筛网;片重>0.3g, 10~13目筛网。	1次/班
		筛网的消毒	蒸馏水清洗后再放入75%的乙醇中浸泡15~30min	1次/班
		筛网的更换	颗粒有条块状	1次/班
烘干	烘箱	物料厚度	≤2.5cm	1次/班
		温度	≤60℃	1次/班
		物料	翻动	间隔30~60min
		含水量	≤3%,防止"假干"	1次/班
压片	压片室	压强	正压	1次/班
		温度	室内温度18~26℃	1次/班
		湿度	相对湿度45%~65%	1次/班
	素片	片重差异	按规程	间隔20min
		硬度、片重	按规程	间隔15min
		崩解时限	按规程	1次/班
		外观	按规程	随时
		含量水分	按规程	每批

(三)片剂压片常见质量问题与解决方案

1. 片重差异不合格　片重差异不合格,是指片剂的重量差异超过了《中国药典》(2020年版)规定的限度。其产生的原因较多,与压片的工艺、设备的调试等均密切相关。其中与制剂工艺相关的原因与解决方案详见表11-2。

表11-2　片重差异不合格的原因与解决方案

原因	解决方案
颗粒粗细不均	①严控粉碎和制粒工艺环节 ②筛除多余细粉
颗粒流动性不佳	①严控制粒工艺环节 ②添加助流剂
颗粒外形不佳	①严控制粒工艺环节 ②更换制粒机筛网 ③更换整粒机筛网
细粉过多黏附冲头	①清洁冲头 ②严控整理工艺环节
旋转压片机故障	①检查旋转压片机是否有安装问题 ②更换问题构件
压片机转速参数不合理	降低转速

2. 松片　松片即硬度不合要求,具体检查方法可以是将片剂置中指和示指之间,用拇指轻轻加压就碎裂称松片。其中与制剂工艺相关的原因与解决方案详见表 11-3。

表 11-3　松片的原因与解决方案

原因	解决方案
颗粒的含水量不佳	①严控干燥工艺环节 ②调整干燥温度和时间
中药细粉过多	改变中药材原料处理工艺,如提高粉碎度
制粒工艺问题	①严控制粒工艺环节,控制乙醇、黏合剂等加入量 ②严控包装环节,防止素片在空气中久置。
压片机问题	①检查旋转压片机是否有安装问题 ②更换问题构件
压片工艺问题	增大压片压力

3. 裂片　裂片是指片剂受到震动或经放置后,从腰间开裂或顶部脱落一层,称裂片。其中与制剂工艺相关的原因与解决方案详见表 11-4。

表 11-4　裂片的原因与解决方案

原因	解决方案
颗粒的含水量不佳	①严控干燥工艺环节 ②调整干燥温度和时间
中药细粉过多	改变中药材原料处理工艺,如提高粉碎度
中药中油类成分多	改变中药材原料处理工艺,如加入吸收剂吸附油类
制粒工艺问题	①严控制粒工艺环节,控制乙醇、黏合剂等加入量 ②严控包装环节,防止素片在空气中久置
压片机问题	①检查旋转压片机是否有安装问题 ②更换问题构件
压片环境不佳	压片室温度和湿度低容易使黏性差的药物裂片
压片工艺问题	①严控压片工艺环节 ②降低压片机转速,将多余空气排出 ③降低压片压力

4. 黏冲　黏冲是指压片时,冲头和模圈上常有细粉黏着,使片剂表面不光、不平或有凹痕。冲头上刻有文字或横线者尤易发生黏冲现象。其中与制剂工艺相关的原因与解决方案详见表 11-5。

表 11-5　黏冲的原因与解决方案

原因	解决方案
颗粒的含水量不佳	①严控干燥工艺环节 ②调整干燥温度和时间
压片环境湿度过高	降低压片室湿度,防止因湿度过高使含浸膏的药物黏冲
压片环境温度过高	降低压片室温度,防止因温度过高使药物黏冲
润滑剂使用不当	增加润滑剂用量或改善分布不均匀问题

原因	解决方案
黏合剂使用不当	降低黏合剂用量
压片机问题	①检查旋转压片机是否有安装问题 ②更换问题构件

5. 变色或表面出现斑点 中药片剂容易出现素片的颜色发生改变和表面出现斑点的现象。其中与制剂工艺相关的原因与解决方案详见表 11-6。

表 11-6 变色或表面出现斑点的原因与解决方案

原因	解决方案
中药浸膏导致颗粒过硬	加入润滑剂
润滑剂混合不均	严控混合工艺环节
辅料过筛不够	淀粉类辅料应进行 100~120 目的振动筛筛分
中药药材含油脂类成分	加入吸附剂吸附后进行混合制粒
压片机清洗不合格	擦去机器上的油污

6. 引湿受潮 中药片剂,尤其是浸膏片在制备过程及压成片剂后,如果包装不严容易引湿受潮和黏结,甚至霉坏变质。引湿的原因多是由于浸膏中含有容易引湿的成分如糖、树胶、蛋白质、鞣酸、无机盐类等所引起,因此包糖衣、薄膜衣,可大大减少引湿性,或者改进包装,选择防潮性好的包装材料。其中与制剂工艺相关的原因与解决方案详见表 11-7。

表 11-7 引湿受潮的原因与解决方案

原因	解决方案
浸膏吸湿性太强	加 5%~15% 的玉米朊乙醇溶液、聚乙烯醇溶液喷雾或混匀于浸膏颗粒中,降低物料吸水性
干浸膏的分散性差	加入适量辅料,如磷酸氢钙、干淀粉、糊精等
干浸膏中含水溶性杂质高	优化提取、分离与纯化工艺,除去部分水溶性杂质
原料药工艺不佳	制剂中的中药细粉量控制在原药总量的 10%~20%

7. 崩解迟缓 片剂崩解迟缓是指片剂的崩解时限超过《中国药典》(2020 年版)规定的时间。其中与制剂工艺相关的原因与解决方案详见表 11-8。

表 11-8 片剂崩解迟缓的原因与解决方案

原因	解决方案
黏合剂黏性过强	①降低黏合剂浓度 ②更换黏合剂
黏合剂用量过多	减少用量
混合时间过长	严控混合工艺环节
干燥时间过长、温度过高	①严控干燥工艺环节 ②严控颗粒含水量检查

原因	解决方案
干燥不充分	①严控干燥工艺环节 ②严控颗粒含水量检查
崩解剂选择不当	更换崩解性能更强的崩解剂
崩解剂使用不当	崩解剂使用前必须彻底干燥
润滑剂用量过大	减少润滑剂的用量
压片的压力过大	减少压片的压力

案例 11-1　片剂压片工艺案例

1. 操作相关文件

工业化大生产中片剂压片工艺操作相关文件详见表 11-9。

表 11-9　工业化大生产中片剂压片工艺操作相关文件

文件类型	文件名称	适用范围
工艺规程	压片工序操作规程	规范工艺操作步骤、参数
内控标准	×× 片内控标准	中间体质量检查标准
质量管理文件	×× 偏差管理规程	生产过程中偏差处理
工序操作规程	压片工序操作规程	压片工序操作
设备操作规程	高速压片机操作规程	压片机操作
	上旋式片剂除粉器操作规程	片剂除粉器操作
卫生管理规程	洁净区工艺卫生管理规程	洁净区卫生管理
	洁净区环境卫生管理规程	洁净区卫生管理
其他管理规程	交接班管理规程	交接班

2. 生产前检查确认

工业化大生产中片剂压片工艺生产前检查确认项目详见表 11-10。

表 11-10　工业化大生产中片剂压片工艺生产前检查确认项目

检查项目	检查结果	
清场记录	□有	□无
清场合格证	□有	□无
批生产指令	□有	□无
设备、容器具、管道完好、清洁	□有	□无
计量器具有检定合格证,并在周检效期内	□符合要求	□不符合要求
检验用仪器有检定合格证,并在周检效期内	□符合要求	□不符合要求
工器具定置管理	□符合要求	□不符合要求
上批遗留产品及与本批无关文件、物料已清除	□已清除	□未清除

检查项目	检查结果	
所用工艺指令、SOP、批生产记录等文件齐全	□齐全	□不齐全
与本批有关的物料齐全	□齐全	□不齐全
有所用物料检验合格报告单	□有	□无
备注		
检查人		

岗位操作人员按表 11-10 检查确认后,填写生产操作前检查记录,并签名。质检员复核确认后发放生产许可证,生产许可证如表 11-11 所示。

表 11-11　工业化大生产中片剂压片工艺生产许可证

品　　名		规　　格	
批　　号		批　　量	
检查结果		质 检 员	
备　　注			

3. 生产准备

3.1　批生产记录要求

车间工艺员下发本批次的批生产记录,操作人员领取批生产记录后,查看首页生产指令单,获取品名、批号、设备号,严格按照《压片工序操作规程》进行压片操作,在批生产记录上及时记录要求的相关参数。

3.2　操作前检查

根据生产指令单获取的设备号,操作人员按照表 11-12 对工序内压片间清场情况、设备状态等进行检查,确认符合合格标准后,检查人与复核人在批生产记录上签字确认。操作人员填写"运行"设备状态标志,填写品名、批号、数量、日期、操作人相关内容,取下班组长已检查签字的"正常　已清洁"状态标志,贴于批生产记录上,悬挂"运行"设备状态标志。

表 11-12　工业化大生产中片剂压片工艺压片间清场检查

区域	类别	检查内容	合格标准	检查人	复核人
压片间	清场	环境清洁	无与本批次生产无关的物料、记录等	操作人员	操作人员
		设备清洁	设备悬挂"正常　已清洁"状态标志并有车间 QA 检查签字	操作人员	操作人员

4. 所需设备列表

工业化大生产中片剂压片工艺所需设备列表详见表 11-13。

表 11-13　工业化大生产中片剂压片工艺所需设备列表

工艺步骤	设备	设备型号
××压片过程	压片机	××

5. 工艺过程

5.1 工艺流程

工业化大生产中片剂压片工艺流程如下。

×× 片颗粒→压片→设备清洁→工序清场

5.2 工艺过程

工业化大生产中片剂压片工艺过程详见表 11-14。

表 11-14 工业化大生产中片剂压片工艺过程

操作步骤	具体操作步骤	责任人
试运行	检查素片外观性状,调整片剂的重量、厚度和硬度至合格,进行试生产。凡是在批生产记录上指明压片速度的,要调整压片速度至规定范围。车间 QA 取样检测工艺规程相关检测项,确认合格后,操作人员方可开始压片 用领入的颗粒先调节好填充量,然后逐步加压至硬度、片重、外观符合规定后方可正常开机生产	操作人员
压片	试机合格后,进行正式压片生产。压片过程中,控制转速在 ×× 千片 /小时,应勤称片重(至少每隔 30min 称一次),确保重量差异在 ×× 范围内,并要随时检查片剂的外观 在完成压片以后,压制完成的素片于内衬双层洁净聚乙烯内袋的洁净容器中扎口密闭储存,贴上状态标志,计算产量,与中转站管理员进行交接,在批生产记录上记录结果并签字	操作人员

6. 工艺参数控制

工业化大生产中片剂压片工艺参数控制详见表 11-15。

表 11-15 工业化大生产中片剂压片工艺参数控制

工序	步骤	工艺指示			
压片	压片	产量	×× 片 /h	充料导轨	×× mm
		供料靴转数	×× r/min	上压头压阻力矩	×× N
		药粉填充深度	×× mm	下压头压阻力矩	×× N
		药片主压厚度	×× mm	转台压头数	×× 只
		药片预压厚度	×× mm	排料切换板延时	×× s
		预压力	×× kN	筛片机延缓	×× s
		主压力	×× kN	素片重量	×× kg
		药片直径	×× mm	素片硬度	×× kg
		素片崩解时限	×× min		
		药片形状		圆形或椭圆形	

7. 清场

7.1 设备清洁

设备清洁要求按所规定的清洁频次、清洁方法进行清洁。

7.2 环境清洁

对片剂车间卫生进行清洁,压片过程中随时保持周边卫生干净。

7.3 清场检查

清场结束后由车间 QA 进行检查,符合要求后签发设备"正常　已清洁"状态标志;若不合格则需要操作人员进行重新清洁,并有相应记录。

8. 注意事项

8.1 质量事故处理

如果压片过程中发生任何偏离《压片工序操作规程》的操作,必须第一时间报告车间 QA,车间 QA 按照《××偏差管理规程》进行处理。

8.2 安全事故

必须严格按照《压片工序操作规程》执行,如果万一出现安全事故,立刻按照应急预案处置,并报告车间主任、车间 QA。

8.3 交接班

人员交接班需做好交接班记录,双方确认签字后交接班完成。

8.4 维护保养

严格按照要求定期对设备进行维护、保养操作,并且做好相关记录。

第三节　包衣工艺

一、包衣工艺及原理

包衣(coating)系指在压制片(片芯或素片)的外层包上适宜的衣膜,使片剂与外界隔离,从而进一步保证片剂的质量,便于使用,达到相应的释药效果等。素片是否需要包衣或包什么衣,应根据药物的性质和使用目的来确定。包衣的种类主要有糖衣、薄膜衣两种,其中薄膜衣又可分为胃溶性、肠溶性、不溶性三类。合格的包衣应达到以下要求:①包衣层应均匀、牢固、与片芯不起作用,崩解时限应符合《中国药典》2020 年版片剂项下的规定;②经较长时期贮存,仍能保持光洁、美观、色泽一致,无裂片现象;③不影响药物的溶出与吸收。

(一)糖衣、薄膜衣包衣工艺

1. 糖衣包衣工艺　包糖衣的一般工艺为:片芯→包隔离层→粉衣层→糖衣层→有色糖衣层→打光。隔离层不透水,可防止在后面的包衣过程中水分浸入片芯,最常用的隔离层材料为玉米朊;包粉衣层时,使片芯在包衣锅中不断滚动,润湿黏合剂使片芯表面均匀润湿后,再加入适量滑石粉,使之黏着于片芯表面,然后热风干燥,不断滚动并吹风干燥,当与糖浆剂交替使用时可使粉衣层迅速增厚,芯片棱角也随之消失,因而可增加包衣片的外形美观;包糖衣层的糖浆包裹药片的粉衣层,使表面比较粗糙、疏松的粉衣层光滑细腻、坚实美观,如需包有色糖衣层,则可用含 0.3% 左右的食用有色素糖浆;打光一般用川蜡,使用前须精制,然后将片剂与适量蜡粉共置于打光机中旋转滚动,充分混匀,使糖衣外涂上极薄的一层蜡,使药片更光滑、美观,兼有防潮作用。

2. 薄膜衣包衣工艺　薄膜衣是指在片芯外包一层比较稳定的高分子聚合物衣膜,因膜层较薄而得名。薄膜衣材料通常由高分子包衣材料、溶剂、增塑剂、致孔剂、抗黏剂、着色剂和遮光剂等组成。与糖衣相比,薄膜衣具有增重少、操作简单、自动化程度高、包衣时间短、衣层牢固光滑、对片剂崩解的不良影响小、不影响片剂表面的标识等优点。特别是近年来高分子水分散体包衣技术的发展,使得薄膜衣应用越来越广泛。

包薄膜衣的一般工艺为:片芯→喷包衣液→缓慢干燥→固化→缓慢干燥。操作时,先预热包衣锅,再将片芯置入锅内,启动排风及吸尘装置,吸掉吸附于素片上的细粉;同时用热风预热片芯,使片芯受热均匀。然后开启压缩泵,将已配制好的包衣材料溶液均匀地喷雾于片芯表面,同时采用热风干燥,使片芯表面快速形成平整、光滑的表面薄膜。喷包衣液和缓慢干燥过程可循环进行,直到形成满意的薄膜衣。

(二)常用包衣方法与原理

目前,常用的片剂包衣方法有滚转包衣法、流化包衣法、压制包衣法三种。

1. 滚转包衣法　滚转包衣法是最常用的包衣方法。包衣时,将片芯置于转动的包衣锅中,加入包衣材料溶液,使其均匀分布到各个片剂表面上。必要时加入固体粉末以加快包衣过程,有时加入高浓度的包衣材料混悬液,加热、通风使干燥,反复多次,直至达到包衣要求。常用设备包括喷雾包衣机和高效包衣机。片芯在包衣锅内保持良好的流动状态是保证包衣质量的首要因素,而滚动情况和运动方式与包衣锅的转速和倾斜角度密切相关,同时转速又与包衣锅的直径有关。包衣锅的倾斜角度,即包衣锅与水平所成的角度,一般为45°。若角度>45°,则片剂不能在锅中很好地翻滚,会增加撞击,加入的粉料和包衣材料也不能均匀散布吸附于片芯上,且棱角难以包圆成型;若角度<45°,则包衣锅内容量减少,同时片芯的翻滚不充分会使干燥速度变慢,包衣效果变差。

包衣锅的转速直接影响包衣效率。锅上装有调速装置,调速的目的在于控制一定的离心力,产生的离心力应使锅内的片芯能转至最高点呈弧线运动落下,做均匀有效地翻转,使加入的衣料分布均匀。一般转速为20~40r/min,若转速过慢,产生的离心力小,片芯没达到一定高度就落下,达不到片芯交换和滚圆的效果,因而衣料分布不均匀;转速过快,产生离心力大,使片芯贴于锅壁不能落下,失去滚动翻转作用,同样起不到均匀包衣的作用。另外,锅的直径过大时片芯所受离心力大,转速应慢;锅小时转速应适当加快。比较圆的片芯,转速应快些;对棱角大的片芯,转速不宜过快。

2. 流化包衣法　流化包衣设备与流化床制粒、流化干燥设备的工作原理相似,是利用气动雾化喷嘴将包衣液喷到药片表面,经预热的洁净空气以一定的速度经气体分布器进入包衣锅,从而使药片在一定时间内保持悬浮状态,并上下翻动,加热空气使片剂表面溶剂挥发而成膜,调节预热空气及排气的温度和湿度可对操作过程进行控制。不同之处在于干燥和制粒时由于物料粒径较小,比重轻,易于悬浮在空气中,流化干燥与制粒设备只要考虑空气流量及流速的因素;而包衣的片剂的粒径大,自重力大,难于达到流化状态,因此流化包衣设备中加包衣隔板,减缓片剂的沉降,保证片剂处于流化状态的时间,从而达到流化包衣的目的。

流化式包衣机是一种常用的薄膜包衣设备,具有包衣速度快、效率高、用料少(包薄膜衣时片重一般增加2%~4%)、对崩解影响小、防潮能力强、不受药片形状限制、自动化程度高等优点。缺点是包衣层太薄,且药片悬浮运动时的碰撞会使薄膜衣破碎,造成颜色不均,不及糖衣片美观,这需要通过在包衣过程中调整包衣物料比例和降低锅速、锅温来解决。

3. 压制包衣法　压制包衣法系将不稳定药物压制成片芯,然后用空白颗粒压制外层,此为包衣层,将片芯与外界隔离,压制包衣法可避免水分、高温对药物的不良影响,生产流程短,自动化程度高,劳动条件好,但对设备精度要求较高。压制包衣设备以特制的传动器连接两台压片机配套使用。一台压片机专门用于压制片芯,然后由传动器将压成的片芯输送至另一台压片机的包衣转台模孔中,模孔中预先填入包衣材料作为底层,然后在转台的带动下,片芯的上层又被加入等量的包衣材料,然后加压,使片芯压入包衣材料中而得到包衣片剂。

二、包衣对片芯的基本要求

(一)片芯形状

包衣片的片芯除符合一般片剂质量要求之外,形状应为双面凸起,且应具有一定弧度和厚度,避免包衣时粘连或边缘断裂。为了使片芯的棱角能够更好地被包裹严密,一般控制片芯的棱角厚度在 1~1.5mm 范围之内。

(二)片芯硬度

片芯的硬度应大于普通片,较大的硬度更有利于避免在包衣的过程中因为彼此的撞击而破碎。且在包衣前应检查脆碎度,并将碎片或片粉筛去。

三、包衣对环境的基本要求

按照 GMP 的要求,包衣对于环境的要求主要涉及包衣车间的包衣室和包衣设备。

(一)包衣车间认证的基本要求

1. 车间内部设计的布局、车间内装修等须符合现代药厂厂房要求。
2. 生产车间门窗、公用系统管线及辅助设施要求与其他制剂车间要求一致。
3. 控制区除达到一般生产区要求外,还应设有空调、空气净化设备及紫外线杀菌设备,工艺卫生及洁净度必须达到本区要求。
4. 包衣车间必须防尘、防污染、易于清扫。
5. 包衣车间必须具有保持一定的温度和湿度的设施。

(二)包衣车间构造与内环境基本要求

1. 包衣车间需对噪音和粉尘有一定的防范措施,以解决包衣工序操作中的噪音污染和粉尘飞扬。
2. 片剂抛光设备必须与通常的包衣操作相隔离。
3. 包衣产生的三废应妥善处理,并有相应的设施。

4. 有色包衣液、有色糖浆的使用车间,应设置合理的排水沟,以方便频繁、充分的清洗地面。

5. 有色包衣剂(染料)配制岗位,最好单独隔断,并配有水槽和混合设备。

6. 清洗包衣机后的废水应用泵抽出,从地面的地漏排出。

四、包糖衣的工序、设备及影响因素

(一)包糖衣工序与设备

滚转包衣法是制备糖衣片的常用方法。设备多选用喷雾包衣机,机体主要由喷雾装置、铜制或不锈钢制的糖衣锅体、动力部分和加热鼓风吸尘部分组成(图11-2)。

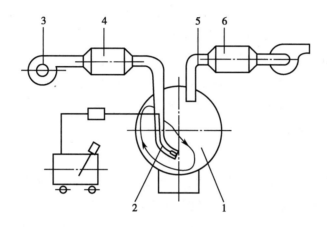

1 包衣锅;2 喷雾系统;3 风机;4 热交换器;5 排风管;6 集尘过滤器。

● 图 11-2 喷雾包衣机

包糖衣的工序可根据不同品种要求,对相应工序加以省略。结合喷雾包衣机应用,工艺过程中关键控制点及参数如下。

1. 生产前的准备 按照工艺规程中处方及制备方法配制包衣液。所有称量操作必须经两人核对。按工艺规程要求,将各包衣料加热煮沸,并搅拌,保温备包衣之用。按设备操作规程安装蠕动泵管。将筛净粉尘的片芯加入包衣滚筒内,开启包衣滚筒,低速转动。开启排风,转速一般为1 500~1 700r/min,然后开启加热预热片芯。

2. 设备的调试 按设备操作规程安装调整喷管,按工艺要求调整包衣液喷管的位置。在滚筒外面进行试喷,试喷时根据喷雾情况调整蠕动泵转速,并调整喷枪顶端的调整螺钉,增加或减少喷雾压力,使其达到理想要求。喷雾压力常用参数设定为0.4~0.5MPa。

3. 包隔离层 由于片芯硬度一般在6N以下,再加上个别片芯有一定松片,若直接包隔离层,极易使片芯在糖衣锅中流动时发生碎片而影响片剂质量,故需先包上2~3层糖衣层,以增加片芯硬度和耐磨性。操作时当加入第1、第2层糖浆后,一旦糖浆迅速分散均匀后,立即加入滑石粉,用量以片芯不感觉潮湿为度,否则加的过迟会使水分渗入片芯,使片剂难以干燥,极易造成糖衣片贮存期间产生裂片或变色潮解。干燥时要注意每层充分干燥后再包下一层。先吹入冷风,再吹热风,温度参数一般为30~50℃,使包衣液中的水分蒸发,并使包衣干燥。温度过低干燥速度慢,不易除尽水分;温度过高除使某些药物的效价降低或稳定性下降外,还会使水分蒸发过快,引起衣面粗糙不平,影响衣层打光。重复操作 2~3 次,至片芯表面均匀分布一层糖浆和滑石粉的混合物,其后进行包隔离层操作,每次使用一定量的隔离层包衣液,待其很快而均匀地分布在片剂表面上后,立即吹热风加热干燥,制备的关键操作是要控制干燥温度,每层干燥时间约 30 分钟,一般包 3~5层。要求达到对水的隔离作用,但又不影响片剂的崩解度。

4. 包粉衣层 为消除片芯的棱角,使片剂具有圆整完美的外观,需要在隔离层的基础上用糖浆和滑石粉包粉衣层。无须包隔离层的片剂可直接包粉衣层。包粉衣时糖浆和滑石粉细粉交替加入,待糖浆铺展至整个片床则撒粉,使粉末均匀分布在片芯上,温度参数设定为 40~55℃,操作时需层层干燥。热风干燥过程需要细心控制,防止水分蒸发过快,尽可能保持衣膜光滑平整,重复操作直到片芯的棱角消失。中药片芯表面特别不平整,因此在开始几层糖浆与滑石粉量均应相对增加,要掌握加滑石粉的时机,一般第 1、第 2、第 3 层粉衣,加入糖浆后,搅拌均匀后应立即加滑石粉,否则易使水分进入片芯,增加干燥困难,包完 3~4 层后可适当放慢。吹热风,层层干燥,一般包7~9 次可使片剂棱角完全包没,一般粉衣层需要包 15~18 层。

5. 包糖衣层 包粉衣层后的片剂表面较为粗糙、疏松,需要用 70%(g/g)的糖浆包衣使片剂表面光滑平整、细腻坚实。操作时注意待片剂表面糖浆略干后,再加热吹风,一般设定为 40℃,一般需要包 0~15 层,并逐次减少糖浆用量。

6. 包有色糖衣层 包衣物料是加入着色剂的糖浆。其目的是增加美观,便于区别不同品种。先用浅色糖浆,颜色由浅渐深,易使色泽均匀。一般需要包 8~15 层。含挥发油、片芯颜色深及见光易分解的药物加入遮光剂或采用深色糖包衣可提高其稳定性。

7. 打光 一般会在片剂表面包覆上一层川蜡粉,也可采用巴西棕榈蜡和蜂蜡的有机溶液或乳剂,以及液体石蜡。蜡粉应分次撒入,蜡粉用量要适当,若加蜡过多会使片面出现皱皮。

8. 操作结束 将包衣片芯及尾料运至中间站,一人称量,一人复核。称重后填写中间产品交接单、中间站记录,挂上标识,标明品名、批号、规格、生产日期、生产岗位、重量、责任人。操作人员及时填写设备运行记录,将使用后的容器具、周转车送至容器具清洁室,取下生产状态标识牌后按照系列规程进行清洁,清场及时填写记录,并与清场合格证(正本)一起纳入本批批生产记录。

(二)包糖衣生产质量控制要点与参数

包糖衣生产质量控制要点与参数详见表 11-16。

表 11-16 包糖衣生产质量控制要点与参数

工序	控制要点	控制项目	一般参数	频次
生产前检查	生产设施	运转	正常运转	每批
	消毒	设备	75% 乙醇	每批
		车间室内	75% 乙醇	每批
设备调试	喷雾状态	喷雾压力	0.4~0.5MPa	每批
	喷枪距离	喷雾范围	20~25cm	每批
投料	片芯质量	硬度	≈ 6N	每班
		外观	双凸片	每班

工序	控制要点	控制项目	一般参数	频次
包隔离层	干燥	温度	30~50℃	每班
		时间	≈ 30min	每班
	厚度	层数	3~5 层	每班
包粉衣层	干燥	温度	40~55℃	每班
	厚度	层数	15~18 层	每班
包糖衣层	干燥	温度	40℃	每班
	厚度	层数	10~15 层	每班
包有色糖衣层	干燥	温度	40℃	每班
	厚度	层数	8~15 层	每班

（三）包糖衣质量影响因素

1. 糖浆的配制与加入 包衣用的糖浆是浓糖浆,糖浆最好临用前配制,加热时间不能太长以避免产生转化糖。如果糖浆浓度低或转化糖浓度过高(引湿性强)都会导致包衣时干燥不彻底,水分贮留在衣层内,当温度升高时变为气体而膨胀,压迫衣层脱落,发生"掉皮"现象。加入糖浆过多、糖浆浓度太高、黏性大,处理办法为降低糖浆浓度,减少糖浆用量,一般糖浆质量分数控制在65%~75%,多为73%,用量为每10kg片剂用糖浆20~22ml。

2. 温度与搅拌 操作时先要有适当的力度和速度将片芯搅拌均匀,再通入热风使片芯干燥。此时锅温是关键点,锅温过低则糖衣锅与糖浆之间温差较大,在短时间内不能平衡,造成粘锅现象。处理办法为锅内温度不宜过低,最好控制在35~40℃,在操作时要用适当的力和速度搅匀。此外,一定要保证工艺过程"层层干燥",否则会出现"掉皮"现象。

3. 粉衣层太薄 粉衣层包得太薄,滑石粉没有把片芯的棱角包住,导致片剂出现暗边和着色不匀的问题,这将影响片剂的贮藏、有效期及美观。

4. 包衣锅的角度太小 片芯在包衣锅内呈弧线运动,锅体转动把片带到一定高度,然后沿锅心部缓慢下降,呈摩擦滚动方式。当包衣锅的角度小时,造成片芯向心力小,下降的速度很快,由摩擦滚动变为碰撞滚动,片剂的棱角部分碰撞最多,糖浆在棱角部分分布很少,滑石粉也因糖浆的多少而厚薄不一,使片芯棱角部分粉层太薄而出现暗边和着色不匀。处理办法为把包衣锅调整到最佳角度。包衣锅角度一般为35°~45°。

5. 片芯质量

（1）压制的片芯太厚:粉衣层将难以将其包住,处理办法为将片芯压制成合适的厚度。

（2）片芯浸膏量太大:浸膏具有极强的引湿性,在生产的各个环节都可能吸收水分,使片芯的含水量升高,然后渗透到衣层,使糖衣变色或破坏。

（3）片芯中含有大量油性成分或挥发性成分:油性成分或挥发性成分具有很强的渗透性或挥发性,极易渗透到衣层,使糖衣变色,影响药品质量。处理办法为降低包衣温度,以减少挥发性成分的挥发;在包粉衣层时,先用淀粉包两层可大量吸收片芯中的油性成分防止其渗透,然后再用20% 阿拉伯胶糖浆包几层隔离层,可起到较好效果。

6. 片剂表面粗糙

（1）糖的结晶过大:致使片剂光亮度难以合格。处理办法为:包有色糖衣时锅内温度降低到室温,这样使得片剂表面水分缓慢挥发,蔗糖在片剂表面析出细小均匀结晶,则片剂表面平整细腻,便于打光。

（2）湿度太大:当加入蜡粉时,由于片太湿,蜡粉极易粘在片剂表面形成小颗粒,致使片剂表面粗糙,打不光亮,蜡粉越多越严重。

（四）包糖衣片常见质量问题与解决方案

糖衣片最常见的就是外观检查不合格,主要表现为掉皮、着色不匀、粘锅等。

1. 糖衣片色泽不均　片剂包衣时,有时会出现暗边和着色不匀,这将影响片剂的贮藏、有效期及美观。其中与制剂工艺相关的原因与解决方案详见表11-17。

表 11-17　糖衣片色泽不均问题的原因与解决方案

原因	解决方案
片表面粗糙,糖浆未能包匀	①增加糖浆包裹层数 ②改用浅色糖浆
温度过高,干燥过快	梯度缓慢升温
片剂衣层未干即开始打光	洗去衣层重新包衣

2. 干燥后的糖衣片的糖衣层发生裂痕　其中与制剂工艺相关的原因与解决方案详见表11-18。

表 11-18　糖衣片爆裂或龟裂问题的原因与解决方案

原因	解决方案
糖浆与滑石粉用量不当	调整滑石粉所占比例
片芯硬度不够	①增加片芯硬度 ②包衣层增加一层明胶溶液层
温度过高	降低干燥温度

3. 包衣时出现粘锅现象　其中与制剂工艺相关的原因与解决方案详见表11-19。

表 11-19　糖衣片粘锅问题的原因与解决方案

原因	解决方案
加入糖浆过多,糖浆浓度太高,黏性大	降低糖浆浓度,减少糖浆用量
搅拌不均匀	增大搅拌力度和时间
锅温过低	控制在 35~40℃

4. 包衣时出现"掉皮"现象　其中与制剂工艺相关的原因与解决方案详见表11-20。

表 11-20　糖衣片"掉皮"问题的原因与解决方案

原因	解决方案
单糖浆含量低	严控单糖浆质量
包衣过程中的层层干燥未能达到	当每层达到干燥的要求后,再包下一层
糖浆存放时间过长,转化糖含量升高	严格执行生产工艺规程

五、包薄膜衣的工序、设备及影响因素

（一）包薄膜衣工序与设备

薄膜衣包衣工序有两种，一种为在片芯上直接包薄膜衣。一般说来，薄膜衣的包衣工序为：片芯→包薄膜衣→缓慢干燥→固化（6~8 小时）→包薄膜衣→缓慢干燥→固化（6~8 小时）→包薄膜衣→缓慢干燥（12~24 小时）；另一种为先将片芯按照包糖衣法，包粉衣层到无棱角后，加入薄膜衣溶液包薄膜衣到适宜厚度，这种方法又被称为半薄膜衣，目前应用较少。目前高效包衣机是使用最为广泛的薄膜衣包衣设备。根据包衣锅体是否有通风网孔，并以通风网孔间隔分布还是连续分布，高效包衣机的锅型可以分成无孔式、间隔网孔式、网孔式三类。但无论哪种均具有热风直接穿过片芯间隙、与表面进行交换充分、热源充分利用、干燥效率高的特点。网孔式高效包衣机结构如图 11-3 所示，三类高效包衣机比较详见表 11-21。

网孔式包衣锅锅体

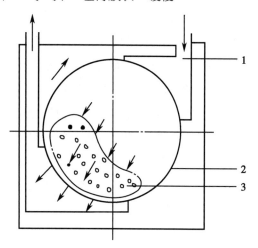

1 进气管；2 锅体；3 片芯。

● 图 11-3　网孔式高效包衣机

表 11-21　三类高效包衣机比较

类型	特点
网孔式高效包衣机	整个圆周均有圆孔 经过过滤的空气进入旋转的包衣锅 交换过的热空气穿出锅底，经排风管排出 全部密闭，热气流不能从其他部分排出 也可使热气从下部吹向上方（反流式使片芯疏松，直流式使片芯紧密）
间隔网孔式高效包衣机	在锅体上有间隔的打孔 优点：减少了打孔的数量，减轻了加工量；热量使用充分，节约能量 缺点：风机负载不均，对风机有一定影响
无孔式高效包衣机	在搅拌桨上，布满小孔，热气从中吹出 从转轴处进行吹风；配合特殊的斜面结构，其斜面结构在顺时针转时是工作状态，其由中心向四周渐高的结构可防止药片流出外部。在逆时针转时是出料状态，药片沿斜面流出机器

结合高效包衣机应用，薄膜衣包衣工艺过程中关键控制点及参数如下。

1. 生产前的准备　操作人员应按要求（更衣、着装、消毒）进入操作间。检查上批产品的清场合格证。检查工具、容器是否齐备。按要求检查相关项目，并根据生产指令领取经检验合格的素片、包衣材料。

2. 薄膜衣包衣液的配制　按处方用量，称取包衣材料、溶媒，所有操作必须经两人核对。将溶媒加入配制桶内，搅拌、超声波溶解包衣材料，混匀。难溶的包衣材料应用溶媒浸泡过夜，以使

其彻底溶解、混匀。配制完毕,填写生产记录。

3. 片芯投料及预热 按照批生产指令投入片芯,开启包衣机滚筒,调整转速,将加热器、进风和排风打开,操作关键点为当出风温度升至工艺要求时,降低进风温度,待出风温度稳定至规定值时方可包衣。

4. 包衣液喷枪的调试 装好蠕动泵管道,安装气喷枪,并调节压力在 0.4~0.5MPa 之间,开启蠕动泵,调整转速,将溶液泵入喷枪。调整喷枪顶端的调整螺钉,增加或减少喷雾压力,使其达到理想的喷雾要求。喷枪的高度和距离调节是源于片芯的运动。片芯在运动的主要区域,一般有 4 种不同类型的运动:①运动的片芯借自身重力和离心力紧靠锅壁,随包衣锅转动以相同速度向上运动。这一运动称为纯表观运动或关联运动。②随着包衣锅旋转向上运动。沿圆周向上运动的上升结束后,此时重力超过离心力,关联运动转变成非关联运动,片芯开始向下滚动。片芯此时具有最大势能。③非关联运动的片芯落到锅底时达到了最大速度,也就是包衣片芯获得最大动能,开始滚动。④向下滚动的片芯由于受到下端堆积片芯和锅壁的阻挡,它的大部分能量以冲击力的方式损耗,直到停止。停止后的片芯恰好处在①的位置开始新一轮的运动。可见③是片床表层运动最快的位置。如果希望能快速均匀包覆,应将包衣液喷雾或倒在这一区域上。一般说来喷枪应该距离 20~25cm,倾斜 45°。

5. 排风机转速的调试 排风机转速参数的显示一般是以排风机转速的百分比表示,其参数显示应在 50%~60%。同时应注意锅内负压,不要关门时单独增大转速,以免锅内负压过高,损坏测量元件。

6. 包衣锅转速的调节 包衣锅的转速对包衣质量的影响较大,包衣锅的转速应保证片芯以瀑布状泻落,使片芯处于翻滚运动状态。包衣锅转速不能太快,否则会使片芯呈暴雨般泻落,或以自由落体方式下落,且滚动的剪切作用太强。常见参数详见表 11-22。

表 11-22 不同直径的包衣锅的转速参数

包衣锅的直径 /mm	500~600	800~1 300	1 600	2 000~2 200	2 300
转速 /(r·min⁻¹)	6~36	4~25	2~18	1.7~9	1.5~8.5

7. 包衣 各项参数确定且稳定运行后,进行包衣。工艺中,时间与温度为重要的质量监控点。其中的"包薄膜衣→缓慢干燥(12~24 小时, <40℃)→固化(6~8 小时,室温)"工序反复多次,直至包薄膜衣完成。

8. 出片 包衣结束后,从包衣锅内卸出衣片装入晾片筛,称重并贴标签,然后送晾片间干燥。填请验单,由化验室检测。

(二)包薄膜衣生产质量控制要点与参数

包薄膜衣生产质量控制要点与参数详见表 11-23。

表 11-23 包薄膜衣生产质量控制要点与参数

工序	控制要点	控制项目	一般参数	频次
生产前检查	生产设施	运转	正常运转	每批
	消毒	设备	75% 乙醇	每批
		车间室内	75% 乙醇	每批

工序	控制要点	控制项目	一般参数	频次
设备调试	喷雾状态	喷雾压力	0.4~0.5MPa	每批
	喷枪距离	喷雾范围	20~25cm	每批
	排风机转速	锅内压强	1 500~1 700r/min	每批
	包衣锅转速	包衣均匀度	20~40r/min	每批
包衣工序	包衣液缓慢干燥	温度	<40℃	每班
		时间	12~24h	每班
	固化	温度	<30℃	每班
		时间	6~8h	每班
	残余溶剂挥发	温度	<50℃	每班
		时间	12~24h	每班

（三）包薄膜衣质量影响因素

1. 薄膜衣膜材的构成 片芯与薄膜的结合力包括膜材的内聚黏合力,以及膜材与药片表面的黏附力。薄膜本身的内聚黏合程度对薄膜衣的质量的影响最大。对膜材内聚性能的影响主要有聚合物的结构、溶剂效应、增塑剂的选用、分散性固体填料选用以及胶凝作用。不合理的膜材构成会导致薄膜衣的多种质量问题。

2. 薄膜衣液加入速度 如果薄膜衣液加入速度过快,干燥则不够完全,导致片剂彼此粘连,在翻滚过程中,再次剥落甚至碎片。

3. 干燥温度过高 过高的干燥温度会使薄膜衣尚未完全在片剂表面铺展就被干燥,因此常常出现"橘皮"现象。

（四）包薄膜衣常见质量问题与解决方案

薄膜衣常见质量包括起泡、橘皮、剥落、花斑等。

1. 起泡和桥接 薄膜衣表面起泡或者出现刻字模糊,表明薄膜衣和片芯之间有空气,前者叫做起泡,后者叫做桥接。其中与制剂工艺相关的原因与解决方案详见表11-24。

表11-24 薄膜片起泡和桥接问题的原因与解决方案

原因	解决方案
包衣液配方和片芯质量问题	①改包衣液配方 ②严控片芯压制工艺环节
干燥温度过高	降低干燥温度
干燥时间过短	延长干燥时间

2. 皱皮与橘皮　薄膜衣表面起了橘皮样褶皱,其中与制剂工艺相关的原因与解决方案详见表 11-25。

表 11-25　薄膜片皱皮与橘皮问题的原因与解决方案

原因	解决方案
干燥温度过高	降低干燥温度
未能实现层层干燥	严控包衣工艺环节
包衣液配方不合理	更换配方

3. 碎片粘连和剥落　薄膜衣片彼此粘连,粘连后剥落产生碎片,其中与制剂工艺相关的原因与解决方案详见表 11-26。

表 11-26　薄膜片碎片粘连和剥落问题的原因与解决方案

原因	解决方案
加入包衣液过快	严控包衣工艺环节
干燥温度过低	升高干燥温度
包衣液配方不合理	更换配方

4. 花斑和起霜　无论是花斑还是起霜,均是因为包衣液内的有色物质在干燥过程中,迁移到了片剂表面,其中与制剂工艺相关的原因与解决方案详见表 11-27。

表 11-27　薄膜片花斑和起霜问题的原因与解决方案

原因	解决方案
包衣液配制时未完全溶解混匀	严控配液环节
干燥温度过高	降低干燥温度
空气湿度过高	降低空气湿度
包衣液配方不合理	更换配方

案例 11-2　片剂包衣工艺案例

1. 操作相关文件

工业化大生产中片剂包衣工艺操作相关文件详见表 11-28。

表 11-28　工业化大生产中片剂包衣工艺操作相关文件

文件类型	文件名称	适用范围
工艺规程	片剂包衣工序标准操作规程	规范工艺操作步骤、参数
内控标准	××片内控标准	中间体质量检查标准
质量管理文件	偏差管理规程	生产过程中偏差处理
工序操作规程	包衣工序操作规程	包衣工序操作
设备操作规程	高效包衣机操作规程	规范设备操作步骤、参数
	电加热搅拌保温罐操作规程	规范设备操作步骤、参数
卫生管理规程	洁净区工艺卫生管理规程	生产过程中卫生管理
	洁净区环境卫生管理规程	生产过程中卫生管理

2. 生产前检查确认

工业化大生产中片剂包衣工艺生产前检查确认项目详见表11-29。

表 11-29　工业化大生产中片剂包衣工艺生产前检查确认项目

检查项目	检查结果	
清场记录	□有	□无
清场合格证	□有	□无
批生产指令	□有	□无
设备、容器具、管道完好、清洁	□有	□无
计量器具有检定合格证,并在周检效期内	□符合要求	□不符合要求
检验用仪器有检定合格证,并在周检效期内	□符合要求	□不符合要求
工器具定置管理	□符合要求	□不符合要求
上批遗留产品及与本批无关文件、物料已清除	□已清除	□未清除
所用工艺指令、SOP、批生产记录等文件齐全	□齐全	□不齐全
与本批有关的物料齐全	□齐全	□不齐全
有所用物料检验合格报告单	□有	□无
备注		
检查人		

岗位操作人员按表11-29检查确认后,填写生产操作前检查记录,并签名。质检员复核确认后发放生产许可证,生产许可证如表11-30所示。

表 11-30　工业化大生产中片剂包衣工艺生产许可证

品　　　名		规　　　格	
批　　　号		批　　　量	
检查结果		质　检　员	
备　　　注			

3. 生产准备

3.1　批生产记录要求

车间工艺员下发本批次的批生产记录,操作人员领取批生产记录后,查看首页生产指令单,获取品名、批号、设备号,在批生产记录上及时记录要求的相关参数。

3.2　操作前检查

根据生产指令单获取的设备号,操作人员按照表11-31对工序内生产区清场情况、设备状态等进行检查,确认符合合格标准后,检查人与复核人在批生产记录上签字确认。操作人员填写"运行"设备状态标志,填写品名、批号、数量、日期、操作人相关内容,取下班组长已检查签字的"正常　已清洁"状态标志,贴于批生产记录上,悬挂"运行"设备状态标志。

3.3　复位操作

工业化大生产中片剂包衣工艺复位操作详见表11-32。

表 11-31　工业化大生产中片剂包衣工艺车间清场检查

区域	类别	检查内容	合格标准	检查人	复核人
片剂包衣车间	清场	环境清洁	无与本批次生产无关的物料、记录等	操作人员	操作人员
		设备清洁	设备悬挂"正常　已清洁"状态标志并有车间 QA 检查签字	操作人员	操作人员

表 11-32　工业化大生产中片剂包衣工艺复位操作

操作步骤	具体操作步骤	责任人
阀门操作	根据生产所用设备位号,操作前检查完毕后,保证所有手动阀门、气动阀门处于关闭状态。	操作人员

4. 所需设备列表

工业化大生产中片剂包衣工艺所需设备列表详见表 11-33。

表 11-33　工业化大生产中片剂包衣工艺所需设备列表

工艺步骤	设备
×× 片包衣过程	高效包衣机
	电加热搅拌保温罐

5. 工艺过程

5.1　工艺流程

工业化大生产中片剂包衣工艺流程如下:

×× 片原辅料→配包衣浆液→包衣→设备清洁→工序清场

5.2　工艺过程

工业化大生产中片剂包衣工艺过程详见表 11-34。

表 11-34　工业化大生产中片剂包衣工艺过程

操作步骤	具体操作步骤	责任人
配包衣浆液	按产品的工艺要求计算并称取相应量的溶剂(乙醇或水)放入配液罐中,逐步开启气阀门,使搅拌桨转速达到理想转速再徐徐加入薄膜包衣粉,投料时间控制在 10min,投料结束后继续搅拌 45min 以上方可使用。 物料用量计算: 　　包衣粉用量 = 片芯重量 × 包衣增重率 　　包衣液重量 = 包衣粉重量 ÷ 固含量 　　溶剂重量 = 包衣液重量 - 包衣粉重量	操作人员
包衣	把预包衣药片投入包衣锅内,转动 1~3min,除去药片表面附着的药粉、颗粒。根据产品性质设定设备转速、进出风量,并调整喷量,启动喷浆,打开喷枪的压缩空气。喷浆结束后,关闭喷浆,关闭压缩空气。将温度设定在室温以下或关闭加热,将转速调至最低。待片芯温度冷却至室温后,关闭热风,关闭排风,关闭匀浆。打开观察窗,移出喷枪,安装出片装置,并确定安装正确、牢固,启动匀浆,直至锅内药片出完为止,关闭匀浆。卸除出料装置包衣结束,将包衣药片排出并装入内衬两层药用低密度聚乙烯袋的洁净周转桶盛装,加签注明品名、批号、重量、操作人及生产日期等,移至暂存间,办理交接手续。	操作人员

6. 工艺参数控制

工业化大生产中片剂包衣工艺参数控制详见表11-35。

表 11-35 工业化大生产中片剂包衣工艺参数控制

工序	步骤	工艺指示	
包衣	包衣	主机转速	× × r/min
		进风温度	× × ℃
		排风温度	× × ℃
		喷量	× × g/min
		薄膜包衣片重量	× × kg
		薄膜包衣片硬度	× × kg
		薄膜包衣片崩解时限	× × min

7. 清场

7.1 设备清洁

设备清洁要求按所规定的清洁频次、清洁方法进行清洁。

7.2 环境清洁

对片剂车间卫生进行清洁,压片过程中随时保持周边干净。

7.3 清场检查

清场结束后由车间 QA 进行检查,符合要求后签发设备"正常　已清洁"状态标志;若不合格则需要操作人员进行重新清洁,并有相应记录。

8. 注意事项

8.1 质量事故处理

如果提取过程中发生任何偏差操作,必须第一时间报告车间 QA,车间 QA 按照《偏差管理规程》进行处理。

8.2 安全事故

必须严格按照规定执行,如果万一出现安全事故,第一时间通知车间主任、车间 QA 按照相关文件进行处理。

8.3 交接班

人员交接班过程中需要按照规定进行,并且做好交接班记录,双方确认签字后交接班完成。

8.4 维护保养

严格按照要求定期对设备进行维护、保养操作,并且做好相关记录。

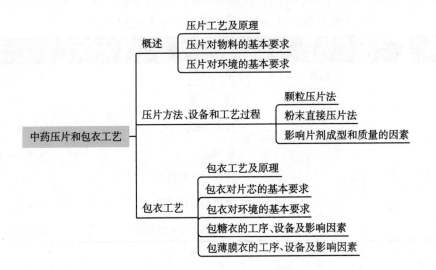

中药压片和包衣工艺
- 概述
  - 压片工艺及原理
  - 压片对物料的基本要求
  - 压片对环境的基本要求
- 压片方法、设备和工艺过程
  - 颗粒压片法
  - 粉末直接压片法
  - 影响片剂成型和质量的因素
- 包衣工艺
  - 包衣工艺及原理
  - 包衣对片芯的基本要求
  - 包衣对环境的基本要求
  - 包糖衣的工序、设备及影响因素
  - 包薄膜衣的工序、设备及影响因素

第十一章　同步练习

（王　锐　张　欣）

参 考 文 献

[1] 徐荣周,缪立德,薛大权,等.药物制剂生产工艺与注解.北京:化学工业出版社,2008.
[2] 沈宝享,沈国海,王雪,等.现代制剂生产关键技术.北京:化学工业出版社,2006.

第十二章　中药制丸工艺

学习目标

---

1. 掌握：丸剂的分类；不同类型丸剂的特点；泛制法制丸、塑制法制丸、滴制法制丸的制备工艺流程。

2. 熟悉：制丸对物料的基本要求、对环境的基本要求；不同制丸方法的常见问题及解决方案。

3. 了解：中药丸剂的历史发展及现状；不同制丸方法所需的设备。

第一节　概述

丸剂（pill）系指中药饮片细粉或提取物加适宜的黏合剂或其他辅料制成的球形或类球形制剂，是中药的传统剂型之一。丸剂在我国有着悠久的历史，长沙马王堆汉墓所发现的《五十二病方》和老官山汉墓所发现的《六十病方》中就记载了很多的丸剂。《伤寒杂病论》《肘后备急方》《备急千金要方》《太平惠民合剂局方》中记载了大量用作丸剂黏合剂的辅料，如蜂蜜、糯米糊、药汁或动物汁（如胆汁、鸡蛋白）、蜡等。同时，宋代还出现了丸剂包衣（如《博济方》中救生丹"以朱砂为衣"），某些品种一直延续至今。

中华人民共和国成立以来，随着制药工业的发展，中药制药逐渐实现了工业化，丸剂的生产也从手工作坊式生产逐渐过渡为工业批量生产。丸剂制法简单，携带、服用方便，剂量较小，故一直是中成药的常见重要剂型之一。目前，《中国药典》（2020 年版）一部中也收载了大量丸剂型中成药，约占 20% 以上，主要收载的丸剂亚类有水丸、蜜丸、水蜜丸、浓缩丸、滴丸。

一、制丸工艺分类

制丸工艺目前主要有三种：泛制法、塑制法及滴制法。可根据不同的制剂处方中原辅料的性质选择相应的制丸工艺。

泛制法、塑制法是我国古代最为常用的制丸方式，在诸多古籍中均有记载。如《普济方》中化痰丹的制备方法为："拌匀，滴水和如黍米大，每服三粒至五粒"；《博济方》中保生丸的制备方法则是"炼蜜六两，热，须入水一分同炼，令水尽，和药为丸"。

滴制法可追溯至 20 世纪 30 年代丹麦首次制成的维生素 AD 滴丸（以氢化油为基质，以稀醇为冷却剂），随后 Sandell 等人先后发表了滴丸机械的相关设计。1956 年 Bjornsson 以 PEG4000 为基质，成功制备了苯巴比妥钠滴丸。1958 年，我国《药学学报》首次报道了沈阳药学院对酒石酸锑钾滴丸的制备研究，随后国内其他机构对于滴丸的研究陆续展开。1970 年，芸香草滴丸（以硬脂酸钠为基质）上市，目前我国已经有数十种滴丸产品上市。滴制法操作简单，有利于劳动保护，所得丸剂能够快速发挥作用，故而备受欢迎。

二、制丸对物料的基本要求

（一）中药原料的处理要求

制备丸剂的原料主要为中药饮片细粉或中药提取物。

1. 对药材 / 饮片原料的基本要求及处理　按照处方选择合格的中药药材 / 饮片（生产企业通常自己对药材进行净制，包括洗、切、粉碎）。生产所用中药材或饮片均须符合企业内控标准（通常略高于药典标准），不合格产品不得投产。水丸、蜜丸、水蜜丸、糊丸、浓缩丸（部分药材提取者）通常采用饮片粉末进行制备。故应将上述饮片粉碎至规定的粒度，通常为细粉，为了进一步对微生物进行控制，须对所得细粉采用适当的方式灭菌，灭菌后储存于净药材库。

2. 对提取物的要求　中药材或饮片中无效成分、组织物质较多，为了减少服用量，可以以浓缩丸、滴丸的方式给药。对中药材或饮片进行适当的浸提、分离、纯化，以富集有效成分。浓缩丸通常选择一定浓度的稠膏制备，按该品种当批料数进行投料并提取，后冷藏待用。滴丸通常以中药提取物作为原料，通常粉碎至 100 目后密封贮存于半成品库。

（二）药用辅料的处理要求

制备丸剂最常用的辅料包括水、蜂蜜，淀粉、微晶纤维素等辅料视具体品种偶有使用。

1. 制丸用水的要求　泛丸、配制蜜水，所用水一般选用纯化水。纯化水为饮用水经蒸馏法、离子交换法、反渗透法或者其他适宜的方法制得，不含任何添加剂。《中国药典》（2020 年版）规定，须对纯化水的酸碱度、硝酸盐、亚硝酸盐、氨、电导率、总有机碳、易氧化物、不挥发物、重金属、微生物限度进行检测，并满足药典要求。

2. 制丸用蜂蜜的要求　在制备蜜丸、水蜜丸时以炼蜜作为黏合剂。炼蜜是蜂蜜经过炼制所得。蜂蜜在我国有着悠久的食用、药用历史，《神农本草经》中就有记载，其既具有一定的功效又可作为制药辅料使用。蜂蜜的质量对于成品丸剂的外观质量、稳定性具有重要影响。由于我国幅员辽阔，经纬度跨度较大，植物种类繁多，蜂蜜的蜜源不同，其质量差异也较大。2005 年的国家标准（GB 18796—2005）对蜂蜜的等级进行了规定，分为一级品和二级品，但 2011 年的食品安全国家标准（GB 14963—2011）未对蜂蜜等级进行规定；国家商务部于 1982 年发布过商务部标准（GH 012—82），根据蜜源花种和色、香、味以及浓度将蜂蜜划分为三等四级（一等、二等、三等、等外）。目前《中国药典》（2020 年版）一部对于药用蜂蜜的质量进行了规定，药用的蜂蜜来源应为蜜蜂科昆虫中华蜜蜂 *Apis cerana* Fabricius 或意大利蜂 *Apis mellifera* Linnaeus 所酿的蜜，为半透明、带光泽、浓稠的液体，白色至淡黄色或橘黄色至黄褐色，放久或遇冷渐有白色颗粒状结晶析出，气芳香,味极甜,相对密度应在 1.349 以上,水分不得过 24%,果糖和葡萄糖总量不得低于 60%,二者比值不得小于 1.0,蔗糖和麦芽糖分别不得过 5%,5- 羟甲基糠醛不得过 0.004%。需要注意的是,采购时一定要注意蜜源,曼陀罗、乌头、雪上一枝蒿等有毒植物的花蜜不得药用。

3. 制丸用其他辅料的要求　其他辅料均应符合《中国药典》(2020 年版)或其他质量标准规定,合格者方可投产。

三、制丸对环境的基本要求

制丸对于环境的要求主要涉及制丸室和制丸设备,基本要求如下。

(一)制丸车间的基本要求

1. 车间内部布局应合理,应设人流、物流专用通道,不交叉污染;应尽量减少物料的运输距离和运输步骤;生产操作区为药品生产的专门区域,不可作为物料传递通道。

2. 要有足够的暂存空间。

3. 物料应经缓冲区脱外包装或经适当清洁处理后才能进入配料室,原辅料配料室的环境和空气洁净度要与生产一致,并有捕尘和防止交叉污染的措施。

4. 中药材、中药饮片、中药干浸膏的粉碎、称重、混合等操作(特别是粉碎操作)容易产生粉尘,应当采取有效措施以控制粉尘扩散(应在负压房间进行粉碎),避免污染,通常设置专门的粉碎间,并在该房间安装专门的捕尘设备,结合排风设施进行控制,通常要求达到 D 级洁净区要求;处理高危物料,要对操作工安全予以考虑,在房间内设置固定或可移动的称量 / 配料隔离器。

5. 制丸间与外室保持相对负压。操作人员应当穿戴区域专用的防护服。制丸间和设备均应采用经过验证的清洁操作规程进行清洁。

6. 干燥室同样要求达到 D 级洁净区要求。用于干燥的空气应净化除尘,排出的气体要有防止交叉污染的措施。

7. 内包装操作一般在最终操作间进行,因为产品是暴露的,所以应是控制区域。外包装区域一般属于防护要求的区域,内包装区和外包装区通常需要分开,以防对内包装区污染。有数条包装线同时包装时应采取隔离或其他有效防止污染或混淆的措施。包材的采购、验收、入库、贮藏、清洗、领用、退回等环节均要有章可循,包材经检验合格后方可使用。

(二)制丸车间构造与内环境基本要求

制丸的过程大致可分为几大环节:提取环节、粉碎环节、制丸环节、干燥环节、包装环节。

提取环节、粉碎环节的环境要求详见前面有关章节,不再赘述。

制丸环节是生产丸剂的核心环节。制丸设备应安装于单独房间内,在同一房间内可安置多台设备以同时生产。此外,通常需放置天平用于检查丸重。

《中国药典》(2020 年版)规定对于不含药材原粉的中药口服固体制剂,需氧菌总数不得超过 1 000cfu/g,霉菌和酵母菌总数不得超过 100cfu/g,不得检出大肠埃希菌(1g),含脏器提取物的制剂还不得检出沙门菌(10g);对于含药材原粉的中药口服固体制剂(丸剂)需氧菌总数不得超过

30 000cfu/g,霉菌和酵母菌总数不得超过 100cfu/g（若原粉中含有豆豉、神曲等发酵原粉则需氧菌总数不得过 100 000cfu/g,霉菌和酵母菌总数不得过 500cfu/g）,不得检出大肠埃希菌（1g）,不得检出沙门菌（10g）,耐胆盐革兰氏阴性菌应小于100cfu（1g）。

为达到上述要求,制丸操作通常在 D 级洁净区区间进行,D 级洁净区空气悬浮粒子的标准规定如表 12-1,微生物监测的动态标准如表 12-2。

表 12-1 D 级洁净区空气悬浮粒子标准

| 洁净度级别 | 悬浮粒子最大允许数 /m³ | | | |
| | 静态 | | 动态 | |
	≥0.5μm	≥5.0μm	≥0.5μm	≥5.0μm
D	3 520 000	29 000	不作规定	不作规定

表 12-2 D 级洁净区微生物监测动态标准

| 洁净度级别 | 浮游菌 /（cfu·m⁻³） | 沉降菌（φ90mm）/[cfu·（4h）⁻¹] | 表面微生物 | |
			接触（φ55mm）	5 指手套 /（cfu·手套⁻¹）
D	200	100	50	—

注:"—"代表该项目不测。

在 D 级洁净区的工作人员应当将头发、胡须等相关部位遮盖。应当穿合适的工作服和鞋子或鞋套。应当采取适当措施,以避免带入洁净区外的污染物。

丸剂生产区域的温度一般控制在 18~26℃,相对湿度一般控制在 45%~65%,以中药提取物为原料的丸剂相对湿度一般控制在 45%~65%。可根据生产要求调整,比如容易吸潮的中药提取物,相对湿度越低越好,但提取物很容易吸潮的话,单靠控制湿度是控制不好的,需要改进处方工艺。

干燥室同样要求达到 D 级洁净区要求,环境控制及人员控制同上所述。采用经过验证的干燥工艺（如控制一定的物料厚度、干燥温度、时间、功率、传送速度等）对丸剂进行干燥。

包装环节分为内包装区和外包装区,内包装区同样属于控制区,环境控制及人员控制同上所述。温度、湿度控制同制丸。

第二节 泛制法

一、泛制法制丸的含义、分类和特点

泛制法是指在转动的容器中,交替加入中药细粉和黏合剂,使药粉粘结成粒,在转动过程中逐渐增大的一种制丸方法。

（一）泛制丸的分类

根据黏合剂的种类,泛制丸可以分为水丸、水蜜丸、浓缩丸、糊丸。

水丸主要以水作为黏合剂,亦可根据处方使用黄酒、醋、稀药汁等;水蜜丸以蜂蜜和水作为黏合剂;浓缩丸主要以浓缩液、水、蜜水以及不同浓度的乙醇作为黏合剂;糊丸主要以米糊、面糊作为黏合剂。

(二)泛制丸的特点

1. 泛制法制丸一般不另加固体黏合剂(糊丸除外),所以载药量较高。

2. 泛制法制丸可将不稳定的、易挥发的药物先行泛入内层,提高稳定性;将有刺激性的药物泛入内层,能够降低刺激性;亦可将需要速释的药物泛到外层。

3. 泛制法制丸一般丸粒较小(但不同品种丸粒、丸重差别较大,规格应以该品种工艺要求为准),表面光滑,便于吞服。

4. 泛制法可在泛制过程中包药物衣。

5. 泛制法制丸对经验的依赖性较强,容易引起丸重不合格或者溶散时限超限等问题。

6. 水丸在体内较易溶散;糊丸溶散较慢,可用于刺激性药物、毒性药物丸剂的制备。

二、泛制法制丸的工艺过程、设备及影响因素

(一)泛制法制丸的工艺过程

泛制法制丸工艺流程如下:

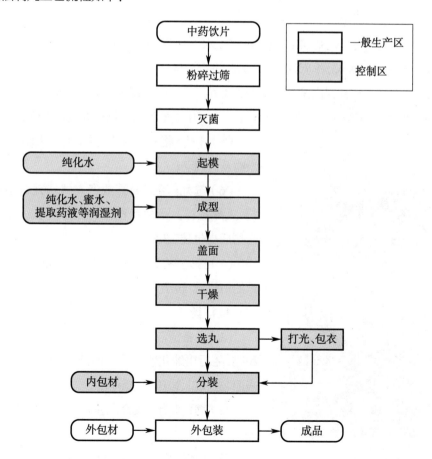

泛制法制丸工艺过程为：生产部召开生产调度会，下达生产任务，值班调度长安排调度员实施生产，填写生产日报表、调度日志、交班记录。

1. 生产前准备　复核清场情况，检查生产场地是否有上一批物料、产品、用具、状态标志的遗留；检查操作间是否已清洁；检查是否有清场合格证，是否有质保人员签字；领取 ×× 丸生产记录、物料标志、状态标志；准备生产用具、设备，按照规程检查设备（如天平、混合机、泛丸锅）是否运作正常。

2. 前处理　净制及炮制好的饮片，粉碎成规定细度的药粉，用混合机按照操作规程混合均匀。若中药材或饮片细粉需要灭菌，则通常将药粉置于高压灭菌器内，厚度约 5cm，按照操作规程灭菌，放凉，有的品种还会再进行一次粉碎。将药粉装入洁净的塑料袋中，填写中间品检验单，移交下一步工序。提取物药物粉末一般不须灭菌。

3. 制丸（图 12-1）

（1）泛丸前核对物料品名、产品批号、数量；采用纯化水泛丸。

（2）起模：根据药粉量计算起模用药粉量。置少量粉末于泛丸锅中并转动，用喷枪喷入适量水，诱发药粉本身的黏性，聚结成粒，并用起模刷不断搅动，防止结成太大的颗粒。再加入药粉，再喷水，如此反复，丸粒逐渐增大，至直径约为 1mm 的球形颗粒，筛去过大和过小的颗粒（防止成型阶段造成丸重差异太大），取一至二号筛之间的颗粒作为丸模。此法称为粉末加水起模法。

起模亦可用湿颗粒起模，将药粉制软材，过二号筛，取颗粒在泛丸锅中滚圆，筛取合适大小的颗粒即得丸模，此法称为湿粉制粒起模法。

（3）成型：将丸模置于泛丸锅中转动，继续喷水、加药粉，如此反复，直至达到规定大小。成型过程中应及时筛去畸形丸粒，并及时对大小丸粒进行分档，以分别成型。

（4）盖面：继续在泛丸锅内滚动已成型的丸粒，喷入纯化水或者药物粉末，直至丸粒圆整，表面光滑致密。倒入洁净容器内，移交下一工序。生产中成型和盖面操作亦统称为培面。

（5）干燥：将丸粒置于托盘中，放入烘箱中干燥，干燥时及时翻动。

（6）选丸：用滚筒筛或者立式选丸机筛选合格丸粒，入库贮存。半成品检验（包括水分、丸重、丸型等）合格后交包装工序。

（7）打光：将选好的丸粒置糖衣锅内转动，撒入规定量的白蜡粉，转至丸粒表面光亮。

4. 清场

（1）设备清洁：关闭设备，用热水刷洗用具、锅内沉积物，随后用纯化水清洗至清洁，用 75% 乙醇擦拭锅内表面、进风口、排风口、操作窗。

（2）物料收集：废弃丸粒称重，记录重量，作废弃物处理。

（3）操作间环境卫生：对操作间彻底清场，对操作间

● 图 12-1　泛丸机

顶棚、四壁（含窗户）、地面及交接处进行清洁；对所有管道、风口、灯具及灯具与墙壁、顶棚交接处进行清洁；对水池、地漏进行清洁；填写清场记录，请 QA 检查，合格后发清场合格证，悬挂"已清洁"标志牌。

（二）影响泛丸成型和质量的因素

1. 原料的影响　泛丸物料的粉碎粒度对于起模、成型有重要影响，通常一般以 100 目左右为宜。盖面用药粉要求更细，要求过 120 目筛。粉碎粒度过粗会导致丸模不合格，造成畸形丸粒，也会影响丸粒的色泽均匀度。纤维性较多的中药不易粉碎，丸粒表面会带有纤维毛。

另外，原料药粉的黏性亦是影响泛丸的重要因素。用于起模的药粉通常需具有一定的黏性，黏性太小则丸模不易成型，黏性太大则容易造成丸模粘连或结块。

2. 辅料的影响

（1）以泛制法制丸，常用的黏合剂有水、蜜水、米糊及一定浓度的乙醇。不同的黏合剂也会对起模、成型过程造成影响。

（2）在制备水丸时，对于黏性较强的原料，在喷入黏合剂时由于分布不均，容易相互粘结成团，故宜采用一定浓度的乙醇予以克服。

（3）在制备水蜜丸时，起模时必须用水（或一定浓度的乙醇），以免粘结。在加大成型过程中应先用浓度较低的蜜水，逐步成型时用浓度较高的蜜水，成型后再用低浓度的蜜水。以免蜂蜜浓度太高，造成粘结。

（4）在制备浓缩丸时，富含纤维、质地坚硬（如矿物药，难以粉碎，即使粉碎后也不易黏合成丸）、黏性太大的药物均可考虑煎取药汁作为黏合剂使用。以干浸膏粉制丸时，可以用不同浓度的乙醇作为润湿剂。

（5）在制备糊丸时，起模须用水或稀糊（糊的加水量要比培面用的大），在加大成型过程中再泛入稀糊。糊中若有块状物必须滤除。糊粉的用量约为药粉总量的 5%~10%（须根据所生产品种的工艺要求确定），用量过多容易导致丸粒难以溶散。当溶散性较差时可以考虑在处方中加入适量的崩解剂。

3. 泛丸的操作　在起模、成型、盖面的过程中要均匀的撒入药粉、均匀的喷入黏合剂，使丸模、丸粒均匀润湿，均匀增大，以控制丸模、丸粒的均匀度。并且要控制各步骤滚转的时间，因为滚转时间过长容易造成丸粒难以溶散。

4. 干燥的影响　成型的丸粒含水较多，须及时进行干燥。通常干燥温度为 80℃。干燥不均匀容易导致成品外观色泽不均匀；干燥温度太高容易导致挥发性成分散失、热稳定性差的成分分解，也可能导致出现难以溶散的问题。

（三）泛制法制丸生产质量控制要点及参数

对各工序的严格控制是保证丸剂质量的前提。泛制法制丸的生产质量控制要点及参数详见表 12-3。

表 12-3　泛制法制丸生产质量控制要点及参数

工序	控制要点	控制项目	一般参数	频次
生产前检查	生产设施	运转	正常运转	每批
	消毒	设备	75% 乙醇	每批
		车间室内	75% 乙醇	每批
粉碎	原辅料	异物、细度	≥100 目	每批
	特殊原辅料（淀粉）	异物、细度	100~120 目的振动筛	每批
配料	投料	品种数量	双人操作	每批
黏合剂的制备（淀粉）	水温	混合水温	40~50℃	1 次 / 班
		冲浆水温	沸水	1 次 / 班
	浓度	黏合剂	30% 淀粉浆	1 次 / 班
起模	齐度	过筛目数、重量差异	工艺要求	当批
培面	齐度	过筛目数、重量差异	工艺要求	当批
干燥	温度、湿度	干燥设备操作参数，阴干品种控制环境	工艺要求从常温至 90℃	当批
选丸	出药口的流速、收集位置隔板	成品率	工艺要求	当批
打光	颜色一致	辅料	工艺要求	当批

（四）泛丸常见质量问题与解决方案

1. 丸模不合格　丸模是泛丸成型的基础，其直接影响成品的质量。造成丸模不合格的原因及解决方案详见表 12-4。

表 12-4　丸模不合格的原因与解决方案

	原因	解决方案
1	药粉黏性较小，松散不易成型	①从处方中选择合适的原料粉碎，作为起模药粉 ②选择黏性较大的黏合剂（如调整乙醇浓度、药汁浓度）
2	丸模粘连，甚至粘结成块	①选择黏性较小的药粉起模 ②降低黏合剂黏度（糊丸、水蜜丸、浓缩丸、糊丸通常以水起模，或者用一定浓度的乙醇起模）
3	丸模均匀性差	控制撒粉和喷入黏合剂的均匀性

2. 丸粒外观不合格　合格的丸粒外观应色泽均匀、大小均一。影响外观的制剂工艺相关因素及解决方案详见表 12-5。

表 12-5　丸粒外观不合格的原因与解决方案

	原因	解决方案
1	丸粒表面粗糙，甚至有纤维毛	①将处方中纤维性的药物继续粉碎至更细的粒度 ②对纤维较多的药物进行提取
2	丸粒表面有花斑	①盖面时药粉量少，分布不均，需提高药粉量 ②控制撒粉和喷入黏合剂的均匀性

	原因	解决方案
3	丸粒表面存在"阴阳面"（一半色深,一半色浅）	干燥过程中应及时翻动,使水分蒸发均匀
4	丸面皱缩或塌陷（成型及盖面时滚圆时间较短,丸粒中含有较多的水分未被挤出所致）	延长滚转时间
5	丸粒大小不均匀（丸重差异较大）	①检查丸模是否合格 ②成型、盖面阶段药粉需采用较细的粒度 ③成型、盖面阶段加水、加粉的量要适宜,散布要均匀 ④水蜜丸在加大成型过程中,蜜水的加入方式应按照"低浓度 - 高浓度 - 低浓度"的顺序加入 ⑤糊丸在加大成型过程中要用稀糊泛丸 ⑥浓缩丸可以采用一定浓度的乙醇泛丸

3. 丸粒溶散时限不合格　丸粒的溶散时限能在一定程度上反映其在体内的崩解性能,溶散时限较长则可能影响药物的体内吸收。根据《中国药典》（2020 年版）四部规定,水丸和水蜜丸应在 1 小时内全部溶散,浓缩丸和糊丸应在 2 小时内全部溶散。影响溶散时限的制剂工艺相关因素及解决方案详见表 12-6。

表 12-6　丸粒溶散时限不合格的原因与解决方案

	原因	解决方案
1	泛丸时间过长,丸粒挤压坚实	控制泛丸时间
2	药粉黏性较大,干燥后质地较为坚硬	①采用一定浓度的乙醇泛丸 ②处方中加入适量的崩解剂
3	纤维较多的处方在制丸过程中柔韧性较好的纤维相互缠结	①粉碎至合格的细度 ②对这一类的饮片单独提取,以其提取液作为泛丸黏合剂（改剂型）
4	树胶、树脂类药物受热熔化会导致丸剂难以溶散	在干燥过程中控制合适的温度
5	药粉过细也会导致丸剂孔隙率降低	①选择合适细度的药粉（粉碎不得过细） ②处方中加入适量的崩解剂
6	干燥温度过高会导致药粉中的淀粉糊化,影响水分的渗入	控制干燥温度
7	米糊 / 面糊浓度过大	采用稀糊泛丸,降低糊粉用量

4. 微生物限度不合格　以动物、植物、矿物质来源的非单体成分制成的丸剂,按照非无菌产品微生物限度检查: 微生物计数法[《中国药典》（2020 年版）通则 1105]和控制菌检查法[《中国药典》（2020 年版）通则 1106]及非无菌药品微生物限度标准[《中国药典》（2020 年版）通则1107]检查,应符合规定。影响微生物限度的制剂工艺相关因素及解决方案详见表 12-7。

表 12-7　丸粒微生物限度不合格的原因与解决方案

	原因	解决方案
1	药材、饮片、药粉、辅料、包装材料的洁净度	应选择合适的工艺对原料、辅料及包装材料进行灭菌
2	生产过程	按照 GMP 要求，严格控制生产环境卫生、人员及设备的卫生

案例 12-1　泛制法制丸工艺案例

1. 操作相关文件

工业化大生产中泛制法制丸工艺操作相关文件详见表 12-8。

表 12-8　工业化大生产中泛制法制丸工艺操作相关文件

文件类型	文件名称	文件编号
工艺规程	××丸工艺规程	××
内控标准	××中间体及成品内控质量标准	××
质量管理文件	偏差管理规程	××
SOP	生产操作前检查标准操作程序	××
	原辅料、工器具进出洁净区管理规程	××
	称量备料操作规程	××
	泛丸、干燥操作规程	××
	粉碎、过筛操作规程	××
	××型万能粉碎机组操作规程	××
	××型三维运动混合机操作规程	××
	××型离心式制丸机操作规程	××
	××型流化床制粒干燥机操作规程	××
	××型全自动微丸灌装机操作规程	××
	清场管理规程	××

2. 生产前检查确认

工业化大生产中泛制法制丸工艺生产前检查确认项目详见表 12-9。

表 12-9　工业化大生产中泛制法制丸工艺生产前检查确认项目

检查项目	检查结果	
清场记录	□有	□无
清场合格证	□有	□无
批生产指令	□有	□无
设备、容器具、管道完好、清洁	□有	□无
计量器具有检定合格证，并在周检效期内	□符合要求	□不符合要求
检验用仪器有检定合格证，并在周检效期内	□符合要求	□不符合要求
工器具定置管理	□符合要求	□不符合要求

检查项目	检查结果	
上批遗留产品及与本批无关文件、物料已清除	□已清除	□未清除
所用工艺指令、SOP、批生产记录等文件齐全	□齐全	□不齐全
与本批有关的物料齐全	□齐全	□不齐全
有所用物料检验合格报告单	□有	□无
备注		
检查人		

岗位操作人员按表12-9检查确认后，填写生产操作前检查记录，并签名。质检员复核确认后发放生产许可证，生产许可证如表12-10所示。

表12-10　工业化大生产中泛制法制丸工艺生产许可证

品　　名		规　　格	
批　　号		批　　量	
检查结果		质 检 员	
备　　注			

3. 生产准备

3.1　批生产记录的准备

根据批生产指令，车间物料管理员填写领料单从库房领取有合格报告书且经放行的原辅料，复核名称、物料编码/生产批号、放行单编号等与生产指令一致后，按《原辅料、工器具进出洁净区管理规程》转入原辅料暂存间。

3.2　物料准备

按处方量计算出各种原辅料的投料量，精密称定（量取），双人复核无误，备用。

4. 所需设备列表

工业化大生产中泛制法制丸工艺所需设备列表详见表12-11。

表12-11　工业化大生产中泛制法制丸工艺所需设备列表

设备名称	设备编码
B型万能粉碎机组	××
负压称量罩	××
三维运动混合机	××
离心制丸机	××
流化床制粒干燥机	××
全自动微丸灌装机	××

5. 工艺过程

5.1　工艺流程

工业化大生产中泛制法制丸工艺流程如下：

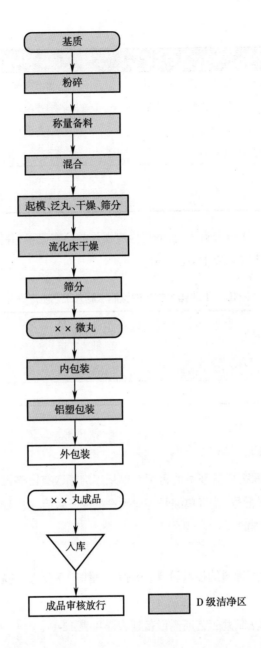

基质 → 粉碎 → 称量备料 → 混合 → 起模、泛丸、干燥、筛分 → 流化床干燥 → 筛分 → ××微丸 → 内包装 → 铝塑包装 → 外包装 → ××丸成品 → 入库 → 成品审核放行

■ D级洁净区

5.2 工艺过程

5.2.1 原辅料预处理：粉碎过筛

从原辅料暂存间领出需要粉碎过筛的原辅料,并核对物料名称、物料编码、数量等,确认无误后转运至粉碎过筛间。按照《粉碎、过筛操作规程》将物料按工艺要求粉碎,粉碎后物料用 PE (polyethylene,聚乙烯)洁净袋盛装,密封。粉碎完成后计算粉碎过筛工序的物料平衡(暂定为97.0%~100.0%)和收率(暂定为96.0%~100.0%),若出现偏差,执行偏差处理管理规程。

5.2.2 称量备料

依照批生产指令,称取批投料量;整个称量过程应至少两人操作,一人称量一人复核;将已称取好的所需原辅料装入 PE 洁净袋,密封。贴上车间物料标识,摆放整齐,并作好记录,确认无误后方可进行下一物料的称量。称量结束后将物料转运至混合间进行混合。

5.2.3 混合

将以上工序的物料置三维运动混合机中,设置混合频率 ××Hz,混合时间 ×× 分钟。总混结束后将混合后的混合药粉用 PE 洁净袋包装,密封。计算总混工序物料平衡率(暂定为97.0%~100.0%),若超出范围,应按偏差处理管理规程进行分析处理。

5.2.4 泛丸、干燥

5.2.4.1 起模

按《泛丸、干燥操作规程》操作。把混合药粉 ×× kg 投入 ×× 型离心式制丸机中,开启除尘器。启动离心制丸机,控制转盘转速 ×× r/min,压缩空气压力 ×× MPa,喷雾转速 ×× r/min,供粉转速 ×× r/min,喷入润湿剂。润湿药粉在离心力下不断滚动形成细小丸粒,随后续加入的混合药粉长大、滚圆。当后续加入混合药粉量约 ×× kg 时,停机,将湿微丸转移至流化床制粒干燥机中干燥 ×× 分钟。干燥后的微丸用标准筛网分筛,符合要求的微丸用做丸模。

5.2.4.2 泛丸

将丸模加入离心制丸机中,同起模操作,喷入润湿剂,加入混合药粉,泛制,直至丸径长至合格范围内。

重复以上泛丸操作,直至物料用完。将多次收集到的合格丸粒集中转入流化床制粒干燥机中进行混合与干燥 ×× 分钟,再次过筛,筛分合格丸粒,装入 PE 洁净袋中,密封。入中间库分区存放并分别挂上标识,注明品名、规格、产品批号、数量等。取样检验。

5.2.5 包装

5.2.5.1 内分装

调试装量按内分装操作规程执行。设备运行正常后将微丸加入全自动灌装机进行装量调试。正式分装,调试装量合格后进行正式分装,分装过程中,操作人员每隔 30 分钟抽取 10 瓶检验装量差异。

5.2.5.2 外包装

根据批包装指令,按包装操作规程进行包装。

6. 工艺参数控制

工业化大生产中泛制法制丸工艺参数控制详见表 12-12。

表 12-12 工业化大生产中泛制法制丸工艺参数控制

工序	控制项目	要求
粉碎过筛	筛网规格、完好性	×× 目,粉碎前后筛网完好
称量备料	物料名称,物料编码、数量的复核	与生产指令一致,称量准确
混合	混合时间	×× min
	乙醇浓度	30%
	设备参数	转盘转速: ×× r/min 干燥温度: ×× ℃ 喷雾转速 ×× r/min 供粉转速 ×× r/min 压缩空气压力 ×× MPa

工序	控制项目	要求
泛丸、干燥	干燥	至水分不得过××%
	泛丸筛网目数	20目、30目、40目、60目
		应为棕黄色的微丸;味微苦
	性状	外观圆整,大小、色泽均匀,无粘连现象
	水分	不得过××%
	溶散时限	1.5h内应全部溶散
内分装	外观	外观清洁,包装严密
	装量差异	±10%(装量2g/袋)

7. 清场

7.1 设备清洁

按照《清场管理规程》中所规定的清洁频次、清洁方法进行清洁。

7.2 环境清洁

按照《清场管理规程》对生产区域卫生进行清洁,注意保持干净。

7.3 清场检查

生产结束后操作人员须清场,并填写清场记录,经质检人员检查、签字后,发给清场合格证,设备悬挂"已清洁"标识。

8. 注意事项

8.1 称量过程要求双人复核,保证称量准确无误。

8.2 泛制过程中须不断筛分丸粒,控制丸重。

第三节 塑制法

一、塑制法制丸的含义、分类和特点

塑制法又称之为丸块制丸法,是指药材细粉或药材提取物经与适宜的赋形剂混合均匀,制成软硬适宜的丸块后,再制成丸条,分粒,搓圆而制成丸剂的方法。

(一)塑制丸的分类

塑制丸按照赋形剂可分为蜜丸(大蜜丸、小蜜丸)、水蜜丸、浓缩丸、糊丸、蜡丸。在机械生产中,水丸亦可采用塑制法制备。目前市场上糊丸、蜡丸极少。

(二)塑制丸的特点

1. 塑制法制丸需要加入较多的黏合剂,所得丸粒通常可塑性较强(蜡丸、糊丸除外),方便咀嚼服用。

2. 由于黏合剂用量较多,故丸粒溶散时间较长,可以起到一定的缓释效果。

3. 蜜丸以蜂蜜作为黏合剂,能够发挥补中益气、缓急止痛、解毒、矫臭、矫味的作用。

二、塑制法制丸的工艺过程、设备及影响因素

(一)塑制法制丸的工艺过程

塑制法制丸工艺流程(以大蜜丸为例)如下:

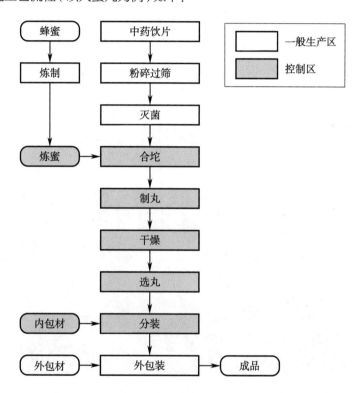

塑制法制丸工艺过程为:生产部召开生产调度会,下达生产任务,值班调度长安排调度员实施生产,填写生产日报表、调度日志、交班记录。

1. 生产前准备　复核清场情况,检查生产场地是否有上一批物料、产品、用具、状态标志的遗留;检查操作间是否已清洁;检查是否有清场合格证,是否有质保人员签字;领取 ×× 丸生产记录、物料标志、状态标志;准备生产用具、设备,按照规程检查设备(如天平、混合机、炼蜜锅、制丸机)是否运作正常。

2. 前处理　净制及炮制好的饮片,粉碎成规定细度的药粉,用混合机按照操作规程混合均匀。如方中有毒、剧、贵重药时宜单独粉碎,然后按照等量递增法与其他细粉混合均匀。

将抽蜜管口置于生蜜桶中,将生蜜抽入炼蜜罐中,总量不得超过炼蜜锅的 2/3(以防止加热沸腾后,气泡上升溢出)。通过蒸汽进行加热,至沸腾,用 40 目筛过滤,除去浮沫及杂质,再置锅内继续按照炼蜜规程进行炼制,监控温度、颜色、含水量(阿贝折光仪检测)、密度,炼至符合规定,转入炼蜜专用贮存桶中备用。炼蜜规格应根据处方中药物的性质进行选择,对于黏性较差的物料(如矿物药、含纤维较多的药料)宜选择老蜜,对于黏性较强的物料则应选择嫩蜜,通常情况下选用中蜜即可。

为了防止丸块黏附设备、工具,在制丸过程中须加入适量的润滑剂。通常采用乙醇或麻油蜂

蜡混合物（7∶3）。

3. 制丸（图 12-2）

（1）合坨／制丸块：取混合均匀的药物细粉置于强力搅拌机中,趁热加入适量的炼蜜,经捏合制成混合均匀、软硬适宜的软材。药粉与炼蜜的比例通常为 1∶（1~1.5）。若药料中含有树胶、树脂类药物,则合坨时蜜温不能太高,以防胶质熔化,使丸块温度降低后变硬,难以塑形。制好的丸块须放置一段时间（习称"醒坨"）,使黏合剂充分浸润药粉。塑制法制糊丸一般糊粉的用量为药粉总量的 30%~35%,糊丸丸块要保持湿润,以防止丸块变硬,甚至开裂。蜡丸丸块须保持一定的温度才具有可塑性。

（2）制丸条、分粒、搓圆：将制备好的丸块加入制丸机料斗中,在螺旋推进器的作用下通过出条口挤出丸条,丸条经导轮递至制药刀处,被切成大小适宜的丸粒,并经搓动形成球形。蜡丸在整个过程中均需保温,通常为 60℃。

● 图 12-2　蜜丸机

（3）干燥：在含水量、微生物限度符合要求的前提下,蜜丸通常成丸后即进行包装,以保持其滋润的状态。为降低含水量和进行灭菌,可采用微波、远红外辐射的方式进行干燥。蜜丸和浓缩蜜丸的含水量不得超过 15.0%,水蜜丸和浓缩水蜜丸的含水量不得超过 12.0%,水丸、糊丸含水量不得超过 9.0%。

4. 清场　按照规程对设备、用具进行清洁;收集废丸,作废弃物处理;按照规程对制丸车间进行清洁。

（二）影响塑制法制丸成型和质量的因素

1. 原料的影响

（1）药粉的粒度：制备蜜丸所用粉末通常以 100 目左右为宜。药粉过粗或者纤维性太强会导致丸粒表面粗糙。

（2）药粉的性质：不同的药物粉末黏性不同。含有油脂、黏液质、胶质、糖、淀粉、中药提取物等成分较多的药粉黏性较强;以茎、叶、全草、矿物为原料的药粉则黏性较差。选择不同程度的炼蜜作为黏合剂方能制得合格的丸块。

（3）药粉的含水量：当蜂蜜与药粉的比例一定时，药粉的含水量越大，蜜丸的硬度越低，当药粉中含水量较低时，蜜丸的硬度会较大。

2. 辅料的影响　塑制丸最常用的辅料是炼蜜。

（1）蜂蜜的质量直接关系到成品蜜丸的质量：应选择符合《中国药典》（2020年版）质量要求的蜂蜜。掺有淀粉糖、蔗糖、葡萄糖的蜂蜜可能会导致蜜丸出现干硬、返砂等问题。

（2）炼蜜的程度：炼蜜是制备蜜丸的关键环节之一。炼蜜可分为三种规格：嫩蜜、中蜜、老蜜（表12-13）。嫩蜜适用于药粉本身黏性较强的处方；老蜜的黏性很强，适用于药粉本身黏性较差的处方。目前，全国炼蜜没有统一的标准，操作人员通常通过加热温度、含水量、密度进行控制，不同厂家、不同批次之间的炼蜜都存在较大的差异。

表 12-13　炼蜜规格

规格	加热温度 /℃	含水量 /%	相对密度	性状
嫩蜜	105~115	17~20	1.35 左右	色泽无明显变化，略具黏性
中蜜	116~118	14~16	1.37 左右	浅黄色有光泽的气泡翻腾，手捻有黏性，两指分开时无白丝出现
老蜜	119~122	<10	1.40 左右	出现红棕色光泽的大气泡，手捻甚黏，两指分开有长白丝，滴水成珠

（3）炼蜜的用量：药粉与炼蜜的比例通常为 1：（1~1.5）。用蜜量主要取决于处方的性质，黏性强的药粉用蜜量少，黏性差的药粉用蜜量多。手工制备蜜丸时，夏季（湿度大）用蜜量应少，冬季（湿度小）用蜜量宜多。

3. 合坨的温度　合坨时温度太低则蜂蜜不易浸润药粉，蜂蜜与药粉混合不均匀，软硬不一；温度太高则可能造成挥发性成分（如冰片、麝香）的损失和热不稳定成分的降解，并且温度太高，水分也会进一步挥发，导致丸块变硬。当处方中含有乳香、没药、血竭、阿胶、鹿角胶等成分时，合坨温度不宜超过 60℃，以防止上述成分遇热熔化，冷却后凝固致使丸块变硬。

（三）塑制法制丸生产过程质量控制要点及参数

塑制法制丸的生产质量控制要点及参数见表12-14。

表 12-14　塑制法制丸生产质量控制要点及参数

工序	控制要点	控制项目	一般参数	频次
生产前检查	生产设施	运转	正常运转	每批
	消毒	设备	75% 乙醇	每批
		车间室内	75% 乙醇	每批
粉碎	中药饮片	异物、细度	≥100 目	每批
	提取物	细度	100~120 目的振动筛	每批
	淀粉（糊丸）	细度	120 目的振动筛	每批

工序	控制要点	控制项目	一般参数	频次
黏合剂的制备	炼蜜	炼蜜程度（比重）	密度	每批
	米糊/面糊	稀稠程度	具体品种工艺要求	每批
合坨	投料	品种数量	根据工艺要求	每批，双人操作
	丸块	温度	根据工艺要求	1次/班
		外观	混合机混合成均匀砂砾状 炼药机混合成随意塑形不开裂、不粘手、不粘容器的丸块	1次/班
制丸	丸重、丸型	模具的匹配	根据工艺要求	每批
选丸	重差外观控制	丸型以及重差	根据工艺要求	每批
干燥	温度、湿度	干燥设备操作参数，阴干品种控制车间环境	根据工艺要求	每批
包装	装量	所用设备	根据工艺要求	每批

（四）塑制法制丸常见质量问题与解决方案

1. 丸粒外观不合格　蜜丸通常表面光滑、滋润。影响外观的制剂工艺相关因素及解决方案详见表12-15。

表12-15　丸粒外观不合格的原因与解决方案

原因	解决方案
药粉粗糙	提高粉碎度
蜜量太少混合不均匀	增加炼蜜用量
润滑剂量不足，丸块、丸粒与设备粘连	在传送带及切刀部位涂足够量的润滑剂
药料纤维性成分、矿物性成分较多	可将此类中药进行提取浓缩成稠膏兑入炼蜜
因水分蒸发而导致皱皮	进一步炼制蜂蜜，以减少含水量；更换更为严密的包装

2. 空心　空心是指当蜜丸掰开时在其中有空隙的情况，其中与制剂工艺相关的相关因素及解决方案详见表12-16。

表12-16　丸粒空心的原因与解决方案

原因	解决方案
制丸块时揉搓不够	加强合坨
炼蜜太老，丸块硬度大	降低炼蜜程度

3. 蜜丸变硬　指蜜丸在存放过程中变得坚硬的情况，其中与制剂工艺相关的相关因素及解决方案详见表12-17。

表 12-17　蜜丸变硬的原因与解决方案

原因	解决方案
用蜜量不足,蜜温较低不能浸润药粉	调整蜜量、蜜温
炼蜜过老	降低炼蜜程度
药粉中胶类比重较大,和坨蜜温太高	降低合坨蜜温

4. 微生物超标　以饮片原粉为原料的丸剂,通常易受微生物污染,蜜丸、水蜜丸以蜂蜜为黏合剂,营养丰富,微生物更易滋生。造成丸剂微生物超标的相关因素及解决方案见表 12-18。

表 12-18　丸剂微生物超标的原因与解决方案

原因	解决方案
药材、饮片、药粉、辅料、包装材料的洁净度不合格	应选择合适的工艺对原料、辅料及包装材料进行灭菌(水洗-红外干燥、流通蒸汽灭菌、微波灭菌、环氧乙烷灭菌)
生产过程受污染	按照 GMP 要求,严格控制生产环境卫生、人员及设备的卫生(采用紫外灯对空间进行灭菌,设备可采用乙醇消毒)
包装不严密	更换密封性更好的包装如塑封、蜡壳密封

案例 12-2　塑制法制丸工艺案例

1. 操作相关文件

工业化大生产中塑制法制丸工艺操作相关文件详见表 12-19。

表 12-19　工业化大生产中塑制法制丸工艺操作相关文件

文件类型	文件名称	文件编号
工艺规程	×× 蜜丸工艺规程	××
内控标准	×× 中间体及成品内控质量标准	××
质量管理文件	偏差管理规程	××
SOP	生产操作前检查标准操作程序	××
	台秤称量标准操作程序	××
	丸剂制丸岗位标准操作程序	××
	药粉配料称量混合岗位标准操作程序	××
	生产指令流转标准操作程序	××
	丸剂干燥、筛选岗位标准操作程序	××
	丸剂岗位清洁规程	××
	洁净区清场标准操作程序	××

2. 生产前检查确认

仔细阅读生产指令及相关工艺参数,明确工作内容,全面对生产设施、生产设备的运转正常情况进行检查,合格后方可生产。生产厂房、设备均应经过清洁、消毒,检验合格后使用,详见表 12-20。

表 12-20　工业化大生产中塑制法制丸工艺生产前检查确认项目

检查项目	检查结果	
清场记录	□有	□无
清场合格证	□有	□无
批生产指令	□有	□无
设备、容器具、管道完好、清洁	□有	□无
计量器具有检定合格证，并在周检效期内	□符合要求	□不符合要求
检验用仪器有检定合格证，并在周检效期内	□符合要求	□不符合要求
工器具定置管理	□符合要求	□不符合要求
上批遗留产品及与本批无关文件、物料已清除	□已清除	□未清除
所用工艺指令、SOP、批生产记录等文件齐全	□齐全	□不齐全
与本批有关的物料齐全	□齐全	□不齐全
有所用物料检验合格报告单	□有	□无
备注		
检查人		

岗位操作人员按表 12-20 检查确认后，填写生产操作前检查记录，并签名。质检员复核确认后发放生产许可证，生产许可证如表 12-21 所示。

表 12-21　工业化大生产中塑制法制丸工艺生产许可证

品　　名		规　　格	
批　　号		批　　量	
检查结果		质 检 员	
备　　注			

3. 生产准备

3.1　批生产记录的准备

车间工艺员下发本产品蜜丸岗位的批生产记录，操作人员领取批生产记录后，查看批生产指令，获取品名、批量等信息，严格按照本岗位的 ×× 蜜丸岗位工艺卡操作，在批生产记录上及时记录要求的相关参数。

3.2　物料准备

按处方量计算出各种原辅料的投料量，精密称定（量取），双人复核无误，备用。

4. 所需设备列表

每批次 ×× 蜜丸使用制丸机等进行生产，详见表 12-22。

表 12-22　工业化大生产中塑制法制丸工艺所需设备列表

序号	设备名称	设备型号
1	连续式循环水洗药机	××
2	滚刀式切药机	××

序号	设备名称	设备型号
3	卧式烘干箱	××
4	柴田式粉碎机组	××
5	自动温热电炒药机	××
6	高效万能粉碎机	××
7	二维运动混合机	××
8	高质量炼药机	××
9	制丸机	××
10	箱式微波炉	××
11	四级分离机	××
12	荸荠式糖衣机	××
13	日立喷码机	××

5. 工艺过程

5.1 工艺流程

工业化大生产中塑制法制丸工艺（蜜丸制备）流程如下：

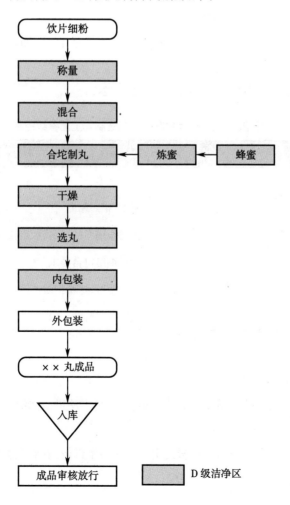

5.2 工艺过程

5.2.1 炼蜜

将蜂蜜置于炼蜜锅内,开通蒸汽,加热使之沸腾,并不断搅拌,使水分蒸发,直至工艺指令要求的标准。

中蜜炼制方法:将蜂蜜放入炼制罐中,夹层通蒸汽加热,蒸汽压力控制在0.1~0.12MPa,温度达到116~118℃,含水量在14%~16%,相对密度为1.37左右,出现浅黄色有光泽的翻腾的均匀气泡,用手捻有黏性,当两手指分开时无丝出现。

将炼制合格的蜂蜜趁热用150目筛网过滤,除去杂质,用不锈钢桶收集并称量外挂标签。

5.2.2 合坨、制丸、干燥

将处方量的炼蜜、药材混合粉按比例加入混合机,搅拌至规定时间,倒出物料。

将药坨置制丸机料斗中均匀下料,调好药咀,随时称量,并剔除异形、不合格的蜜丸,将畸形丸或大小不均匀的丸粒返回制丸工序重新制丸,将合格大蜜丸收于药盘,放入推车,置晾丸间,根据工艺要求晾至规定时间。

5.2.3 打光、选丸

采用荸荠式糖衣机滚转打光。采用四级分离机对药丸进行筛选,分离不规则异形丸。取样检验。

5.2.4 包装

用蜡纸给蜜丸包紧,装入塑料壳内,扣严。

将石蜡加热到100~120℃进行挂蜡,要求表面均匀、厚薄适中、无麻面。按包装要求装盒。

6. 工艺参数控制

工业化大生产中塑制法制丸工艺参数控制详见表12-23。

表12-23 工业化大生产中塑制法制丸工艺参数控制

操作步骤	控制项目
原辅料检查	物料细度
炼蜜	温度、相对密度
制丸	核对原辅料的品名、数量和检验报告单
	物料细度符合要求
	炼蜜温度、炼蜜相对密度符合要求
	丸重控制符合要求

7. 清场

7.1 设备清洁

按照《丸剂岗位清洁规程》中所规定的清洁频次、清洁方法进行清洁。

7.2 环境清洁

按照《洁净区清场标准操作程序》对蜜丸生产区域卫生进行清洁,注意保持干净。

7.3 清场检查

生产结束后操作人员须清场,并填写清场记录,经班组长和质检人员复核确认合格后,发给清场合格证,并在设备上悬挂"已清洁"标识,填写批生产记录中"工序清场记录"。

8. 注意事项

8.1 检查原辅料的物料细度,称量过程要求双人复核,保证称量准确无误。

8.2 炼蜜制备过程严格控制含水量或相对密度,炼制合格蜂蜜趁热用150目筛网过滤,除去杂质。

8.3 制丸过程中,不断称量丸重,观察丸型外观。

第四节 滴制法

一、滴制法制丸的含义、分类和特点

滴制法是指中药提取物或有效成分与基质加热熔融混匀(以溶解、乳化或混悬的方式均匀分散于基质),滴入到与之不相混溶、互不作用的冷凝液中,冷凝成丸的一种制丸方法。

(一)滴丸的分类

根据滴丸给药途径可以分为口服滴丸、外用滴丸以及其他途径用滴丸;根据其基质种类可以分为速释滴丸和缓释、控释滴丸;滴丸制备技术还可与其他制剂技术相结合,从而制备各种类型的滴丸,如与包衣技术相结合可制备包衣滴丸、肠溶滴丸,与纳米技术相结合可制备微囊型滴丸、脂质体型滴丸。

(二)滴丸的特点

1. 设备简单、操作方便,有利于劳动保护。

2. 可实现液态药物的固体化,如芸香油滴丸等。

3. 药物以分子、胶体或微晶状态分散在基质中,以水溶性基质(如硬脂酸钠、聚乙二醇、甘油明胶)制备的滴丸起效迅速,能提高药物的生物利用度。

4. 选择非水溶性基质(如硬脂酸、虫蜡、单硬脂酸甘油酯)制备的滴丸能够发挥缓释、长效作用。

5. 滴丸的丸重可控范围较大,以适应不同的给药途径。

6. 目前多数滴丸的载药量较小,服用剂量较大,一定程度上限制了应用。

二、滴丸工艺的过程、设备及影响因素

(一)滴丸的工艺过程

滴制法制丸工艺流程如下:

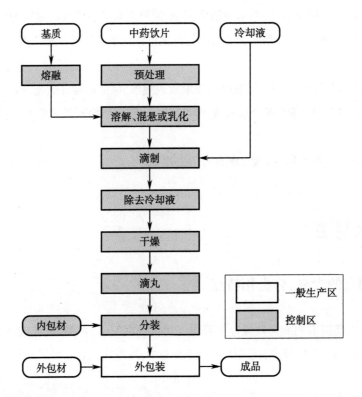

基质 → 熔融

中药饮片 → 预处理

冷却液

溶解、混悬或乳化

滴制

除去冷却液

干燥

滴丸

内包材 → 分装

外包材 → 外包装 → 成品

□ 一般生产区

■ 控制区

滴制法制丸的工艺过程为：生产部召开生产调度会，下达生产任务，值班调度长安排调度员实施生产，填写生产日报表、调度日志、交班记录。

1. 生产前准备　复核清场情况，检查生产场地是否有上一批物料、产品、用具、状态标志的遗留；检查操作间是否已清洁；检查是否有清场合格证，是否有质保人员签字；领取××滴丸生产记录、物料标志、状态标志；准备生产用具、设备，按照规程检查设备（如天平、滴丸机、离心机）是否运作正常。

提取车间也要按照相应的规程进行生产前检查。

2. 前处理　因滴丸载药量较小，通常对中药饮片进行适当的提取、纯化、干燥、粉碎后备用。

上料、提取、纯化、干燥、粉碎岗位工作人员按照工艺规程进行生产，填写半成品检验单，交于下一工序。

3. 基质熔融　根据药物的性质和用药目的（速释或缓释）选择适当的基质，将药物与基质加热熔融，使药物均匀分散于基质中。

生产技术员从辅料库领取处方量的基质，放入化料锅中，水浴熔融后保温，领取处方量的中药提取物，将提取物溶解、乳化或混悬于已经熔融的基质中，通过搅拌桨搅拌混匀，保温，填写半成品检验单，检验合格后移交下一工序。

4. 滴制　将混匀的药液保温在一定温度，通过一定管径的滴头，以一定的滴速滴入冷凝介质中，凝固形成丸粒，取出，除去冷凝介质，干燥，即得（图12-3）。

生产技术员将上述保温的药液通过压缩空气泵输送到贮液罐中，调节搅拌桨至规定转速；将导热油输入贮液罐的加热保温层中对药液及滴头加热保温；开启制冷系统，使冷却柱保持在规定温度；打开滴头及计量泵，调节至规定滴速，可调节液罐内真空度，使罐内处于恒压状态；

试滴30秒,取样检查滴丸外观、丸重,根据实际情况及时对冷却温度、滴距、滴速(一般通过调控压力实现)进行调整,直到能够生产出合格的滴丸;正式滴丸开始后每隔一定的时间取少量丸粒,对丸重及丸重差异进行检查,并据此对滴丸机工作参数进行调整;滴制结束后关闭滴头开关;按照规程对配料罐、管路、滴头进行清场。滴丸技术员填写生产记录、工艺检查记录和清场记录。

● 图12-3 滴丸机滴头

收集的滴丸在接丸盘中过滤冷凝介质一定时间,然后放入离心机内离心脱去冷凝介质;利用一定规格的丸筛分离出不合格的大丸、小丸、碎丸和粘连滴丸,选择符合规格的滴丸,倒入待包装贮料桶,废丸称重,记录重量,作废弃物处理;填写检验请验通知单交质检员;检验合格后发放检验合格报告单,包装人员从中间库领取检验合格的滴丸,采用自动包装机进行包装。包装好的产品电子扫码入成品库(储运部)。储运部根据销售订单情况发货。

(二)影响滴丸成型和质量的因素

1. 滴丸基质　滴丸的基质要求熔点较低,在一定的温度下即能熔化形成液体,在室温下能够保持固体状态。滴丸的基质可分为水溶性和非水溶性两类。常用的水溶性基质有聚乙二醇、硬脂酸钠、甘油明胶;常用的非水溶性基质有硬脂酸、单硬脂酸甘油酯、蜂蜡等。

2. 冷凝液　冷凝液的选择对于滴丸的成型至关重要,其必须不能溶解主药和基质,也不得与主药和基质发生化学反应。在滴制过程中滴丸能否成型取决于药液的内聚力是否大于药液与冷凝液的亲和力,当基质与冷凝液的亲和力大于液滴的内聚力时无法成型。

另外,冷凝液的密度不能与液滴相等(但二者的密度差不宜太大),这样才能使液滴在下沉或者上浮的过程中逐渐冷凝,收缩成丸。为了使滴丸有充足的时间收缩成球形以及释放气泡,冷凝液通常应梯度冷却,上部的温度不宜过低。

3. 滴制工艺　滴制时的滴距、滴速亦会对滴丸的圆整度、重量差异产生影响。

(三)滴制法制丸生产质量控制要点及参数

滴制法制丸的生产质量控制要点及参数详见表12-24。

表 12-24　滴制法制丸的生产质量控制要点及参数

工序	质量控制点	质量控制项目	一般参数	频次
配料	称量	原辅料的品名、数量、检验报告单	根据工艺要求	每批
化料	基质熔化	油浴温度	100~110℃	每批
	搅拌	转速、时间	30min	
	药液温度	温度	90~100℃	
滴制	滴丸	滴管内径	根据工艺要求	每批
		滴距	根据工艺要求	每批
		丸重	根据工艺要求	随时
	冷凝液	温度	5~10℃	随时
滴丸后处理	甩干	转速、甩干时间	根据工艺要求	随时
	整丸	筛目	根据工艺要求	随时
选丸	丸粒	外观	根据工艺要求	随时
内包	装量	装量	根据工艺要求	随时
外包	包装	装盒、装箱数量，打印文字	根据工艺要求	随时

（四）滴丸常见质量问题与解决方案

1. 丸粒圆整度不合格　滴丸在滴制过程中容易出现扁形丸、拖尾、粘连等现象，其中与制剂工艺相关的相关因素及解决方案详见表 12-25。

表 12-25　滴丸圆整度不合格的原因与解决方案

问题	原因	解决方案
不圆	①在冷凝液中移动速度太快形成扁形 ②冷凝液温度太低在未收缩成球形前就凝固成扁形	①减小液滴与冷凝液的密度差；增加冷凝液的黏度 ②采用梯度冷却
拖尾	①气泡逸出时带出少量药液来不及缩回即凝固成型 ②药液温度过低或者黏度较大导致拖尾	①减小滴丸的运动速度，让气泡有充分的时间逸出 ②适当提高药液温度；选用低黏度的基质
粘连	药液温度过高，液滴不能充分冷却造成粘连	降低药液温度

2. 丸重差异不合格　《中国药典》（2020 年版）四部规定，当平均丸重（或标示丸重）≤0.03g 时，重量差异不得超过 ±15%；平均丸重为 0.03g 以上至 0.1g 时，丸重差异不得超过 ±12%；平均丸重为 0.1g 以上至 0.3g 时，丸重差异不得超过 ±10%；平均丸重为 0.3g 以上时，重量差异不得超过 ±7.5%。引起丸重差异不合格的相关因素及解决方案详见表 12-26。

表 12-26　滴丸丸重差异不合格的原因与解决方案

原因	解决方案
滴头内径与滴速不匹配。同一内径滴头，滴速快，丸重小；滴速慢，丸重大	①随时监测滴速 ②根据滴速选择合适的滴头
滴距过高，液滴在撞击冷凝液液面时容易滴散，产生细粒	降低滴头与冷凝液液面距离
滴制过程中未能保持恒温，表面张力随着温度的升高而降低，当温度升高时，药液分子间的相互引力减弱，表面张力减小，丸重减小	保持药液、滴头、冷凝液恒温

原因	解决方案
多滴头滴丸机滴头不够精密	选择滴头一致的滴丸机
药液的温度较低,比较黏稠,在搅拌过程中可能会产生气泡,导致滴丸中包裹气泡	①提高药液温度 ②低速搅拌
冷凝液温度太低,气泡不能及时从液滴中逸出,致使滴丸包裹气泡	梯度冷却
混悬型、乳浊型的滴丸化料不均匀	对化料工序进行控制 (调整搅拌速度、温度等参数)
气压不稳	在滴制过程中采用恒压滴制

3. 丸粒硬度不合格　滴丸的硬度对于生产、包装、运输、使用而言具有重要的意义。硬度过大会影响滴丸的溶散,甚至在包装、运输过程中易碎;硬度过小则容易产生变形、熔化的现象,不便于贮存,特别是南方湿热气候。引起丸粒硬度不合格的相关因素及解决方案详见表12-27。

表12-27　滴丸硬度不合格的原因与解决方案

	原因	解决方案
1	制剂处方不合理,水分(如中药流浸膏)、有机溶剂(采用有机溶剂-熔融法将药物与基质混匀)、挥发油、油脂类成分较多(脂溶性成分较多在滴制过程中甚至难以滴制成型)	调整制剂处方,选用适宜的基质
2	基质(或基质配比)不合理	选择分子量大、黏度高的辅料(如PEG6000)

4. 溶散时限不合格　滴丸通常作为速释制剂使用,因此需要具有良好的崩解性。《中国药典》2020年版四部规定,滴丸应在30分钟内全部溶散,包衣滴丸应在1小时内全部溶散。

造成溶散时限不合格的原因通常是制剂处方不合理,可添加适当的表面活性剂或者崩解剂予以改善。

5. 滴丸老化　滴丸老化是指滴丸在贮存过程中出现硬度变大、溶散时限延长、溶出度降低,甚至析出晶体的现象。滴丸的老化对药物的稳定性及应用有重要影响。

通过改善制剂处方,如药辅比、添加表面活性剂增溶以提高分散度、采用高黏度的基质、采用多元基质能在一定程度上对改善老化。

案例12-3　滴制法制丸工艺案例

1. 操作相关文件

工业化大生产中滴制法制丸工艺操作相关文件详见表12-28。

表12-28　工业化大生产中滴制法制丸工艺操作相关文件

文件类型	文件名称	文件编号
工艺规程	××滴丸工艺规程	××
内控标准	××中间体及成品内控质量标准	××
质量管理文件	偏差管理规程	××
SOP	生产操作前检查标准操作程序	××
	台秤称量标准操作程序	××
	滴制岗位标准操作程序	××

文件类型	文件名称	文件编号
SOP	滴丸重量差异测定标准操作程序	××
	生产指令流转标准操作程序	××
	滴丸生产线清洁规程	××
	洁净区清场标准操作程序	××

2. 生产前检查确认

工业化大生产中滴制法制丸工艺生产前检查确认项目详见表12-29。

表12-29 工业化大生产中滴制法制丸工艺生产前检查确认项目

检查项目	检查结果	
清场记录	□有	□无
清场合格证	□有	□无
批生产指令、工艺规程、批生产记录文件	□有	□无
设备、容器具、管道完好、清洁	□有	□无
计量器具有检定合格证,并在周检效期内	□符合要求	□不符合要求
检验用仪器有检定合格证,并在周检效期内	□符合要求	□不符合要求
工器具定置管理	□符合要求	□不符合要求
上批遗留产品及与本批无关文件、物料已清除,有清场合格证	□已清除	□未清除
所用工艺指令、SOP、批生产记录等文件齐全	□齐全	□不齐全
与本批有关的物料齐全	□齐全	□不齐全
有所用物料检验合格报告单(规格、数量)	□有	□无
备注		
检查人		

岗位操作人员按表12-29检查确认后,填写生产操作前检查记录,并签名。质检员复核确认后发放生产许可证,生产许可证如表12-30所示。

表12-30 工业化大生产中滴制法制丸工艺生产许可证

品　名		规　格	
批　号		批　量	
检查结果		质检员	
备　注			

3. 生产准备

3.1 批生产记录的准备

车间工艺员下发本产品滴丸岗位的批生产记录,操作人员领取批生产记录后,查看批生产指令,获取品名、批量等信息,严格按照本岗位的 ×× 滴丸岗位工艺卡操作,在批生产记录上及时记录要求的相关参数。

3.2 物料准备

双人复核称取原料药粉、基质备用。

4. 所需设备列表

每批次 ×× 滴丸使用自动滴丸机等进行生产,详见表 12-31。

表 12-31 工业化大生产中滴制法制丸工艺所需设备列表

工艺步骤	设备	设备编号
×× 滴丸滴制	自动化滴丸机	××
	集丸离心机	××
	筛丸干燥机	××
×× 滴丸包装	立式圆瓶自动贴标机	××
	喷码机	××
	电磁感应铝箔封口机	××
	多功能自动装盒机	××

5. 工艺过程

5.1 工艺流程

工业化大生产中滴制法制丸工艺如下:

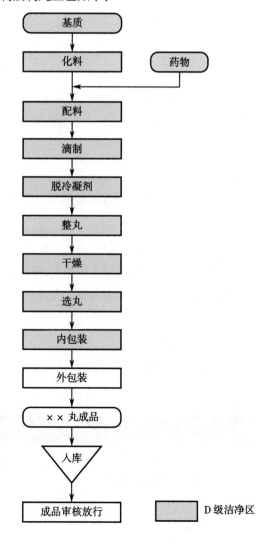

5.2 工艺过程

5.2.1 生产准备

进行生产操作前现场检查,确认滴丸生产线清洁、完好。调整配液罐至工作状态,预热配液罐,投入基质,待基质完全融化后,加入原料药粉,搅拌,使药液均一。

5.2.2 滴制

将药液输送至滴罐中,在保温条件下通过一定内径的滴管,调节滴速和滴头到冷凝液的距离,使所得滴丸大小具有均一性。滴丸过程中,不断称量丸重,观察丸型外观是否圆整。

5.2.3 冷却

滴丸在冷凝液中缓缓下沉,速度不宜太快或太慢。控制冷凝液温度。成型后的丸子外观圆整,无拖尾丸、扁丸、空丸等不合格丸。

5.2.4 滴丸后处理

5.2.4.1 脱冷凝剂

将杯内装有半杯滴丸的集丸器杯取出放在离心机旋转体架上离心。

5.2.4.2 整丸

取出经离心后的滴丸,放入振动筛内筛选,不合格丸粒另器存放。

5.2.4.3 抛光

取经过清洁消毒后的丝光毛巾放入干燥机的滚筒内,将整丸后的合格丸粒流入滚筒内进行抛光。

5.2.5 拣选

进行选丸生产操作前检查,确认生产现场清洁、完好。选出大丸、小丸、异形丸(粒)、空丸、拖尾丸等不合格丸,合格丸粒装入洁净容器中,密封。均入中间库分区存放并分别挂上标识,注明品名、规格、产品批号、数量等。取样检验。

5.2.6 内包装

从中间库领取检验合格的滴丸,从内包材库领取检验合格的内包材(瓶或袋),按内包装岗位要求及内控标准进行分装。

5.2.7 外包装

领取包装材料,调整封口机、贴标机、自动入盒机至工作状态,设定设备参数,符合要求后启动输送带,将分装后的瓶热封,自动贴标签,自动放入说明书并入盒,扫码,将监管码建立包装关联关系。扫描箱签,封箱,打包,入库。

6. 工艺参数控制

工业化大生产中滴制法制丸工艺参数控制详见表 12-32。

表 12-32 工业化大生产中滴制法制丸工艺参数控制

操作步骤	控制项目
称重	原辅料的品名、规格、数量和检验报告单
基质熔化	油浴温度
搅拌	转速、时间

操作步骤	控制项目
药液温度	温度
滴制	滴制时滴管内径、滴距、丸重符合要求
冷凝液	上层温度、下层温度
甩干	转速、甩干时间
整丸	筛目

7. 清场

7.1 设备清洁

按照《滴丸生产线清洁规程》中所规定的清洁频次、清洁方法进行清洁。

7.2 环境清洁

按照《洁净区清场标准操作程序》对滴丸生产区域卫生进行清洁,注意保持干净。

7.3 清场检查

生产结束后操作人员须清场,并填写清场记录,经班组长和质检人员复核确认合格后,发给清场合格证,并在设备上悬挂"已清洁"标识,填写批生产记录中"工序清场记录"。

8. 注意事项

8.1 称量过程要求双人复核,保证称量准确无误。

8.2 滴丸过程中,不断称量丸重,观察丸型外观圆整。

8.3 滴丸在冷凝液中缓缓下沉,速度不宜太快或太慢;成型后的丸粒外观圆整,无拖尾丸、扁丸、空丸等不合格丸。

本章小结

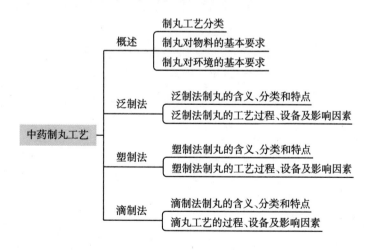

第十二章 同步练习

（李鹏跃　张岩岩）

参 考 文 献

[1] 李范珠.中药药剂学.北京:人民卫生出版社,2017.

[2] 徐莲英.中药制药工艺技术解析.北京:人民卫生出版社,2003.

[3] 沈锦华,毛疆民,汪燕,等.中药手工泛丸操作规程.中国民族民间医,2017,26(18):16-20.

[4] 罗琼.影响蜜丸质量的因素及其质量控制.华西药学杂志,2003,18(6):440-464.

[5] 魏智勇,毕丽萍.影响蜜丸硬度的因素及质量控制的探讨.天津药学,2006,18(4):31-33.

[6] 曾德惠.滴丸的进展.药学通报,1979,14(10):433-437.

[7] 方冠华,冯士敏,姜志义.用滴丸法制备酒石酸锑钾丸的研究.药学学报,1958,6(6):380-384.

[8] 曲韵智,董晴,任鲁华,等.滴丸制剂在生产和贮存中常见问题与解决方法.中国医药技术经济与管理,2010,(2):44-48.

[9] 邸秀梅,郭丽君.影响蜜丸质量的主要因素及解决办法.内蒙古中医药,1996,(S1):155.

[10] 何栋.水丸制作过程中存在的常见问题及解决方法.临床合理用药杂志,2010,(13):13.

第十三章 中药制软膏工艺

第十三章 课件

学习目标

1. 掌握：软膏剂、乳膏剂、凝胶剂的含义、特点、组成及制备方法；掌握软膏剂的质量检查方法。

2. 熟悉：基质吸收的影响因素；软膏剂常用基质及分类；膏剂制备的基本卫生条件。

3. 了解：糊剂和涂膜剂的制备工艺和特点。

第一节 概述

软膏剂（ointment）系指半固体外用膏剂，主要用于皮肤的局部治疗，对皮肤有保护、润滑、消炎和止痒等作用。软膏剂根据基质组成不同，可分为油脂性基质软膏（油膏）、乳剂型基质软膏（乳膏）和水溶性基质软膏（凝胶剂）。类似的涂膜剂也在本章介绍。

软膏剂在我国应用甚早，近年来随着经皮给药系统（transdermal drug delivery system，TDDS）或膏剂辅料尤其是凝胶基质的发展，软膏剂得到快速发展。

软膏剂具有热敏性和触变性，热敏性表现为遇热熔化而流动；触变性表现为施加外力时黏度降低，静止时黏度升高，稳定性增加。软膏剂的特点如下：①主要起局部治疗的作用，对于皮肤类疾病具有明显的优势，避免了口服给药可能发生的肝首过效应和胃肠灭活的现象，提高了药物治疗效果；②可以通过改变给药面积调节给药剂量；③患者可以自主给药，也可随时终止用药，降低了药物副作用，提高了患者依从性。

清代名医徐洄溪对膏药"治里者"解释为"用膏贴之，闭塞其气，使药性从毛孔而入其腠理，通经贯络，或提而出之，或攻而散之，较之服药尤有力，此至妙之法也"。膏剂的经皮吸收系指其中的药物通过皮肤进入血液的过程。包括释放、渗透及吸收进入血液循环三个阶段。释放系指药物从基质中脱离出来并扩散到皮肤或黏膜表面；渗透系指药物通过表皮进入真皮、皮下组织，对局部组织起治疗作用；吸收系指药物通过皮肤微循环或与黏膜接触后通过血管或淋巴管进入体循环而产生全身作用。影响软膏剂经皮吸收的因素有很多，一般认为药物的理化性质、基质的组成、给药部位的特性等为影响药物经皮吸收的主要因素。这些因素与经皮吸收的关系用式（13-1）表示：

$$dQ/dt=KCDA/T \qquad \text{式（13-1）}$$

式中，dQ/dt 为达到稳定时的药物透皮速率；K 为药物皮肤 / 基质分配系数；C 为溶于基质中的药物浓度；D 为药物在皮肤屏障中的扩散系数；A 为给药面积；T 为有效屏障厚度。

影响药物经皮吸收的因素如下：

1. 皮肤条件　软膏剂的经皮吸收，主要有以下两条途径。

（1）经由完整的表皮途径：是药物经皮吸收的主要途径。完整表皮的角质层细胞及其细胞间隙具有类脂膜性质，有利于脂溶性药物以非解离型透过表皮，而解离型药物较难透过。若皮肤屏障功能受损（如患湿疹、溃疡或烧伤），药物吸收速度大大增加，但易引起疼痛、过敏等副作用。一般说来，溃疡皮肤对许多物质的渗透性为正常皮肤的 3~5 倍。

（2）皮肤附属器途径：经由毛囊、皮脂腺及汗腺等途径。一般角质层厚的部位药物不易透入，毛孔多的部位较易透入。不同部位的皮肤渗透性大小顺序为：阴囊＞耳后＞腋窝区＞头皮＞手臂＞腿部＞胸部。

此外，人的年龄、性别、种族不同，其皮肤的差异与药物的穿透吸收也有较大关系。老年人皮肤干燥，附属器官的功能降低，穿透和吸收能力较差；婴儿的表皮比成人薄，穿透能力比成人大。皮肤的温度与湿度也会影响药物的吸收。皮肤温度、湿度较大时，有利于角质层的水合作用，从而有利于药物通过。

2. 药物性质　皮肤角质层具有类脂质特性，非极性较强，一般油溶性药物易穿透皮肤，但组织液是极性的，因此既有一定脂溶性又有一定水溶性的药物（分子具有极性基团和非极性基团）更易穿透皮肤。药物分子的大小对药物经皮吸收也有影响，小分子药物易在皮肤中扩散，分子量大于 600 的药物较难透过角质层。因此，经皮给药宜选用分子量小、药理作用强的小剂量药物。

3. 基质　一般认为乳膏剂的基质有较适宜的油水分配系数，较油膏和凝胶膏剂吸收好。如相同剂量的黄芩素软膏，乳膏剂较油膏和凝胶膏剂吸收有显著增加。

4. 渗透吸收促进剂（penetration enhancer）　系加速药物穿透皮肤屏障，有利于药物吸收的物质。常用的渗透吸收促进剂有：①表面活性剂，在软膏剂中加入适量表面活性剂，可增加药物与皮肤的润湿性，促进药物穿透皮肤；如水杨酸软膏中加入十二烷基硫酸钠；②二甲基亚砜及其类似物，二甲基亚砜（dimethyl sulfoxide，DMSO）是应用较早的渗透吸收促进剂，促渗透作用较强，但长时间大量使用可导致皮肤严重刺激，甚至引起肝损伤和神经毒性等；③月桂氮䓬酮（laurocapram）及其类似物，月桂氮䓬酮，简称氮酮（azone），化学名为 1- 十二烷基 - 六氢 -2H- 氮杂䓬 -2- 酮，为无色澄明黏稠液体，不溶于水，易溶于无水乙醇、乙酸乙酯、乙醚等有机溶剂，氮酮对亲水性药物的渗透作用强于亲脂性药物。某些辅料能影响氮酮的作用，如少量凡士林能使其促渗作用降低。氮酮的透皮作用具有浓度依赖性，有效浓度常在 1%~6%，最佳浓度应根据实验确定。氮酮起效较慢，但一旦发生作用则能持续多日。氮酮与其他促进剂合用效果更佳，如与丙二醇、油酸等合用；④醇类化合物，包括各种短链醇、脂肪酸及多元醇等，结构中含 2~5 个碳原子的短链醇如乙醇、丁醇等能溶胀和提取角质中的类脂，增加药物的溶解度，从而促进极性和非极性药物的经皮渗透；⑤其他类化合物，薄荷油、桉叶油、松节油等挥发油可刺激皮下毛细血管的血液循环，具有较强的透皮促进能力，它们的主要成分是一些萜类化合物。氨基酸及其衍生物和一些水溶性蛋白质也能增加药物的透皮渗透,其中有些比氮酮具有更强的渗透促进效果和较低的毒性与刺激性。

5. 其他因素　药物浓度、用药面积、应用次数及时间等一般与药物的吸收量成正比。人的年龄、性别均对皮肤的穿透、吸收有影响。

第二节　油膏剂

一、油膏剂的含义与特点

油膏是软膏剂的一种,是将药物细粉或药物提取物与油脂性基质混合制成的半固体外用制剂。也是中药的传统制剂,如紫草软膏、老鹳草软膏等。按照药物在基质中的溶解状态可分为溶液型、混悬型。

油膏剂主要发挥保护创面、润滑皮肤和局部治疗作用,某些药物还能通过皮肤吸收进入体循环,产生全身治疗作用。

油膏剂应符合下列要求:①基质应均匀、细腻,涂于皮肤或黏膜上无粗糙感;②具有适当的黏稠度,易涂布于皮肤或黏膜上,不融化,黏稠度随季节变化应很小;③性质稳定,应无酸败、异臭、变色、变硬现象;④有良好的安全性,不会引起皮肤刺激反应、过敏反应及其他不良反应;⑤用于大面积烧伤或严重创伤时应无菌。

二、油膏剂的基质

油膏剂的基质主要包括动植物油脂、烃类及类脂类等疏水性物质。该类基质的特点是润滑、无刺激性,在皮肤上形成封闭性油膜,促进皮肤水合作用,对皮肤有保护作用,适用于慢性皮肤病和某些感染性皮肤病的早期,但不适用于有渗出液的皮肤破损部位。油脂性基质释药性差,不易清除。

1. 烃类　系从石油蒸馏后得到的多种烃类的混合物,其中大部分属于饱和烃。

(1)凡士林:凡士林(vaseline)是由多种烃类组成的半固体混合物,有黄、白两种,后者由前者漂白而得,熔程为38~60℃。本品无臭、无刺激性,化学性质稳定,能与多种药物配伍,尤适用于遇水不稳定的药物(如抗生素类)。本品是一种比较理想的闭塞性基质,可单独用作油膏基质,也可用于调节油膏的软硬度或稠度,能在皮肤表面形成封闭性油膜,减少水分的蒸发,促进皮肤水合作用,对皮肤具有较强的软化、保护作用,但不适用于有渗出液的创面。凡士林吸水性差,仅能吸收其重量约5%的水分,其中加入适量羊毛脂、胆固醇或某些高级醇类可增加其吸水性能,如在凡士林中加入15%羊毛脂可吸收水分达50%。

(2)石蜡和液体石蜡:石蜡(paraffin)是固体饱和烃的混合物,呈白色固体块状,熔程为50~65℃,与其他基质融合后不析出。液体石蜡(liquid paraffin)是液体烃的混合物,无色透明。这两种基质主要用于调节基质的稠度。

2. 类脂类　该类基质为高级脂肪酸与高级脂肪醇形成的酯及其混合物,物理性质类似脂肪,但化学性质比脂肪稳定,具有一定的表面活性作用和吸水性能,多与油脂性基质合用,主要有羊毛脂,蜂蜡、鲸蜡等。类脂可调节基质的稠度,也可用于乳剂型基质中增加稳定性。

（1）羊毛脂:羊毛脂（lanolin）一般是指无水羊毛脂,为淡黄色黏稠半固体,微有异臭,熔程为36~42℃,其主要成分是胆固醇类棕榈酸酯及游离胆固醇类。羊毛脂吸水性强,不易酸败,为优良的油膏剂基质,用量一般为5%。因黏稠性大,涂于局部有不适感,故不宜单独用作基质,常与凡士林合用。

（2）蜂蜡与鲸蜡:蜂蜡（bees wax）主要含棕榈酸蜂蜡醇酯,并含少量游离蜂蜡醇及酸,熔程为62~67℃;鲸蜡（spermaceti）为棕榈酸鲸蜡醇酯及含少量游离醇类,熔程为42~50℃。蜂蜡与鲸蜡均不易酸败,有较强的润滑性,但吸水性较弱,常作为增稠剂使用。二者均为弱的 W/O 型乳化剂,在 O/W 型乳剂基质中起增加稳定的作用。

3. 油脂类　系来源于动植物的高级脂肪酸甘油酯及其混合物,结构中存在不饱和键,其稳定性不如烃类,贮存时易受温度、光线、空气等的影响而引起分解、氧化和酸败,可酌加抗氧剂和防腐剂。

（1）植物油:常用的植物油（vegetable oil）如花生油、大豆油、橄榄油、麻油、棉籽油等,由于存在不饱和键,常温下为液体,常与类脂类混合使用,以获得适当稠度的油脂类基质。植物油也可作为乳剂型基质的油相。

（2）氢化植物油:氢化植物油（hydrogenated vegetable oil）系植物油在催化作用下加氢而成的饱和或部分饱和的脂肪酸甘油酯,较植物油稳定,不易酸败。完全氢化的植物油是蜡状固体,熔程为 34~41℃。

（3）豚脂:豚脂（lard）为含油猪肉经熔炼、精炼而制得。本品为白色或淡黄色蜡状固体,不溶于水,溶于三氯甲烷和二硫化碳。豚脂为食用油脂,无毒、对皮肤和黏膜无刺激性。但豚脂易酸败,为防止酸败,通常可加入 2% 苯甲酸、尼泊金以利保存。

4. 硅酮　俗称硅油或二甲基硅油（dimethicone）,系有机硅氧化物的聚合物,是一系列不同分子量的聚二甲基硅氧烷。本品化学性质稳定,疏水性强,在应用温度范围内黏度变化极小,黏度随分子量增大而增加。对皮肤无毒性、无刺激性,润滑且易于涂布,不妨碍皮肤的正常功能,不污染衣物,为较理想的疏水性基质。本品常与其它油脂性基质合用制成防护性软膏,用于防止水性物质如酸、碱液等对皮肤的刺激或腐蚀,也可制成乳剂型基质应用。本品对眼睛有刺激性,不宜做眼膏基质,软膏常用二甲基硅油 50 和二甲基硅油 100 两种规格。

三、油膏剂的制备

1. 制备方法

（1）研和法:基质为油脂性半固体时,可直接采用研和法。一般常温下将药物与少量基质或适宜液体通过搅拌或研磨成细腻糊状即可。

（2）熔合法:适用于所含基质及药物各组分的熔点不同,在常温下不能均匀混合的油膏。通常先将高熔点基质加热熔化,再按照熔点高低顺序逐步加入其他成分,熔合成均匀基质,然后加入药物,搅拌混合均匀即可。

2. 油膏剂的制备工艺

（1）基质的处理：基质的净化与灭菌处理：油脂性基质一般在加热熔融后通过数层细布或120目铜丝筛网趁热过滤除去杂质,然后加热至170℃灭菌1小时,并除去水分。

（2）药物的处理：量大的中药复方可加入油脂性基质中将有效成分炼制后,再加入量少的粉末性药材。可溶于基质中的药物可先将基质加热至熔融,然后将药物溶解在基质中制成溶液型油膏。不溶性药物,应先采用适宜方法研磨成细粉,并通过六号筛,然后与熔融的基质混合均匀制成混悬型油膏。易氧化、热敏性和挥发性药物加入基质时,基质温度不宜过高,以减少药物的破坏和损失。

（3）制膏操作：油膏剂的制备使用乳匀机,工艺流程如下：

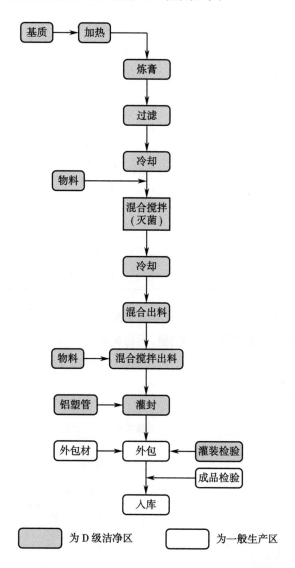

1）将已称量的油相基质物料加入电热锅内,开启电加热,升至规定温度,再将部分原料加入电热锅内,边加边搅拌,继续搅拌30分钟,使物料混合均匀。

2）开启真空泵,控制真空压力在 –0.05~–0.04MPa 之间,将上述物料通过120目筛滤除残渣,抽入调配罐中,关闭真空泵,开启调配罐搅拌,搅拌速度25~30r/min,开启调配罐的排烟阀门。

3）开启冷却水,冷却水压力 0.1~0.2MPa,当物料降温至170℃时关闭冷却水,待物料降温至

160℃ ±2℃时加入剩余部分原料混匀,在160℃ ±2℃保温60分钟灭菌。

4)继续通冷却水,温度降至60℃ ±2℃时,开启出料阀出料,物料转入二次调配罐中。

5)在温度60℃时加入剩余物料(低温投料),搅拌30分钟,混匀。

6)当温度降至30℃时,即得成品。

3. 油膏剂生产质量控制要点及参数　油膏剂生产质量控制要点及参数详见表13-1。

表13-1　油膏剂生产质量控制要点及参数

工序	控制要点	控制项目	一般参数	频次
生产前检查	生产设施	运转	正常运转	每批
	消毒	设备	75% 乙醇	每批
		车间室内	75% 乙醇	每批
物料准备	原辅料	异物、细度	≥ 120 目	每批
	特殊原辅料(油脂,蜂蜡)	异物、细度	加热成液体,过120目的铜网	每批
配料	投料	品种数量	双人操作	每批
油膏的制备	油温	油脂温度	170℃,真空压力 –0.04~–0.03MPa	1 次 / 班
		药物加热时间	15~30min	1 次 / 班
	冷却水		控制在油温160℃,60min	1 次 / 班
混合	二次调配罐	温度	60℃	1 次 / 班
灌装	灌装室	压强	正压	1 次 / 班
		温度	室内温度 18~26℃	1 次 / 班
		湿度	相对湿度 45%~65%	1 次 / 班

4. 设备　由于油膏剂的基质在高温下通常呈现流体状态,黏度较小,适合工业化生产,故油膏剂的制备多采用熔合法。先将基质加热熔融,再将药物加入其中,搅拌均匀。比较常用的设备乳匀机和软膏灌装机,乳匀机如图13-1所示,软膏灌装机如图13-2所示。

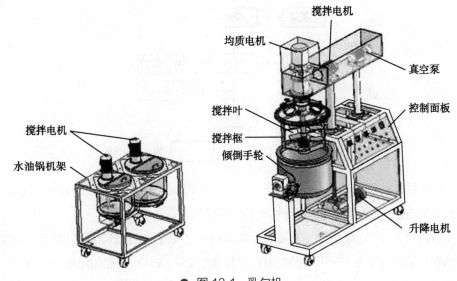

● 图 13-1　乳匀机

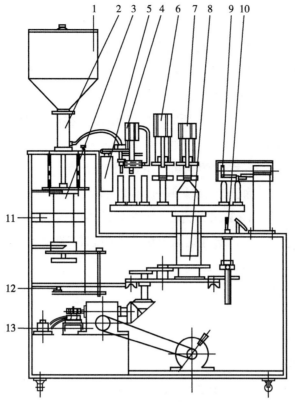

1. 料桶（承料）；2. 柱塞泵（灌装）；3. 气缸及计量（调节泵体计量，使符合灌装要求）；4. 内加热系统（利用电加热和气加热同步使塑管内壁受热，至可封温度）；5. 灌装头升降系统（将灌装咀插入管内后再灌装，可保料不外溢）；6. 外加热系统（将塑管外壁加热，实现管壁内外温度受热均匀）；7. 封口压码系统（将加热后的塑管压实，并打印生产批号和日期钢码）；8. 槽轮分度系统（利用间歇机构实现塑管的分度回转）；9. 切边机构（将已封的塑管多余部分切除）；10. 顶出机构（把已灌封成型的管子顶出夹具、实现自动卸管）；11. 电器控制系统；12. 行程开关；13. 分配凸轮。

● 图 13-2　软膏灌装机

四、油膏剂的质量控制

1. 粒度　取供试品适量，置于载玻片上，涂成薄层，覆以盖玻片，共涂 3 片，按照粒度测定法 [《中国药典》（2020 年版）通则 0982 第一法] 测定，均不得检出大于 180μm 的粒子。

2. 装量　按照最低装量检查法 [《中国药典》（2020 年版）通则 0942] 检查，应符合规定。

3. 无菌　用于烧伤或严重创伤的油膏剂，按照无菌检测法 [《中国药典》（2020 年版）通则 1101] 检查，应符合规定。

4. 微生物限度　除另有规定外，照非无菌产品微生物限度检查。微生物计数法 [《中国药典》（2020 年版）通则 1105] 和控制菌检查法 [《中国药典》（2020 年版）通则 1106] 及非无菌产品微生物限度标准 [《中国药典》（2020 年版）通则 1107] 检查，应符合规定。

5. 含量测定　油膏剂含量准确测定的关键是排除基质对主药含量测定的干扰和影响，可通过方法学考察和加样回收率实验验证含量测定方法。

6. 物理性质的检测

（1）pH：由于油膏基质在精制过程中须用酸、碱处理，有时还须通过改变 pH 调节软膏的黏度，因此应对其酸碱度进行测定，以免引起刺激。测定方法是取样品加适量水或乙醇分散混匀，然后用酸度计测定，一般 pH 控制在 4.4~8.3。

（2）熔程：按照《中国药典》2020 年版的方法测定或用显微熔点测定仪。

（3）黏度与稠度：油膏剂多属于非牛顿流体，除黏度外，常需要测定塑变值、塑性黏度、触变指数等流变学指标，这些因素总和称为稠度，可用黏度计测定。

7. 刺激性研究　油膏剂涂于皮肤或黏膜时，不得引起刺激性。刺激性研究的方法：用于皮肤的油膏在家兔背部剃去毛 3cm×3cm，24 小时后，取 0.5g 油膏均匀涂布于剃毛部位，用无刺激性胶布和绷带固定，贴敷至少 4 小时。24 小时后观察涂敷部位有无红斑和水肿等情况，并用空白基质作对照。

【举例】以紫草油膏为例。

1. 处方

紫草 500g	当归 150g
防风 150g	地黄 150g
白芷 150g	乳香 150g
没药 150g	麻油 6 000g
蜂蜡 2 000g	

2. 制法

以上药物，除紫草外，乳香、没药粉碎成细粉，过筛；当归、防风、地黄、白芷四味酌予碎断，取麻油 6 000g，置锅内烧热至 180℃，加入药物，炸至枯黄，去渣；将紫草置锅内炸至油呈紫红色，去渣，滤过。将药油与蜂蜡放入乳匀机中融化，加入乳香、没药粉末，搅拌均匀，软膏灌装机灌装，即得成品。

3. 功能与主治

化腐生肌，解毒止痛。用于热毒蕴结所致的溃疡。

4. 处方分析

该制剂所用的是油脂性基质，处方中乳香、没药为细料药，故粉碎成细粉；紫草为全草类药材，容易炸焦，故后炸。

5. 操作相关文件（表 13-2）

表 13-2　紫草油膏制备工艺操作相关文件

文件类型	文件名称	适用范围
工艺规程	油膏工序操作规程	规范工艺操作步骤、参数
内控标准	紫草油膏内控标准	中间体质量检查标准
质量管理文件	偏差管理规程	生产过程中偏差处理
工序操作规程	油膏剂制备操作规程	油膏剂制备工序操作

文件类型	文件名称	适用范围
设备操作规程	油膏剂制备规程	乳匀机操作
	软膏灌装机操作规程	软膏灌装机操作
卫生管理规程	洁净区工艺卫生管理规程	洁净区卫生管理
	洁净区环境卫生管理规程	洁净区卫生管理

6. 生产前检查确认（表 13-3）

表 13-3　紫草油膏生产前检查确认项目

检查项目	检查结果	
清场记录	□有	□无
清场合格证	□有	□无
批生产指令	□有	□无
设备、容器具、管道完好、清洁	□有	□无
计量器具有检定合格证并在周检效期内	□符合要求	□不符合要求
检验用仪器有检定合格证并在周检效期内	□符合要求	□不符合要求
工器具定置管理	□符合要求	□不符合要求
上批遗留产品及与本批无关文件、物料已清除	□已清除	□未清除
所用工艺指令、SOP、批生产记录等文件齐全	□齐全	□不齐全
与本批有关的物料齐全	□齐全	□不齐全
有所用物料检验合格报告单	□有	□无
备注		
检查人		

　　岗位操作人员按上表检查确认后，填写生产操作前检查记录，并签名。质检员复核确认后发放"生产许可证"（表 13-4）。

表 13-4　紫草油膏生产许可证

品　　名	紫草油膏	规　　格	20g
批　　号		批　　量	
检查结果		质检员	
备　　注			

7. 生产准备

7.1　批生产记录的记录要求

　　车间工艺员下发本批次的批生产记录，操作人员领取批生产记录后，查看首页生产指令单，获取：品名、批号、设备号，严格按照本文件进行压片操作，在批生产记录上及时记录批生产记录要求记录的相关参数。

7.2 操作前检查

根据生产指令单获取的设备号,操作人员按照表 13-5 对工序内生产区清场情况、设备状态等进行检查,确认符合合格标准后,检查人与复核人在批记录上签字确认。操作人员填写"运行"设备状态标志,填写品名、批号、数量、日期、操作人相关内容,取下班组长已检查签字的"正常 已清洁"状态标志,贴于批生产记录上,悬挂"运行"设备状态标志。

表 13-5 紫草油膏生产灌装间清场检查

区域	类别	检查内容	合格标准	检查人	复核人
膏剂生产灌装间	清场	环境清洁	无与本批次生产无关的物料、记录等	操作人员	操作人员
		设备清洁	设备悬挂"正常 已清洁"状态标志并有车间 QA 检查签字	操作人员	操作人员

8. 所需设备列表(表 13-6)

表 13-6 紫草油膏制备所需设备列表

工艺步骤	设备
紫草油膏制备过程	乳匀机
紫草油膏灌装过程	软膏灌装机

9. 生产过程(表 13-7)

表 13-7 紫草油膏制备生产过程

操作子步骤	具体操作步骤	责任人
试运行	检查油膏外观性状,调整乳匀机的温度、搅拌速度,进行试生产。车间 QA 取样检测工艺规程相关检测项,确认合格后,操作人员方可开始生产	操作人员
软膏灌装机	油膏检查合格后,进行正式油膏灌装。灌装过程中,控制转速在 600~4 000 支 /h,应勤称重(至少每隔 30min 称一次),确保重量差异在 95% 范围内,并要随时检查油膏的外观性状。 在完成灌装后,进行贴签操作,与中转站管理员进行交接,在批生产记录上记录结果并签字	操作人员

10. 清场

10.1 设备清洁

设备清洁要求所规定的清洁频次、清洁方法进行清洁。

10.2 环境清洁

对片剂车间卫生进行清洁,压片过程中随时保持周边卫生干净。

10.3 清场检查

清场结束后由车间 QA 进行检查,符合要求后签发设备"正常 已清洁"状态标志;若不合格则需要操作人员进行重新清洁,并有相应记录。

第三节 乳膏剂

一、乳膏剂的含义与特点

乳膏剂（ointments）系指中药提取物、饮片细粉与乳剂型基质均匀混合制成的半固体外用制剂。按基质的不同，可分为水包油型（O/W）乳膏剂与油包水型（W/O）乳膏剂。

乳膏剂主要发挥保护创面、润滑皮肤和局部治疗作用，某些药物还能通过皮肤吸收进入体循环，产生全身治疗作用。

二、乳膏剂的基质

乳膏剂由药物、乳剂型基质和附加剂组成。常用的乳剂型基质包括油溶性基质、乳化剂和水溶性基质，根据乳化剂的类型可分为 O/W 型与 W/O 型两类。

乳剂型基质对皮肤的正常功能影响很小，对油、水均有一定的亲和力，软膏中释放穿透性较好，能吸收创面渗出液，适用于脂溢性皮炎、皮肤开裂、疱疹、瘙痒等皮肤病；忌用于糜烂、溃疡、水疱及化脓性创面。遇水不稳定的药物不宜选用。

乳剂型基质的组成有油相、水相和乳化剂。

1. 油相 乳剂型基质中油相主要是固体或半固体，如硬脂酸、蜂蜡、石蜡、高级醇（如十八醇）等，有时也加液体石蜡、植物油和凡士林等调节稠度。

2. 水相 乳剂型基质中水相多为纯化水，因 O/W 型基质的外相为水，在贮存过程中容易霉变，常须加入防腐剂（如尼泊金类、三氯叔丁醇、山梨酸等）。水分易蒸发失散而变硬，常加入甘油、丙二醇、山梨醇等保湿剂，用量一般为 5%~20%。

3. 乳化剂 乳剂型基质中使用的乳化剂多为表面活性剂，能促进药物与表皮的作用，使药物的释放、穿透均较油脂性基质强，对皮肤正常功能影响较小，易清除，是现今软膏基质应用较广的一类。乳化剂有 O/W 型和 W/O 型，常用的 O/W 型乳化剂有：一价皂（如硬脂胺皂、钠皂、钾皂），脂肪醇硫酸（酯）钠类、吐温类、平平加 O（脂肪醇聚氧乙烯醚类）、乳化剂 OP（烷基酚聚氧乙烯醚类）等。W/O 型乳化剂有：多价皂、司盘类、胆固醇等。

（1）水包油型乳剂基质：外观性状似雪花膏状，可与水或其他药物水溶液稀释后使用，易洗涤，不污染衣物，能吸收一定量的渗出液。在贮存过程中，易发生霉变；当外相失水后，其结构易被破坏，使软膏变硬，常需加入一定量保湿剂如甘油、丙二醇和适量的防腐剂。润滑性较差，久用易黏于创面。

水包油型乳剂基质中的乳化剂：常用一价皂、脂肪醇硫酸（酯）钠类、吐温类等。

1）一价皂：系一价金属离子钠、钾、铵的氢氧化物、硼酸盐或三乙醇胺、三异丙醇胺等有机碱与脂肪酸（如硬脂酸或油酸）作用生成的新生皂，HLB 值为 15~18，为 O/W 型的乳剂型基质，但若处方中油相含量过多时能转相为 W/O 型乳剂型基质。最常用的脂肪酸是硬脂酸，其用量通常为基质总量的 10%~25%,通常硬脂酸主要作为油相成分,部分与碱反应形成新生皂。皂化反应需要的碱性物质能影响乳剂型基质的质量,新生钠皂为乳化剂制成的乳剂型基质较硬,以钾皂为乳化剂制成的基质较软,以新生有机铵皂为乳化剂制成的基质较为细腻、光亮美观。因此后者常与前两者合用或单用作乳化剂。一价皂基质易被酸、碱及钙、镁、铝等离子或电解质破坏,不宜与酸性或强碱性药物配伍。

2)脂肪醇硫酸(酯)钠类:常用十二烷基硫酸钠(sodium lauryl sulfate),又称月桂醇硫酸钠,为阴离子型表面活性剂和优良的 O/W 型乳化剂,HLB 值为 40,通常用量为 0.5%~2%。本品常与 W/O 型乳化剂合用,如十六醇、十八醇、硬脂酸甘油酯和司盘类等,以调整 HLB 值,使其达到油相所需范围,其乳化作用的适宜 pH 为 6~7。

3)聚山梨酯类(吐温类):HLB 值为 10.5~16.7,为 O/W 型乳化剂。为非离子型表面活性剂。无毒、中性、不挥发,对热稳定,对黏膜与皮肤的刺激性比离子型乳化剂小,能与酸性盐、电解质配伍,但不能与碱类、重金属盐、酚类及鞣质配伍。某些酚类、羧酸类药物(如间苯二酚、麝香草酚、水杨酸等)可和吐温类发生作用,使乳剂破坏。聚山梨酯类能严重抑制某些消毒剂、防腐剂的效能,如与尼泊金类、季铵盐类、苯甲酸等络合而使之部分失活,但可以适当增加防腐剂用量予以克服。在以非离子型表面活性剂为乳化剂的基质中可加入山梨酸、氯甲酚等作为防腐剂,用量通常为 0.2%。

4)聚氧乙烯醚的衍生物:①平平加 O(peregal O):非离子表面活性剂,HLB 值为 15.9,是 O/W 型乳化剂。本品与辅助乳化剂合用才能形成稳定的乳剂型基质。②乳化剂 OP:为非离子 O/W 型乳化剂,HLB 值为 14.5,其用量一般为油相的 5%~10%。对皮肤无刺激,性质稳定,但当水溶液含大量高价金属离子,如锌、铁、铜、铝时其表面活性作用会降低,不宜与酚羟类化合物(苯酚、间苯二酚、麝香草酚、水杨酸等)配伍。

水包油型乳剂基质举例如下:

例 1 以硬脂酸与三乙醇胺生成的有机胺皂为乳化剂的乳剂基质

【处方】

硬脂酸	12.0g	单硬脂酸甘油酯	3.5g
凡士林	1.0g	羊毛脂	5.0g
液体石蜡	6.0g	三乙醇胺	0.4g
羟苯乙酯	0.15g	甘油	5.0g
纯化水	加至 100.0 g		

【制法】①将油相成分硬脂酸、单硬脂酸甘油酯、凡士林、羊毛脂、液体石蜡混合后水浴加热熔化,并保温至 75~80℃;②将水相成分三乙醇胺、羟苯乙酯、甘油、纯化水混匀后水浴加热,并保温至 75~80℃;③将水相缓缓滴加到油相中,边加边沿同一方向搅拌至乳化完全,室温下继续搅拌至冷凝,即得。

【处方分析】①处方中三乙醇胺与部分硬脂酸生成硬脂酸三乙醇胺皂为 O/W 型乳化剂,未皂化的硬脂酸作为油相被乳化分散,并可增加基质的稠度;②单硬脂酸甘油酯除可增加油相的吸水能力外,还作为辅助乳化剂提高 O/W 型乳化基质的稳定性;③凡士林、液体石蜡用以调节基质稠度及增加稳定性;④羊毛脂能增加油相的吸水性和药物的渗透性;羟苯乙酯为防腐剂;⑤甘油作为保湿剂。

例2　以十二烷基硫酸钠为主要乳化剂的乳膏基质

【处方】

硬脂醇	22.0g	单硬脂酸甘油酯	10.5g
白凡士林	25.0g	十二烷基硫酸钠	1.5g
羟苯甲酯	0.025g	羟苯丙酯	0.015g
丙二醇	12.0g	纯化水	加至100.0g

【制法】取硬脂酸、白凡士林、单硬脂酸甘油酯水浴上加热熔融,保温于70℃左右,加入羟苯甲酯、羟苯丙酯使溶解;另取纯化水加热至70℃,加入十二烷基硫酸钠、丙二醇溶解均匀,将上述油相缓缓加入水相,边加边搅拌至冷凝,即得。

【处方分析】①十二烷基硫酸钠为主要乳化剂,单硬脂酸甘油酯为辅助乳化剂,处方中采用十二烷基硫酸钠及单硬脂酸甘油酯(1:7)为混合乳化剂,其HLB值为11,为O/W型乳化剂;②硬脂醇为稳定剂,并作为油相,能调节基质的稠度;③白凡士林为油相,能促进皮肤角质层的水合而产生润滑作用;④丙二醇为保湿剂;⑤羟苯甲、丙酯为防腐剂;⑥按乳膏剂的制法,将成分分成水相与油相,分别加热,混合乳化即可。

(2)油包水型乳剂基质:涂展性好,含少量水分,在软膏制备中应用较少,不易清洗,常做润肤剂。乳化剂多为多价皂(如铝皂、钙皂)、非离子表面活性剂(司盘类、蜂蜡、胆固醇等)。

1)多价皂:系指由钙、镁、锌、铝等二、三价的金属氢氧化物与脂肪酸作用形成的多价皂,其HLB值小于6,亲油性强于亲水性,可作为W/O型乳剂型基质。新生多价皂较易形成,且油相比例大,黏度较水相高,形成的W/O型基质也较一价皂为乳化剂形成的O/W型基质稳定。

2)脂肪酸山梨坦(司盘类):为非离子型表面活性剂,HLB值为4.3~8.6,为W/O型乳化剂,可单独制成乳剂型基质,但为调节适当的HLB值常与其他乳化剂合用。无毒、中性、不挥发,对热稳定,对黏膜与皮肤的刺激性比离子型乳化剂小,能与酸性盐、电解质配伍,但不能与碱类、重金属盐、酚类及糅质配伍。

3)高级脂肪醇与多元醇/酯类

①十六醇及十八醇:十六醇,即鲸蜡醇(cetylalcohol),熔点45~50℃;十八醇,即硬脂醇(stearylalcohol),熔点56~60℃,两者不溶于水而溶于乙醇,无刺激性,吸水后形成W/O型乳剂基质,可增加基质的稳定性和稠度。乳剂基质中,新生皂为乳化剂时,用十六醇及十八醇取代硬脂酸形成的基质光滑、细腻。加入到适量的油脂性基质中可以增加其吸水性。

②硬脂酸甘油酯(glyceryl monostearate):是单、双硬脂酸甘油酯的混合物,主要含单硬脂酸甘油酯。HLB值为3.8,是W/O型乳化剂,与一价皂或十二烷基硫酸钠等合用,可得O/W型乳剂型基质,常用作乳剂型基质的稳定剂或增稠剂。

例3　以多价皂为乳化剂的乳剂型基质

【处方】

硬脂酸	1.3g	单硬脂酸甘油酯	1.7g
蜂蜡	0.5g	石蜡	7.5g
液体石蜡	41ml	白凡士林	6.7g
双硬脂酸铝	1.0g	氢氧化钙	0.1g

羟苯乙酯　　　　　0.1g　　　　　纯化水　　　　　加至100.0g

【制法】　①将油相成分硬脂酸、单硬脂酸甘油酯、蜂蜡、石蜡、液体石蜡、白凡士林、双硬脂酸铝混合后水浴加热熔化,并保温至75~80℃;②将水相成分氢氧化钙、羟苯乙酯溶于纯化水中水浴加热,并保温至75~80℃;③将水相缓缓滴加到油相中,边加边沿同一方向搅拌至乳化完全,室温下继续搅拌至冷凝,即得。

【处方分析】　①处方中的双硬脂酸铝（铝皂）、单硬脂酸甘油酯以及氢氧化钙与部分硬脂酸反应形成的钙皂均为W/O型乳化剂;②蜂蜡、石蜡为增稠剂。

三、乳膏剂的制备

1. 制备方法　乳化法:将处方中的油脂性或油溶性物质加热至70~80℃,使熔化,作为油相;另将水溶性成分溶于水,作为水相,加热至较油相温度略高时（防止两相混合时油相中的组分过早析出或凝结）,将油、水两相用适宜方法混合,边加边搅拌,直至乳化完全并冷凝成膏状物即得。在油、水两相中均不溶解的组分,应研磨成细粉,最后加入并混匀。大量生产时,通过胶体磨或乳匀机混匀,可使产品更细腻、均匀。

2. 基质和药物的处理

（1）基质的净化与灭菌处理:油脂性基质一般在加热熔融后通过数层细布或120目铜丝筛网趁热过滤除去杂质;然后加热至170℃灭菌1小时,并除去水分。

（2）药物的处理

1）可溶于基质中的药物宜溶解在基质中制成溶液型乳膏。水溶性药物,应先溶解在水相里,再与油相混合形成乳膏。油溶性药物,应先溶解在油相里,再与水相混合形成乳膏。

2）溶解性低的药物,采用适宜方法研磨成细粉,并通过六号筛,然后与乳剂型基质研匀。

3）量大的中药复方药物应先提取有效成分后再与基质混合。

3. 制备工艺　乳膏剂的生产使用乳匀机,工艺流程如下:

（1）生产前先检查乳匀机是否密封。开启真空泵及冷却水,待压力降至−0.06MPa,检查是否密封。

（2）油相加热:将已称量的油相辅料依次加入油相罐内,加热,完全熔解,至无肉眼可见固体颗粒。蒸汽压力控制为0.1~0.2MPa,温度控制在80℃±2℃。

（3）水相加热:搅拌条件下依次将已称量的水相辅料加入水相罐中,加热至物料完全溶解,温度控制在82℃±2℃。

（4）油相温度到68℃,开始加热乳化罐,排清乳化罐夹层内的冷凝水,开启真空、冷却水,控制真空为−0.08~−0.03MPa,水压维持在0.1~0.2MPa,蒸汽压力为0.1~0.2MPa,同时乳化罐预热至65~70℃。

（5）开启预出料2,开启乳化罐进料阀,将1/3的水相转移到乳化罐内,关闭预出料2;开启乳化罐搅拌,转速为30~35r/min。开启预出料1,将油相转移至乳化罐内,关闭预出料1。开启预出料2,将剩余水相转移至乳化罐内,关闭预出料2。

（6）乳化搅拌,乳化罐温度控制在83~86℃,真空压力控制在−0.05~−0.01MPa,加入剩余辅料,开启均质泵,转速为2 600r/min,乳化20分钟。

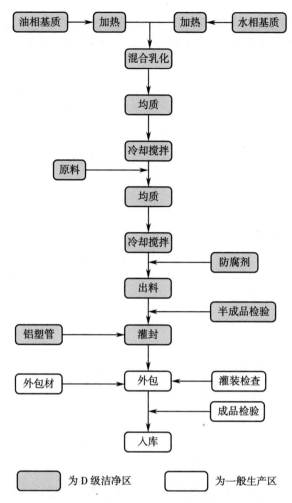

油相基质 → 加热 →｜← 加热 ← 水相基质
混合乳化
均质
冷却搅拌
原料 →
均质
冷却搅拌
防腐剂 →
出料
半成品检验 →
铝塑管 → 灌封
外包材 → 外包 ← 灌装检查
成品检验 →
入库

▨ 为 D 级洁净区   □ 为一般生产区

（7）均质停 10 分钟后，开启乳化罐的冷却水，保持水压 0.1~0.2MPa，控制真空 −0.05~−0.04MPa。

（8）将原料溶解于辅料基质中，备用。

（9）温度降至 60℃时，加入溶解有原料的辅料基质，均质 20 分钟。控制真空 −0.05~−0.04MPa。

（10）出料：当温度降至 45℃时，关闭冷却水，关闭真空泵；待温度降至 40℃时，肉眼观察膏体无气泡时关闭乳化锅搅拌，开启压缩空气，开启出料阀出料。

4. 乳膏剂生产质量控制要点及参数　乳膏剂生产质量控制要点及参数详见表 13-8。

表 13-8　乳膏剂生产质量控制要点及参数

工序	控制要点	控制项目	一般参数	频次
生产前检查	生产设施	运转	正常运转	每批
	消毒	设备	75% 乙醇	每批
		车间室内	75% 乙醇	每批
物料准备	原辅料	异物、细度	≥ 120 目	每批
	特殊原辅料（油脂，蜂蜡）	异物、细度	加热成液体，过 120 目的铜网	每批
	水相	纯化水	现用现配	每批

工序	控制要点	控制项目	一般参数	频次
配料	投料	品种数量	双人操作	每批
乳膏的制备	油相	油相温度	80℃±2℃,0.1~0.2MPa	1次/班
	水相	水相温度	82℃±2℃	1次/班
	乳匀机	搅拌条件	83~86℃,-0.05~-0.01MPa,2 600r/min,20min	1次/班
灌装	灌装室	压强	正压	1次/班
		温度	室内温度18~26℃	1次/班
		湿度	相对湿度45%~65%	1次/班

四、乳膏剂的质量控制

1. 粒度　取供试品适量,置于载玻片上,涂成薄层,覆以盖玻片,共涂3片,按照粒度测定法[《中国药典》(2020年版)通则0982第一法]测定,均不得检出大于180μm的粒子。

2. 装量　按照最低装量检查法[《中国药典》(2020年版)通则0942]检查,应符合规定。

3. 无菌　用于烧伤或严重创伤的油膏剂,按照无菌检测法[《中国药典》(2020年版)通则1101]检查,应符合规定。

4. 微生物限度　除另有规定外,照非无菌产品微生物限度检查。微生物计数法[《中国药典》(2020年版)通则1105]和控制菌检查法[《中国药典》(2020年版)通则1106]及非无菌产品微生物限度标准[《中国药典》(2020年版)通则1107]检查,应符合规定。

此外,乳膏剂还需根据药物的品种进行含量测定、pH、黏度、刺激性等检查。

【举例】以康妇软膏为例。

1. 处方

　　　白芷 145g　　蛇床子 145g　　　花椒 145g

　　　冰片 30g　　土木香 30g

2. 制法

以上五味,除冰片外,其余白芷等四味用水蒸气蒸馏,分别收集芳香水及水煎液,芳香水进行重蒸馏,得精馏液;水煎液滤过,滤液浓缩至相对密度约为1.20(25℃)的清膏,加乙醇使含醇量为70%,静置,取上清液用10%氢氧化钠溶液调pH至8.0,静置过夜,回收乙醇,灭菌30分钟,与精馏液合并,搅匀,备用;冰片研为细粉,过筛,备用。另将油相硬脂酸、羊毛脂、液体石蜡与水相三乙醇胺、甘油、蒸馏水分别加热至约70℃,在搅拌下,将水相加入油相中,冷却至40℃,加入适量防腐剂,搅匀,制成基质。取上述药液,加热至50~60℃,加入基质中,搅匀,再加入冰片细粉,搅匀,使色泽一致,制成软膏1 000g,分装,即得。

3. 操作相关文件(表13-9)

表 13-9　康妇软膏制备工艺操作相关文件

文件类型	文件名称	适用范围
工艺规程	软膏工序操作规程	规范工艺操作步骤、参数
内控标准	康妇软膏内控标准	中间体质量检查标准
质量管理文件	偏差管理规程	生产过程中偏差处理
工序操作规程	软膏制备操作规程	软膏制备工序操作
设备操作规程	软膏制备规程	乳匀机操作
	软膏灌装机操作规程	软膏灌装机操作
卫生管理规程	洁净区工艺卫生管理规程	洁净区卫生管理
	洁净区环境卫生管理规程	洁净区卫生管理

4. 生产前检查确认（表 13-10）

表 13-10　康妇软膏生产前检查确认项目

检查项目	检查结果	
清场记录	□有	□无
清场合格证	□有	□无
批生产指令	□有	□无
设备、容器具、管道完好、清洁	□有	□无
计量器具有检定合格证并在周检效期内	□符合要求	□不符合要求
检验用仪器有检定合格证并在周检效期内	□符合要求	□不符合要求
工器具定置管理	□符合要求	□不符合要求
上批遗留产品及与本批无关文件、物料已清除	□已清除	□未清除
所用工艺指令、SOP、批生产记录等文件齐全	□齐全	□不齐全
与本批有关的物料齐全	□齐全	□不齐全
有所用物料检验合格报告单	□有	□无
备注		
检查人		

岗位操作人员按上表检查确认后，填写生产操作前检查记录，并签名。质检员复核确认后发放"生产许可证"，如表 13-11 所示。

表 13-11　康妇软膏生产许可证

品　名	康妇软膏	规　格	20g
批　号		批　量	
检查结果		质检员	
备　注			

5. 生产准备

5.1 批生产记录的记录要求

车间工艺员下发本批次的批生产记录,操作人员领取批生产记录后,查看首页生产指令单,获取:品名、批号、设备号,严格按照本文件进行压片操作,在批生产记录上及时记录批生产记录要求记录的相关参数。

5.2 操作前检查

根据生产指令单获取的设备号,操作人员按照表 13-12 对工序内生产区清场情况、设备状态等进行检查,确认符合合格标准后,检查人与复核人在批记录上签字确认。操作人员填写"运行"设备状态标志,填写品名、批号、数量、日期、操作人相关内容,取下班组长已检查签字的"正常已清洁"状态标志,贴于批生产记录上,悬挂"运行"设备状态标志。

表 13-12　康妇软膏生产灌装间清场检查

区域	类别	检查内容	合格标准	检查人	复核人
膏剂生产灌装间	清场	环境清洁	无与本批次生产无关的物料、记录等	操作人员	操作人员
		设备清洁	设备悬挂"正常　已清洁"状态标志并有车间 QA 检查签字	操作人员	操作人员

6. 所需设备列表(表 13-13)

表 13-13　康妇软膏制备所需设备列表

工艺步骤	设备
康妇软膏制备过程	乳匀机
康妇软膏灌装过程	软膏灌装机

7. 生产过程(表 13-14)

表 13-14　康妇软膏制备生产过程

操作子步骤	具体操作步骤	责任人
试运行	检查软膏外观性状,调整乳匀机的温度、搅拌速度,进行试生产。车间 QA 取样检测工艺规程相关检测项,确认合格后,操作人员方可开始生产	操作人员
软膏灌装机	软膏检查合格后,进行正式软膏灌装。灌装过程中,控制转速在 600~4 000 支/h,应勤称重(至少每隔 30min 称一次),确保重量差异在 95% 范围内,并要随时检查油膏的外观性状。 在完成灌装后,进行贴签操作,与中转站管理员进行交接,在批生产记录上记录结果并签字	操作人员

8. 清场

8.1 设备清洁

设备清洁要求所规定的清洁频次、清洁方法进行清洁。

8.2 环境清洁

对片剂车间卫生进行清洁,压片过程中随时保持周边卫生干净。

8.3　清场检查

清场结束后由车间 QA 进行检查,符合要求后签发设备"正常　已清洁"状态标志;若不合格则需要操作人员进行重新清洁,并有相应记录。

第四节　凝胶剂

一、凝胶剂的含义与特点

凝胶剂(gel)系指药物提取物与能形成凝胶的基质制成具凝胶特性的半固体或稠厚液体制剂。除另有规定外,凝胶剂限局部用于皮肤及体腔,如鼻腔、阴道和直肠。

凝胶剂按基质种类不同可分为溶液型凝胶剂、乳状液型凝胶剂和混悬型凝胶剂;按分散系统不同又可分为双相凝胶剂和单相凝胶剂。乳状液型凝胶剂又称为乳胶剂,属于双相凝胶剂。小分子无机物(如氢氧化铝)凝胶剂是由分散的药物胶体小粒子以网状结构存在于液体中,也属于双相分散体系,称混悬型凝胶剂。混悬型凝胶剂可有触变性,静止时形成半固体,而搅拌或振摇时成为液体。溶液型凝胶剂基质属单相分散体系,有水性与油性之分。水性凝胶基质一般由水、甘油或丙二醇与纤维素类衍生物、卡波姆、海藻酸盐、西黄蓍胶、明胶、淀粉等构成;油性凝胶基质由液体石蜡与聚氧乙烯或脂肪油与胶体硅或铝皂、锌皂构成。临床应用较多的是以水性凝胶为基质的凝胶剂。

凝胶剂在生产与贮藏期间应符合下列有关规定:①混悬型凝胶剂中胶粒应分散均匀,不应下沉、结块。②凝胶剂应均匀、细腻,在常温时保持胶状,不干涸或液化。③凝胶剂根据需要可加入保湿剂、防腐剂、抗氧剂、乳化剂、增稠剂和透皮吸收促进剂等;除另有规定外,在制剂确定处方时,该处方的抑菌效力应符合抑菌效力检查法[《中国药典》(2020 年版)通则 1121]的规定。④凝胶剂一般应检查 pH。⑤除另有规定外,凝胶剂应遮光、密封贮存,并应防冻。⑥凝胶剂用于烧伤治疗如为非无菌制剂的,应在标签上表明"非无菌制剂";产品说明书中应注明"本品为非无菌制剂",同时在适应证下应明确"用于程度较轻的烧伤(Ⅰ°或浅Ⅱ°)";注意事项下规定"应遵医嘱使用"。

水性凝胶剂的特点是制备简单、易洗脱、不污染衣物、使用方便、与用药部位亲和力强、滞留时间长、毒副作用小等。本节主要介绍水性凝胶剂。

二、水性凝胶剂的基质

水溶性凝胶基质是由天然或合成的水溶性高分子物质所组成,溶解后形成胶体或溶液而制成的半固体软膏基质,常用基质有卡波姆、甘油明胶、纤维素衍生物等。水溶性凝胶基质释放药物较快,易于涂布,无油腻感和刺激性,易清洗,且能与水溶液混合及吸收组织液,多用于润湿、糜烂创面及腔道黏膜,有利于分泌物的排出,但其润滑性较差,有时与某些药物配伍时能导致软膏颜色变化,且基质中的水分易蒸发,也易霉变,常需要加入防腐剂。

1. 卡波姆（carbomer） 系指合成的丙烯酸与烯丙基蔗糖或与烯丙基季戊四醇醚交联的高分子聚合物,分子中存在大量的羧酸基团,可以在水中迅速溶胀,分子结构中含有较多的羧酸基团,1%水分散液的pH约为2.5~3.0,黏性较低。溶液中pH增加后,黏度会逐渐增加,在低浓度时会形成澄明溶液,在浓度较大时形成有一定强度和弹性的透明状凝胶。本品制成的基质无油腻感,适宜于治疗脂溢性皮肤病。盐类电解质、强酸可使卡波姆凝胶的黏性下降,碱土金属离子、阳离子聚合物等均可与之结合成不溶性盐,在配伍时须避免。

例　卡波姆基质

【处方】

卡波姆940	1.0g	乙醇	5.0ml
甘油	5.0g	聚山梨酯80	0.2g
氢氧化钠	0.4g	羟苯乙酯	0.1g
纯化水	加至100.0g		

【制法】 ①将卡波姆940与聚山梨酯80及30.0ml纯化水混合,静置过夜,氢氧化钠用10.0ml纯化水溶解后加入上述溶液,搅匀;②再将羟苯乙酯溶于乙醇后逐渐加入搅匀,加入甘油及其余的纯化水,搅拌均匀,即得。

2. 聚乙二醇（polyethylene glycol,PEG） 系环氧乙烷与水或乙二醇聚合而成的水溶性聚醚,PEG的平均相对分子质量在200~6 000的,黏度随相对分子质量的增加而增大。PEG易溶于水,性质稳定,耐高温,不易酸败和霉变。但由于其较强的吸水性,长期应用可引起皮肤脱水干燥,不适用于遇水不稳定的药物,对季铵盐类、山梨糖醇及苯酚等有配伍反应。

3. 纤维素衍生物 凝胶剂基质常用的纤维素衍生物有甲基纤维素（methylcellulose,MC）、羧甲基纤维素钠（carboxymethylcellulose sodium,CMC-Na）和羟丙基纤维素（hydroxypropyl cellulose,HPC）,常用的浓度为2%~6%。纤维素衍生物分子量较大,溶胀较慢,故使用时宜提前处理。此类基质涂布于皮肤时有较强黏附性,易失水,干燥而有不适感,常须加入10%~15%的甘油作保湿剂。

4. 甘油明胶（glycerinated gelatin） 由明胶、甘油及水加热制成。明胶用量一般为1%~3%,甘油用量一般为10%~30%。本品温热后易涂布,涂后能形成一层保护膜,有弹性,使用时比较舒适。

5. 其他 海藻酸钠的浓度一般为2%~10%,可加少量钙盐调节稠度。壳聚糖的浓度一般为3%~10%,也可将壳聚糖与海藻酸钠混合使用。

三、凝胶剂的制备

1. 制备方法 通常是将基质材料在溶剂中溶胀,制备成凝胶基质,再加入药物溶液及其他附加剂。水溶性药物可以先溶于水或甘油,再均匀分散到凝胶基质中;水不溶性药物粉末研磨后与凝胶基质混合均匀。有无菌要求的凝胶剂,应注意无菌操作或采用适宜的方法灭菌。制备时应考虑基质溶胀、溶解条件,加入药物、附加剂对基质凝胶的影响,当使用卡波姆作为基质时,应考虑pH对基质稠度的影响等,同时也应注意基质与其他成分的配伍禁忌。

2. 制备工序 凝胶剂的制备采用乳匀机,工艺流程如下:

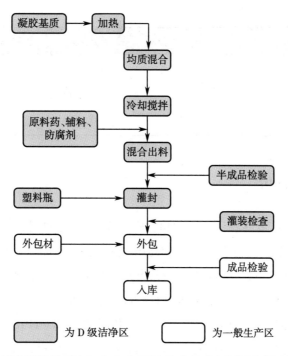

凝胶基质 → 加热 → 均质混合 → 冷却搅拌 → 混合出料（原料药、辅料、防腐剂）→ 灌封（半成品检验、塑料瓶）→ 外包（灌装检查、外包材）→ 入库（成品检验）

为 D 级洁净区　　为一般生产区

（1）取处方量卡波姆（凝胶基质）加入有定量纯化水的水相罐中浸泡溶胀。

（2）将溶胀的卡波姆（凝胶基质）转移到乳化罐中，加热至 75℃，搅拌使完全溶胀均匀。

（3）控制乳化罐的加热蒸汽阀门，保持乳化罐内温度 75℃，加入辅料搅拌使完全溶解混匀，搅拌速度为 30~35r/min（根据设备性能），并均质 10 分钟。

（4）开启乳化罐的冷却水，保持水压为 0.1~0.2MPa，控制设备真空度为 –0.04~–0.02MPa，温度降至 45℃时关闭冷却水，加入主药原料和部分辅料，均质 10 分钟；温度降至 40℃时加入剩余辅料，均质 10 分钟；控制设备搅拌速度为 12~15r/min（搅拌速度应慢，防止搅拌速度过快产生气泡），真空控制在 –0.04~–0.02MPa，使凝胶至无气泡，关闭真空泵。

（5）出料：温度降至 30℃，肉眼观察至凝胶无气泡时，搅拌 10 分钟后关闭搅拌，开启出料阀出料。

3. 凝胶剂生产质量控制要点及参数　凝胶剂生产质量控制要点及参数详见表 13-15。

表 13-15　凝胶剂生产质量控制要点及参数

工序	控制要点	控制项目	一般参数	频次
生产前检查	生产设施	运转	正常运转	每批
	消毒	设备	75% 乙醇	每批
		车间室内	75% 乙醇	每批
物料准备	原辅料	异物、细度	≥ 120 目	每批
	凝胶基质		溶胀均匀	每批
配料	投料	品种数量	双人操作	每批
凝胶膏剂的制备	水相	水相温度	82℃ ±2℃	1 次/班
	乳匀机	搅拌条件	分散均匀	1 次/班

工序	控制要点	控制项目	一般参数	频次
灌装	灌装室	压强	正压	1次/班
		温度	室内温度18~26℃	1次/班
		湿度	相对湿度45%~65%	1次/班

续表

四、凝胶剂的质量评价

《中国药典》（2020年版）四部（通则0114）规定，除另有规定外，凝胶剂应进行以下相应检查。

1. 粒度　除另有规定外，混悬型凝胶剂取适量的供试品，涂成薄层，共涂三片，照粒度和粒度分布测定法（通则0982第一法）检查，均不得检出大于180μm的粒子。

2. 装量　照最低装量检查法（通则0942）检查，应符合规定。

3. 无菌　用于烧伤或严重创伤的凝胶剂，照无菌检查法（通则1101）检查，应符合规定。

4. 微生物限度　除另有规定外，照非无菌产品微生物限度检查。微生物计数法（通则1105）和控制菌检查法（通则1106）及非无菌产品微生物限度标准（通则1107）检查，应符合规定。

【举例】以保妇康凝胶为例。

1. 处方

莪术油41g　　冰片37.5g　　卡波姆940 15g　　丙二醇700g

聚乙二醇400 200g　　氢氧化钠适量　　纯化水加至1 000g

2. 制法

取卡波姆940缓慢加入丙二醇中，静置36小时，使卡波姆完全溶胀于丙二醇中，基质备用。配制饱和氢氧化钠溶液，将其逐滴加入卡波姆基质中，搅拌，调节至pH 4~5，即得基质A，备用。取处方量的冰片溶于聚乙二醇400中，充分搅拌，待完全溶解后加入处方量的莪术油混合均匀，得液B备用。将液B缓缓加入基质A中，充分搅拌，使混合均匀，即得药物凝胶。灌装，即得。

3. 操作相关文件（表13-16）

表13-16　保妇康凝胶制备工艺操作相关文件

文件类型	文件名称	适用范围
工艺规程	凝胶工序操作规程	规范工艺操作步骤、参数
内控标准	保妇康凝胶内控标准	中间体质量检查标准
质量管理文件	偏差管理规程	生产过程中偏差处理
工序操作规程	保妇康凝胶制备操作规程	软膏制备工序操作
设备操作规程	凝胶制备规程	乳匀机操作
	软膏灌装机操作规程	软膏灌装机操作
卫生管理规程	洁净区工艺卫生管理规程	洁净区卫生管理
	洁净区环境卫生管理规程	洁净区卫生管理

4. 生产前检查确认（表 13-17 ）

表 13-17　保妇康凝胶生产前检查确认项目

检查项目	检查结果	
清场记录	□有	□无
清场合格证	□有	□无
批生产指令	□有	□无
设备、容器具、管道完好、清洁	□有	□无
计量器具有检定合格证并在周检效期内	□符合要求	□不符合要求
检验用仪器有检定合格证并在周检效期内	□符合要求	□不符合要求
工器具定置管理	□符合要求	□不符合要求
上批遗留产品及与本批无关文件、物料已清除	□已清除	□未清除
所用工艺指令、SOP、批生产记录等文件齐全	□齐全	□不齐全
与本批有关的物料齐全	□齐全	□不齐全
有所用物料检验合格报告单	□有	□无
备注		
检查人		

岗位操作人员按上表检查确认后，填写生产操作前检查记录，并签名。质检员复核确认后发放"生产许可证"（表 13-18 ）。

表 13-18　保妇康凝胶生产许可证

品　　名	保妇康凝胶	规　　格	2g（含莪术油 80mg ）
批　　号		批　　量	
检查结果		质检员	
备　　注			

5. 生产准备

5.1　批生产记录的记录要求

车间工艺员下发本批次的批生产记录，操作人员领取批生产记录后，查看首页生产指令单，获取：品名、批号、设备号，严格按照本文件进行压片操作，在批生产记录上及时记录批生产记录要求记录的相关参数。

5.2　操作前检查

根据生产指令单获取的设备号，操作人员按照表 13-19 对工序内生产区清场情况、设备状态等进行检查，确认符合合格标准后，检查人与复核人在批记录上签字确认。操作人员填写"运行"设备状态标志，填写品名、批号、数量、日期、操作人相关内容，取下班组长已检查签字的"正常已清洁"状态标志，贴于批生产记录上，悬挂"运行"设备状态标志。

表13-19 保妇康凝胶操作前检查

区域	类别	检查内容	合格标准	检查人	复核人
膏剂生产灌装间	清场	环境清洁	无与本批次生产无关的物料、记录等	操作人员	操作人员
		设备清洁	设备悬挂"正常 已清洁"状态标志并有车间 QA 检查签字	操作人员	操作人员

6. 所需设备列表（表13-20）

表13-20 保妇康凝胶所需设备列表

工艺步骤	设备
保妇康凝胶制备过程	乳匀机
保妇康凝胶灌装过程	软膏灌装机

7. 生产过程（表13-21）

表13-21 保妇康凝胶生产过程

操作子步骤	具体操作步骤	责任人
试运行	检查凝胶外观性状,调整乳匀机的温度、搅拌速度,进行试生产。车间 QA 取样检测工艺规程相关检测项,确认合格后,操作人员方可开始生产	操作人员
软膏灌装机	凝胶检查合格后,进行正式软膏灌装。灌装过程中,控制转速在600~4 000 支/h,应勤称重(至少每隔30min 称一次),确保装量不少于标示量的93%,并要随时检查凝胶的外观性状。 在完成灌装后,进行贴签操作,与中转站管理员进行交接,在批生产记录上记录结果并签字	操作人员

8. 清场

8.1 设备清洁

设备清洁要求所规定的清洁频次、清洁方法进行清洁。

8.2 环境清洁

对片剂车间卫生进行清洁,压片过程中随时保持周边卫生干净。

8.3 清场检查

清场结束后由车间 QA 进行检查,符合要求后签发设备"正常 已清洁"状态标志;若不合格则需要操作人员进行重新清洁,并有相应记录。

第五节 糊剂和涂膜剂

一、糊剂

(一)糊剂的含义与特点

糊剂(paste)系指大量的固体粉末(一般为25%以上)与适宜的赋形剂制成的糊状制剂。糊剂的外观与软膏剂相似。由于含固体粉末较多,吸水能力大,不妨碍皮肤的正常排泄,具有收敛、消毒、吸收分泌物的作用,适用于多量渗出的皮肤、慢性皮肤病如亚急性皮炎、湿疹等,轻度渗出性病变也适用。

根据赋形剂的不同,糊剂可分为水性糊剂和脂肪糊剂。

1. 水性糊剂,多以甘油明胶、淀粉、甘油或其他水溶性凝胶为基质制成,无油腻性,易清洗。

2. 脂肪糊剂,多用凡士林、羊毛脂或其混合物做基质,处方中还含有氧化锌、白陶土、滑石粉、碳酸钙、碳酸镁等粉末。有的加入适量的药物增加其止痒、消炎等作用。

(二)糊剂制备

通常是将药物粉碎成细粉,也有将药物按所含有效成分以渗漉法或其他方法制得干浸膏,再粉碎成细粉,加入适量黏合剂或湿润剂,搅拌均匀,调成糊状,即得。基质需加热时,温度不宜过高,一般控制在70℃以下,以免淀粉糊化。

(三)糊剂的质量评价

1. 糊剂在生产与贮藏期间应符合。

(1)必要时可加适宜的附加剂,所加附加剂对皮肤或黏膜应无刺激性。

(2)除另有规定外,以水或稀乙醇为溶剂的一般应检查相对密度、pH;以乙醇为溶剂的应检查乙醇量;以油为溶剂的应无酸败等变质现象,并应检查折光率。

(3)除另有规定外,应密闭贮存。

2. 装量 按照最低装量检查法[《中国药典》(2020年版)通则0942]检查,应符合规定。

3. 微生物限度 除另有规定外,照非无菌产品微生物限度检查。微生物计数法[《中国药典》(2020年版)通则1105]和控制菌检查法[《中国药典》(2020年版)通则1106]及非无菌产品微生物限度标准[《中国药典》(2020年版)通则1107]检查,应符合规定。

【举例】以腮腺宁糊剂为例。

1. 处方

芙蓉叶 230g　　白芷 85g　　　大黄 85g　　　苎麻根 10g

赤小豆 580g　　乳香(醋炙)10g　　　　薄荷油 300g

2. 制法

以上七味,芙蓉叶、白芷、大黄、乳香、苎麻根、赤小豆采用混合粉碎成细粉,过六号筛。取薄荷油300g、炼蜜500g,置乳匀机中混合均匀,与上述粉末混匀,即得。

3. 操作相关文件(表13-22)

表13-22 腮腺宁糊剂制备工艺操作相关文件

文件类型	文件名称	适用范围
工艺规程	糊剂工序操作规程	规范工艺操作步骤、参数
内控标准	腮腺宁糊剂内控标准	中间体质量检查标准
质量管理文件	偏差管理规程	生产过程中偏差处理

文件类型	文件名称	适用范围
工序操作规程	腮腺宁糊剂制备操作规程	糊剂制备工序操作
设备操作规程	糊剂制备规程	乳匀机操作
	软膏灌装机操作规程	软膏灌装机操作
卫生管理规程	洁净区工艺卫生管理规程	洁净区卫生管理
	洁净区环境卫生管理规程	洁净区卫生管理

4. 生产前检查确认（表 13-23）

表 13-23　腮腺宁糊剂生产前检查确认项目

检查项目	检查结果	
清场记录	□有	□无
清场合格证	□有	□无
批生产指令	□有	□无
设备、容器具、管道完好、清洁	□有	□无
计量器具有检定合格证并在周检效期内	□符合要求	□不符合要求
检验用仪器有检定合格证并在周检效期内	□符合要求	□不符合要求
工器具定置管理	□符合要求	□不符合要求
上批遗留产品及与本批无关文件、物料已清除	□已清除	□未清除
所用工艺指令、SOP、批生产记录等文件齐全	□齐全	□不齐全
与本批有关的物料齐全	□齐全	□不齐全
有所用物料检验合格报告单	□有	□无
备注		
检查人		

岗位操作人员按上表检查确认后，填写生产操作前检查记录，并签名。质检员复核确认后发放"生产许可证"（表 13-24）。

表 13-24　腮腺宁糊剂生产许可证

品　　名	腮腺宁糊剂	规　　格	20g
批　　号		批　　量	
检查结果		质检员	
备　　注			

5. 生产准备

5.1 批生产记录的记录要求

车间工艺员下发本批次的批生产记录,操作人员领取批生产记录后,查看首页生产指令单,获取:品名、批号、设备号,严格按照本文件进行压片操作,在批生产记录上及时记录批生产记录要求记录的相关参数。

5.2 操作前检查

根据生产指令单获取的设备号,操作人员按照表13-25对工序内生产区清场情况、设备状态等进行检查,确认符合合格标准后,检查人与复核人在批记录上签字确认。操作人员填写"运行"设备状态标志,填写品名、批号、数量、日期、操作人相关内容,取下班组长已检查签字的"正常已清洁"状态标志,贴于批生产记录上,悬挂"运行"设备状态标志。

表13-25　腮腺宁糊剂生产灌装间清场检查

区域	类别	检查内容	合格标准	检查人	复核人
膏剂生产灌装间	清场	环境清洁	无与本批次生产无关的物料、记录等	操作人员	操作人员
		设备清洁	设备悬挂"正常　已清洁"状态标志并有车间QA检查签字	操作人员	操作人员

6. 所需设备列表(表13-26)

表13-26　腮腺宁糊剂制备所需设备列表

工艺步骤	设备
腮腺宁糊剂制备过程	乳匀机
腮腺宁糊剂灌装过程	软膏灌装机

7. 生产过程(表13-27)

表13-27　腮腺宁糊剂制备生产过程

操作子步骤	具体操作步骤	责任人
试运行	检查糊剂外观性状,调整乳匀机的温度、搅拌速度,进行试生产。车间QA取样检测工艺规程相关检测项,确认合格后,操作人员方可开始生产	操作人员
软膏灌装机	糊剂检查合格后,进行正式软膏灌装。灌装过程中,控制转速在600~4 000支/h,应勤称重(至少每隔30min称一次),确保装量不少于标示量的95%,并要随时检查糊剂的外观性状。 在完成灌装后,进行贴签操作,与中转站管理员进行交接,在批生产记录上记录结果并签字	操作人员

8. 清场

8.1 设备清洁

设备清洁要求所规定的清洁频次、清洁方法进行清洁。

8.2 环境清洁

对片剂车间卫生进行清洁,压片过程中随时保持周边卫生干净。

8.3 清场检查

清场结束后由车间 QA 进行检查,符合要求后签发设备"正常　已清洁"状态标志;若不合格则需要操作人员进行重新清洁,并有相应记录。

二、涂膜剂

(一)涂膜剂的含义与特点

涂膜剂(paint)是指将高分子成膜材料及药物溶解在挥发性有机溶剂中制成可涂布成膜的外用液体制剂。用时涂于患处,溶剂挥发后形成薄膜以保护创面,同时逐渐释放所含药物而起治疗作用。涂膜剂一般用于无渗出液的损害性皮肤病、过敏性皮炎、牛皮癣和神经性皮炎。

涂膜剂是近年来我国制剂工业在硬膏剂、火棉胶剂及中药膜剂应用基础上发展起来的一种新剂型。其特点为制备工艺简单,不用裱背材料,无须特殊的机械设备,使用方便。

涂膜剂的处方主要由药物、成膜材料和挥发性有机溶剂三部分组成。此外,涂膜剂也常使用增塑剂。

(二)涂膜剂的质量评价

1. 涂膜剂在生产与贮藏期间应符合:

(1)涂膜剂应稳定,根据需要可加入抑菌剂或抗氧剂。除另有规定外,在制剂确定处方时,该处方的抑菌效力应符合抑菌效力检查法(通则 1121)的规定。

(2)除另有规定外,应采用非渗透性容器和包装,避光、密闭贮存。

(3)除另有规定外,涂膜剂在启用后最多可使用 4 周。

(4)涂膜剂用于烧伤治疗如为非无菌制剂的,应在标签上标明"非无菌制剂";产品说明书中应注明"本品为非无菌制剂",同时在适应证下应明确"用于程度较轻的烧伤(Ⅰ°或浅Ⅱ°)";注意事项下规定"应遵医嘱使用"。

2. 装量　按照最低装量检查法[《中国药典》(2020 年版)通则 0942]检查,应符合规定。

3. 无菌　用于烧伤或严重创伤的涂膜剂,按照无菌检查法[《中国药典》(2020 年版)通则 1101]检查,应符合规定。

4. 微生物限度　除另有规定外,照非无菌产品微生物限度检查。微生物计数法[《中国药典》(2020 年版)通则 1105]和控制菌检查法[《中国药典》(2020 年版)通则 1106]及非无菌产品微生物限度标准[《中国药典》(2020 年版)通则 1107]检查,应符合规定。

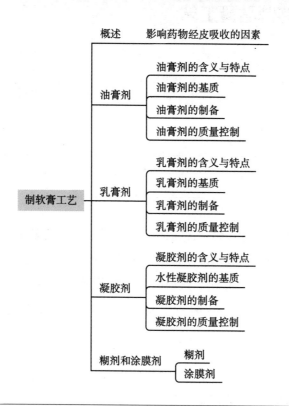

第十三章 同步练习

（黄海英 张 欣）

参 考 文 献

[1] 徐荣周,缪立德,薛大权,等.药物制剂生产工艺与注解.北京:化学工业出版社,2008.

[2] 李范珠,李永吉.中药药剂学.2版.北京:人民卫生出版社,2016.

第十四章　中药制贴膏工艺

1. 掌握：橡胶贴膏、凝胶贴膏、贴剂和膏药的制备工艺、设备和工艺控制。
2. 熟悉：橡胶贴膏、凝胶贴膏、贴剂和膏药的含义、特点和常用基质。
3. 了解：橡胶贴膏、凝胶贴膏、贴剂和膏药生产工艺异同点。
4. 能够将制贴膏工艺的理论知识和实际生产相结合，进行案例分析。

第一节　橡胶贴膏的制备工艺

一、橡胶贴膏的含义、特点和常用基质

橡胶贴膏是指中药提取物或者化学药物与橡胶等基质混匀后，涂布于背衬材料上制成的贴膏剂，包括不含药（橡皮膏即胶布）和含药（如伤湿止痛膏）两类。

（一）特点

橡胶贴膏的特点是黏着力强，可以直接贴于皮肤，对衣物污染较轻，携带方便，使用便利，但也存在透气性差、对皮肤有刺激、易过敏等缺点。含药橡胶贴膏常用于治疗风湿痛、跌打损伤等，不含药橡胶贴膏可以保护伤口、防止皮肤皲裂。橡胶贴膏膏层薄，容纳药物量少，维持时间较短。

（二）组成

橡胶贴膏基质的组成包括主要原料、增黏剂、软化剂和填充剂等。

1. 主要原料　常用橡胶，具有弹性、低传热性、不透气和不透水的性能，橡胶具有良好的黏性，是橡胶贴膏之骨架。

2. 增黏剂　常用松香、氢化松香、β- 蒎烯等，用以增加膏剂的黏度。

3. 软化剂　常用的软化剂有凡士林、羊毛脂、液状石蜡、植物油等。可使生胶软化，增加可塑性，增加胶浆的柔性和成品的耐寒性，改善膏浆的黏性。

4. 填充剂 常用氧化锌。氧化锌（药用规格）能与松香酸生成松香酸的锌盐而使膏料的黏性增大,具有系结牵拉涂料与背衬材料的性能;同时亦能减弱松香酸对皮肤的刺激,还有缓和的收敛作用。

5. 透皮吸收剂 以前常用二甲基亚砜,现在常用氮酮,中药中的樟脑、薄荷脑、薄荷油等油脂类药物也具有透皮吸收的作用。

二、橡胶贴膏的工艺过程、设备和工艺控制

橡胶贴膏生产工艺历史悠久,比较成熟。橡胶贴膏常用的制备方法有溶剂法和热压法。国内用溶剂法制备橡胶贴膏占有很大的比例。这种工艺主要由天然橡胶、增黏树脂,各种软化剂、填充剂、防老剂等物料与一定比例的溶剂油在制胶罐中制成橡胶贴膏基质,再把药物加入混合均匀,制备成含药胶体,胶体经过滤,存放一定时间消除静电,然后涂布、挥发溶剂和分切成型。橡胶贴膏制备过程中,含药胶体的制备和涂布是两个关键工序,其核心设备是炼胶机和涂布机。炼胶机用来将橡胶塑炼成丝网状或薄片状,以利于在胶体制备时被溶剂油溶胀,如图 14-1 所示。橡胶贴膏的基质和含药胶体都是在制胶机中制备完成,其中含有的部分未溶解的橡胶颗粒会影响胶体的涂布性能,需要使用过滤机进行过滤,过滤机的结构如图 14-2 所示。

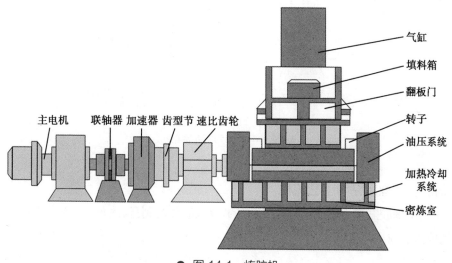

● 图 14-1 炼胶机

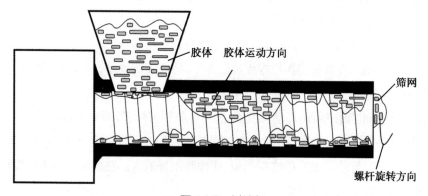

● 图 14-2 过滤机

涂布设备是将胶体定量涂于背衬材料或防粘层上的机器,通常也叫涂布机。涂布机一般具有相似的结构,但是由于药物贴膏剂胶体性质的不同,形成了不同的涂布方法。橡胶贴膏常用的涂布方法有喷涂法、刮涂法、辊涂法等(图14-3,图14-4)。

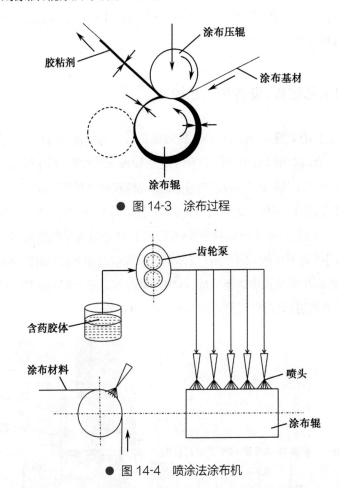

● 图14-3 涂布过程

● 图14-4 喷涂法涂布机

(一)溶剂法制备橡胶贴膏工艺流程

溶剂法制备橡胶贴膏工艺流程包括:橡胶的塑炼、胶体的制备、涂布、干燥、分条收卷、复合防粘层、分切成型及成品包装等过程。

1. 橡胶处理

(1)操作前,检查岗位设备、工艺卫生是否符合要求,检查是否有清场合格证及状态标志和有关生产记录,符合规定后,方可进行岗位操作。

(2)检查橡胶是否有检验合格证,应有检验合格证。

(3)清洁橡胶,按切胶机标准操作规程进行操作,将橡胶切成厚5~10cm的胶块,将切好的橡胶块放在洁净的容器中。

(4)按炼胶机标准操作规程,启动炼胶机,加热炼胶辊,并调节两个辊筒的间距。将切好的橡胶块放入两个炼胶辊筒中间,橡胶从两个炼胶辊筒下方挤出,反复炼成丝网状或薄片状。

(5)炼胶时,调节炼胶机上方的物料挡板,使橡胶刚好放入。在炼胶过程中如发现粘辊筒现象,可用冷却水冷却以降低辊筒温度。

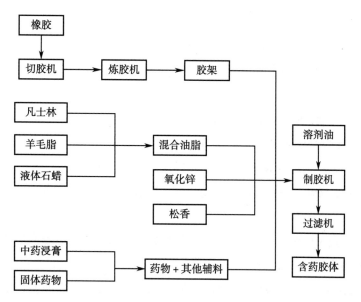

（6）将塑炼成丝网状或薄片状的橡胶均匀平铺在充分接地的不锈钢料架上,充分消除静电。贴上标签,注明批号、重量、生产日期和操作人。

（7）操作过程中,及时完整填写生产记录和设备运行记录。

（8）操作结束后,按岗位清场标准操作规程进行清场,并取得清场合格证。

2. 配制、称量

（1）操作前,检查岗位衡器、工艺卫生是否符合要求,检查是否有清场合格证及状态标志和有关记录,符合要求后,方可进行岗位操作。

（2）核对所称量物料的品名、批号、重量、规格及检验合格证是否齐全,以上均应符合规定要求。

（3）操作前,按所称量物料的重量,选择适宜量程的衡器,衡器首先进行零位校对和载重校对。

（4）准确称量称量桶的重量,称量必须是一人称量、一人复核,按投料量分别准确称取原料、辅料,并按要求分别将称好的物料盛放于容器中;质检员现场监督,确保称量物料准确无误。

（5）操作过程中,将所有软化剂混合为混合油脂,再将所有药物混合为混合药物。其余物料需要单独容器存放。称量过程中及时完整填写相应记录。称量结束后,在物料容器外壁贴上标签,注明品名、物料名称、批号、班次、制胶机号、重量和生产日期。然后按岗位清场标准操作规程进行清场,并取得清场合格证。

3. 含药胶体制备

（1）操作前,检查岗位设备、工艺卫生是否符合要求,检查是否有清场合格证及状态标志和有关记录,符合要求后,方可进行岗位操作。

（2）核对待用物料的品名、名称、批号、重量、班次、制胶机号和生产日期等是否相符,以上均应符合规定。

（3）将已塑炼成网状并消除静电的橡胶加入制胶机内,同时加入溶剂油浸泡2~5分钟,待网状的橡胶充分溶胀后,开机搅拌2小时,使其混合均匀。

（4）称取混合油脂,加入制胶机中,继续搅拌1小时;然后加入氧化锌,继续搅拌2小时;接着加入松香,继续搅拌 1 小时。

（5）加入已准确称量的混合药物,继续搅拌 2 小时。

（6）搅拌有效时间为 8 小时,在密闭、防爆条件下进行,机温控制在 90℃以下,每 30 分钟监测一次并记录。

（7）将制好的含药胶体经 80 目筛网过滤,放入不锈钢桶中,称重、贴标签,注明品名、批号、重量、班次、制胶机号和生产日期,存放于贮存间。由车间质检室进行中间体质量检验。

（8）操作过程中,及时完整填写生产记录和设备运行记录。

（9）操作结束后,按岗位清场标准操作规程进行清场,并取得清场合格证。

4. 涂布

（1）操作前,检查岗位设备、工艺卫生是否符合要求,检查是否有清场合格证及状态标志和有关记录,符合规定要求后,方可进行岗位操作。

（2）复核胶体的品名、批号、规格、重量、班次、制胶机号等是否相符及弹力布的质量以及检验合格证是否齐全,以上均应符合要求。

（3）将背衬材料按涂布机标准操作规程装在涂布机上,前车不断地加适量胶体涂布,调整涂布厚度,含膏量控制在 1.60~1.70g/100cm²,定时抽样检查。

（4）膏布干燥。按涂布机标准操作规程进行设定和调节烘箱的温度,膏布通过烘箱进行连续干燥挥去溶剂,运行速度控制在 6~8m/min,烘箱的蒸汽压力控制在 0.2~0.3MPa,烘箱前、中、后部位的温度分别控制为:第一节烘箱温度设定为 80℃,最后一节的温度定为 90℃,其余各节温度控制在 100℃。经烘箱挥去溶剂的膏面,在 20~50℃下冷却。

5. 收卷

（1）按分切收卷标准操作规程进行分切和收卷。收卷时膏面平整,色泽一致。分切宽度为（10.2±0.1）cm,膏卷两侧应整齐。收卷过程中应检查烘箱的温度是否符合要求。

（2）操作过程中,及时完整填写生产记录。

（3）操作结束后,按岗位标准清场操作规程进行清场,并取得清场合格证。

6. 复合、切片

（1）操作前,检查岗位设备、工艺卫生是否符合要求,检查是否有清场合格证及状态标志和有关记录,符合规定要求后,方可进行岗位操作。

（2）复核膏卷的品名、批号、规格是否相符以及防粘纸质量,符合规定要求后,方可进行操作。

（3）将膏卷和防粘纸按复合切片机标准操作规程复合和切片。要求膏片两侧宽出的防粘纸基本对称,宽出的防粘纸应不小于 2mm;切片的宽度为（7.2±0.1）cm。在切片过程中每隔 30 分钟随机取 5 张膏片,检测尺寸是否符合要求。将符合要求的膏片整理整齐并整齐地装入干净的膏片周转箱中,贴上标签,注明品名、批号、规格、生产日期、班次、生产线和操作人。按品种、规格、批号和班次及生产线分别堆码,存放于膏片贮存间中。

（4）操作过程中,及时完整填写生产记录。

（5）操作结束后,按岗位清场标准操作规程进行清场,并取得清场合格证。

7. 包装

（1）操作前,检查岗位设备、工艺卫生是否符合要求,检查是否有清场合格证及状态标志和有关记录,经检查符合规定要求后,方可进行岗位操作。

（2）内包装

1）核对膏片的品名、批号、规格等是否符合要求,以上均应符合规定要求。装内袋,将检验合格后的半成品膏片,按包装规格要求,装入内袋中。

2）封口。按封口机标准操作规程设定好封口温度,安装好印字轮,封口的同时印上生产日期、产品批号和有效期。在封口开始时,应检查内袋上打印的生产日期、产品批号和有效期是否符合要求及封口是否严密;如生产批号或有效期不符合要求,应重新安装;如封口不严密或封口部位有焦煳现象,应重新调整封口温度。

3）将封口符合要求的内袋用洁净的周转箱盛装,并贴上标签,注明品名、规格、批号和封口人等。按品名、规格、批号分别堆码,存放于贮存间中。操作过程中,及时完整填写生产记录。生产结束后,按岗位标准清场操作规程进行清场,并取得清场合格证。

（3）外包装

1）装小盒:按包装规格的要求装小盒,在小盒上喷印生产批号、生产日期和有效期。

2）装中盒:按包装规格要求装中盒,在中盒上喷印生产批号、有效期和生产日期。

3）装箱:按包装规格要求装箱,打上生产批号、有效期和生产日期。

4）操作过程中,及时完整填写生产记录。生产结束后,按岗位标准清场操作规程进行清场,并取得清场合格证。

8. 质量监控和质量监控点

（1）质量监控

1）生产区:工艺卫生和环境卫生应符合规定要求,有清场合格证和状态标志牌。

2）称量配制岗位:监控物料名称、规格,其应符合生产工艺安排要求,量具校对后使用,一人称量,一人复核,称量准确无误,定量投料,混合均匀。

3）炼胶岗位:按工艺要求,监控炼胶温度、炼胶质量、网状橡胶质量是否符合规定要求等。

4）制胶岗位:监控投料量、制胶时限、制胶温度等工艺参数及胶体色泽,过滤筛网目数是否符合规定要求。

5）涂布岗位:监控涂布机的运行速度、干燥温度、含膏量等。

6）包装岗位:监控待包装品合格证、标签、包装材料（配套）、关键性操作（印字、装量）。

（2）质量监控点

1）网状橡胶:塑炼后的网状橡胶中是否有生胶团。

2）胶体外观:胶体表面应光洁、色泽均匀一致,无异物。应符合本品成品的鉴别规定要求。

3）涂布:涂布干燥箱前、中、后部位的温度分别控制在规定范围内。涂布含膏量应控制在1.60~1.70g/100cm² 之间。

（二）热压法制备橡胶贴膏工艺及控制要点

（1）切块:橡胶多为天然国产标准颗粒胶或进口烟片胶,呈块状,每块40kg 或33.3kg,用切胶机切成3~5kg 的三角块,有利于开炼机破胶,并且可防止开炼机超负荷工作,保护电机和齿轮。

（2）破胶：橡胶应尽可能破成网状，以增加胶体表面积，有利于橡胶浸泡均匀。

（3）泡胶：热压法是以挥发性药物代替溶剂浸泡橡胶，达到软化橡胶的目的，因挥发性药物少，泡胶时，胶丝需要翻转 2~3 次，以达到浸润均匀的目的，浸泡时间一般不低于 12 小时。

（4）素炼：又称塑炼，是混炼前，不加其他物料，仅将浸泡过的橡胶在练胶机内挤压几次，使橡胶更加软化。

（5）混炼：将所有的药物与基质在同一个设备容器内，通过搅拌机转数比和剪切力等变化，达到混合均匀的目的。混炼后的胶料，由于橡胶网状结构受到破坏，需要恢复其弹性，一般静置 24 小时，混炼是热压法生产橡胶贴膏的重要工序。

（6）精炼：将混炼好的胶料进一步混合，达到完全均匀的目的。

（7）过滤：氧化锌、凡士林、羊毛脂、液体石蜡、细料等皆有药用标准，无杂质；橡胶和松香等为天然植物产品，内含少量杂质。由于无溶媒，普通橡胶过滤机无法应用于热压法生产胶膏的过滤，胶料需要在过滤机内软化后才能过滤，通过热压法专用过滤机可除去胶料中的杂质。

（8）烘胶：热压法胶料无溶剂，基本为固体，需要软化后才能够涂胶。一般胶料需要放入 100℃热风循环烘箱内不低于 0.5 小时才能够涂胶。

（9）涂胶：胶料附着在布面上，应该保持稳定的胶膏量，可通过调整涂胶机前车机头的上下间隙来控制含膏量。热压法涂胶机的前车刮刀、上料板需要加热保温，下辊需要转动并且保持一定温度，以减少后车收卷拉力。热压法涂胶时阻力大，应防止出现断布现象，涂胶也是热压法生产橡胶贴膏的重要工序之一。

（10）收卷：成型的胶膏在涂胶机后车卷成大卷，供下一道工序使用。收卷直径过小，将影响断片效率和收率；若收卷直径过大，胶膏表面容易与布衬背面粘连，产生废品，一般每卷收卷长度约 30~50m，若后车收卷前已经纵向分切成小卷，则收卷长度可大于 100m。胶膏通过涂胶机前车刮刀后，温度比较高，因此涂胶机的后车与烘干道之间需要有冷却装置，以降低含药胶膏温度，防止收卷时胶膏表面与布衬背面之间产生粘连。

（11）切卷：橡胶贴膏的布衬宽度一般为 82~96cm，收成大卷后需要在切段床上纵向分切成若干符合标准的小卷（若后车收大卷前有分切装置，则应取消切断床的应用），常见分切尺寸为宽度 10cm。

（12）断片（又称切片）：根据产品标准要求，切卷后的含药胶膏由切片机横向段切成符合规定尺寸的橡胶贴膏贴片，断片后，贴片布面分有孔和无孔两种形式，布面打孔又分为激光打孔、针刺微孔、针冲孔等。

（13）包装：经检验合格的贴片，装入密封塑料袋内，再装入中盒内，最后装入大箱内，封箱，打包，转入库房内贮存。橡胶贴膏与其他剂型相比，成品率低，贴片有黏性易粘连，包装以手工为主，近期已有自动包装设备得到应用，虽然工作效率不高，但自动包装代替手工操作将是未来发展方向。

热压法制备橡胶贴膏工艺流程如下：

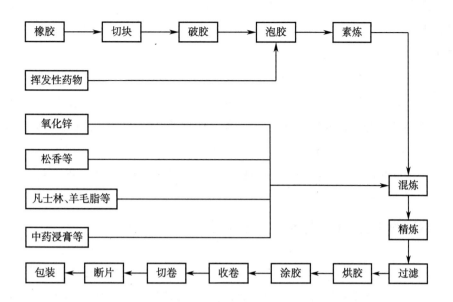

第二节　凝胶贴膏和贴剂的制备工艺

一、凝胶贴膏的含义、特点和常用基质

凝胶贴膏原称巴布膏剂（简称巴布剂），它是指提取物、饮片或者化学药物与适宜的亲水性基质混匀后，涂布于背衬材料上制成的贴膏剂。凝胶贴膏由古老的泥罨剂发展而来，20世纪70年代开始，日本、欧洲等对其不断改进，由泥状凝胶剂发展成为定型凝胶贴膏，该种剂型应用于中药贴膏剂，是一种具有广阔发展前景的外用药制剂，受到人们的重视。

（一）特点

凝胶贴膏和传统中药黑膏药和橡胶贴膏相比，具有以下特点。

（1）和皮肤生物相容性好，中药凝胶贴膏中水溶性高分子材料与皮肤有很好的亲和性，使用舒适，亲水高分子基质具有透气性、耐汗性、没有过敏性、没有刺激性等特点。

（2）载药量大，适合中药用量大的特点，尤其适用于中药浸膏。

（3）凝胶贴膏的水溶性基质有利于皮肤角质层细胞水化膨胀，从而更有利于药物的透皮吸收，生物利用度高，且保湿性强，药物无致敏、无刺激性等副作用。

（4）采用透皮吸收控释技术，使血液浓度平稳，药效持久。

（5）使用方便，不污染衣物，容易清洗去除，反复揭贴仍能保持黏性。

（二）组成

凝胶贴膏的基本结构包括：

1. 支持层　主要起膏体的载体作用，一般选用人造棉布、无纺布、法兰绒等。

2. 膏体层　即基质和主药部分，在贴敷中产生适度的黏附性使之与皮肤密切接触。凝胶贴膏的基质主要由凝胶骨架成分、增黏剂、填充剂、成膜剂、保湿剂、抑菌剂和水等成分构成。成型凝胶贴膏还需要添加适当的交联剂和交联调节剂。其中凝胶骨架成分和交联剂是现代成型凝胶贴膏中最关键和必不可少的材料。

中药凝胶贴膏是指以水溶性高分子化合物或亲水性物质为基质，与中药提取物混合制成的中药贴敷剂。制备不同的凝胶贴膏所用的基质物料有较大差别，对中药来讲尤其这样。一般先将聚丙烯酸钠、聚乙烯醇、羧甲基纤维素钠、明胶、山梨醇加水适量溶胀。然后加入白陶土、甘油、蓖麻油混合均匀，制成半固体基质。最后加入药物，搅匀，过滤，涂布盖衬即得。

3. 盖衬层　即膏体表面的覆盖物，一般选用聚丙烯及聚乙烯薄膜、玻璃纸、聚酯等。

二、凝胶贴膏的工艺过程、设备和工艺控制

凝胶贴膏的制备一般是在常温下将高分子材料按照一定的加料顺序投入到反应釜中，制备含药凝胶贴膏后，在常温条件下进行涂布。反应釜的核心是搅拌装置，具体如图 14-5 和图 14-6 所示。

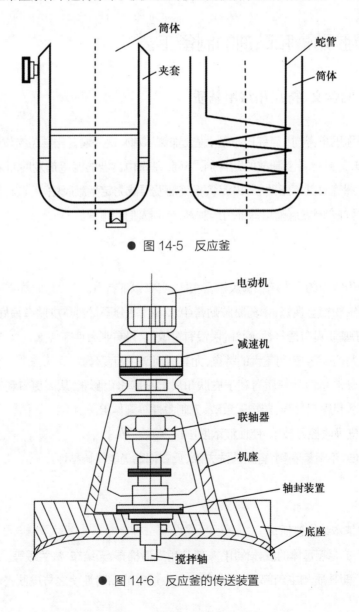

● 图 14-5　反应釜

● 图 14-6　反应釜的传送装置

凝胶贴膏的涂布设备结构和橡胶贴膏相似,可以采用辊涂法,如图 14-7 所示。

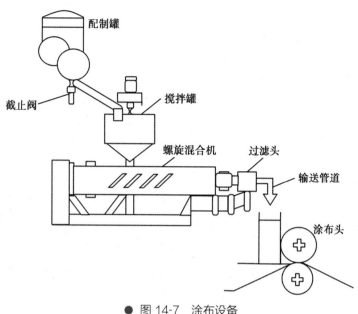

● 图 14-7 涂布设备

凝胶贴膏制备工艺流程如下:

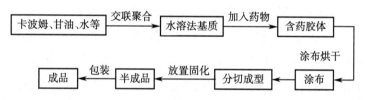

1. 凝胶贴膏的制备工艺过程

(1)配制称量:操作前,检查岗位衡器、工艺卫生是否符合要求,检查是否有清场合格证及状态标志和有关记录,符合要求后,方可进行岗位操作。核对所称量物料的品名、批号、重量、规格及检验合格证是否齐全,以上均应符合规定要求。

操作前,首先校对衡器,按所称量物料的重量,选择适宜量程的衡器,一人操作,一人复查,确保称量准确无误。准确称量称量桶的重量,采用单物料称量法,称量必须是一人称量、一人复核,按投料量分别准确称取原料、辅料,并按要求分别将称好的物料盛放于不锈钢盛料桶中;质检员现场监督,确保称量物料准确无误。操作过程中,称取处方量的卡波姆、甘油、PVP、三乙醇胺、明胶、水等基质原料。称量过程中及时完整填写相应记录。称量结束后,在物料容器外壁贴上标签,注明品名、物料名称、批号、班次、重量和生产日期。然后按岗位清场标准操作规程进行清场,并取得清场合格证。

(2)含药的胶体制备:操作前,检查岗位设备、工艺卫生是否符合要求,检查是否有清场合格证及状态标志和有关记录,符合规定要求后,方可进行岗位操作。核对物料名称、批号、重量等均应符合规定要求。将卡波姆、明胶、三乙醇胺等用甘油充分混合并分散均匀,形成混合溶液备用。将 PVP 溶于蒸馏水中,制成 PVP 水溶液备用。压敏胶与有机溶剂混合于单独容器内,搅拌均匀。将甘油的混合溶液和水相的混合溶液混合均匀,同时不停搅拌,这样即形成水溶性基质。将药物混合液加入基质混合溶液中并不断搅拌,直至均匀,进行脱气处理,将胶体放出备用。

（3）涂布分切：操作前，检查岗位设备、工艺卫生是否符合要求，检查是否有清场合格证及状态标志和有关记录，符合规定要求后，方可进行岗位操作。复核胶体的品名、批号、规格、重量以及检验合格证是否齐全，以上均应符合要求。将背衬及防粘层材料按涂布机标准操作规程装在涂布机上，前车不断地加适量胶体涂布，调整涂布厚度，定时抽样检查。在操作过程中，根据车间质检员每次取样检测的含膏量进行含膏量的调整。涂布之后的胶层在机器上被分切成为单片的膏片，每隔30分钟随机取5张膏片检测尺寸是否符合要求。将符合要求的膏片整理整齐并整齐地装入干净的膏片周转箱中，贴上标签，注明品名、批号、规格、生产日期、班次、生产线和操作人。

（4）包装：操作前，检查岗位设备、工艺卫生是否符合要求，检查是否有清场合格证及状态标志和有关记录，经检查符合规定要求后，方可进行岗位操作。

1）内包装。①核对膏片的品名，批号、规格等是否符合要求，以上均应符合规定要求。②装内袋：将检验合格后的半成品膏片，按包装规格要求装入内袋。③封口：按封口机标准操作规程设定好封口温度，安装好印字轮，封口的同时印上生产日期、产品批号和有效期。④在封口开始时，应检查内袋上打印的生产日期、产品批号和有效期是否符合要求及封口是否严密；如生产批号或有效期不符合要求，应重新安装；如封口不严密或封口部位有焦煳现象，应重新调整封口温度。⑤将封口符合要求的内袋用洁净的周转箱盛装，并贴上标签，注明品名、规格、批号和封口人等。按品名、规格、批号分别堆码，存放于贮存间中。⑥操作过程中，及时完整填写生产记录。⑦生产结束后，按岗位标准清场操作规程进行清场，并取得清场合格证。

2）外包装。①装小盒：按包装规格的要求装小盒，在小盒底部喷印上生产批号、生产日期和有效期。②装中盒：按包装规格要求装中盒，在中盒上喷印生产批号、有效期和生产日期。③装箱：按包装规格要求装箱，打上生产批号、有效期和生产日期。④操作过程中，及时完整填写生产记录。⑤生产结束后，按岗位标准清场操作规程进行清场，并取得清场合格证。

2. 凝胶贴膏的质量监控

（1）生产区：工艺卫生和环境卫生应符合规定要求，有清场合格证和状态标志牌。

（2）称量配制岗位：复核物料名称、规格是否相符，衡器校对后使用，一人称量，一人复核，称量准确无误。

（3）胶体制备岗位：按工艺要求，严格监控投料顺序、投料时间、投料量、搅拌速度、搅拌时间、胶体温度等参数，随时观察胶体的成型情况，使用规定的评价方法对制成的含药胶体进行评价，应符合含药胶体半成品标准。

（4）涂布岗位：注意含药胶体的固化速度与涂布机的涂布能力相适应，防止发生因胶体固化过快而产生无法正常涂布的现象。监控涂布机的运行速度、涂布张力、贴膏含膏量。

（5）包装岗位：注意半成品贴膏、已装好贴膏的内袋的存放是否符合要求，防止出现脱层、溢胶、皱褶等现象。主要监控待包装贴膏的质量、包装材料的质量、装片数量、封合质量。检查包装上打印的产品批号、生产日期、有效期等信息的完整性。

三、贴剂的含义、特点和常用基质

贴剂是提取物或者化学药物与适宜的高分子材料制成的一种薄片状贴膏剂，也称经皮给药系统或者经皮治疗系统。贴剂是在皮肤表面给药,使药物以恒定或接近恒定速度通过表皮进入人体内血液循环。

(一)特点

贴剂许多优点如下:①避免肝脏的首过效应及胃肠灭活,可产生持久、恒定和可控的血药浓度,避免药物浓度的"峰谷"现象,从而减轻不良反应;②患者可自己用药,出现问题可及时停药,使用方便;③药物有效作用时间长,可减少给药次数和剂量。中药贴剂尚处于起步阶段,中药贴剂的开发要根据药材提取物的理化性质、剂量大小、是否有挥发性、用药间隔等特点来选定合适的基质类型。

(二)组成

贴剂有背衬层、有(或无)控释膜的药物贮库、粘贴层及临用前需除去的保护层。透皮贴剂透过扩散而起作用,药物从贮库扩散出,直接进入皮肤和血液循环,若有控释膜层和粘贴层则通过上述两层进入皮肤和血液循环。贴剂的覆盖层,活性成分不能透过,通常水也不能透过。贴剂的贮库可以是骨架型或控释膜型。保护层起防粘和保护制剂的作用,通常为防粘纸、塑料或金属材料,当除去时,应不会引起贮库及粘贴层等的剥离。

贴剂常用压敏胶基质,是经皮吸收系统中的关键材料。压敏胶是指在轻微压力下即实现粘贴,同时又容易剥离的一类胶粘材料,从而保证释药面与皮肤紧密接触。一般根据药物在压敏胶基质中的溶解度、分散系数和渗透系数来选择各种压敏胶。贴剂的压敏胶基质常用的有聚异丁烯类压敏胶基质、聚丙烯酸酯类压敏胶基质、硅橡胶压敏胶基质、硅酮压敏胶基质等。

四、贴剂的工艺过程、设备和工艺控制

贴剂的制备方法有两种,一种是溶剂法,一种是熔融法。贴剂的制备设备和橡胶贴膏的相似,具体参照橡胶贴膏章节。

1. 溶剂法制备溶剂型压敏胶贴剂生产工艺 溶剂法制备溶剂型压敏胶贴剂的工艺流程如下:

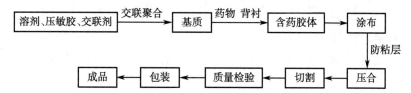

该贴剂的生产工艺可分为基质制备、含药胶体制备、涂布、烘干、复合、收卷、分切、切片、包装等步骤。

(1)配制:称取处方量的压敏胶、交联剂、有机溶剂等基质原料。

(2)基质制备:用适宜的搅拌方法将交联剂与有机溶剂分散混合均匀,将压敏胶与有机溶剂分别混合在单独容器内,搅拌均匀,用泵将交联剂混合溶液缓慢地加入压敏胶混合溶液中,同时不

停搅拌。交联反应过程需持续搅拌一定时间,该反应在聚合反应釜中进行。

（3）含药胶体制备:将药物溶解在适宜的有机溶剂中,搅拌均匀。将药物混合液加入基质混合溶液中并不断搅拌,并加入一定量的溶剂补充挥发掉的溶剂,以保持适宜的黏度,该过程在搅拌釜中进行。

（4）涂布:涂布工序同样是在涂布机中完成的,将含药胶体涂布在保护膜上。溶剂通过烘箱高温加热蒸发,最后获得干燥的涂布薄层。干燥步骤完成后,在涂布层表面覆盖背衬,然后收成大卷。在涂布收卷的开始和最后部分,应做以标记,检测它们是否合格。

（5）分切包装:把收好的大卷在分切机上分切为宽度更窄的盘卷。将分切完成后的半成品盘卷,置切片上分切成片。将分切后的贴片产品装入小袋,并用热封工具将包装热封。

备注:溶剂型压敏胶贴剂制备设备与溶剂型橡胶贴膏使用机器基本相同。

（6）质量监控与控制

1）含药胶体检查:目视检查,含药胶体内没有压敏胶和交联剂的颗粒和气泡;黏度检查,胶体的黏度应控制在标准范围内。

2）涂布过程检查:含膏量控制,测试单位面积涂层的重量,单位面积涂层的重量可以表示出含量的均一性;涂布速度,膏布运行的线速度应稳定在规定范围内。

3）烘箱温度检查:干燥温度应该控制在规定范围内。

4）溶剂残留量:应建立中间体溶剂残留量控制标准,并应测定中间体残留溶剂含量。

5）目视检查:涂层表面应该是光滑平整,无起皱现象和异物。

6）分切和包装工艺的检查:定时检查纵横分切尺寸是否准确、有无歪斜形状的贴片;检查内包装是否密封完好、有无热封压片现象等。

2. 熔融法制备熔融型压敏胶贴剂生产工艺　熔融法制备熔融型压敏胶贴剂的工艺流程如下:

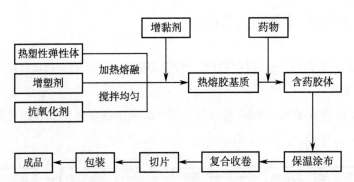

（1）配制称量:操作前,检查岗位衡器、工艺卫生是否符合要求,检查是否有清场合格证及状态标志和有关记录,符合要求后,方可进行岗位操作。核对所称量物料的品名、批号、重量、规格及检验合格证是否齐全,以上均应符合规定要求。

操作前首先校对衡器,按所称量物料的重量,选择适宜量程的衡器,一人操作,一人复查,确保称量准确无误。准确称量称量桶的重量,称量必须是一人称量,一人复核,按投料量分别准确称取原料、辅料,并按要求分别将称好的物料盛放于不锈钢盛料桶中,药物称量放在一起。称量过程中及时完整填写相应记录。称量结束后,在物料容器外壁贴上标签,注明品名、物料名称、批号、班次、重量和生产日期。然后按岗位清场标准操作规程进行清场,并取得清场合格证。

（2）胶体制备：操作前，检查岗位设备、工艺卫生是否符合要求，检查是否有清场合格证及状态标志和有关记录，符合规定要求后，方可进行岗位操作。核对物料名称、批号、重量等均应符合规定要求。开动反应釜升温系统，将油温控制在一定温度，观察罐内熔融情况，加入增塑剂和抗氧剂，继续熔融。向完全熔融并搅拌均匀的胶液中加入药物继续搅拌至均匀。

（3）涂布收卷：将涂布机涂胶上辊、存胶板、下辊升温，涂胶上辊控制在一定温度。将涂布材料（防粘膜或纸）按涂胶机标准操作规程装在涂布机上，输送管向前车不断地输送适量胶浆涂于防粘纸上，调整涂布厚度，涂膏量控制在 1.60~2.00g/100cm²，再贴于布上，收成大卷。取样检测含膏量、外观等合格后，方可进行操作。在操作过程中，按规定时间周期取样检测含膏量，其含膏量应在绘制监测曲线内，保证涂胶符合质量要求。在操作过程中，根据车间质检员每次取样检测的含膏量进行量含膏的调整。

（4）分切。将合格的膏布卷放在分切机上，按分切收卷标准操作规程进行切卷和再收卷，收卷时膏卷两端整齐。将分切的膏卷装在切片机上，按切片机标准操作规程进行切片。在切片过程中每隔30分钟随机取5张膏片检测尺寸是否符合要求。将符合要求的膏片整理整齐并整齐地装入干净的膏片周转箱中，并贴上标签，注明品名、批号、规格、生产日期、班次、生产线和操作人。

（5）包装。操作前，检查岗位设备、工艺卫生是否符合要求，检查是否有清场合格证及状态标志和有关记录，经检查符合规定要求后，方可进行岗位操作。

1）内包装。①核对膏片的品名、批号、规格等是否符合要求，以上均应符合规定要求。②装内袋：将检验合格后的半成品膏片，按包装规格要求装内袋。③封口：按封口机标准操作规程设定好封口温度，安装好印字轮，封口的同时印上生产日期、产品批号和有效期。④封口操作开始一段时间，应检查内袋上打印的生产日期、产品批号和有效期是否符合要求及封口是否严密；如生产批号或有效期不符合要求，应重新包装；如封口不严密或封口部位有焦煳现象，应重新调整封口温度。⑤将封口符合要求的内袋用洁净的周转箱盛装，并贴上标签，注明品名、规格、批号和封口人等。按品名、规格、批号分别堆码，存放于贮存间中。⑥操作过程中，及时完整填写生产记录。⑦生产结束后，按岗位标准清场操作规程进行清场，并取得清场合格证。

2）外包装。①装小盒：按包装规格的要求装小盒，在小盒底部喷印生产批号、生产日期和有效期。②装中盒：按包装规格要求装中盒，在中盒上喷印生产批号、有效期和生产日期。③装箱：按包装规格要求装箱，打上生产批号、有效期和生产日期。④操作过程中，及时完整填写生产记录。⑤生产结束后，按岗位标准清场操作规程进行清场，并取得清场合格证。

（6）质量监控及质量监控点

1）生产区：工艺卫生和环境卫生应符合规定要求，有清场合格证和状态标志牌。

2）称量配制岗位：复核物料名称、规格是否相符，衡器校对后使用，一人称量，一人复核，称量准确无误。

3）熔胶岗位：按工艺要求，监控物料加入的方法、顺序和时间；监控熔胶温度、搅拌速度和搅拌时间；特别注意药物加入时基质的温度。

4）涂布岗位：监控涂胶机的运行速度、胶体的流动性、涂胶膏布的表面质量和含膏量、贴片的初粘力、持粘力（内聚力）、剥离强度、背衬的复合质量以及贴片的成型尺寸。

5）包装岗位：监控待包装品数量、包装材料的使用、关键性操作（打印批号、装量）。

案例 14-1　凝胶贴膏制备工艺案例

1. 操作相关文件

工业化大生产中凝胶贴膏制备工艺操作相关文件详见表 14-1。

表 14-1　工业化大生产中凝胶贴膏制备工艺操作相关文件

文件类型	文件名称	适用范围
工艺规程	×× 凝胶贴膏工艺规程	规范工艺操作步骤、参数
内控标准	×× 内控标准	中间体质量检查标准
质量管理文件	偏差管理规程	生产过程中偏差处理
工序操作规程	凝胶贴膏操作规程	配制、涂布工序操作
	凝胶贴膏交联固化操作规程	交联固化工序操作
设备操作规程	行星搅拌机操作规程	水凝胶配制搅拌混合操作
	水凝胶涂布切片机操作规程	水凝胶涂布切片机操作
卫生管理规程	洁净区工艺卫生管理规程	生产过程中卫生管理
	洁净区环境卫生管理规程	生产过程中卫生管理
安全管理文件	消防安全管理规程	消防安全管理
	安全生产管理规程	生产过程中安全管理
交接班管理文件	交接班管理规程	交接班规范管理

2. 生产前检查确认

工业化大生产中凝胶贴膏制备工艺生产前检查确认项目详见表 14-2。

表 14-2　工业化大生产中凝胶贴膏制备工艺生产前检查确认项目

检查项目	检查结果	
清场记录	□有	□无
清场合格证	□有	□无
批生产指令	□有	□无
设备、容器具、管道完好、清洁	□有	□无
计量器具有检定合格证，并在周检效期内	□符合要求	□不符合要求
检验用仪器有检定合格证，并在周检效期内	□符合要求	□不符合要求
工器具定置管理	□符合要求	□不符合要求
上批遗留产品及与本批无关文件、物料已清除	□已清除	□未清除
所用工艺指令、SOP、批生产记录等文件齐全	□齐全	□不齐全
与本批有关的物料齐全	□齐全	□不齐全
有所用物料检验合格报告单	□有	□无
设备处于已清洁灭菌及待用状态	□正常	□异常
压缩空气、电供应是否正常	□正常	□异常
各阀门开启是否正常，仪表有无损坏，油位是否正常	□正常	□异常
备注		
检查人		

岗位操作人员按表14-2检查确认后,填写生产操作前检查记录,并签名。质检员复核确认后发放生产许可证,生产许可证如表14-3所示。

表14-3 工业化大生产中凝胶贴膏制备工艺生产许可证

品 名		规 格	
批 号		批 量	
检查结果		质检员	
备 注			

3. 生产准备

3.1 批生产记录的记录要求

车间工艺员下发本批次的批生产记录,操作人员领取批生产记录后,查看首页生产指令单,获取品名、批号、设备号,严格按照《××凝胶贴膏工艺规程》进行操作,在批生产记录上及时记录要求的相关参数。

3.2 操作前检查

根据生产指令单获取的设备号,操作人员按照表14-4对工序内生产区清场情况、设备状态等进行检查,确认符合合格标准后,检查人与复核人在批生产记录上签字确认。操作人员填写"运行"设备状态标志,填写品名、批号、数量、日期、操作人相关内容,取下班组长已检查签字的"正常 已清洁"状态标志,贴于批生产记录上,悬挂"运行"设备状态标志。

表14-4 工业化大生产中凝胶贴膏制备工艺搅拌混合间、涂布分切间、凉片固化间清场检查

区域	类别	检查内容	合格标准	检查人	复核人
搅拌混合间	清场	环境清洁	无与本批次生产无关的物料、记录等	操作人员	操作人员
		设备清洁	设备悬挂"正常 已清洁"状态标志并有车间QA检查签字	操作人员	操作人员
涂布分切间	清场	环境清洁	无与本批次生产无关的物料、记录等	操作人员	操作人员
		设备清洁	设备悬挂"正常 已清洁"状态标志并有车间QA检查签字	操作人员	操作人员
凉片固化间	清场	环境清洁	无与本批次生产无关的物料、记录等	操作人员	操作人员
		设备清洁	设备悬挂"正常 已清洁"状态标志并有车间QA检查签字	操作人员	操作人员

4. 所需设备列表

工业化大生产中凝胶贴膏制备工艺所需设备列表详见表14-5。

表14-5 工业化大生产中凝胶贴膏制备工艺所需设备列表

工艺步骤	设备
水凝胶配制过程	行星搅拌机
水凝胶涂布切片过程	水凝胶涂布切片机

5. 工艺过程

5.1 工艺流程

工业化大生产中凝胶贴膏制备工艺流程如下:

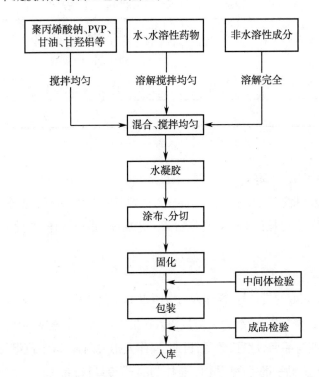

5.2 工艺过程

工业化大生产中凝胶贴膏制备工艺过程详见表 14-6。

表 14-6 工业化大生产中凝胶贴膏制备工艺过程

操作步骤	具体操作步骤	责任人
称量	处方分成三个部分:甘油性成分、水溶性成分、非水溶性成分,三类处方分别称量装入洁净的容器中	操作人员
混合	三部分成分分别称量后,分别搅拌均匀,需要溶解的部分要搅拌至彻底溶解	操作人员
总混	将分别混合均匀的三部分加入总混锅中,开启机器混合均匀,即成水凝胶	操作人员
涂布分切	将制备好的水凝胶上机器,涂布在无纺布上面,表面再覆盖塑料压花膜,按照工艺要求分切成固定大小、固定片重的贴片	操作人员
固化	将分切好的半成品放在一定温度、湿度的空间,让其自然交联固化	操作人员
分装	固化成型的半成品包装、密封	操作人员

6. 工艺要求

工业化大生产中凝胶贴膏制备工艺要求详见表 14-7。

表 14-7　工业化大生产中凝胶贴膏制备工艺要求

工序	工艺要求
称量	称量时三相要严格分开,甘油相不可混入水分;甘油相由于含有高分子成分,黏性较强,可以直接加入搅拌分散锅(总混锅)中处理,避免混合后转移过程中的粘连损失
混合	甘油相:需用行星搅拌机强力混合,并同时开启分散转子,使高分子物质均匀混合分散在甘油中,混合物应呈色泽均一的黏稠状半流体,不得有肉眼可见的微粒,高分子物质总量一般占水凝胶的 5%~10%,甘油一般占水凝胶的 20%~30% 水相:将水及水溶性成分混合均匀,水一般占水凝胶的 50%~70% 非水溶相:非水溶性药物或者冰片、薄荷脑等清凉剂可用乙醇溶解,乙醇量不宜过大,以溶解为度
总混	将甘油相、水相、非水溶相加到混合器中,搅拌机必须带有真空功能,开启真空将真空度控制在 –0.08~–0.06MPa 之间,防止胶体在混合过程中混入气泡;迅速开启机器搅拌混合均匀
涂布切片	混合好的胶体要及时涂布分切;按照产品的要求尺寸分切,含药量通过调节胶体涂布厚度调节
固化	涂布好的水凝胶贴片一般须放置 12~24h,使其交联固化,固化室的湿度一般控制在 30%~50%,温度为 20~30℃。固化终点判断一般以胶体不粘连覆盖的塑料压花膜为宜
分装	凝胶贴膏产品应该用适宜的包材进行密封包装,包装材料应能阻隔水、气、光等环境因素对产品的影响

7. 清场

7.1　设备清洁

设备清洁按照各设备要求所规定的清洁频次、清洁方法进行清洁。

7.2　环境清洁

按《洁净区工艺卫生管理规程》对各操作间进行清洁。

7.3　清场检查

清场结束后由车间 QA 进行检查,符合要求后签发设备"正常　已清洁"状态标志;若不合格则需要操作人员进行重新清洁,并有相应记录。

8. 注意事项

8.1　质量事故处理

如果生产过程中发生任何偏离《偏差管理规程》操作,必须第一时间报告车间 QA,车间 QA 按照《偏差管理规程》进行处理。

8.2　安全事故

必须严格按照《安全生产管理规程》执行,如果万一出现安全事故,第一时间通知车间主任、车间 QA 按照相关文件进行处理。

8.3　交接班

人员交接班过程中需要按照《交接班管理规程》进行,并且做好交接班记录,双方确认签字后交接班完成。

8.4　维护保养

严格按照要求定期对设备进行维护、保养操作,并且做好相关记录。

第三节 膏药的制备工艺

一、膏药的含义、分类、特点和常用基质

膏药系指药材、食用植物油与红丹（铅丹）或官粉（铅粉）炼制成膏料，摊涂于裱褙材料上制成的供皮肤贴敷的外用制剂。前者称为黑膏药，后者称为白膏药。

（一）特点

1. 疗效显著，见效迅速。膏药施于局部，局部组织内的药物浓度显著高于血药浓度，所以发挥作用充分、迅速，局部疗效明显优于口服用药，非常适合不便服药者或不愿服药者使用。

2. 适应证广，使用方便。不需要住院，只要了解常用膏药的作用及适用证、禁忌证，患者就可根据疾病买药，按贴敷方法和要求自行治疗。

3. 使用安全，无毒副作用。膏药疗法是针对患者的患病部位局部施药的，对人体的整体影响小，从而避免了药物对肝脏及其他器官的毒副作用，相对安全可靠。

（二）组成

膏药的基质由两部分组成：一部分是植物油中的不饱和脂肪酸与铅丹中的四氧化三铅形成的二价铅皂，它是油包水型的表面活性剂；另一部分则是剩余植物油氧化聚合的增稠物。

1. 植物油　以质地纯净的麻油为好。其优点是炼时泡沫少，有利于操作。且制成的膏药色泽光亮，性黏，质量好。亦可以采用棉籽油、菜油、花生油等。

2. 黄丹　又称樟丹、铅丹、红丹、陶丹，橘红色，质重，粉末状，主要成分为四氧化三铅，纯度要求在95%以上。

二、黑膏药的制备工艺过程、设备和工艺控制

膏药的制备设备相对比较简单，膏药的制备大多采用手工制备，大规模制备多采用膏药制备一体机，如图14-8所示。

（一）黑膏药的制备工艺

1. 药料的提取　药料的提取按其质地有先炸后下之分，将药料中质地坚硬的药材、含水量高的肉质类、鲜药类药材置于铁丝笼内移置炼油器内，加盖。植物油由离心泵输入，加热先炸，油温控制在200~220℃，质地疏松的花、草、叶、类等药材宜在上述药料炸至枯黄后入锅，炸至药料表面呈深褐色，内部焦黄色。炸好后将药渣连笼排出室外，提取时需要防止泡沫溢出。炸药的时间不能太短，太短则药性没有完全被提取出来；时间也不能太长，太长则药被煎煳，增加油中的杂质。

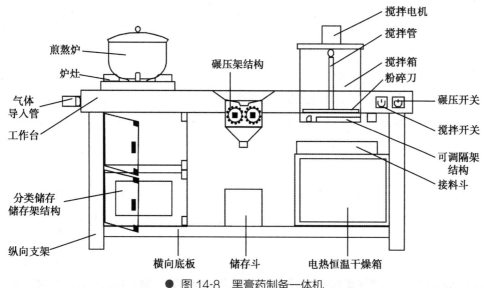

图中标注（从左上顺时针）：搅拌电机、搅拌管、搅拌箱、粉碎刀、碾压开关、搅拌开关、可调隔架结构、接料斗、电热恒温干燥箱、储存斗、横向底板、纵向支架、分类储存储存架结构、工作台、气体导入管、炉灶、煎熬炉、碾压架结构

● 图 14-8　黑膏药制备一体机

2. 炼油　将第一步炸好的药油继续熬炼,待油温度上升到 320℃左右,改用中火。待锅周围的气体急剧旋升,用竹筷蘸油滴入凉水,如果油成圆珠状不散开,则炼油成功。也就是传统炼油过程中常说的"滴水成珠"。炼油为制备膏药的关键,炼油过老则膏药质脆,黏着力小,贴于皮肤容易脱落。炼油过嫩则膏药质软,贴于皮肤容易移动。

3. 下丹成膏　药油炼成后,离火下丹,少量加丹,投料量为植物油的 30%~50%,边加边搅动,温度控制在 300℃,向同一方向搅拌。搅成黏稠的膏体,膏药不粘手、拉丝不断为好,老嫩适中。下丹注意掌握火候和剂量大小,温度低,影响丹油化合,其色不泽;温度高,大火易燃。丹量小则膏嫩,丹量大则膏老。膏药黑之功于在熬,亮之功于在搅。

4. 去火毒　用冷水喷于膏药锅内,有黑烟冒出,膏药成小坨,放于冷水 3~10 日,每日换水 1~2 次。此为去火毒。

5. 加料摊涂　取膏药团置于加热容器上,等膏药渐渐熔化后,用竹筷挑取一定量的膏药,放于膏药布上,以竹筷点纸布中心做顺时针摊一周,则膏药制作完成。

如果药材中有贵细药材或易挥发药材,如麝香、乳香、没药等,应研成细粉,在摊涂前投入熔化的膏药中混匀。

(二)黑膏药的制备工艺控制

1. 植物油的选择　以麻油为最好,其次为花生油、菜油、色拉油,棉籽油最差。棉籽油泡沫大,加热到一定时间亦不消失,炼油时间较长,同时在下丹过程中油易溢锅,油与丹反应时产生的白烟断断续续,反应不完全,不易成膏。制成的膏药色泽灰暗,质量差。

2. 火候　炸料初期时宜文火,炼油时改用中火,下丹时用文火,喷水法去火毒时宜文火。

3. 细料药粉的加入　粗料按处方取好,并进行适当的粉碎,为熬枯去渣作准备。细料如麝香等研成细粉备用,摊涂时撒在膏药表面;可溶性或挥发性的细料如冰片、樟脑、没药、乳香等可先研为细粉备用,在摊涂前投入熔化的膏药中混匀(细粉要过 120 目筛)。操作时将膏药倒入另外铁锅中,均匀地搅拌,由于此时膏药内部反应仍在进行,因此搅拌方向仍与之前一致,搅拌至膏药内部白烟排尽。待膏药冷却至半凝固状态时兑入细粉,按同一方向搅匀,过早加入易引起溢锅,细粉不易分散,从而影响膏药外观。

4. 包装　膏药熬炼好后宜一次性摊完,以免多次加热造成挥发成分散失。摊涂好的膏药宜密闭包装,特别是含有挥发性药料的膏药,以防长期放置,气味散失。

5. 劳动保护　制备黑膏药中由于要接触重金属铅及下丹时产生的有毒白烟,因此在操作中要注意做好劳动保护措施。通常在通风性良好的条件下进行操作,下丹时应戴好橡皮手套及防毒口罩,口罩中的炭粒应定期更换。炼制膏药的锅旁应设置一个排风扇,使下丹产生的白烟定向吹散。

白膏药的制备工艺与黑膏药基本相同,只有下丹时油温要冷却到100℃左右,缓慢递加宫粉,以防止产生大量二氧化碳气体使药油溢出。加入宫粉后需要搅拌,在将要变黑时投入冷水中,成品为黄白色。

本章小结

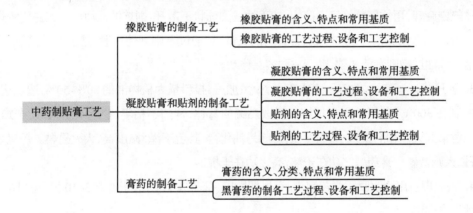

第十四章　同步练习

（齐　滨　柯木灵）

参 考 文 献

[1] 徐荣周,缪立德,薛大权,等.药物制剂生产工艺与注解.北京:化学工业出版社,2008.

[2] 沈宝享,沈国海,王雪,等.现代制剂生产关键技术.北京:化学工业出版社,2006.

第十五章 中药无菌制剂工艺

第十五章 课件

学习目标

1. 掌握：中药注射液、无菌粉针剂的制备工艺流程及环境区域划分；制备中药注射液、无菌粉针剂的主要设备的工作原理、特点；中药注射液生产存在的问题及解决方法。

2. 熟悉：GMP无菌控制区的基本要求；影响注射液质量的因素；无菌粉针剂生产存在的问题及解决方法。

3. 了解：灭菌方法与无菌操作；中药眼用制剂与外用无菌制剂的制备工艺流程；中药注射液、无菌粉针剂药企制备案例。

第一节 概述

中药无菌制剂系指中药材提取物、中药材提取物加中药细粉、中药细粉与适宜辅料混匀、称量配制、过滤或用其他适宜方法制成的无菌制剂。目前，市场上主要有小容量注射液、大容量注射液、无菌粉针剂、眼用制剂及无菌外用制剂等种类。其中，外用制剂中的软膏剂、贴膏剂均为传统剂型。中药注射液是传统医药理论与现代生产工艺相结合的产物，突破了中药传统的给药方式，是中药现代化的重要产物。通过注射途径给药适于不宜口服给药的患者，对于一些危重症患者，注射液可迅速进入血液循环，药物在体内无须吸收过程，故起效快且无首过效应。近年来中药注射液在呼吸系统与心脑血管疾病及肿瘤的治疗中发挥了巨大的作用。目前中药注射液得到长足发展，已成为我国中医药产业的经济增长点。

一、无菌制剂的分类和基本要求

无菌制剂是指直接注入人体或直接与创伤面及黏膜等接触的一类药剂。无菌制剂包括注射剂、眼用制剂与无菌软膏剂等。

无菌制剂需要对可能引起微粒、微生物和内毒素的潜在污染进行严格控制，无菌工艺的本质就是减少或者消除这些潜在污染源。

无菌制剂的生产工艺一般分为最终灭菌工艺和无菌生产工艺,因此又称为灭菌制剂和无菌制剂,二者之间存在本质区别。其中灭菌制剂是指产品在最终容器中密封后需要采用物理或化学方法进行灭菌处理的一类药物制剂。灭菌制剂在高质量的生产环境中进行产品灌装和容器密封,尽可能降低中间产品的微生物和微粒污染,结合后续的最终灭菌工艺,确保产品的无菌保证水平。无菌制剂是指采用无菌操作法制备的不含任何活的微生物繁殖体和芽孢的一类药物制剂。无菌制剂要求必须在极高质量的生产环境中进行产品灌装和容器密封,在此之前,与药物直接接触的容器和设备部件均应以适当的方式分别灭菌或除菌,原料药和辅料都必须是无菌的。

二、灭菌方法与无菌操作

根据临床需要,直接注入人体或直接接触黏膜创面的制剂必须保证无菌。灭菌与无菌操作为注射剂等无菌制剂生产中的基本技术和操作。

(一)灭菌方法

灭菌是指用物理或化学方法杀灭或除去物料中所有微生物繁殖体和芽孢的过程。根据灭菌原理的不同,制药行业中通常的灭菌方法可分为两大类:物理灭菌法与化学灭菌法。

物理灭菌法是利用蛋白质与核酸遇热、遇射线不稳定的特性,采用加热、射线和过滤方法,杀灭或除去微生物的技术方法。物理灭菌法包括干热灭菌法、湿热灭菌法、紫外线灭菌法、辐射灭菌法和过滤除菌法等。

化学灭菌法则是用化学药品直接作用于微生物而将其杀灭的方法,可分为气体灭菌法和化学药液灭菌法。

在中药制药过程中选择灭菌方法,要能最大限度地提高药物制剂的安全性,保护制剂的稳定性,保证制剂的临床疗效。因此,应根据药物的性质及临床治疗要求研究、选择有效的灭菌方法,这对保证产品质量具有重要意义。

(二)无菌操作法

无菌是指在任一指定的物体、介质或环境中不存在任何活的微生物。无菌操作法是指整个操作过程控制在无菌条件下进行,使产品避免微生物污染的一种操作方法。该法适用于不耐热药物或不宜用其他灭菌方法的无菌制剂的制备和分装。

按无菌操作制备的制剂,最后一般不再灭菌,故无菌操作法对于保证无菌产品的质量至关重要。

1. 无菌操作室的灭菌 无菌操作室的空气可采用气体灭菌法(如臭氧或甲醛、丙二醇、乳酸或过氧乙酸等的蒸气熏蒸)等方法进行定期灭菌。室内的墙壁、地面、用具等可采用液体灭菌法,如可用0.1%~0.2%苯扎溴铵(新洁尔灭)溶液、3%酚溶液、2%煤酚皂溶液或75%乙醇溶液等喷洒或擦拭。

(1)紫外线灭菌:紫外线灭菌是无菌室灭菌的常规方法,该法用于间歇或连续操作过程中,一般每天工作前开启紫外光灯1小时,操作间歇中开启0.5~1小时,必要时可延长照射时间。

(2)臭氧消毒:臭氧是无污染的消毒剂,具有强烈的杀菌消毒作用,一般通过高频臭氧发生器获得。消毒时,将发生器置于总进风或总回风管道,以空气为载体,使臭氧扩散至所有洁净室。对空气进行灭菌消毒需 1 小时,洁净室全面消毒则需 2~2.5 小时。

（3）气体熏蒸法:洁净室可采用甲醛、丙二醇、乳酸、过氧乙酸、戊二醛等化学药剂的蒸气熏蒸,进行定期灭菌。其中甲醛因对人体有一定危害,且消毒后需用大量空气进行置换,故近年少用,多采用戊二醛进行喷洒消毒。

（4）化学药液及其他灭菌法:洁净室内的桌椅、地面、墙壁可用 75% 乙醇、0.2% 新洁尔灭溶液、2% 煤酚皂溶液、3% 酚溶液进行喷洒或擦拭。A 级洁净室用的消毒剂需用 0.22μm 的滤膜过滤后使用。其他用具尽量用热压或干热灭菌法灭菌。

2. 无菌操作　无菌操作室是无菌操作的主要场所,无菌操作室及所用的一切物料、器具均须选择适宜的灭菌法进行灭菌,如生产小容量注射剂时,胶塞应在 121℃热压灭菌,安瓿则须在隧道灭菌烘箱进行干热灭菌。

操作人员进入无菌洁净区之前,必须经一定的净化程序,更换已灭菌的工作服和鞋,工作服应尽量盖住全身,不得外露皮肤和内衣,以免污染。

三、GMP 无菌控制区的基本要求

无菌制剂制备所包含的无菌控制区是整个工艺过程的核心区域,越接近产品灌装终点,要求越严格。无菌控制区对于防控污染和交叉污染的相关要求如下。

（一）硬件的基本要求

硬件包括厂房、设施、设备、功能区等,无菌制剂硬件设施的设计需要满足生产、设备和工艺布局要求,同时考虑房间特定功能,设计合适的气流方向,最佳的人流、物流方向,以便于生产操作、清洁和维护。针对无菌制剂的无菌控制区的特点介绍如下。

1. 洁净级别　无菌药品生产所需的洁净区可分为以下 4 个级别。

（1）A 级:高风险操作区,如灌装区、放置胶塞桶和与无菌制剂直接接触的敞口包装容器的区域及无菌装配或连接操作的区域,应当用单向流操作台(罩)维持该区的环境状态。单向流系统在其工作区域必须均匀送风,风速为 0.36~0.54m/s(指导值)。应当有数据证明单向流的状态并经过验证。

在密闭的隔离操作器或手套箱内,可使用较低的风速。

（2）B 级:指无菌配制和灌装等高风险操作 A 级洁净区所处的背景区域。

（3）C 级和 D 级:指无菌药品生产过程中重要程度较低操作步骤的洁净区。

一般中药无菌制剂工艺流程大致为:提取—浓缩—精制—配制—灌装—灭菌—包装。以中药注射液为例,由于中药产品成分的复杂性和特殊性,大部分中药注射液的灭菌工艺 F_0 值小于 8,属于非最终灭菌产品。因此对于灌装工序要求较高,一般灌装区为 A 级洁净区,或 A/B 级。配制为 C 级洁净区,提取、浓缩、精制一般均在密闭的系统内进行,所处区域为一般区即可,如中间产品处于非密闭系统,需在 D 级或 C 级洁净区进行。

洁净区的洁净级别,需要定期进行再确认,以使"静态"和"动态"的标准均符合相应要求。

2. 人、物分流（非特有,所有产品 GMP 均如此要求）。

3. 嵌入式设计　高风险操作区(如无菌配制和灌装)应采取嵌入式的设计,在其外部设置保护区域,人员经过更衣控制,物料和部件则需要经过必要的清洁灭菌后方可进入无菌操作区域,使外界对无菌环境的影响降到最低。

4. 气锁设计(非特有,所有产品 GMP 均如此要求)　人员、设备和物料应通过气锁间进入洁净区。主要目的和功能为:一是控制气流组织,有效阻止空气污染;二是保持两个区域间压差,避免低压报警;三是可以充当更衣的区域;四是可以阻止特殊工艺污染物的侵入或外泄。

气锁是两个不同洁净区间的连接通道,因此可跨越气锁间设立压差监控系统,以监控相邻洁净级别间的压差,而不是相邻房间的压差。气锁可采用连锁系统或光学或/和声学的报警系统防止两侧的门同时打开。

5. 压差控制(非特有,所有产品 GMP 均如此要求)　洁净室压差的设计通常是气流由高洁净级别流向低洁净级别,因此控制相邻房间压差对保护生产操作起着关键作用。一般洁净区与非洁净区之间、不同等级洁净区之间的压差应不低于 10Pa。必要时,相同洁净度级别的不同功能区域(操作间)之间应保持适当的压差梯度(一般控制在 5Pa)。

6. 气流方向　对于无菌制剂的 A 级洁净区气流应为单向流(层流),单向流系统在其工作区域必须均匀送风,风速为 0.36~0.54m/s(指导值),应当有数据证明单向流的状态并经过验证(烟雾试验)。在密闭的隔离操作器或手套箱内,可使用较低的风速。

在任何运行状态下,洁净区通过适当的送风应当能够确保对周围低级别区域的正压,维持良好的气流方向,保证有效净化能力。

7. 水系统　无菌药品配制、直接接触药品的包装材料和器具等最终清洗、A/B 级洁净区内消毒剂和清洁剂配制的用水应当符合注射用水的质量标准。

纯化水、注射用水的生产及配送系统,应考虑配管的坡度、焊接质量检查、内表面处理、输送速度、淋洗效果等项目。

8. 气体系统　制药企业应根据需要配备气体系统,包括压缩空气系统和惰性气体系统。其中压缩空气通常用于设备驱动,而惰性气体(通常为氮气)用于隔离氧气保护产品。无菌产品需要使用清洁的压缩空气和氮气,并在进入无菌生产区域与无菌容器、物料接触前经可靠的除菌过滤。

9. 仪器设备　对于采用无菌生产工艺的药品生产,接触内包材或药品的设备零部件应考虑设计在线清洗、在线灭菌设施或者能够便于拆卸后清洗和灭菌。上述设备部件应尽可能在灭菌前组装,以降低二次污染的风险。

专用部件的清洗应考虑设计专用清洗设备,以确保清洗效果的重现性。人工清洗时应考虑对清洗效果进行必要的确认。使用在线清洗/灭菌(CIP/SIP)系统的设备或管线应配备除菌过滤器(呼吸器)。

高污染风险的操作宜采用密闭系统,如吹灌封设备、限制进出隔离系统(RABS)、隔离器等。

(二)软件的基本要求

GMP 对软件的基本要求主要是生产管理和质量管理,质量管理是一个体系,本节针对无菌药品的特性列举相关要求。

1. 验证　验证是确认相关工艺、设备、文件等处在有效状态的工序。需进行周期性验证的有工艺验证、设备运行验证。采用无菌工艺生产的须进行无菌模拟灌装试验,每半年进行一次。过滤系统须经验证,除菌过滤滤器须进行化学兼容性验证、细菌截留挑战试验。

2. 环境监控 洁净区的环境质量应得到有效控制并被客观评价,应对它实行全面监控。监控项目包括空气悬浮粒子、空气浮游菌、沉降菌、设施和设备表面的微生物以及操作人员的卫生状况等。

第二节 小容量注射液的制备工艺

一、小容量注射液的含义、分类和基本要求

小容量注射液是指将药材经提取纯化后配制至指定浓度并灌入小于 50ml 安瓿内,供注入人体内的灭菌溶液、乳状液或混悬液,又称"水针剂"。

根据灭菌条件和要求不同又分为最终灭菌小容量注射液和非最终灭菌小容量注射液。二者生产工艺流程相似,其中非最终灭菌小容量注射液对热不稳定,生产环境洁净度要求较高;最终灭菌小容量注射液可采用湿热灭菌法进行灭菌,在实际生产中应用广泛,本节内容将重点阐述其生产工艺过程。

由于注射液直接注入人体,对其质量要求更加严格,注射剂的有效成分含量、最低装量及装量差异均应符合《中国药典》(2020 年版)的要求,同时应符合以下质量要求。

1. 无菌 小容量注射液不得含有任何活的微生物,必须符合《中国药典》(2020 年版)无菌检查的要求。

2. 无热原 无热原是注射液的重要质量指标,尤其是用量一次超过 5ml 以上、供静脉及脊椎腔注射的注射液,必须进行热原或细菌内毒素的检查,合格后方能使用。

3. 可见异物 在规定条件下检查,目视可观察到的粒径或长度通常大于 50μm 的不溶性物质即为可见异物。小容量注射液按《中国药典》(2020 年版)规定,不得检出可见异物。

4. 安全性 不应对组织产生刺激作用或发生毒性反应。

5. pH 要求与血液的 pH(7.35~7.45)相近,不能超出人的生理耐受范围,一般控制在 4~9 的范围内。

6. 渗透压 要求与血浆的渗透压相等或接近。供脊椎腔内注射的药液必须等渗。

7. 稳定性 注射液必须具有必要的物理稳定性和化学稳定性,以确保产品在贮存期安全有效。

此外,有些注射液品种还应检查是否有溶血作用、致敏作用等,对不合规格要求的严禁使用。

二、小容量注射液的工艺过程、设备及影响因素

(一)工艺过程

最终灭菌小容量注射液的生产过程主要包括原辅料的准备、安瓿的处理、药液的配制过滤、灌封、灭菌、质量检查、包装等步骤,其生产工艺流程如下:

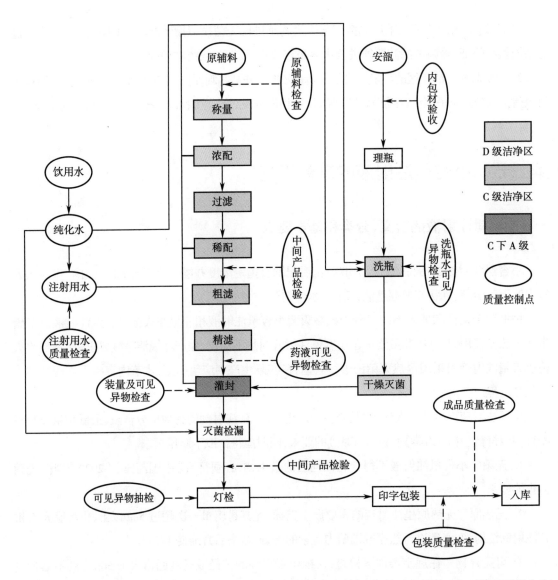

无菌制剂生产车间按生产工艺及产品质量要求可分为一般生产区和洁净区。最终灭菌小容量注射液的稀配过滤、安瓿的干燥、冷却应在 C 级洁净区进行；安瓿的清洗、药液的浓配或采用密闭系统的稀配可在 D 级洁净区进行；药液的灌装在 C 级背景下的 A 级洁净区完成。非最终灭菌的小容量注射液，灌装前无须除菌过滤的药液配制、注射剂的灌封、安瓿干燥灭菌后的冷却应在 B 级背景下的 A 级进行；灌装前可除菌过滤的药液或产品的配制、产品的过滤应在 C 级洁净区进行。

（二）典型生产设备

1. 安瓿的处理方法及设备

（1）安瓿：小容量注射液容器主要是由硬质中性玻璃制成的安瓿，低硼硅玻璃安瓿国标（YBB 00332002—2015）规定水针剂使用的安瓿必须为曲颈易折安瓿（简称易折安瓿）。目前国内使用的易折安瓿，生产安瓿时已将瓶口处理好，无须切割与圆口。

生产中多采用无色安瓿，有利于检查注射液的澄明度。但对光敏感的药物，可采用棕色安瓿。

（2）安瓿的洗涤设备：安瓿在灌装前必须经过洗涤，一般使用纯化水淋洗，最后一次清洗采用经微孔滤膜精滤过的注射用水加压冲洗，再经干燥灭菌方能灌注药液。目前国内使用的安瓿洗涤设备有气水喷射式洗瓶机组、超声波洗瓶机组及喷淋式安瓿洗瓶机组。其中，喷淋式安瓿洗瓶机组因具有占地面积大、耗水量大及洗涤效果欠佳等缺点，逐渐被淘汰。

1）气水喷射式洗瓶机组：气水喷射式洗瓶机组主要由供水系统、压缩空气及其过滤系统、洗瓶机三部分组成（图15-1）。该机组利用新鲜的注射用水及经过滤的压缩空气，通过喷嘴交替喷射安瓿内、外部，将其清洗干净。

操作时应注意：洗涤用水和压缩空气必须预先经过过滤处理，压缩空气压力约为0.3MPa，洗涤水由压缩空气压送，并维持一定的压力和流量，水温不低于50℃；洗涤过程中水、气的交替分别由偏心轮与电磁喷水阀或电磁喷气阀及行程开关自动控制，操作中要保持喷头与安瓿动作协调，使安瓿进出流畅。

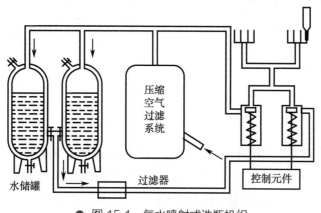

● 图 15-1　气水喷射式洗瓶机组

2）超声波洗瓶机组：该机组利用在液体中传播的超声波对物体表面污物进行清洗，具有清洗洁净度高、速度快等特点，目前国内已广泛采用。超声波洗瓶机组通常由超声波清洗槽、传送系统、水供应系统（纯化水、注射用水和循环水）、压缩空气供应系统和控制系统组成（图15-2）。

其工作原理是将安瓿浸没在纯化水中，在超声波发生器作用下，使安瓿与纯化水接触的界面处于剧烈的超声震动状态而产生一种空化作用，将安瓿内外表面的污垢洗净。

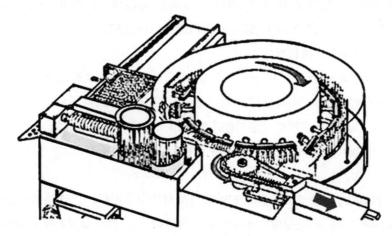

● 图 15-2　超声波洗瓶机组

3）安瓿的干燥灭菌：安瓿洗涤后应通过干燥灭菌，以达到杀灭细菌和热原的目的。制药生产中广泛采用隧道式灭菌烘箱（图 15-3），根据提供热量的来源不同，分为远红外隧道灭菌烘箱与电热隧道灭菌烘箱。

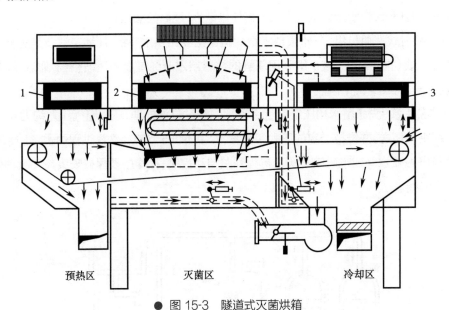

预热区　　　　　　　　　灭菌区　　　　　　　　　冷却区

● 图 15-3　隧道式灭菌烘箱

注：1~3 分别表示预热区、灭菌区、冷却区的除菌过滤器

远红外隧道灭菌烘箱主要由远红外发生装置与安瓿自动传送装置组成，一般在碳化硅电热板辐射源表面涂上氧化钛、氧化锆等远红外涂料，可辐射远红外线，而水、玻璃及大多数有机物均能强烈吸收远红外线，采用适当的辐射元件组成的远红外干燥装置，温度可达 250~350℃，安瓿可迅速达到干燥灭菌效果，具有加热快、热损失少等优点。

电热隧道灭菌烘箱，基本形式也为隧道式，并附有局部层流装置，安瓿在连续层流的百级洁净空气中，经高温干燥灭菌后极为洁净，但耗电量较大。

安瓿经干燥灭菌后，应放置在局部 A 级洁净区冷却，待温度降至室温即可应用；存放时间不应超过 24 小时。

2. 注射液的配制过滤设备

（1）原辅料的质量要求与投料计算：中药注射液的处方组成可以是单方或复方。处方中药材经适当方法提取纯化后，所得的中药有效成分、有效部位或总提取物作为原料配制注射液，可按一般注射液的制备工艺与方法进行操作。

以中药有效成分或有效部位为原料配制注射剂时，所用原料的含量、溶解性能、杂质检查等质量指标应符合相应的要求；以中药总提取物为原料配制注射液时，除严格规定原药材的品种、产地、规格和提取方法以外，还应严格规定总提取物中相关指标成分的含量，一般总固体中相关可测成分的量不能低于 20%（供静脉注射用的不得低于 25%）。其他所有采用的溶剂或附加剂也均应符合有关标准的要求。

关于原料投料量的计算，若以中药的有效成分或有效部位投料，可按规定或限（幅）度计算投料量；以总提取物投料时，可按提取物中指标成分含量限（幅）度计算投料量。在注射剂配制后，因受灭菌条件的影响，其中可测成分的含量若下降，则应根据实际需要，适当增加投料量。

供注射用的原料药必须符合《中国药典》（2020年版）的有关规定，检验合格后方能使用。活性炭应使用针剂用炭。配制时，应先按处方规定计算原料药及附加剂的用量，注射剂在灭菌后含量有下降时应酌情增加投料量；然后进行准确称量，称量时应两人核对。

（2）配液方法：药液配制的方法可分为稀配法和浓配法两种。稀配法是将全部原料加入溶剂一次性配成所需的浓度，此法适用于不易发生可见异物问题的优质原料的配液。浓配法是先将全部原料加入部分溶剂中配成浓溶液，加热或冷藏后过滤，然后稀释至所需浓度，此法可滤除溶解度小的杂质，适用于易发生可见异物的原料的配液。

配制时应注意以下几点。

1）对不易滤清的药液可加0.1%~0.3%的活性炭处理，使用活性炭时应注意其对药物的吸附作用，一般在酸性溶液中吸附作用较强，在碱性溶液则会出现胶溶或脱吸附作用，反而使药液中杂质增多，故活性炭应经酸处理并活化后再使用，并且要根据加炭前后药物含量的变化，确定能否使用。

2）配制化学不稳定的药物时，应先加稳定剂或通惰性气体处理，有时还须控制操作温度或避光操作。

3）配制注射液应在D级洁净区或C级洁净区下进行，所用注射用水的储存时间不得超过12小时。

4）药液配好后，应进行半成品的测定，主要包括pH、含量等项目，合格后方能滤过。

（3）配液用具的选择与处理：常用的配制容器是不锈钢配液罐，生产中多采用带夹层的不锈钢配液罐，以便通蒸汽加热或通冷水冷却。为保证药液均匀，应装配搅拌器。配液罐临用前应以新鲜注射用水洗涤并以纯蒸汽在线灭菌。每次配液后，立即用纯化水和注射用水在线清洗，并完成在线灭菌与干燥。

（4）注射液的过滤及过滤设备：过滤是指固液混合物在压力或重力作用下强行通过多孔性介质，使固体沉积或截留在介质上，而使液体通过，从而达到固液分离的过程。过滤是保证注射液澄清的关键操作，必须严加控制。

注射液的过滤一般分为粗滤与精滤两种，主要区别在于过滤介质材质与孔径大小。目前，常用的过滤设备有钛滤棒、垂熔玻璃滤器、板框式过滤器及微孔滤膜过滤器等，其中钛滤棒、垂熔玻璃滤器和板框式过滤器多用于粗滤，而微孔滤膜过滤器多用于精滤。

3. 小容量注射液的灌封及设备　注射液滤液经检查合格后，定量地灌注进经过清洗、干燥及灭菌处理的安瓿内，并加以封口，这一过程即为灌封。灌封操作通常暴露在环境空气中，极易受到污染，因此灌封区域应控制较高的洁净度（C级背景下A级洁净区），并尽可能缩短药液暴露的时间。

安瓿封口要求严密，颈部圆整光滑，无尖头和小泡。封口方法目前多采用拉丝封口方式，封口严密，且对药液影响小。生产中均采用机械拉丝灌封，灌装和封口在同一台机器上完成，缩短了流程和操作时间，减少了污染机会。机械灌封主要由灌封机完成，国内现广泛使用拉丝灌封机，根据适用安瓿规格的不同，分为1~2ml、5~10ml和20ml三种机型，但结构相同，主要包括安瓿送瓶机构、灌装机构和拉丝封口机构（图15-4）。在实际生产中，拉丝灌封机由于封口火焰温度调节不适，可能会造成封口不严、鼓泡、瘪头、尖头等现象。

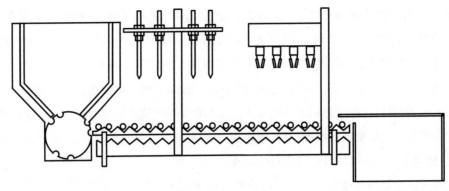

● 图 15-4 拉丝灌封机

（1）灌封过程应注意的问题

1）剂量应准确：为保证用药剂量，注射液实际装量应略多于标示量，增加量与药液的黏稠度有关，具体规定可参见《中国药典》（2020年版）。

2）通气问题：为保证易氧化药液的稳定性，需在灌装前后通入惰性气体，以置换药液及安瓿中的空气，常用氮气或二氧化碳，通入的气体必须经过净化后才能使用。一般采用前充惰性气体、灌注药液、后充惰性气体的操作方式。

3）药液不沾瓶：为防止灌注器针头挂液，活塞中心常有毛细孔，可使针头挂的液滴缩回；同时应当适当调节灌装速度，因速度过快易使药液溅至瓶壁而沾瓶。

此外，在安瓿灌封过程中易出现装量不准、封口不严、焦头、鼓泡等问题。装量不准是由于灌注器的定量螺丝松动或未调准；封口时火焰灼烧不足会引起封口不严；药液沾在瓶颈，用火焰封口时，即产生焦头；灼烧过度则引起鼓泡。

（2）洗灌封联动化生产：注射液生产中多采用洗灌封联动机，其为将安瓿洗涤、烘干灭菌、药液灌封联合起来的生产线，实现注射液生产同步协调操作，提高了生产效率。洗灌封联动线通常由安瓿超声洗瓶机、隧道式灭菌烘箱及安瓿拉丝灌封机三部分组成，并在灭菌烘箱冷却段及灌封工序采用局部百级层流净化保护，以保证高度洁净的生产环境。

4. 小容量注射液的灭菌检漏 注射液的灭菌要求既能杀灭微生物，又要防止药物降解，以保证药物的安全性和有效性。由于中药产品成分的复杂性和特殊性，大部分中药注射液的灭菌工艺 F_0 值小于8，属于非最终灭菌产品。因而灭菌检漏主要起防护作用，灭菌温度维持在100℃，灭菌30分钟。

为确保注射液用药安全，灭菌后的安瓿应进行检漏，其目的是将熔封不严、安瓿顶端留有毛细孔或裂缝的注射剂检出剔除。生产中一般采用灭菌检漏柜。灭菌后，待柜内温度稍降，抽气减压至灭菌柜内真空度为85.3~90.6kPa，此时封口不严的安瓿内气体亦被抽出，停止抽气，将有色溶液（一般为0.05%亚甲蓝或曙红）注入灭菌柜淹没安瓿为止，然后放入空气，此时若有安瓿漏气，由于安瓿内为负压，有色溶液吸入便可检出。

（三）小容量注射液的质量影响因素

1. 原料质量 由于中药来源、产地、采收、加工炮制等方面的差异，使中药注射液的原料存在差异，直接导致成品中药效成分的含量不同，应从控制原料入手，保证每批注射液的质量稳定。

同时,有些注射液中含有的成分,本身不够稳定,在制备或贮藏过程中发生氧化反应而使色泽加深,甚至聚合成不溶物;或因氧化使药液 pH 降低而产生沉淀,从而使注射剂澄明度受到影响。

2. 杂质　中药注射液制备时,按有效成分或有效部位组方、投料配制的成品,澄明度较好;而以净中药组方,以总提取物投料配制的成品,由于原料本身是多种成分的混合物,其中含有的一些高分子化合物,如鞣质、淀粉、树胶、果胶、黏液质、树脂、色素等杂质,在前处理过程中未能除尽,当温度、pH 等因素变化时,这些成分就会进一步聚合变性,使溶液呈现浑浊或出现沉淀,进而影响澄明度;同时,若鞣质含量较高,可使注射局部产生肿痛或硬结;更有甚者,蛋白质、淀粉、鞣质、挥发油等杂质进入机体后,可成为抗原或半抗原,刺激机体产生相应抗体,从而引起类过敏反应或引起肝肾毒性;应通过超滤等适当方法除去。

3. pH　注射液的 pH 过高或过低,均可刺激局部,引起疼痛,应在配制药液时注意调节。另外,pH 会影响中药有效成分的溶解性,若 pH 调节不当,容易产生沉淀。通常,碱性有效成分如生物碱类,药液宜调整至偏弱酸性;酸性的、弱酸的有效成分,如有机酸类,药液宜调整至偏弱碱性。

4. 附加剂

(1)增溶剂、助溶剂:有些中药注射液本身含有的成分溶解度小,或经灭菌和放置后,可能有部分成分析出,不能保证注射液中有足够的浓度,可加入合适的增溶剂、助溶剂,以提高相关成分的溶解度,或使用复合溶剂或助滤剂以改善澄明度。选用增溶剂时,须进行类过敏反应研究。如含聚山梨酯 80 的鱼腥草注射液、脉络宁注射液和复方丹参注射液,在对比格犬进行类过敏反应研究时结果呈强阳性。

(2)止痛剂:注射液中的某些成分,注射时本身就有较强的刺激性,对此,在不影响疗效的情况下,可通过降低药物浓度、调整 pH 或酌情添加止痛剂(静脉注射剂中不得添加)的方式来减少刺激性。而对于某些有刺激性的,临床又需要高浓度使用的或刺激反应严重的有效成分,则不宜制成注射液。

5. 药液渗透压　药液的渗透压不当,也会产生刺激性。应注意药液渗透压的调节,尽可能使之成为等渗溶液。

(四)小容量注射液生产存在的问题及解决方法

1. 澄明度问题　中药注射液因制备工艺条件的问题在灭菌后或在贮藏过程中可能会产生浑浊或沉淀,导致可见异物与不溶性微粒不合格,造成澄明度问题。可见异物是安瓿小容量注射剂生产过程中极难控制但又必须重点关注的问题,若注射剂中不慎混入可见异物,便会经由静脉注射直接进入人体,造成血管炎、血栓、微血管阻塞等病症,极大地危害人体健康。一般解决方法如下。

(1)去除中药提取液中的杂质:中药注射液中所含的高分子物质,一般呈胶体分散状态,具有热力学不稳定性及动力学不稳定性,在配液、灭菌后或贮存期中受温度等因素影响,发生胶粒聚结而使药液浑浊或沉淀。以上问题可采用如下方法去除:①调整温度、pH;②热处理冷藏措施;③超滤技术。

(2)去除物料带来的可见异物:原、辅料是影响注射剂质量的关键因素。原、辅料级别应当满足相应的要求,如药用级、注射级等。

1)活性炭:小容量注射液生产过程中常使用活性炭去热原、脱色,调炭操作有可能使洁净区受到污染,最终在注射液成品中出现黑点,可见异物不合格。

解决办法:在非洁净区提前做好称量并按份独立分装、密封、备用;使用过程中,将待用的活性炭用注射用水润湿后再加入;调炭间、配液间较洁廊保持相对负压,并设置捕尘及净化装置。

2)纤维:洁净工作服在长期使用后易出现脱落纤维及产生静电吸附纤维等现象。

解决办法:注意洁净工作服的定期清洗及更换;定期检查空气低中高效过滤器的过滤效果;对洁净室操作人员定期培训并定岗,避免过多走动,要求严格遵守 GMP 相关规定。

3)包装材料:安瓿玻璃的材质及质量均会对注射剂中可见异物的控制造成影响。目前,国内普遍采用由低硼硅玻璃制成的安瓿,一些注射剂药液 pH 通常偏酸或偏碱,玻璃安瓿如果不耐酸碱,在装入酸碱性较大的药液时,会产生白点、白块等可见异物,严重者甚至会产生脱片或浑浊的现象。此外,安瓿瓶体在制造过程产生的破损、毛口、裂纹等问题,也是增加产品中可见异物的因素之一。

解决办法:要有针对性地选购质量合格的安瓿灌装药液。

(3)生产设备:最常见的玻璃碎屑异物多是在洗灌封生产过程中产生的。由于设备自身的设计缺陷以及在生产过程中设备运行不顺畅导致的炸瓶、倒瓶等现象,均可能将玻璃碎屑等可见异物带入产品中。此外,安瓿瓶经高温灭菌工序后很可能产生一些玻璃碎屑。药液配制过程中,过滤系统的安装过程也可能将异物带入药液中。另外,过滤系统使用滤器的质量、与药液的相容性等因素也会对药品中的可见异物带入产生影响。

解决办法:首先,设备操作方面,先挑出破损的瓶子,洗瓶时调整好喷针的位置和角度,尽量降低洗瓶破损率。瓶子在通过隧道烘箱前,应保证隧道烘箱及网带清洁,在生产运行时,不仅要调节隧道烘箱各段的压差梯度,还要调整好网带速度,使网带速度与洗瓶机的速度同步,并略低于灌封速度,避免因挤压而导致破损。产品在灌装、熔封时,灌装针头灌注料液的行程时间应与灌装速度相匹配,同时需调整好针头的对中位置,避免针头在灌装料液时擦碰瓶壁而产生玻璃碎屑。

其次,在选择与料液直接接触的罐体、管道、容器具和过滤系统时,应采用无腐蚀、无吸附、无释放颗粒的材质。料液配制的罐体和相应的传输管道基本上都是 316L 不锈钢制造。对于部分移动罐体的连接,也应采用卫生级别硅胶材质的管道。过滤料液滤膜也需从产品特性出发,如选用聚醚砜、聚偏二氟乙烯、聚丙烯等惰性材质构造的滤芯,以确保对药品料液无吸附、无释放,且有良好的兼容作用。

2. 刺激性问题　中药注射液使用过程中产生的刺激性问题,也是限制中药注射液应用范围扩大的重要原因。引起中药注射液刺激的原因很多,一般可从以下四方面解决:①消除有效成分本身的刺激性;②去除杂质如鞣质;③调整药液 pH,避免产生局部刺激;④调整药液渗透压使之等渗。

3. 疗效问题　除原药材的质量差异外,组方的配伍、用药剂量、提取与纯化方法的合理与否都会影响中药注射液的疗效。解决办法如下:①控制中药材质量稳定可靠;②调整剂量优化工艺;③提高有效成分溶解度,增加生物利用度。

4. 细菌　生产过程污染严重、灭菌不彻底等会造成染菌,因而需减少生产过程的污染,严格灭菌。

(1)减少生产过程的污染:注射用水的生产要定期检查是否符合注射用水的质量标准;原辅料在使用之前要先检查合格后才能进行后续工作;洁净区要保持相应的洁净级别,定期进行动态与静态检查;洁净室的空气消毒要定期更换消毒剂品种,减少空气的污染。

（2）灭菌:注射液成品的灭菌检漏要严格按操作规程进行;进入高风险区域的用具要做好消毒。

5. 热原 热原可以从溶剂、原料、用具、制备过程、注射液器具中带入,故要求注射用水在制备后12小时内使用,同时应采用洁净无污染的原辅料、清洁度达标的用具,确保制备中环境洁净度合乎要求、操作符合规范等。

6. 乳光 含有大量糖类的中药注射液往往由于灭菌不彻底而易长霉或产生乳光,制备过程中必须防止细菌污染;含挥发油的中药注射液,由于挥发油在水中的溶解度较小,当药液成分复杂时,挥发油处于饱和状态,形成胶体分散的微粒而呈现微光,如柴胡注射液。为避免这种情况的出现,可在中间品制成后将挥发油重新蒸馏一次或用助滤剂过滤。绝大部分挥发油含酚醛结构,稳定性差,可加入抗氧剂或充惰性气体防止氧化而产生乳光。

总之,中药注射液存在的问题,可以通过分析原因,进行相关的实验研究,从原料质量的控制、处方组成的调整、工艺条件的改进等方面入手,寻找合理的途径与方式解决。

案例 15-1 小容量注射剂制备工艺案例

1. 操作相关文件

《××产品生产工艺规程》《受液岗位标准操作规程》《洗灌封岗位标准操作规程》《灭菌岗位标准操作规程》《生产区清场管理规程》《生产用滤芯管理规程》《滤芯完整性测试标准操作程序》《偏差管理规程》《洁净区环境卫生管理规程》《洁净区工艺卫生管理规程》。

2. 生产前检查确认

根据《洗灌封岗位操作规程》要求进行生产前检查,详见表 15-1。

表 15-1 工业化大生产中小容量注射剂制备工艺生产前检查确认项目

检查项目	检查结果	
上次清场结果记录	□没有	□有
与本批生产无关的材料	□没有	□有
无与本批生产无关的产品、物料	□相符	□不相符
与本批生产相关的文件是否齐全	□齐全可用	□不齐全或不可用
设备处于已清洁灭菌及待用状态	□正常	□异常
空调、层流正常运行状态,相邻洁净区之间的压差均处于正常状态	□正常	□异常
压缩空气、惰性气体、液化气、冷却水、电供应是否正常	□正常	□异常
各阀门开启是否正常,仪表有无损坏,油位是否正常	□正常	□异常

3. 生产准备

3.1 填写本岗位本批次生产状态标志,并将其悬挂于操作间门上及相应设备上。

3.2 将上一次的清场合格证副本(重新清场为正本)贴于本批批生产记录上。

4. 所需设备列表

工业化大生产中小容量注射剂制备工艺所需设备列表详见表 15-2。

表15-2　工业化大生产中小容量注射剂制备工艺所需设备列表

设备名称	型号
配液罐	××
辅料处理罐	××
安瓿洗瓶机	××
隧道式灭菌干燥机	××
安瓿灌封机	××
脉动真空灭菌器	××
水浴式安瓿检漏灭菌器	××
全自动检查机	××
安瓿印字机	××
自动入盒机	××

5. 工艺过程及注意事项

5.1　按《产品生产工艺规程》进行生产,并及时填写批生产记录。

5.2　操作流程及注意事项

5.2.1　药液的配制

①预热并检查衡器、pH 计确保在使用状态。②领取并核对原辅料的名称、编号等。③安装好用具并检查过滤器及装配,应处于良好状态,并检查过滤器完整性测试结果。④按处方用量,称取精制后的原料,经过滤至配液罐中。称取处方量的辅料,加入溶剂使溶解完全后按照投料顺序依次经除菌过滤至配液罐,最终定容,搅拌均匀,调节 pH 至合格。⑤配制完毕,填写生产记录。配制过程的操作必须经双人核对。控制配液时间,减少微生物污染。

5.2.2　药液的过滤

将配制合格的药液经除菌过滤输送至受液罐,再经终端除菌过滤输送至灌封区域,输送过程中控制流速、过滤器两侧的压差。输送完毕,断开管路,除菌过滤器冲洗后检测完整性。

5.2.3　洗瓶

①领取并核对内包材的名称、编号等。②检查各压缩空气及水的过滤器滤芯,定期更换。③将内包材送至洗烘灌封联动线上,调节履带输送频率,经注水、超声波、粗洗、压缩空气吹扫、精洗、压缩空气吹扫、烘干灭菌、冷却后输送至灌封间灌封机的层流罩下(B 级背景下的 A 级区域)。洗瓶过程,控制压缩空气及水的压力符合工艺标准,保证安瓿瓶清洗后的洁净度。灭菌过程确保烘箱各段温度及压差符合工艺标准并记录,保证安瓿瓶的灭菌效果。

5.2.4　灌封

①确保灌装管道、针头等使用前用注射用水洗净并经灭菌,应选用不脱落微粒的软管。②检查与药液直接接触的惰性气体或压缩空气的过滤系统,确保净化处理正常运行。③安装好用具并检查过滤器及装配,应处于良好状态,并检查过滤器完整性测试结果。④检查 A 级层流装置为生产运行状态,悬浮粒子监测正常。⑤调节灌封机运行速度,经过前充惰性气体、灌入药液、后充惰性气体、预热、拉丝、封口完成灌封操作。灌封过程控制装量,定时检查,出现偏离时应及时调整。

定时检查灌封后药针密封完整性及药液的可见异物。灌装过程应在规定的灌封速度、灌封时限内完成。灌装完成后进行除菌过滤器完整性测试。

5.2.5 灭菌

①灌封完毕的半成品,核对无误后将灭菌柜号、工号填在工号条上,根据验证装载方式码放于消毒车上。车装满后盖好盖板推入灭菌柜,关闭柜门后控制压缩空气和灭菌压力按照规定的时间和温度进行灭菌、检漏。控制灌封结束至灭菌结束的时限。②灭菌结束后,将检漏合格品按照品种、规格、批号分批分柜码放在规定区域,取样,检验。③每柜灭菌结束后,必须清理一次柜内、外零支。

5.2.6 灯检

①检查生产区应无生产无关产品,无上批残留物。②领取灭菌后检验合格后的半成品。③灯检以符合《中国药典》2020 年版四部通则中规定的装置和方法进行检查。灯检合格后取样检验。抽检合格后递交至中间站。

5.2.7 印字包装

5.2.7.1 检查生产区应无生产无关产品,无上批残留物。

5.2.7.2 领取待包装中间产品、包装材料。

5.2.7.3 调整安瓿印字机、入托机、安瓿印字、自动入盒机至工作状态,设定设备参数符合要求后启动输送带,给安瓿瓶印字、入托、自动放入说明书、装盒、扫码,将监管码建立包装关联关系,扫描箱签,封箱,打包,入库。

6. 工艺参数控制(以 10ml 为例)

工业化大生产中小容量注射剂制备工艺参数控制详见表 15-3。

表 15-3 工业化大生产中小容量注射剂制备工艺参数控制

序号	参数	设定值/范围
1	超声功率	300~500W
2	粗洗水压	0.2~0.5MPa
3	精洗水压	0.2~0.5MPa
4	压缩空气压力	0.2~0.4MPa
5	烘箱温度	300~310℃
6	灌封速度	200~240 支/min
7	装量	10.0~10.5ml
8	针长	90.0~94.0cm
9	灭菌温度	100℃
10	灭菌时间	30min
11	灭菌压力	0~0.2MPa
12	灭菌压缩空气压力	0.4~0.6MPa
13	检漏时间	3min
14	检漏真空度	−0.07MPa

7. 清场

7.1 生产结束后,按照《生产区清场管理规程》进行清场,悬挂清场合格证。

7.2 生产设备按照相应清洁规程进行清洁。

7.3 填写设备日志中清洁部分,经班组长和 QA 复核合格后,在设备上悬挂"正常 已清洁"标识,填写批生产记录中"工序清场记录"。

8. 注意事项

8.1 配制、灌封过程滤器滤材的使用必须符合相应文件要求(如《生产用滤芯管理规程》《滤芯完整性测试标准操作程序》等)。

8.2 配制、灌封完毕后按照相关清场标准操作程序及时清洁。

8.3 冷藏过程必须按时检查温度及冷藏效果。

8.4 配制、灌封、灭菌时间不得超出规定范围,否则执行《偏差管理规程》。

8.5 封口后安瓿长度必须符合相应规格要求。

8.6 灌封过程中须控制装量,并定时检查装量。

8.7 如果配制、灌封等过程中发生任何偏离《受液岗位标准操作规程》或《洗灌封岗位标准操作规程》文件操作时,必须第一时间报告车间管理人员,按照《偏差管理规程》进行处理。

第三节 大容量注射液的制备工艺

一、大容量注射液的含义、分类和基本要求

(一)大容量注射液的含义

最终灭菌大容量注射液,是指将配制好的药液灌入大于 100ml 的输液瓶或输液袋内,加塞,加盖密封后用蒸汽灭菌制备的灭菌注射液;是由静脉滴注输入人体内的大剂量注射液,又称为输液剂。

(二)大容量注射液的分类

根据输液所含成分与临床作用不同,可将其分为电解质输液、营养输液、胶体输液及含有治疗药物的输液等四类。

电解质输液用于补充体内水分、电解质,纠正体内酸碱失衡等,如氯化钠注射液。

营养输液用于补充供给体内热量、蛋白质和人体必需的脂肪酸和水分等,如葡萄糖注射液、脂肪乳剂输液等。

胶体输液是一类与血液等渗的胶体溶液,由于其中的高分子不易通过血管壁,可使水分在血液循环系统保持较长时间,产生增加血容量和维持血压的效果,如多糖类输液等。

含有治疗药物的输液,如氧氟沙星输液。

(三)大容量注射液的基本要求

输液剂的质量要求与小容量注射液基本一致,但由于其用量大且直接进入血液,故对无菌、无

热原及澄明度要求更严格,这也是目前输液生产中存在的主要质量问题。

输液剂的含量、色泽、pH、渗透压等项目均应符合要求。pH 应在保证药物稳定和疗效的基础上,尽可能接近人体血液的 pH。渗透压应为等渗,输入人体后不应引起血象的任何变化。此外,输液剂还要求不能有产生过敏反应的异性蛋白及降压物质,输液剂中不得添加任何抑菌剂,且在储存过程中质量应稳定。

二、大容量注射液的工艺过程、设备及影响因素

(一)大容量注射液的工艺过程

输液的生产工艺因包装容器不同而有差异,目前输液的包装容器有玻璃瓶、塑料瓶(PP 或 PE)、塑料袋(PVC 或非 PVC)三种类型,我国目前以玻璃瓶与非 PVC 软袋为主。

输液的生产过程包括原辅料的准备、浓配、稀配、瓶粗洗、瓶精洗、灌封、灭菌、灯检、包装等步骤,玻璃瓶输液剂生产工艺流程如下:

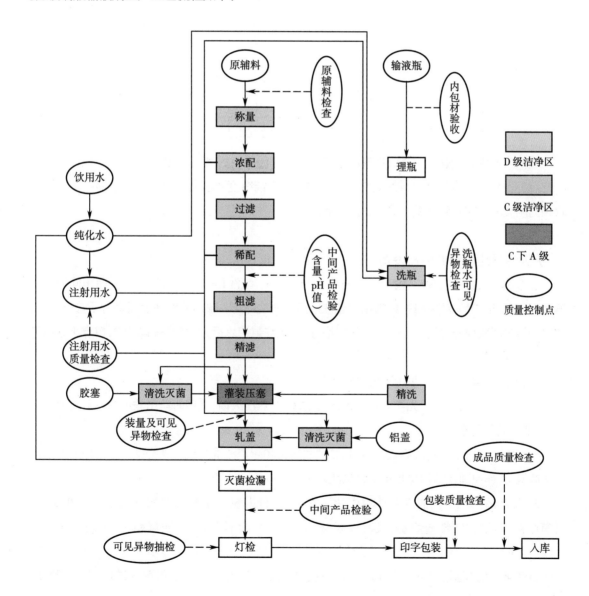

非 PVC 软袋输液剂生产工艺流程如下：

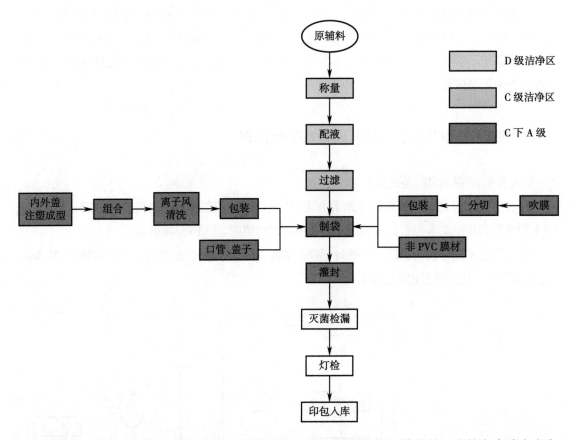

输液生产中，玻璃瓶的洗涤、药液的浓配或采用密闭系统的稀配、轧盖等工序的室内洁净度为D 级；稀配、过滤及内包装材料的最终处理等关键工序洁净度要求为 C 级。灌封工序以及非 PVC软袋的制袋均应在 C 级背景下的 A 级洁净区完成。

（二）大容量注射液的生产设备

1. 输液瓶的清洗设备　输液瓶的清洗一般有水洗、酸洗和碱洗等方法。若制瓶车间的洁净度较高，瓶子出炉后立即密封，只需用过滤注射用水冲洗即可。输液瓶洗净后须进行质量检查，要求目视检测瓶表面光滑均匀、无污点、无气泡等，装入注射用水后，检查不得有异物，白点小于或等于 3 个，pH 中性。

软袋一般不洗涤，直接采用无菌材料压制。

塑料瓶的处理，一般是先灌入已滤过的注射用水，热压灭菌，临用时再用滤过的注射用水荡洗三次，即可灌装药液。

玻璃瓶清洗机主要有滚筒式洗瓶机、箱式洗瓶机和超声波洗瓶机三种类型。最常用的为超声波洗瓶机，工作原理及结构与制备小容量注射液的相似，此处不做介绍。

2. 胶塞清洗机　输液剂多选用卤化丁基胶塞，分为氯化丁基胶塞和溴化丁基胶塞两类，具有吸湿率低、化学性质稳定、气密性好、无生理毒副作用等特点。质量稳定，不需要加垫隔离膜。

目前常用的胶塞清洗机（图 15-5），可在机内完成洗涤、硅化、干燥、灭菌等过程，无中间转序环节,避免了交叉污染。洗涤时采用超声技术,并采用气流或水流搅动的手段进行清洁,使胶塞表面的污染物解吸或洗脱,或使粘在胶塞表面的不溶性微粒脱落,然后被水冲走,清洗效果好。胶塞烘干灭菌时会通入过滤后的洁净压缩空气搅动胶塞,增强胶塞干燥灭菌效果,因此经全自动胶塞清洗机清洗灭菌后的胶塞质量可靠,可直接用于生产。

● 图 15-5　胶塞清洗机

胶塞清洗工艺应达到以下要求:①生产工艺应确保胶塞的清洁和无菌(颗粒和微生物),该工艺须经过验证;②应规定胶塞从清洗到使用的时间限度,从而保证无菌方面符合需求;③使用由纯化水或注射用水配成的清洗液(如需要可加入表面活性剂促进表面润湿);④清洗液体的温度应尽可能高(建议 70℃以上);⑤确定清洗液体积与胶塞数量的百分比;⑥用循环泵通过过滤器(孔径 2μm)过滤的清洗液持续去除其中的颗粒;⑦淋洗阶段和最终淋洗的温度建议在 80℃以上,以减少微生物数量;⑧最终淋洗必须使用注射用水。

3. 输液的配制与过滤　输液配制必须用新鲜注射用水,原料药应符合注射用要求,药液配制方法多用浓配法,即先配成较高浓度的溶液,经过滤处理后再稀释。配制时通常加入 0.01%~0.5% 的针用活性炭,以吸附热原、色素和其他杂质等。配液容器多采用带夹层的不锈钢罐,必要时可以通蒸汽加热。所用器具及配液容器必须按规定严格处理,配液设备的材料应无毒、防腐蚀,接触药液的部位表面应光洁、无积液死角,且清洗方便。

输液过滤分粗滤、精滤;粗滤多采用钛滤棒;精滤多采用微孔滤膜,根据不同品种,可选用孔径为 0.22~0.45μm 的微孔滤膜,以提高药液的澄清度,降低药液的微生物污染水平。

4. 输液的灌封　输液灌封是输液生产的重要环节,包括灌注药液、盖胶塞和轧铝盖等工序。为防止污染,灌封操作应连续完成,同时应严格控制室内洁净度。灌装工序控制的主要指标是药液澄明度和灌装误差。

目前国内玻璃瓶输液剂的灌装设备常用量杯式负压灌装机和计量泵注射式灌装机。药液灌装后必须在洁净区内立即封口,以防药物被污染或氧化。封口设备包括塞胶塞机和轧盖机。目前药厂多采用洗灌封联动线生产。

灌封完成后,应进行封口检查,对于轧口不紧的输液瓶,应剔出处理,以免灭菌时冒塞或贮存时成品变质。

5. 输液的灭菌　为防止污染,灌封后的输液要及时灭菌,从配制到灭菌的间隔时间一般不应超过 4 小时。输液剂一般为 250ml 或 500ml,且玻璃瓶壁较厚,因此需较长的预热时间,一般预热 20~30 分钟。灭菌设备多采用热压灭菌柜,通常采用 121℃,灭菌 30 分钟。为减少爆破和漏气,可在灭菌时间达到后用不同温度的无盐热水喷淋逐渐降温,以降低输液瓶内外压差,保证产品密封完整。对塑料袋装的输液,需采用除菌过滤后用 109℃灭菌 45 分钟或 110℃灭菌 30 分钟,由于灭菌温度较低,生产过程更应注意防止污染。

（三）大容量注射液生产中存在的问题及影响因素

1. **输液质量检查**　输液质量检查包括澄明度检查、热原检查、无菌检查、pH 测定、装量及含量测定等项目。为提高输液的质量，《中国药典》（2020 年版）规定输液应进行不溶性微粒和渗透压摩尔浓度的测定。

2. **输液产品质量的影响因素**

（1）原辅料质量

1）原料与附加剂：原料与附加剂质量不佳，不仅会影响产品质量，产生副作用威胁患者生命安全，而且还会严重影响输液的澄明度。

2）活性炭：首先，活性炭应选用针用炭。活性炭杂质含量多，不仅影响输液的可见异物检查指标，而且影响药液稳定性。其次，过滤效果差造成漏炭，检查输液时会出现雾状物。如葡萄糖原料中含有糊精时，在溶液中呈胶态分布，不易滤净，可在配料时加一定量的电解质，促使胶态物质凝聚而易滤清。

3）注射用水的质量：①注射用水制备所使用的蒸馏水机，与二次蒸汽、注射用水接触的罐体与管道的材料，一般建议选 316L（00Cr17Ni14Mo2）材质，内壁抛光并做钝化处理；②注射用水配水循环管路适度倾斜，采用卡箍卫生连接，回路保持 70℃ 以上保温循环；制备系统能用纯蒸汽灭菌；③注射用水应密闭贮存，贮藏场所要洁净，墙壁地面平整坚硬便于清洗；④注射用水的过滤，多采用微孔滤膜或超滤，视制备流程与设备而定；⑤蒸馏水机的选择，目前使用的多效蒸馏水机和气压式蒸馏水机效果较好。

4）pH：输液的稳定性如含量、可见异物、色泽及有效期等均与 pH 的变化有关。如葡萄糖注射液半成品 pH 越高，成品 pH 下降幅度越大，含量下降就越大，5-羟基糖醛产生越多。但 pH 为 4.0 左右时，药液便相对稳定。所以严格控制 pH，可有效提高输液的质量。

（2）包装材料：首先，胶塞与输液容器质量不好，在储存中有杂质脱落而污染药液，会造成输液中出现"小白点"等可见异物。其次，输液瓶的处理方法和清洗程度，以及胶塞的洗涤方法不当，致使输液瓶、丁基胶塞等洗涤不净，会产生纤维、微粒、挂水等可见异物，进而影响输液的质量。最后，操作过程中输液瓶的碰撞、清洗时酸碱的处理会产生玻璃屑的脱落。

（3）工艺操作：生产工艺存在问题，如生产车间空气洁净度差、管道不净、滤器选择不当、过滤方法不好、灌封操作不合要求等，都会导致成品的澄明度不合格。

因此在生产过程中应加强工艺过程管理及生产环境洁净度控制，近年来采用层流净化技术、微孔滤膜过滤及联动化等措施，使输液澄明度有很大提高。

3. **输液产品质量存在的问题及解决办法**　输液生产中易出现的主要问题有细菌污染、澄明度问题及热原反应等。

（1）细菌污染：使用染菌的输液会引发败血症、脓血症等严重后果，因此在生产过程中应特别注意。

输液污染细菌的原因主要有生产过程中严重的交叉污染、瓶塞不严、轧盖不严密或松动漏气、灭菌不彻底等。最根本的解决办法是严格控制生产过程中无菌条件，同时严格灭菌，严密包装，尽量减少制备过程中的交叉污染，保证灭菌完全彻底，对灭菌器要定期验证，操作室内每周要熏蒸消毒，开启紫外线灯灭菌，经常用 1.1~2g/L 的苯扎溴铵溶液、20g/L 的甲酚皂溶液以及 75% 乙醇或

20g/L 的过氧化氢等溶液来清洗用具、容器、设备、工艺管道,而后用水充分洗涤,用热蒸汽或热注射用水清洗亦可预防细菌的交叉污染。

（2）澄明度问题:注射液澄明度不合格是因为其中含有活性炭、碳酸钙、氧化锌、纤维素、纸屑、黏土、玻璃屑、细菌等微生物及结晶体等常见微粒。使用含有微粒和异物的输液会引起局部血液循环障碍,造成血管栓塞、局部堵塞或供血不足等不良后果,为此《中国药典》（2020 年版）对注射液中的微粒大小及允许限度作出了规定。

为保证用药安全,必须除去输液中的可见异物,减少微粒的数量,提高输液剂的澄明度。解决方法如下。

1）按照输液用的原辅料质量标准,严格控制原辅料的质量。每批原料使用前应检查包装是否严密,有无受潮、发霉、变质等现象。对质量差者应进行精制或灭菌处理。如发现有包装破损、原料受潮、霉变等问题,该批原料则不能使用,否则会因原料污染热原而影响输液质量。

2）浓配时要适当延长加热时间或适当多加入一些活性炭,以减少白块和白点的产生。

3）提高丁基胶塞及输液容器质量,可选用免洗或即用胶塞。

4）在生产过程中合理安排工序,加强工艺过程管理,采用单向层流净化空气技术,提高配液室、灌封间空气的洁净程度;使用微孔滤膜过滤药液,及时除去制备过程中新产生的污染微粒,提高输液剂的澄明度;尽量减少制备生产过程中的污染,严格灭菌条件,严密包装。

5）在生产中经常检查设备的运行情况,如随时检查纯化水和注射用水喷洗内瓶的喷嘴是否到位、水压是否达到要求;经常检查轧盖机的刀口有无松动、错位的情况,发现问题及时纠正;改进输液剂的封口工艺,提高玻璃容器的质量。另外,输液剂应贮存在冷暗处,并避免横卧或倒置,以防药液透过与胶塞接触,造成澄明度不合格。

（3）热原反应:输液制备过程中若控制不严,会出现热原污染,且污染途径较多,包括原料带入、水源污染、过滤不合理、工艺卫生不合格、生产条件不善、操作不当以及交叉污染等诸多因素。因此,可相应地从严格控制制水工艺、确保原辅料质量和严格执行操作环境洁净度的动静态检测要求等方面解决。

（4）漏气:漏气的主要原因是封口不严或在热压灭菌中压力变化太快,使瓶塞松动而漏气。要经常检查轧盖机的刀口有无松动、错位的情况,发现问题及时纠正,并改进输液剂的封口工艺。

（5）爆瓶及静电:消毒灭菌过程中输液瓶有破裂爆炸的现象,与下列相关因素有关:①与瓶子本身有气泡、裂纹、厚薄不均有关;②与装入灭菌柜时位置不当,使瓶身受热不均或升压太快柜内冷气来不及排出,使瓶子受热不均有关;③与开柜门太早内外温差太大有关;④与瓶子排列过紧,受热后膨胀有关;还与喷淋降温时,水温过低有关。故应在灭菌过程中严格把关。

案例 15-2 大容量注射剂制备工艺案例

1. 操作相关文件

工业化大生产中大容量注射剂制备工艺操作相关文件详见表 15-4。

表 15-4　工业化大生产中大容量注射剂制备工艺操作相关文件

文件类型	文件名称	适用范围
工艺规程	×× 注射剂工艺规程	规范工艺操作步骤、参数
内控标准	×× 内控标准	中间体质量检查标准
质量管理文件	偏差管理规程	生产过程中偏差处理
工序操作规程	称量岗位标准操作规程	称量各工序操作
	配液岗位标准操作规程	配液各工序操作
设备操作规程	×× 型配液罐操作规程	配液罐操作
管理规程	交接班管理规程	交接班管理
卫生管理规程	洁净区工艺卫生管理规程	生产过程中卫生管理
	洁净区环境卫生管理规程	生产过程中卫生管理

2. 生产前检查确认

工业化大生产中大容量注射剂制备工艺生产前检查确认项目详见表 15-5。

表 15-5　工业化大生产中大容量注射剂制备工艺生产前检查确认项目

检查项目	检查结果	
清场记录	□有	□无
清场合格证	□有	□无
批生产指令	□有	□无
设备、容器具、管道完好、清洁	□有	□无
计量器具有检定合格证,并在周检效期内	□符合要求	□不符合要求
检验用仪器有检定合格证,并在周检效期内	□符合要求	□不符合要求
工器具定置管理	□符合要求	□不符合要求
上批遗留产品及与本批无关文件、物料已清除	□已清除	□未清除
所用工艺指令、SOP、批生产记录等文件齐全	□齐全	□不齐全
与本批有关的物料齐全	□齐全	□不齐全
有所用物料检验合格报告单	□有	□无
设备前箱处于已清洁灭菌及待用状态	□正常	□异常
压缩空气、冷却水、电供应是否正常	□正常	□异常
各阀门开启是否正常,仪表有无损坏,油位是否正常	□正常	□异常
备注		
检查人		

岗位操作人员按表 15-5 检查确认后,填写生产操作前检查记录,并签名。质检员复核确认后发放生产许可证,生产许可证如表 15-6 所示。

表 15-6　工业化大生产中大容量注射剂制备工艺生产许可证

品　　名		规　　格	
批　　号		批　　量	
检查结果		质检员	
备　　注			

3. 生产准备

3.1　批生产记录的记录要求

车间工艺员下发本批次的批生产记录,操作人员领取批生产记录后,查看首页生产指令单,获取品名、批号、设备号,严格按照《××注射剂工艺规程》进行操作,在批生产记录上及时记录要求的相关参数。

3.2　操作前检查

根据生产指令单获取的设备号,操作人员按照表 15-7 对工序内生产区清场情况、设备清洁状态等进行检查,确认符合合格标准后,检查人与复核人在批生产记录上签字确认。操作人员填写"运行"设备状态标志,填写品名、批号、数量、日期、操作人相关内容,取下班组长已检查签字的"正常　已清洁"状态标志,贴于批生产记录上,悬挂"运行"设备状态标志。

表 15-7　工业化大生产中大容量注射剂制备工艺配液间清场检查

区域	类别	检查内容	合格标准	检查人	复核人
配液间	清场	环境清洁	无与本批次生产无关的物料、记录等	操作人员	操作人员
		设备清洁	设备悬挂"正常　已清洁"状态标志并有车间 QA 检查签字	操作人员	操作人员

4. 所需设备列表

工业化大生产中大容量注射剂制备工艺所需设备列表详见表 15-8。

表 15-8　工业化大生产中大容量注射剂制备工艺所需设备列表

工艺步骤	设备
××配料过程	电子秤
××配液过程	配液罐

5. 工艺过程

5.1　工艺流程

原辅料→称重→配液→中间产品检验→设备清洁→工序清场

5.2　工艺过程

工业化大生产中大容量注射剂制备工艺过程详见表 15-9。

表15-9 工业化大生产中大容量注射剂制备工艺过程

操作步骤	具体操作步骤	责任人
称量	（D级洁净区）依据生产品种的工艺规程要求在电子秤上称取本批生产所需原辅料重量。称量操作要求必须由两人进行，一人称量，一人复核。不得同时称取多种原料或辅料，应分开称量，以免发生混淆、差错	操作人员
配液	（C级洁净区）在配液罐中加入规定数量的注射用水，开启搅拌，冷却至××℃。待药液位到达搅拌桨时，开启搅拌，对照信息卡核对需加入原辅料的品名、数量无误后加入到配液罐中。到达规定体积后，开回流阀、药液泵，搅拌、循环××min。待药液温度降至××℃，化验员从罐底取样口取样约××ml，按照相应产品的中间产品标准进行检验，从洗灌封生产线上随机抽取1瓶（××ml）作为中间产品留样	操作人员
中间产品检验	中间产品质量检测合格，化验员出具中间产品检验通知单，操作人员取下"待验证"贴挂"合格证"，用洁净的具塞锥形瓶取经二级过滤器、终端过滤器过滤后的药液约250ml，按照可见异物检测法检测药液的可见异物 检测合格后，现场QA在中间产品检验通知单上签字同意放行。配液人员填写中间产品（待包装产品）传递卡，传至洗灌封岗位	操作人员、化验员、现场QA

6. 工艺参数控制

工业化大生产中大容量注射剂制备工艺参数控制详见表15-10。

表15-10 工业化大生产中大容量注射剂制备工艺参数控制

工序	步骤	工艺指示	
配液	配液	搅拌时间	××分钟
		循环时间	××分钟
		冷却温度	××℃

7. 清场

7.1 设备清洁

设备清洁要求按所规定的清洁频次、清洁方法进行清洁。配料过程中，凡接触原辅料、药液的容器、管道、用具等均须洁净。用于药液过滤的终端滤芯（0.22μm）每天进行更换，并对所更换的滤芯进行完整性检查，检测结果纳入批生产记录中。

7.2 环境清洁

对车间卫生进行清洁，配液过程中随时保持周边干净。

7.3 清场检查

清场结束后由车间QA进行检查，符合要求后签发设备"正常　已清洁"状态标志；若不合格则需要操作人员进行重新清洁，并有相应记录。

8. 注意事项

8.1 质量事故处理

如果提取过程中发生任何偏离《××注射剂工艺规程》操作，必须第一时间报告车间QA，车间 QA 按照《偏差管理规程》进行处理。

若终端除菌滤芯检测过程中出现任一支完整性不合格,则该支滤芯不得使用,报废处理。同时对使用该组除菌滤芯生产的产品进行报废处理。若二级滤芯完整性检测不合格时,及时更换不合格的二级滤芯,并对使用该滤材期间的产品进行风险评估。

化验人员对中间产品进行检验,任何中间产品、待包装产品检验不合格,首先应进行 OOS(超标结果, out of specification)调查,确认是样品不合格后才能进行调水、调料、调 pH 的相关工作。

8.2 安全事故

必须严格按照《×× 注射剂工艺规程》执行,如果万一出现安全事故,第一时间通知车间主任和车间 QA,并按照相关文件进行处理。

8.3 交接班

人员交接班过程中需要按照《交接班管理规程》进行,并且做好交接班记录,双方确认签字后交接班完成。

8.4 维护保养

严格按照要求定期对设备进行维护、保养操作,并且做好相关记录。

第四节　无菌粉针剂的制备工艺

注射用无菌粉末简称无菌粉针剂,供临用前用灭菌注射用水或其他适当溶剂溶解后注射,适用于在水溶液中不稳定的药物,特别是一些对湿热敏感的药物及生物制品。

一、无菌粉针剂的含义、分类和基本要求

根据生产工艺和药物性质不同,将采用冷冻干燥法制得的无菌粉末,称为注射用冷冻干燥制品,简称冻干粉针;将已经用其他方法如灭菌溶剂洁净法、喷雾干燥法制得的无菌粉末,在无菌条件下分装而得的制剂称为注射用无菌分装产品,或称无菌分装粉针。

注射用无菌粉末的质量要求与小容量注射液基本相同,直接用于无菌分装的原料药,除应符合注射要求外,还应符合以下要求:①粉末无异物,配成溶液后澄明度检查应符合规定;②粉末细度或结晶应适宜,便于分装;③无菌、无热原。

注射用无菌粉末的生产必须在无菌室内进行,特别是一些关键工序的洁净度应严格控制,可采用层流洁净装置,以确保产品质量。

二、无菌粉针剂的工艺过程、设备及影响因素

(一)注射用无菌分装粉针剂的制备

1. 生产工艺流程　注射用无菌分装粉针的生产过程包括原辅料的准备,包装容器处理,无菌分装,灭菌,异物检查,包装等步骤。其生产工艺流程如下:

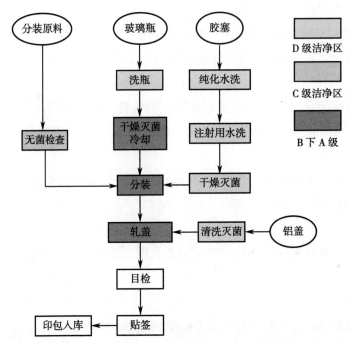

注射用无菌分装粉针的分装、轧盖及无菌内包装材料最终处理后的暴露环境洁净度为 B 级背景下的局部 A 级。

2. 原料药的准备　为制定合理的生产工艺,首先应对药物的理化性质进行研究和测定。通过测定药物的热稳定性,可确定产品最后能否进行灭菌处理;通过测定药物的临界相对湿度,确保分装室的相对湿度控制在临界相对湿度以下,避免药物吸潮变质;此外,粉末晶型和粉末松密度与制备工艺也有密切关系,通过测定使分装易于控制。

无菌原料药可用灭菌结晶法、喷雾干燥法或冷冻干燥法等方法制备,必要时可进行粉碎、过筛等操作,在无菌条件下分装而制得符合注射用的灭菌粉末。

3. 分装容器及其处理　无菌粉针剂的分装容器一般为抗生素玻璃瓶,根据制造方法不同,可分为管制抗生素玻璃瓶和模制抗生素玻璃瓶两种类型。管制抗生素玻璃瓶,规格有 3ml、7ml、10ml、25ml 等 4 种。模制抗生素玻璃瓶,按形状分为 A 型和 B 型两种,A 型瓶自 5ml 至 100ml 共 10 种规格,B 型瓶自 5ml 至 12ml 共 3 种规格。

粉针剂玻璃瓶的处理包括清洗、灭菌和干燥等步骤。玻璃瓶经粗洗后,用纯化水冲洗,最后用注射用水冲洗。洗净的玻璃瓶应在 4 小时内灭菌、干燥,使其达到洁净、干燥、无菌、无热原。通常采用隧道式灭菌烘箱于 320℃加热 5 分钟或电烘箱于 180℃加热 1 小时。经灭菌后的玻璃瓶直接放入已灭菌的转运容器中,置于 B 级下 A 级洁净区暂存备用。

丁基胶塞用注射用水漂洗。洗净的胶塞应在 8 小时内灭菌,可采用 121℃热压灭菌 40 分钟,并于 120℃烘干备用,灭菌所用蒸汽为纯蒸汽。

玻璃瓶的清洗和灭菌自动化程度比较高,目前多数采用洗烘灌联动生产线,可有效提高洗瓶效率,也可避免生产过程中的细菌污染。

大规模生产中,通常的方法是容器通过输送机械进行自动流转,采用一体化的清洗设备和隧道烘箱,对容器进行清洗和去热原操作。容器一旦清洗过后,高效过滤器的过滤空气将为容器流转到隧道烘箱提供保护,最大限度降低容器二次污染的风险。

清洗设备设计成旋转式或者箱体式系统。清洗介质包括无菌过滤的压缩空气、纯化水或与注射用水相连的循环水。在最后冲淋时使用注射用水。清洗程序包括以下步骤：①超声波；②通过喷嘴用纯化水或注射用水喷淋内外；③用注射用水喷淋；④通入无菌过滤的压缩空气吹干（必要时）；⑤烘箱灭菌。

4. 分装　分装必须在高度洁净的无菌室内按无菌操作法进行，分装后西林瓶应立即加塞并用铝盖密封。为保证洁净度达到要求，分装要求在 B 级背景下的局部 A 级洁净区。

目前使用的分装机按结构可分为螺杆分装机和气流分装机。螺杆分装机通过控制螺杆的转数，量取定量粉剂分到西林瓶。控制每次分装螺杆的转数就可实施精确的装量，相对装量易控制，而且使用中不会产生"漏粉"与"喷粉"现象。另外，螺杆分装机具有结构简单、维护方便、运行成本低的特点；其不完善之处在于对原始粉剂状态有一定要求，当对不爽滑性粉剂分装时，要通过改变小搅浆和出粉口来确定装量精度。气流分装机利用真空将粉剂吹入西林瓶中，装量精度高，能满足药典要求，控制自动化程度也较高，装填速度快，一般可达 300~400 瓶 /min。粉剂分装系统是气流分装机的主要组成部分，主要由装粉筒、搅粉斗、粉剂分装头等构成，其功用是盛装粉剂，通过搅拌和分装头进行粉剂定量，在真空和压缩空气辅助下周期性地将粉剂分装于西林瓶内（图 15-6）。气流分装机（图 15-7）所用压缩空气应经去油、去湿和无菌过滤，相对湿度不得超过 20%。

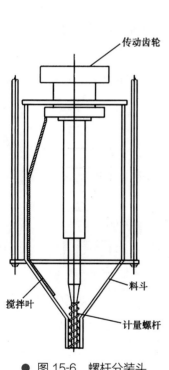

● 图 15-6　螺杆分装头

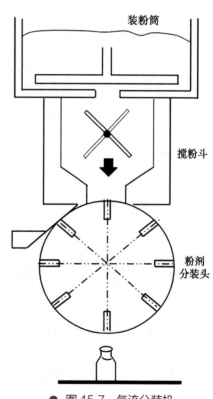

● 图 15-7　气流分装机

5. 质量检查和包装　药物分装轧盖后，粉针剂的基本生产过程即完成。为保证产品质量，在此阶段应进行半成品检查，主要检查玻璃瓶有无破损、裂纹，胶塞、铝盖是否密封，装量是否准确以及瓶内有无异物等。异物检查一般在传送带上目检。

成品除进行含量测定、澄明度、装量差异、无菌、无热原等项检查外，还需根据具体品种规定检查项目，如静脉注射用无菌粉末应进行不溶性微粒检查。制品经检查合格后，即可进行印字包装。

目前制药企业已将洗瓶、烘干、分装、压塞、轧盖、贴签、包装等工序全部采用联合生产流水线，不仅缩短了生产周期，而且保证了产品质量。

6. 无菌分装粉针中存在的问题及解决办法

（1）装量差异：药粉流动性降低是主要原因。药物的含水量、引湿性、晶形、粒度、比容，以及分装室内相对湿度等因素均能影响药粉的流动性，进而影响装量。因此，应根据具体情况采取相应措施。

（2）澄明度问题：由于产品采用直接分装的工艺，原料药的质量直接影响成品的澄明度，因此应从原料的处理开始，严格控制环境洁净度和原料质量，以防止污染。

（3）无菌问题：由于产品用无菌操作法制备，造成污染的机会增多；而且微生物在固体粉末中繁殖较慢，不易为肉眼所见，危险性更大。因此应严格控制无菌操作条件，采用百级层流净化等手段，防止无菌分装过程中的污染，确保产品的安全性。

（4）储存过程吸潮变质问题：胶塞透气性和铝盖松动，易造成吸潮变质。因此要进行橡胶塞密封防潮性能测定，选择性能好的胶塞。

（二）注射用冻干粉针剂的制备

注射用冻干粉针剂是将药物和必要时加入的附加剂，先用适当的方法制成无菌药液，在无菌条件下分装于灭菌容器中，经冷冻干燥而制成的疏松粉末状产品。该种制备方法适用于对热敏感且在水溶液中不稳定的药物，如双黄连、干扰素及血浆等制剂。

1. 冻干粉针剂的工艺流程　冻干粉针剂的工艺流程如下方流程图所示，包括称量配液、无菌过滤、灌装、冷冻干燥等工序。制备冻干粉针前药液的称量配制和处理，基本与小容量注射液相同，但必须严格按无菌操作法制备，溶液经无菌过滤后分装在已灭菌的西林瓶中，分装时药液厚度应薄些，以增加蒸发表面积。

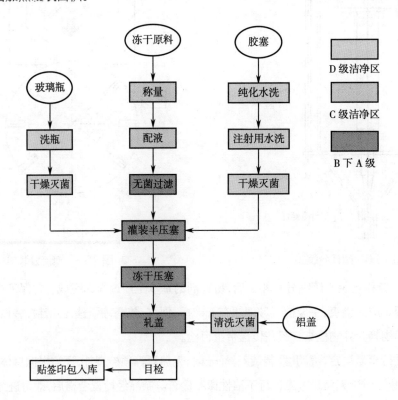

冷冻产品的灌装应在低湿度条件下进行,以避免在灌装设备和容器上形成凝聚。灌装后,需要在产品中进一步充入无菌保护性气体(如氮气),降低在灌装过程中带入的氧气浓度。

冷冻干燥(简称冻干)是将被干燥含水物料冷冻到其低共熔点温度以下,凝结为固体后,在适当的真空度下逐渐升温,利用水的升华使冰直接升华为水蒸气,再利用真空系统中的冷凝器将水蒸气冷凝,使物料低温脱水而达到干燥的目的。该过程包括三个彼此独立又相互依赖的步骤:预冻、一次干燥(升华)以及二次干燥。

(1)测定产品的低共熔点:新产品冻干时应先测定其低共熔点,然后控制冷冻温度在低共熔点以下。低共熔点是在水溶液冷却过程中,冰和溶质同时析出结晶混合物(低共熔混合物)时的温度。测定方法有热分析法和电阻法。

(2)预冻:药品在干燥前必须预冻,使其适于升华干燥。预冻是恒温降压过程,预冻温度应低于产品低共熔点10~20℃,否则抽真空时可能产生少量液体沸腾现象,致使药品表面不平整。

预冻方法有速冻法和慢冻法。速冻法是先将冻干箱温度降到–45℃以下,再将产品装入箱内采取每分钟降温10~15℃,此法所得结晶粒子均匀细腻、疏松易溶,特别是对生物制品,此法引起蛋白质变性的概率很小,对酶及活微生物的保存有利。慢冻法每分钟降温1℃,所得结晶粗大,但有利于提高冻干效率。预冻时间一般为2~3小时,实际生产中根据药品特点选用适宜的条件和方法。

(3)升华干燥:此过程首先是恒温减压过程,然后在抽真空条件下,恒压升温,使固态水升华除去。升华干燥法有一次升华法和反复预冻升华法。

一次升华法是首先将预冻后的药品减压,待真空度达到一定数值后,关闭冷冻机,启动加热系统缓缓升温,使冻结品的温度升至–20℃时,药品中的水分即可升华除去。此法适用于低共熔点为–20~–10℃、溶液黏度较小的制品。

反复预冻升华法的减压和加热升华过程与一次升华法相同,但预冻过程需在低共熔点以下20℃之间,温度反复升降进行预冻处理,使析出的结晶由致密变为疏松,有利于水分升华,提高干燥效率。此法适用于熔点低、结构复杂、黏度大及具有引湿性的制品等。

(4)二次干燥(再干燥):升华干燥完成后,温度继续升高,具体温度可根据药品性质确定,如0℃、25℃等,并保温干燥一段时间,以除去残余的水分。再干燥可保证药品含水量<1%。

此外,冻干粉针生产过程中容器清洗灭菌、轧盖、包装等工序的操作和要求与注射用无菌分装粉针相同。

2. 冻干过程中出现的问题及解决方法

(1)含水量偏高:冻干制品中的含水量一般应控制在1%~3%。但若玻璃瓶中装液量过多、过厚,干燥过程中热量供给不足、真空度不够及冷凝器指示温度偏高等,均可导致制品含水量偏高。可采用旋转冷冻机或其他相应的方法解决。为了确保将蒸汽从产品中去除,药品层不宜高于2cm。

(2)喷瓶:造成喷瓶的主要原因是制品中有少量液体存在。如果预冻温度过高使制品冻结不完全,或升华时供热过快造成局部过热,而使部分制品熔化为液体,致使在高真空条件下液体从已干燥的制品表面喷出而形成喷瓶。因此预冻温度必须低于共熔点10~20℃,加热升华的温度不应超过共熔点,且升温不宜过快。

(3)制品外观不饱满或萎缩成团粒:冻干开始形成的干外壳结构致密,制品内升华的水蒸气不能及时抽去,使部分药品逐渐潮解,则会造成制品外观不饱满或萎缩;黏度大的药品更易出现此现象。可从改进处方和控制冻干工艺予以解决，如可加入适量甘露醇、氯化钠等填充剂或采用反复预冻升华法。

案例 15-3　无菌粉针剂制备工艺案例

1. 操作相关文件

工业化大生产中无菌粉针剂制备工艺操作相关文件详见表 15-11。

表 15-11　工业化大生产中无菌粉针剂制备工艺操作相关文件

文件类型	文件名称	适用范围
工艺规程	×× 冻干粉工艺规程	规范工艺操作步骤、参数
内控标准	×× 内控标准	中间体质量检查标准
质量管理文件	偏差管理规程	生产过程中偏差处理
工序操作规程	冻干工序操作规程	冻干工序操作
设备操作规程	×× 型真空冷冻干燥机操作规程	真空冷冻干燥机操作
管理规程	交接班管理规程	交接班管理
卫生管理规程	洁净区工艺卫生管理规程	生产过程中卫生管理
	洁净区环境卫生管理规程	生产过程中卫生管理

2. 生产前检查确认

工业化大生产中无菌粉针剂制备工艺生产前检查确认项目详见表 15-12。

表 15-12　工业化大生产中无菌粉针剂制备工艺生产前检查确认项目

检查项目	检查结果	
清场记录	□有	□无
清场合格证	□有	□无
批生产指令	□有	□无
设备、容器具、管道完好、清洁	□有	□无
计量器具有检定合格证，并在周检效期内	□符合要求	□不符合要求
检验用仪器有检定合格证，并在周检效期内	□符合要求	□不符合要求
工器具定置管理	□符合要求	□不符合要求
上批遗留产品及与本批无关文件、物料已清除	□已清除	□未清除
所用工艺指令、SOP、批生产记录等文件齐全	□齐全	□不齐全
与本批有关的物料齐全	□齐全	□不齐全
有所用物料检验合格报告单	□有	□无
设备前箱处于已清洁灭菌及待用状态	□正常	□异常
压缩空气、冷却水、电供应是否正常	□正常	□异常
各阀门开启是否正常，仪表有无损坏，油位是否正常	□正常	□异常
备注		
检查人		

岗位操作人员按表15-12检查确认后,填写生产操作前检查记录,并签名。质检员复核确认后发放生产许可证,生产许可证如表15-13所示。

表15-13　工业化大生产中无菌粉针剂制备工艺生产许可证

品　名		规　格	
批　号		批　量	
检查结果		质检员	
备　注			

3. 生产准备

3.1　批生产记录的记录要求

车间工艺员下发本批次的批生产记录,操作人员领取批生产记录后,查看首页生产指令单,获取品名、批号、设备号,严格按照《××冻干粉工艺规程》进行冻干操作,在批生产记录上及时记录要求的相关参数。

3.2　操作前检查

根据生产指令单获取的设备号,操作人员按照表15-14对工序内生产区清场情况、设备清洁状态等进行检查,确认符合合格标准后,检查人与复核人在批生产记录上签字确认。操作人员填写"运行"设备状态标志,填写品名、批号、数量、日期、操作人相关内容,取下班组长已检查签字的"正常　已清洁"状态标志,贴于批生产记录上,悬挂"运行"设备状态标志。

表15-14　工业化大生产中无菌粉针剂制备工艺冻干间清场检查

区域	类别	检查内容	合格标准	检查人	复核人
冻干间	清场	环境清洁	无与本批次生产无关的物料、记录等	操作人员	操作人员
		设备清洁	设备悬挂"正常　已清洁"状态标志并有车间QA检查签字	操作人员	操作人员

4. 所需设备列表

工业化大生产中无菌粉针剂制备工艺所需设备列表详见表15-15。

表15-15　工业化大生产中无菌粉针剂制备工艺所需设备列表

工艺步骤	设备
××冻干过程	真空冷冻干燥机

5. 工艺过程

5.1　工艺流程

××药液→预冻→一次干燥(升华)→二次干燥(升华)

→终点判断→产品出柜→设备清洁→工序清场

5.2　工艺过程

工业化大生产中无菌粉针剂工艺过程详见表15-16。

表 15-16　工业化大生产中无菌粉针剂工艺过程

操作步骤	具体操作步骤	责任人
产品预冻	设定产品加热温度、加热时间,使产品开始进行预冻保温。根据产品工艺要求进行控制,确保产品完全冻实	操作人员
一次干燥	当冷凝器温度降至 –45℃以下,且产品预冻保温时间达到产品工艺规定的时间后,开启真空泵,抽箱体空气至真空 一次干燥过程中,产品固形物中干燥层与冻结层交界面会随时间的延长而慢慢下降。当水印(干燥层与冻结层交界面)消失后,根据产品工艺要求再延长规定时间,确保一次干燥结束	操作人员
二次干燥	当产品温度接近设定加热温度时,关闭真空控制,根据产品工艺要求再延长规定时间进行保温,确保产品水分符合要求	操作人员
终点判断	在二次干燥保温阶段结束后,关闭中隔阀,前箱真空度 2min 内上升不超过 0.05mbar(5Pa)时,即可判定为冻干过程结束;如超过 0.05mbar(5Pa),适当延长二次干燥保温时间,直至终点判断合格	操作人员

6. 工艺参数控制

工业化大生产中无菌粉针剂制备工艺参数控制详见表 15-17。

表 15-17　工业化大生产中无菌粉针剂制备工艺参数控制

工序	步骤	工艺指示	
冻干	预冻	冻干箱压力	× × MPa
		冻干箱温度	× × ℃
	一次干燥(升华)	产品温度	× × ℃
		冻干箱压力	× × MPa
		冷凝温度	× × ℃
		板层导热液进口温度	× × ℃
		板层导热液出口温度	× × ℃
	二次干燥(升华)	产品温度曲线与导热液温度曲线确认	
		干燥箱内压力和泵头压力状态确认	
		冷凝器温度	× × ℃
		板层导热液进口温度	× × ℃
		板层导热液出口温度	× × ℃

7. 清场

7.1　设备清洁

设备清洁要求按所规定的清洁频次、清洁方法进行清洁。

7.2　环境清洁

对冻干车间卫生进行清洁,冻干过程中随时保持周边干净。

7.3 清场检查

清场结束后由车间 QA 进行检查,符合要求后签发设备"正常 已清洁"状态标志;若不合格则需要操作人员进行重新清洁,并有相应记录。

8. 注意事项

8.1 质量事故处理

如果提取过程中发生任何偏离《×× 冻干粉工艺规程》操作,必须第一时间报告车间 QA,车间 QA 按照《偏差管理规程》进行处理。

8.2 安全事故

必须严格按照《×× 冻干粉工艺规程》执行,如果万一出现安全事故,第一时间通知车间主任和车间 QA,并按照相关文件进行处理。

8.3 交接班

人员交接班过程中需要按照《交接班管理规程》进行,并且做好交接班记录,双方确认签字后交接班完成。

8.4 维护保养

严格按照要求定期对设备进行维护、保养操作,并且做好相关记录。

第五节 眼用制剂的制备工艺

一、眼用制剂的含义、分类和基本要求

1. 眼用制剂的含义与分类 眼用制剂系指直接用于眼部发挥治疗作用的无菌制剂,可分为眼用液体制剂(滴眼剂、洗眼剂、眼内注射溶液)、眼用半固体制剂(眼膏剂、眼用乳膏剂、眼用凝胶剂)、眼用固体制剂(眼膜剂、眼丸剂、眼内插入剂)。其中,滴眼剂为临床使用的主要剂型。

滴眼剂是指将药物制成供滴眼用的澄明溶液或混悬液,为直接用于眼部的外用液体制剂,通常以水为溶剂。滴眼剂主要发挥杀菌消炎、散瞳缩瞳、降低眼压、诊断或麻醉等作用。本节重点介绍滴眼剂的制备工艺。

2. 眼用制剂的质量要求 滴眼剂的质量要求与注射液基本相似,对所添加辅料、pH、无菌、渗透压、澄明度、黏度及包装等均有一定的要求。

(1)辅料要求:滴眼剂中可加入调节渗透压、pH、黏度以增加药物溶解度和制剂稳定性的辅料,并可加适宜浓度的抑菌剂和抗氧剂,所用辅料不应降低药效或产生局部刺激。添加抑菌剂的眼用制剂必要时需要测定抑菌剂的含量。

(2)pH:滴眼剂的 pH 直接影响对眼部的刺激和药物的疗效。正常眼睛可耐受的 pH 为 5.0~9.0,pH 为 6.0~8.0 时眼睛无不适感,pH<5.0 和 pH>11.4 时有明显的刺激性。因此,pH 的选择应兼顾药物溶解性、稳定性及对眼部的刺激性等多种因素。

(3)无菌:眼用制剂为无菌制剂,眼内注射溶液及供外科手术和急救用的眼用制剂,均不得加抑菌剂、抗氧剂或不适当的缓冲剂,且应包装于无菌容器内供一次性使用。

（4）渗透压：眼部能适应的渗透压范围相当于浓度为 0.6%~1.5% 的氯化钠溶液,超过 2% 就有明显的不适感,滴眼剂应与眼泪等渗。《中国药典》(2020 年版)中眼用制剂的制剂通则中要求进行渗透压摩尔浓度检查,要求水溶液型滴眼剂、洗眼剂和眼内注射溶液的渗透压要符合规定。

（5）澄明度：滴眼剂按《中国药典》(2020 年版)的要求须进行可见异物检查,溶液型滴眼剂不得检出明显可见异物。混悬型、乳状液型滴眼液不得检出金属屑、玻璃屑、色块、纤维等明显可见异物。混悬型滴眼剂的沉降物不应沉降或聚集,经震摇应易再分散,并检查沉降体积比。

（6）黏度：滴眼剂的黏度适当增大可延长药物在眼部的停留时间,而相应增强药物疗效。适宜的黏度应在 4×10^{-3}~5×10^{-3}Pa·s 之间。

（7）包装储存要求：滴眼剂每个容器的装量应不超过 10ml。包装容器应清洗干净并灭菌,其透明度应不影响可见异物检查。眼用制剂应遮光密封储存,启用后最多可使用 4 周。

3. 滴眼剂的附加剂　一般滴眼剂的配制中,为保证其稳定性、无菌及刺激性等符合质量要求,可加入适当的附加剂。但供角膜等外伤或手术用的滴眼剂,不得加入任何附加剂。

（1）pH 调节剂：为使药物稳定和减小刺激性,滴眼剂常选用缓冲液作溶剂。常用的缓冲液有磷酸盐缓冲液、硼酸缓冲液和硼酸盐缓冲液等。

1）磷酸盐缓冲液：此缓冲液的储备液为 0.8% 无水磷酸二氢钠的酸性溶液和 0.947% 无水磷酸氢二钠的碱性溶液,临用时按不同比例配制而得的 pH 为 5.9~8.0 的缓冲液,适用于阿托品、麻黄碱、毛果芸香碱等药物。

2）硼酸缓冲液：1.9% 的硼酸溶液 pH 为 5.0,适用于盐酸可卡因、盐酸普鲁卡因、肾上腺素等药物。

3）硼酸盐缓冲液：此缓冲液的储备液为 1.24% 硼酸的酸性液和 1.91% 硼砂的碱性液,临用时按不同比例配成 pH 为 6.7~9.1 的缓冲液,适用于磺胺类药物。

（2）抑菌剂：滴眼剂一般是多剂量剂型,使用过程中难以保持无菌,因此需加入适当的抑菌剂。所用抑菌剂应性质稳定、抑菌作用强、刺激小、不影响主药的疗效和稳定性。常用的抑菌剂有硝酸苯汞、苯扎溴铵、三氯叔丁醇、苯乙醇、对羟基苯甲酸酯类等。单一的抑菌剂有时达不到理想的效果,故采用复合成分发挥协同作用,如苯扎溴铵 + 依地酸钠、苯扎溴铵 + 三氯叔丁醇 + 依地酸钠或对羟基苯甲酸酯、苯乙醇 + 对羟基苯甲酸酯。

（3）渗透压调节剂：根据眼球对渗透压的耐受性,滴眼剂的渗透压应与泪液等渗或偏高渗,低渗溶液须调至等渗。常用的渗透压调节剂有氯化钠、葡萄糖、硼酸、硼砂等。

（4）增黏剂及其他附加剂：适当增加滴眼剂的黏度,可延长药物在眼内的停留时间,同时也可减小刺激性。常用的增黏剂有甲基纤维素、聚乙烯醇、聚乙二醇、聚维酮等。

此外,为增加药物稳定性和溶解性,可加入适当的稳定剂、抗氧剂、增溶剂、助溶剂等附加剂。

二、眼用制剂的工艺过程与设备

（一）眼用制剂的工艺过程

眼用制剂的制备工艺流程如下：

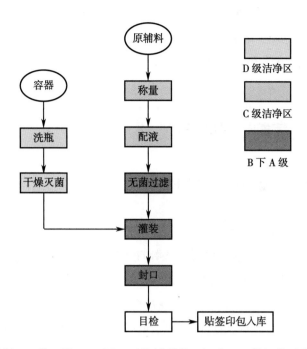

眼用制剂应在清洁、无菌环境下配制。对热敏药物,应采用无菌操作法制备;对用于眼部手术或外伤的滴眼剂,则按小容量注射液生产工艺制备,分装于单剂量容器中密封,最后采用适宜的方法进行灭菌,不得加抑菌剂或缓冲剂;性质稳定的药物可先用大瓶装后灭菌,再在无菌条件下分装。

(二)滴眼剂容器及其处理

滴眼剂的容器包括玻璃瓶和塑料滴眼瓶两种。玻璃瓶多由中性玻璃制成,并配有滴管。质量要求与输液瓶相同,对氧敏感的药物多选用玻璃瓶,对光不稳定的药物宜选用棕色玻璃瓶。玻璃瓶的洗涤与安瓿相似,干热灭菌后备用。

塑料瓶多采用由聚烯烃塑料吹塑制成,为防止污染,应在吹塑时当即封口。塑料滴瓶的洗涤方法如下:清洗外部后切开封口,应用真空灌装器将灭菌注射用水灌入瓶中,再用甩水机将瓶中水甩干,如此反复 2~3 次,洗涤液经澄明度检查合格后,甩干,用环氧乙烷等气体灭菌后备用。滴管、橡胶帽也须依法洗涤,煮沸灭菌后备用。

(三)药液的配制过滤

眼用溶液的配制方法如下:将药物和附加剂用适量溶剂溶解,必要时加活性炭(0.05%~0.3%)处理,药液滤至澄明后,再用溶剂稀释至全量;眼用混悬液的配制,应先将药物微粉化后灭菌,另取适量助悬剂用少量注射用水分散成黏稠液,再与微粉化的药物用乳匀机搅匀,最后用注射用水稀释至全量。配制的药液用适宜方法灭菌后,进行半成品检查,合格后即可灌装。

为避免污染,配制所用器具洗净后应干热灭菌,或用 75% 乙醇配制的 0.5% 度米芬溶液浸泡灭菌,使用前再用新鲜注射用水洗净。

(四)药液的灌封

眼用制剂配液后应抽样进行含量测定和定性鉴别,符合要求方可分装于无菌容器中。普通滴眼剂每支分装 5~10ml,供手术用的可装于 1~2ml 小瓶中,再用适当方法灭菌。

滴眼剂的分装可采用减压灌装法。分装后的滴眼剂应检查含量、澄明度、无菌、pH 等项目,并抽样检查铜绿假单胞菌及金黄色葡萄球菌,合格后即可进行包装,印字包装要求同注射液。

第六节　外用无菌制剂的制备工艺

一、外用无菌制剂的含义、分类和基本要求

(一)外用无菌制剂的含义与分类

外用无菌制剂是指直接与创伤面及黏膜等接触的一类无菌制剂,如软膏剂、乳膏剂等外用膏剂。

软膏剂是指中药提取物、饮片细粉与油脂性或水溶性基质混合制成的均匀的半固体外用制剂。因药物在基质中分散状态不同,有溶液型软膏剂和混悬型软膏剂之分。软膏剂主要起保护、润滑和局部治疗作用,有些软膏剂中的药物经透皮吸收后,还能起全身治疗作用。

乳膏剂是指药物溶解或分散于乳状液型基质中形成的均匀的半固体外用制剂。乳膏剂由于基质不同,可分为水包油型乳膏剂和油包水型乳膏剂。

(二)外用膏剂的基本要求

1. 外观　外用膏剂应均匀、细腻,具有适当的黏稠度,易涂布于皮肤或黏膜上,不融化,黏稠度随季节变化小,无刺激性。应无酸败、变色、变硬、融化、异臭、油水分离等变质现象。

2. 粒度　除另有规定外,混悬型软膏剂、含饮片细粉的软膏剂照《中国药典》(2020 年版)检查,不得检出大于 180μm 的粒子。

3. 装量差异　按《中国药典》(2020 年版)四部通则最低装量检查法(重量法)检查,求出每个容器内容物的装量与平均装量,均应符合规定。

4. 无菌　用于烧伤[除程度较轻的烧伤(Ⅰ°或浅Ⅱ°外)]或严重创伤的软膏剂与乳膏剂,按《中国药典》(2020 年版)四部通则无菌检查法检查,应符合规定。

5. 微生物限度　除另有规定外,照《中国药典》(2020 年版)四部通则微生物计数法、控制菌检查法检查,应符合规定。

6. 稳定性　将软膏分别置恒温箱(39℃±1℃)、室温(25℃±1℃)及冰箱(0℃±1℃)中 1~3个月,进行加速试验,应符合有关规定。将乳膏剂分别放置于 55℃恒温 6 小时与 –15℃恒温 24 小时进行耐热、耐寒检查,一般 O/W 型基质能耐热,但不耐寒;而 W/O 型基质不耐热,常于 38~40℃即有油分离出。或将 10g 软膏置于离心管中,以 2 500r/min 离心 30 分钟,不应有分层现象。

二、外用膏剂的工艺过程与设备

(一)外用膏剂制备工艺流程

软膏剂、乳膏剂制备工艺流程如下:

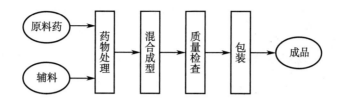

（二）外用膏剂的制备方法

1. 软膏剂的制法

（1）基质的处理：油脂性基质应先加热熔融，再于 150℃灭菌 1 小时，并除去水分。

（2）成型：原料药与辅料经处理后混合成型，共有三种成型方法，包括研和法、熔融法和乳化法。

1）研和法：将饮片细粉用少量基质研匀或用适宜液体研磨成细糊状，再递加其余基质研匀的制备方法。适用于较软的软膏基质，在常温下通过研磨即可与药物均匀混合；或不宜加热、不溶性及量少的药物的制备。少量制备时在软膏板上用软膏刀将药物与基质分次递加调和而成，也可在乳钵中研匀；大量生产用电动研钵。

2）熔融法：将基质加热熔化，再将药物分次加入，边加边搅拌直至冷凝的方法。适用于软膏处方中基质熔点不同，常温下不能混合均匀者；主药可溶于基质者；或药材需要用植物油加热浸提者。

3）乳化法：基质为乳剂型时用乳化法。将处方中的油溶性组分一起加热至 80℃左右，另将水溶性组分溶于水中，加热至 80℃左右，两相混合，搅拌至乳化完全并冷凝。乳化法中油、水两相有三种混合方法：①两相同时混合，适用于连续的或大批量的操作，需要一定的设备，如输送泵、连续混合装置等；②分散相加到连续相中，适用于含小体积分散相的乳剂系统；③连续相加到分散相中，适用于多数乳剂系统，在混合过程中会引起乳剂转型，能产生更为细小的分散相粒子。

（3）软膏剂制备注意事项

1）不溶性药物或直接加入的药材预先制成细粉，过六号筛。制备时取药粉先与少量基质或液体成分如液体石蜡、甘油、植物油等研成糊状，再不断地加其余基质；或将药物细粉在不断搅拌下加到熔融的基质中，继续搅拌至冷凝。

2）可溶于基质的药物应溶解于基质或基质组分中。饮片可以先用适宜方法提取，过滤后将油提取液与油相基质混合。水溶性药物一般先用少量水溶解，以羊毛脂吸收，再与油脂性基质混匀；或直接溶解于水相，再与水溶性基质混合。脂溶性药物加入油相，或用少量有机溶剂溶解后再与油相混合。遇水不稳定的药物不宜选用水溶性基质或 O/W 型乳膏剂。

3）中药煎剂、浸膏等可先浓缩至稠膏状，再与基质混合。固体浸膏可加少量溶剂如水、稀乙醇溶液等使之软化或研成糊状，再与基质混匀。

4）共熔组分应先共熔再与基质混合，如樟脑、薄荷脑、麝香草酚等并存时，可先研磨至共熔后，再与冷却至 40℃左右的基质混匀。

5）挥发性、易升华的药物，或遇热易结块的树脂类药物应使基质降温至 40℃左右，再与药物混合均匀。

2. 乳膏剂的制法

乳化法：将处方中的油溶性组分一起加热至 80℃左右，另将水溶性组分溶于水中，加热至 80℃左右，两相混合，搅拌至乳化完全并冷凝。

● 图 15-8　三滚筒软膏研磨机

（三）外用膏剂的典型生产设备

1. 三滚筒软膏研磨机　三滚筒软膏研磨机主要由三个平行的滚筒和传动装置组成（图 15-8）。在第一个与第二个滚筒上面装有加料斗，滚筒间的距离可以调节。操作时将软膏置于加料斗中，开动电动机，滚筒以不同的速度转动，转动较慢的滚筒上的软膏能被速度较快的中间滚筒带过来，并被另一更高速的第三滚筒带过去进入接受器中。由于滚筒的转速不同以及第三滚筒沿轴线方向做摇摆运动，因此软膏通过滚筒之间时受到挤压和研磨，使固体药物被研细，且与基质混匀。

2. 真空乳化机　利用高剪切乳化器，将真空抽入的物料快速均匀地分布至另一个连续相中，借助机械能使物料在定转子狭窄的间隙中，每分钟承受几十万次的强力剪切、离心、挤压、撞击、撕裂等综合作用，瞬间均匀地分散乳化；经过高频的循环往复，最终得到稳定、富有光泽、细腻的高品质产品。

3. 软膏填充机　软膏填充机主要有手揿式半自动软膏锡管填充机和自动装管、扎尾、装盒联动机等类型。手揿式半自动软膏锡管填充机是由漏斗内的活塞及填充管等组成；自动装管、扎尾、装盒联动机是由漏斗、齿轮泵、填充、扎尾及传送装盒等部分构成。

本章小结

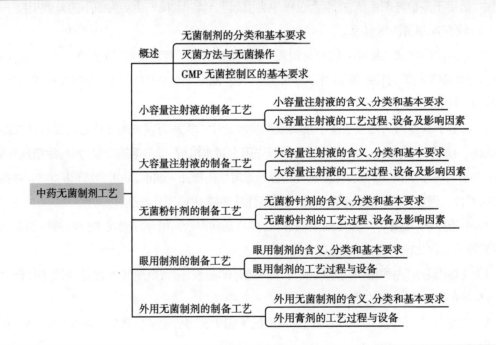

（张颖颖　姜国志　张　欣）

参 考 文 献

[1] 徐荣周,缪立德,薛大权,等.药物制剂生产工艺与注解.北京:化学工业出版社,2008.

[2] 张兆旺.中药药剂学.北京:中国中医药出版社,2003.

[3] 高峰丽,安慧艳.7种常用治疗心脑血管病的中药注射剂不良反应文献分析.中国药物警戒,2011,8(5): 312-315.

[4] 易艳,李春英,赵雍,梁爱华.中药注射剂不良反应及类过敏反应研究进展.中国中药杂志,2021,46 (7):1711-1716.

[5] 殷华,李月,司季青,等.4种中药注射剂大分子富集液的重复给药毒性实验研究.云南中医学院学报, 2017,40(4):14-20.

[6] 罗甜,肖新荣,黄卓贤,等.超滤法结合大孔吸附树脂法制备复方双中药注射液.南华大学学报(自然科 学版),2018,32(4):90-96.

[7] 闫位娟,李连达,张美玉,等.7种中药注射剂对Beagle犬类过敏反应研究.中国新药杂志,2010,19 (20):1895-1898,1910.

[8] 李辉,马仕洪,王兰,等.中药注射剂安全性及其无菌保障体系的现状与思考.中成药,2022,44(9): 2939-2943.

[9] 杨明.中药药剂学.9版.北京:中国中医药出版社,2012.

[10] 国家食品药品监督管理局药品认证管理中心.药品GMP实施指南.北京:中国医药科技出版社,2011.

[11] 张雪,齐宜广,武玉杰,等.新型注射剂的国内外研发进展.药学进展,2018,42(12):897-904.

[12] 丁芬.小容量注射剂无菌保证控制措施(最终灭菌).科学技术创新,2018(19):55-56.

[13] 王俊.小容量注射液生产工艺管理要点探讨.临床医药文献电子杂志,2017,4(84):16624,16632.

[14] 张洪斌.药物制剂工程技术与设备.3版.北京:化学工业出版社,2019.

第十六章 中药气体制剂工艺

1. 掌握：气体制剂的含义、分类；气体制剂的工艺流程，工艺过程中关键控制点及参数。
2. 熟悉：气体制剂制备对原辅料的处理要求；影响气体制剂成型和质量的因素。
3. 了解：气体制剂的设备；气体制剂制备过程中常见问题及解决方案。

第一节　概述

　　气体制剂是通过特殊的给药装置将液体或固体药物以 0.5~5μm 大小的液滴或微粒状态分散并给药的药物分散体系，药物进入呼吸道深部、腔道黏膜或皮肤等发挥全身或局部作用。其优点如下：①能使药物迅速到达作用部位、起效快；②可避免药物在胃肠道中降解，无首过效应；③给药剂量小，副作用小；④无须饮水，使用方便，有助于提高患者的顺应性。中药气体制剂既可以发挥中医药组方的优势，又可以利用细微液滴或微粒状态给药的特点，提高有效成分的吸收利用率，提高临床疗效。

一、气体制剂的分类

　　气体制剂分为气雾剂、喷雾剂和粉雾剂，气雾剂产生喷雾的动力是抛射剂，喷雾剂产生喷雾的动力是手动泵或压缩气体，而粉雾剂借特制的给药装置将微粉化的药物喷出，由患者主动吸入或喷至腔道黏膜。气雾剂由于抛射剂替代问题遭遇困难，粉雾剂在微粉化、稳定性和递送可靠性等方面有一定的障碍，中药喷雾剂在未来将有更多的应用。

二、气体制剂对物料的基本要求

　　1. 中药原料的处理要求　　制备中药气体制剂的原料主要为中药挥发油、中药提取物或中药微粉。中药挥发油采用水蒸气蒸馏法提取；中药提取物是采用适当的浸提、分离、纯化而富集的有效部位或有效成分;中药微粉是将中药进行超微粉碎。

2. 辅料的处理要求

(1)制备气雾剂最主要的辅料即为抛射剂;喷雾剂的主要辅料为压缩气体;粉雾剂主要辅料为载体。气雾剂和喷雾剂配制时可添加适宜附加剂,如增溶剂、助溶剂、抗氧剂、助悬剂、乳化剂、防腐剂及 pH 调节剂等,有些皮肤给药的喷雾剂可加入适宜的透皮促进剂(如氮酮)。拟定制剂处方时,选择适宜的溶剂和附加剂。各种附加剂对呼吸道、皮肤或黏膜应无刺激性和毒性,所加附加剂均应符合药用规格。

(2)抛射剂的要求:①在常温下蒸气压大于大气压;②无毒、无致敏反应和刺激性;③惰性,不与药物发生反应;④不易燃不易爆;⑤无色、无臭、无味;⑥价廉易得。

(3)压缩气体应选择化学性质稳定,无异臭的气体。压缩气体在使用前应经过净化处理,方法可参照注射剂中填充气体的净化工序。

(4)水的要求:如前面章节所述。

(5)其他辅料的要求:均应符合质量规定,合格者方可投产。

三、气体制剂对环境的基本要求

气体制剂对于环境的要求主要涉及配制室、灌装室和罐装设备,基本要求如下。

(一)配制车间的基本要求

1. 车间内部布局应合理,应设人流、物流专用通道,不交叉污染;应尽量减少物料的运输距离和运输步骤;生产操作区为药品生产的专门区域,不可作为物料传递通道。

2. 要有足够的暂存空间。

3. 物料应经缓冲区脱外包装或经适当清洁处理后才能进入配料室,原辅料配料室的环境和空气洁净度要与生产一致,并有捕尘和防止交叉污染的措施。

4. 中药的粉碎、称重、混合等操作(特别是粉碎操作)容易产生粉尘,应当采取有效措施以控制粉尘扩散(应在负压房间内进行粉碎),避免污染,通常设置专门的粉碎间,并在该房间安装专门的捕尘设备,结合排风设施进行控制,通常要求达到 D 级洁净区要求;处理高危物料,要考虑操作人员的安全,在房间内设置固定或可移动的称量/配料隔离器。

5. 配制间和灌装间与外室保持相对负压。操作人员应当穿戴区域专用的防护服。配制间和设备均应采用经过验证的清洁操作规程进行清洁。药液应在洁净度符合要求的环境配制,并及时灌封于灭菌的洁净干燥容器中。烧伤、创伤用喷雾剂应采用无菌操作或灭菌。

6. 内包装操作一般在最终操作间进行,因为产品是暴露的,所以应是控制区域进行。外包装区域一般属于防护要求的区域,内包装区和外包装区通常需要分开,以防对内包装区污染。有数条包装线同时包装时应采取隔离或其他有效防止污染或混淆的措施。包材的采购、验收、入库、贮藏、清洗、领用、退回等环节均要有章可循,包材经检验合格后方可使用。

7. 罐装间和罐装设备的特殊要求:①要在专门设置的厂房或各生产作业区域内进行生产,且厂房或各作业区域的安全设施符合国家相关规定。②在生产中使用符合国家标准的耐压容、器、阀门系统及原料。③如果生产时涉及易燃易爆物质,厂房要严禁烟火、禁止使用手机、加强通风,防止易燃易爆气体积聚引发安全事故。④在设备安装时要进行可靠的防静电接地措施,以免在生产过程中因静电产生火花,从而引发安全事故。⑤罐装设备应安装在远离其他用电设备的生产区域。⑥应定期检查气瓶、各阀门、管道、缸体等设备,特别是活动连接部位,若发现因密封材料老化或者连接不好产生漏气,应立即处置。⑦生产完毕后,应关掉设备压缩空气和原料的阀门,需要进行回流处理的要及时进行回流操作。⑧要定期进行成品检测,如发现漏气现象要及时停止生产,排除原因。

(二)制备气体制剂车间构造及内环境基本要求

制备气体制剂的过程大致可分为如下几个环节:提取环节、粉碎环节、配制环节、灌装环节、包装环节。

提取环节、粉碎环节环境要求见前面各章。配制环节是根据需要配成溶液、乳浊液或混悬液,需要加入适宜的附加剂。灌装环节是生产气体制剂的核心环节。气体制剂灌装设备应安装于单独房间内。《中国药典》(2020年版)规定,对于气雾剂,每毫升需氧菌总数不得超过1 000cfu/g,霉菌和酵母菌总数不得超过100cfu/g,不得检出大肠埃希菌(1g),含脏器提取物的制剂还不得检出沙门菌(10g)。用于烧伤、创伤或溃疡的气雾剂应进行无菌检查并符合规定。除另有规定外,应进行微生物限度检查并符合规定。

外用气雾剂一般在C级洁净区进行生产,而无菌气雾剂为了达到无菌检查要求,通常在A级或局部A级洁净区进行。气体制剂生产区域的温度一般控制在18~26℃,相对湿度一般控制在45%~65%。包装环节分为内包装区和外包装区,内包装区同样属于控制区,环境控制及人员控制同上所述,温度、湿度控制同配制间。

第二节　气雾剂

一、气雾剂的含义、分类和组成

(一)气雾剂的含义

气雾剂指原料药物或原料药物和附加剂与适宜的抛射剂共同装封于具有特制阀门系统的耐压容器中,使用时借助抛射剂的压力将内容物呈雾状物喷出,用于肺部吸入或直接喷至腔道黏膜、皮肤的制剂。内容物喷出后呈泡沫状或半固体状,故也称之为泡沫气雾剂或凝胶气雾剂。

(二)气雾剂的分类

1. 按分散系统可分为溶液型、乳剂型、混悬型。

(1)溶液型气雾剂:系指药物(固体或液体)溶解在抛射剂中,形成均匀溶液,喷出后抛射剂挥发,药物以固体或液体微粒状态达到作用部位。

（2）乳剂型气雾剂：药物水溶液和抛射剂制成 O/W 型或 W/O 型乳剂。O/W 型乳剂以泡沫状态喷出，故又称为泡沫气雾剂。W/O 型乳剂，喷出时形成液流。

（3）混悬型气雾剂：固体药物以微粒状态分散在抛射剂中形成混悬液，喷出后抛射剂挥发，药物以固体微粒状态达到作用部位，此类气雾剂又称为粉末气雾剂。

2. 按给药途径可分为呼吸道吸入气雾剂（可起全身作用）、皮肤和黏膜给药气雾剂、空间消毒用气雾剂。

3. 按相的组成可分为二相气雾剂、三相气雾剂。

（1）二相气雾剂，是由抛射剂的气相和药物与抛射剂混溶的液相组成。

（2）三相气雾剂，有三种情况：①药物的水溶液与抛射剂互不混溶而分层，抛射剂密度大，沉在容器底部，内容物包括气相（部分气化抛射剂）、溶液相和液化抛射剂相；②固体药物和附加剂等的微粉混悬在抛射剂中，内容物包括气相、液化抛射剂相和固相；③药物的水溶液与液化抛射剂（相当于油相）制成乳浊液，抛射剂被乳化为内相，内容物包括气相、乳浊液的内相和外相，又分为水包油型的乳剂型气雾剂（抛射剂为内相）和油包水型的乳剂型气雾剂（抛射剂为外相）。

4. 按给药定量与否可分为定量气雾剂和非定量气雾剂。

（三）气雾剂的组成

气雾剂由药物与附加剂、抛射剂、耐压容器和阀门系统四部分组成。

1. 药物与附加剂

（1）药物：用于制备气体制剂的中药，一般应进行预处理。除另有规定外，饮片应按该品种项下规定的方法进行提取、纯化、浓缩，制成处方规定量的药液，如提取药物的单一有效成分或有效部位等。

（2）附加剂：根据药物的性质确定气体制剂的类别，如溶液、乳浊液、混悬液等不同类型，拟定制剂处方，选择适宜的溶剂和附加剂。各种附加剂对呼吸道、皮肤或黏膜应无刺激性。

2. 抛射剂　抛射剂主要指一些低沸点的液化气体，是气雾剂喷射药物的动力，同时也是药物的溶剂和稀释剂。抛射剂的沸点应低于室温，常温下蒸气压大于大气压。当阀门打开时，容器内压力骤然降低，抛射剂急剧气化，克服了液体分子间引力，将药物分散成微粒，通过阀门系统抛射出来。抛射剂的沸点和蒸气压对制剂的成型，雾滴的大小、干湿及泡沫状态等起着决定性的作用。目前应用的抛射剂有氢氟烷烃类（四氟乙烷和七氟丙烷）、低碳饱和烃（丙烷、正丁烷和异丁烷）、二甲醚和压缩惰性气体。其中二甲醚具有易燃性，美国 FDA 未批准使用；低碳饱和烃易燃易爆，不宜单独使用；惰性气体液化后沸点很低，常温时蒸气压过高，对容器的耐压性能要求高，非液化压缩气体，压力会迅速降低，达不到持久的喷射效果；因此目前应用较多的是氢氟烷烃类。

3. 耐压容器　气雾剂的容器应能耐压，对内容物稳定。目前主要以金属、玻璃和塑料等作为容器材料。理想的容器应具有耐腐蚀、性质稳定、不易破碎、美观价廉等特点。

（1）金属容器：容量大，耐压性强，质地较轻，携带与运输均方便，但化学稳定性较差，须在容器的内壁涂以环氧树脂或乙烯基树脂等有机物质，以增强其耐腐蚀性能，或镀锡、银，但价格较贵。

（2）玻璃容器：化学性质稳定，但耐压和耐撞击性差，一般用于压力和容积不大的气雾剂。目前多用外壁搪塑的玻璃瓶，搪塑液为聚氯乙烯树脂、苯二甲酸二丁酯、硬脂酸钙、硬脂酸、色素配成的黏稠浆液，以减轻因碰撞、震动造成的影响。

（3）塑料容器：特点是质轻、牢固，能耐受较高的压力，具有良好的抗撞击性和耐腐蚀性。但塑料容器有较高的渗透性和特殊气味，易引起药液变化。一般选用化学稳定性好、耐压和耐撞击的塑料，如热塑性聚丁烯对苯二甲酸酯树脂和乙缩醛共聚树脂等。

4. 阀门系统　阀门系统是气雾剂的重要组成部分，其精密程度直接影响产品的质量。其基本功能是控制药物和抛射剂或压缩气体从容器中定量流出。

（1）一般阀门系统：由封帽、橡胶封圈、阀门杆、弹簧、浸入管、推动钮等部件组成。其中阀门杆是重要部分，由塑料或不锈钢制成，上端有内孔和膨胀室，下端有一段细槽供药液进入定量室，内孔是阀门沟通容器内外的孔道，关闭时被弹性橡胶封圈封住，使容器内外不通，当向下推动钮时，内孔与药液相通，容器内容物通过内孔进入膨胀室而喷射出来。膨胀室位于内孔之上阀门杆内。容器内容物由内孔进入此室，抛射剂或压缩气体骤然膨胀，将药物分散，连同药物一起呈雾状喷出。

（2）定量阀门：除具有一般阀门各部件外，还有一个塑料或金属制的定量室，它的容量决定每次用药剂量。一般定量阀门能给出 0.05~0.2ml 的药液，适用于剂量小、作用强或含有毒性药物的吸入气雾剂。定量小杯下端有两个小孔，用橡胶垫圈封住，灌装抛射剂或压缩气体时，因灌装系统的压力大，抛射剂可经此小孔注入容器内，抛射剂灌装后小孔仍被橡胶垫圈封住，使内容物不能外漏。如图 16-1 所示。

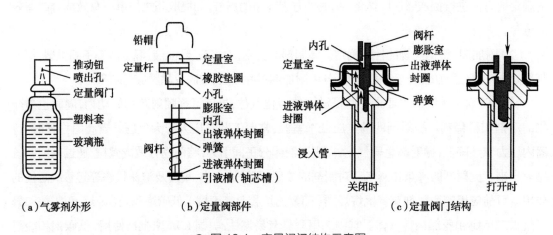

● 图 16-1　定量阀门结构示意图

二、气雾剂的制备工艺过程、设备及影响因素

（一）气雾剂的生产工艺过程

气雾剂的制备工艺流程如下：

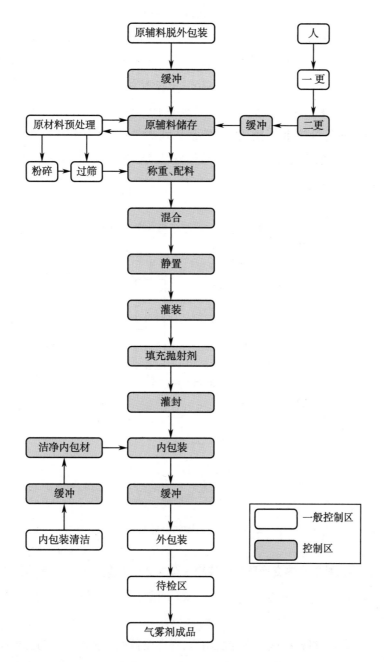

工艺过程: 生产部召开生产调度会,下达生产任务,值班调度长安排调度员实施生产,填写生产日报表、调度日志、交班记录。

1. 生产前准备 复核清场情况,检查生产场地是否有上一批物料、产品、用具、状态标志的遗留;检查操作间是否已清洁;检查是否有清场合格证,是否有质保人员签字;领取 ×× 气雾剂生产记录、物料标志、状态标志;准备生产用具、设备,按照规程检查设备(如天平、搅拌混合机、灌装机)运作是否正常。

2. 前处理 称取原料和辅料,装入洁净的容器中,填写中间品检验单,移交下一步工序。

3. 成型 ①核对物料品名、产品批号、数量;②配制:根据工艺流程将中药挥发油或中药提取物及辅料置于混合设备中,开启设备,按工艺参数进行混合后负压抽入贮存罐中静置;③灌装:采用全自动灌装机进行灌装。④填充抛射剂:填充抛射剂的方法有压灌法和冷灌法。

压灌法是先将配制的药液在室温下灌入容器内,再将阀门装上并轧紧封帽,然后抽去容器内空气,最后在压装机中定量压入抛射剂。抛射剂压装机结构见图 16-2 所示,液化抛射剂自进口经砂滤棒滤过后进入压装机,当容器向上顶时,灌装针头伸入阀杆内,压装机与容器的阀门同时开启,液化抛射剂以自身膨胀压经过定量室的小孔进入容器内。压灌法的关键是要控制操作压力,通常控制为 68.65~105.98kPa,压力过高则不安全,但若压力低于 41.19kPa 时,填充则无法进行,可将抛射剂钢瓶用热水或红外线加热,使压力提高而达到要求。压灌法设备简单,不需低温操作,抛射剂损耗小,目前国内多采用此法。但生产速度较慢,且灌装过程中压力的变化幅度较大,须采取安全措施,装机须有防护装置。

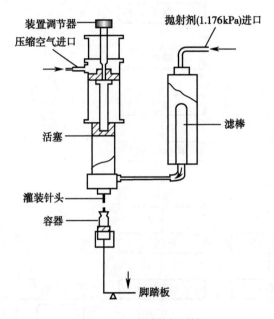

● 图 16-2　抛射剂压装机

冷罐法是借助冷罐装置中热交换器将药液冷却至 −20℃,抛射剂冷却至沸点以下至少 5℃。先将冷却的药液灌入容器中,再加入冷却的抛射剂,或二者同时灌入,然后立即装上阀门并轧紧封帽。

4. 清场

(1)设备清洁:关闭设备,用饮用水冲洗用具、混合设备和灌装设备中的沉积物,随后用纯水清洗至清洁,用 75% 乙醇擦拭用具和设备内表面、进风口、排风口、操作窗。

(2)操作间环境卫生:对操作间彻底清场,对操作间顶棚、四壁(含窗户)、地面及交接处进行清洁;对所有管道、风口、灯具及灯具与墙壁、顶棚交接处进行清洁;对水池、地漏进行清洁;填写清场记录,请 QA 检查,合格后发清场合格证,悬挂"已清洁"标志牌。

(二)影响气雾剂成型和质量的因素

1. 原料的影响　中药气体制剂常见的原料为中药提取物,提取物在气雾剂的抛射剂中的溶解度对中药气雾剂成型有重要影响,中药提取物可以直接溶解于抛射剂中或与抛射剂乳化或混悬于抛射剂中。

2. 辅料的影响　抛射剂是影响气雾剂成型的关键因素,应选择具有适宜蒸气压、无毒无刺激性的惰性气体作为抛射剂。乳剂型气雾剂制备需要适量的乳化剂,常用的乳化剂有非离子型表面活性剂,不同表面活性剂会对乳剂型气雾剂成型过程造成影响。混悬型气雾剂制备需要适量的助悬剂,不同助悬剂会对混悬型气雾剂成型过程造成影响。

3. 混合的操作 在混合时要注意物料加入的顺序,控制好混合的时间、搅拌速度。

4. 灌装 灌装前检查耐压容器和阀门系统,不符合要求的不能使用;冷灌法灌装抛射剂需要低温操作,压灌法损失较少,但灌装速度慢,应根据生产条件选择;灌装抛射剂时应防止灌液计量不准、充气时计量精度不准、封口不紧固、漏气等问题发生。

(三)气雾剂生产过程质量控制要点及参数

对各工序的严格控制是保证气雾剂质量的前提。气雾剂的生产质量控制要点及参数见表 16-1。

表 16-1 气雾剂生产质量控制要点及参数

工序	控制要点	控制项目	一般参数	频次
生产前检查	生产设施	运转	正常运转	每批
	消毒	设备	75% 乙醇	每批
		车间室内	75% 乙醇	每批
粉碎	原辅料	异物、细度	≥100 目	每批
配料	投料	品种数量	双人操作	每批
混合	齐度	物料加入的顺序、混合的温度、搅拌速度和混合时间	工艺要求	当批
静置	齐度	静置时间	工艺要求	当批
灌装	齐度	灌液计量准确度	计量准确	当批
填充抛射剂	齐度	充气时计量精度、封口是否严密	计量准确,封口严密	当批

(四)气雾剂常见质量问题及解决方案

1. 液滴无法喷出或喷射雾滴较大 液滴无法喷出或喷射雾滴较大直接影响成品的质量。造成抛射剂液滴无法喷出或喷射雾滴较大的原因及解决方案详见表 16-2。

表 16-2 气雾剂液滴无法喷出或喷射雾滴较大的原因及解决方案

原因	解决方案
抛射剂的充入量不足	保证抛射剂的充入量
阀门封口不严	保证阀门系统封口严密

2. 微生物限度不合格 用于烧伤、创伤或溃疡的气雾剂应进行无菌检查,并符合规定。除另有规定外,照非无菌产品微生物限度检查:微生物计数法[《中国药典》(2020 年版)通则 1105]和控制菌检查法[《中国药典》(2020 年版)通则 1106]及非无菌药品微生物限度标准[《中国药典》(2020 年版)通则 1107]检查,应符合规定。影响微生物限度的制剂工艺相关因素及解决方案详见表 16-3。

表 16-3 气雾剂微生物限度不合格的原因及解决方案

原因	解决方案
原料、辅料、包装材料的洁净度	应选择合适的工艺对原料、辅料及包装材料进行灭菌
生产过程	按照 GMP 要求,严格控制生产环境卫生、人员及设备的卫生

案例 16-1 气雾剂制备工艺案例

1. 操作相关文件

工业化大生产中气雾剂制备工艺操作相关文件详见表 16-4。

表 16-4 工业化大生产中气雾剂制备工艺操作相关文件

文件类型	文件名称	文件编号
工艺规程	×× 气雾剂或喷雾剂工艺规程	××
内控标准	×× 中间体及成品内控质量标准	××
质量管理文件	偏差管理规程	××
SOP	生产操作前检查标准操作程序	××
	原辅料、工器具进出洁净区管理规程	××
	称量备料操作规程	××
	粉碎、过筛和混合操作规程	××
	×× 型自动灌装机操作规程	××
	气雾剂岗位清洁规程	××
	清洁区清场管理规程	××

2. 生产前检查确认

工业化大生产中气雾剂制备工艺生产前检查确认项目详见表 16-5。

表 16-5 工业化大生产中气雾剂制备工艺生产前检查确认项目

检查项目	检查结果	
清场记录	□有	□无
清场合格证	□有	□无
批生产指令	□有	□无
设备、容器具、管道完好、清洁	□有	□无
计量器具有检定合格证,并在周检效期内	□符合要求	□不符合要求
检验用仪器有检定合格证,并在周检效期内	□符合要求	□不符合要求
工器具定置管理	□符合要求	□不符合要求
上批遗留产品及与本批无关文件、物料已清除	□已清除	□未清除
所用工艺指令、SOP、批生产记录等文件齐全	□齐全	□不齐全
与本批有关的物料齐全	□齐全	□不齐全
有所用物料检验合格报告单	□有	□无
备注		
检查人		

岗位操作人员按表16-5检查确认后,填写生产操作前检查记录,并签名。质检员复核确认后发放生产许可证,生产许可证如表16-6所示。

表16-6　工业化大生产中气雾剂制备工艺生产许可证

品　　名		规　　格	
批　　号		批　　量	
检查结果		质 检 员	
备　　注			

3. 生产准备

3.1　批生产记录的准备

根据批生产指令,车间物料管理员填写领料单从库房领取有合格报告书且经放行的原辅料,复核名称、物料编码/生产批号、放行单编号等与生产指令一致后,按《原辅料、器具进出洁净区管理规程》转入原辅料暂存间。

3.2　物料准备

按处方量计算出各种原辅料的投料量,精密称定(量取),双人复核无误,备用。

4. 所需设备列表

工业化大生产中气雾剂制备工艺所需设备列表详见表16-7。

表16-7　工业化大生产中气雾剂制备工艺所需设备列表

设备名称	设备编码
B 型万能粉碎机组	××
负压称量罩	××
搅拌混合机	××
灌装机	××
全自动抛射剂或压缩气体填充机	××

5. 生产过程

5.1　工艺流程

工业化大生产中气雾剂制备工艺流程如下:

容器与阀门系统的处理和装配→药物的配制与分装→填充抛射剂→质量检查→包装→成品

5.2　生产过程

5.2.1　称量备料

依照批生产指令,称取批投料量;整个称量过程应至少两人操作,一人称量一人复核;将已称取好的所需原辅料装入 PE 洁净袋或洁净容器中,密封。已称量物料贴上车间物料标识,摆放整齐,并作好记录,确认无误后方可进行下一物料的称量。称量结束后将物料转运至混合间进行混合。

5.2.2　混合或溶解

将以上工序的物料置搅拌混合机中搅拌混合或置于适宜的洁净容器中溶解,需要混合的设置混合频率为 ×× Hz,混合时间为 ×× min。总混结束后,将混合后的混合物料用洁净袋或洁净容器盛装,需要溶解的搅拌至完全溶解后盛装于洁净容器中,密封,入中间库分区存放并分别挂上标识,注明品名、规格、产品批号、数量等。取样检验。计算总混工序物料平衡率(暂定为97.0%~100.0%),若超出范围,应按偏差处理管理规程进行分析处理。

5.2.3 包装

5.2.3.1 内分装

调试装量按内分装操作规程执行。设备运行正常后将混合物料加入全自动灌装机进行装量调试。

5.2.3.2 正式分装

调试装量合格后将混合工序中的混合物灌装入耐压容器中,分装过程中,操作人员每隔30分钟抽取10瓶检查装量差异。

5.2.4 填充抛射剂

向灌装好药物的耐压容器中填充定量的抛射剂,填充过程中,操作人员每隔30分钟抽取10瓶检查每瓶总揿次、喷射速率和喷射总量。

5.2.5 外包装

根据批包装指令,按包装操作规程进行包装。

6. 工艺参数控制

工业化大生产中气雾剂制备工艺参数控制详见表16-8。

表16-8　工业化大生产中气雾剂制备工艺参数控制

工序	质量控制项目	要求
粉碎过筛	筛网规格、完好性	××目,粉碎前后筛网完好
称量备料	物料名称、物料编码、数量的复核	与生产指令一致,称量准确
混合或溶解	混合或搅拌时间	××min
灌装	装量	装量差异符合要求
填充抛射剂	每瓶总揿次、喷射速率和喷射总量	符合要求
内分装	外观	外观清洁,包装严密
	装量差异	±10%

7. 清场

7.1 设备清洁

按照《气雾剂岗位清洁规程》中所规定的清洁频次、清洁方法进行清洁。

7.2 环境清洁

按照《洁净区清场标准操作程序》对生产区域进行清洁,注意保持干净。

7.3 清场检查

生产结束后操作人员须清场,并填写清场记录,经质检人员检查、签字后,发给清场合格证。

8. 注意事项

8.1　称量过程要求双人复核,保证称量准确无误。

8.2　保证耐压容器和阀门系统的严密性。

第三节 喷雾剂

一、喷雾剂的含义、分类和组成

（一）喷雾剂的含义

喷雾剂系指原料药或与适宜辅料填充于特制的装置中,使用时借助手动泵的压力、高压气体、超声振动或其他方法将内容物呈雾状物释出,用于肺部吸入或直接喷至腔道黏膜及皮肤等的制剂。

（二）喷雾剂的分类

1. 按分散系统分为溶液型喷雾剂、乳剂型喷雾剂和混悬型喷雾剂。

2. 按给药定量与否分为定量喷雾剂和非定量喷雾剂。

3. 按雾化原理分为喷射喷雾剂、超临界 CO_2 辅助喷雾剂和超声波喷雾剂。喷射喷雾剂又分为以手动泵为动力和压缩气体为动力两种。

4. 按给药途径分为呼吸道吸入给药、皮肤给药、鼻腔给药等。

（三）喷雾剂的组成

喷雾剂由药物与附加剂、压缩气体或手动泵、耐压容器和阀门系统四部分组成。耐压容器和阀门系统与气雾剂相同。

1. 药物与附加剂

（1）药物:根据处方中药物性质,采用适当方法对中药饮片进行提取、纯化、浓缩。中药提取物经过纯化处理,可减少喷雾剂贮存过程中杂质的析出,从而增加制剂的稳定性,并避免沉淀物堵塞喷嘴影响药液的喷出。对于难溶性药物,则需要应用超微粉碎等技术将药物制成 $5\mu m$ 或 $10\mu m$ 以下的微粉,供配制混悬液型喷雾剂用。

（2）附加剂:根据药物的性质确定气体制剂的类别,如溶液、乳浊液、混悬液等不同类型,拟定制剂处方,选择适宜的溶剂和附加剂。各种附加剂对呼吸道、皮肤或黏膜应无刺激性。

2. 压缩气体　压缩气体有 CO_2、N_2 等。制备喷雾剂时,要施加较压缩气体高的压力,一般为 $61.8 \sim 686.5kPa$ 表压的内压,以保证内容物能全部用完,因此对容器的牢固性要求较高,必须能抵抗 $1\ 029.7kPa$ 表压的内压。喷雾剂大都采用 N_2 或 CO_2 等压缩气体为喷射药液动力。其中氮的溶解度小,化学性质稳定,无异臭;CO_2 的溶解度虽高,但会改变药液的 pH,使其应用受到限制。

压缩气体在使用前应经过净化处理,方法可参照注射剂中填充气体的净化工序。

二、喷雾剂的制备工艺过程、设备及影响因素

（一）喷雾剂的生产工艺过程

喷雾剂的制备工艺流程如下:

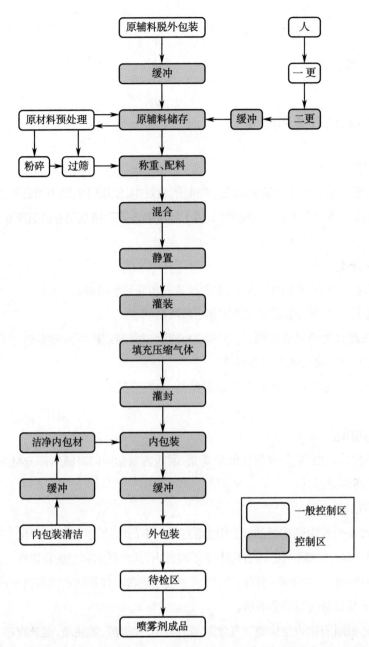

工艺过程为：生产部召开生产调度会，下达生产任务，值班调度长安排调度员实施生产，填写生产日报表、调度日志、交班记录。

1. 生产前准备　复核清场情况，检查生产场地是否有上一批物料、产品、用具、状态标志的遗留；检查操作间是否已清洁；检查是否有清场合格证，是否有质保人员签字；领取 ×× 气雾剂生产记录、物料标志、状态标志；准备生产用具、设备，按照规程检查设备（如天平、搅拌混合机、灌装机）是否运作正常。

2. 前处理　称取原料和辅料，装入洁净的容器中，填写中间品检验单，移交下一步工序。

3. 药液的配制与灌封　药液应在洁净度符合要求的环境配制，并及时灌封于灭菌的洁净干燥容器中。烧伤、创伤用喷雾剂应采用无菌操作或灭菌。①核对物料品名、产品批号、数量。②药液的配制：喷雾剂的内容物根据药物性质及临床需要，可配成溶液、乳浊液、混悬液等不同类型。配制时可添加适宜附加剂，如增溶剂、助溶剂、抗氧剂、助悬剂、乳化剂、防腐剂及 pH 调节剂等,有些皮肤给药的喷雾剂还可加入适宜的透皮促进剂(如氮酮)。所加附加剂均应符合药用规格,对呼吸道、皮肤、黏膜等无刺激性、无毒性。③药液的灌封:药液配好后,经过质量检查,灌封于灭菌的洁净干燥容器中,装上阀门系统(雾化装置)和帽盖。工业生产中,喷雾剂的灌封可在全自动喷雾剂灌装生产线上进行,目前常用全自动喷雾剂灌装生产线[由理瓶机,平顶链输送机(可无级调速)及灌装、放阀和封口三工位一体的自动灌装线组成],类似全自动口服液灌装生产线。适用于15~120ml的铝罐、塑料罐、玻璃瓶的灌装,各工位能实现有瓶工作、无瓶停机的全部功能。④使用压缩气体的喷雾剂,安装阀门,轧紧封圈,压入压缩气体,即得;使用手动泵的喷雾剂,安装带手动泵的阀门,即得。

4. 清场

(1)设备清洁:关闭设备,用饮用水冲洗用具、混合设备和灌装设备中的沉积物,随后用纯水清洗至清洁,用75%乙醇擦拭用具和设备内表面、进风口、排风口、操作窗。

(2)操作间环境卫生:对操作间彻底清场,对操作间顶棚、四壁(含窗户)、地面及交接处进行清洁;对所有管道、风口、灯具及灯具与墙壁、顶棚交接处进行清洁;对水池、地漏进行清洁;填写清场记录,请QA检查,合格后发清场合格证,悬挂"已清洁"标志牌。

(二)影响喷雾剂成型和质量的因素

1. 原料的影响　中药喷雾剂常见的原料为中药提取物,提取物的性质(如粒度、溶解性、润湿性)会影响喷雾剂的配制。

2. 辅料的影响　手动泵或压缩气体是影响喷雾剂成型的关键因素,选择具有适宜蒸气压、无毒无刺激性的惰性气体作为压缩气体。溶液型的喷雾剂可根据需要加入适宜的增溶剂、助溶剂;乳剂型喷雾剂制备需要适量的乳化剂,不同乳化剂会对乳剂型喷雾剂成型过程造成影响;混悬型喷雾剂制备需要适量的助悬剂,不同助悬剂会对混悬型喷雾剂成型过程造成影响。另外有的喷雾剂还可加入抗氧剂、防腐剂、助悬剂、pH调节剂及透皮促进剂(如氮酮)。

3. 药液的配制　在配制药液时要注意物料加入的顺序,控制好混合的时间、搅拌速度。

4. 灌装　灌装前检查耐压容器和阀门系统,不符合要求的不能使用;灌装压缩气体时应防止灌液计量不准、充气时计量精度不准、封口不紧固、漏气等问题发生。

(三)喷雾剂生产过程质量控制要点及参数

对各工序的严格控制是保证喷雾剂质量的前提。喷雾剂的生产质量控制要点及参数见表16-9。

表16-9　喷雾剂生产质量控制要点及参数

工序	控制要点	控制项目	一般参数	频次
生产前检查	生产设施	运转	正常运转	每批
	消毒	设备	75%乙醇	每批
		车间室内	75%乙醇	每批
粉碎	原辅料	异物、细度	≥100目	每批

表

工序	控制要点	控制项目	一般参数	频次
配料	投料	品种数量	双人操作	每批
混合	齐度	物料加入的顺序、混合的温度、搅拌速度和混合时间	工艺要求	当批
静置	齐度	静置时间	工艺要求	当批
灌装	齐度	灌液计量准确度	计量准确	当批
填充压缩气体	齐度	充气时计量精度、封口是否严密	计量准确,封口严密	当批

（四）喷雾剂常见质量问题及解决方案

1. 液滴无法喷出或喷射雾滴较大　液滴无法喷出或喷射雾滴较大直接影响成品的质量。液滴无法喷出或喷射雾滴较大造成的原因及解决方案详见表 16-10。

表 16-10　喷雾剂液滴无法喷出或喷射雾滴较大的原因及解决方案

原因	解决方案
压缩气体的充入量不足	保证压缩气体的充入量
阀门封口不严	保证阀门系统封口严密

2. 微生物限度不合格　用于烧伤、创伤或溃疡的喷雾剂应进行无菌检查,并符合规定。除另有规定外,照非无菌产品微生物限度检查:微生物计数法[《中国药典》(2020 年版)通则 1105]和控制菌检查法[《中国药典》(2020 年版)通则 1106]及非无菌药品微生物限度标准[《中国药典》(2020 年版)通则 1107]检查,应符合规定。影响微生物限度的制剂工艺相关因素及解决方案详见表 16-11。

表 16-11　喷雾剂微生物限度不合格的原因及解决方案

原因	解决方案
原料、辅料、包装材料的洁净度	应选择合适的工艺对原料、辅料及包装材料进行灭菌
生产过程	按照 GMP 要求,严格控制生产环境卫生、人员及设备的卫生

第四节　粉雾剂

一、粉雾剂的含义、分类和组成

（一）粉雾剂的含义

粉雾剂系指借特制的给药装置将微粉化的药物喷出,由患者主动吸入或喷至腔道黏膜,发挥全身或局部作用的一种给药系统,具有高效、速效、毒副作用小等特点。

（二）粉雾剂的分类

粉雾剂按用途可分为吸入粉雾剂、非吸入粉雾剂和外用粉雾剂。

1. 吸入粉雾剂　系指固体微粉化原料药物单独或与合适载体混合后,以胶囊、泡囊或多剂量贮库形式,采用特制的干粉吸入装置,由患者吸入雾化药物至肺部的制剂。与气雾剂相比,吸入粉雾剂具有以下特点:①易于使用,患者主动吸入药粉;②无抛射剂或压缩气体,生产安全性较好;③药物可以以胶囊或泡囊形式给药,剂量准确,无超剂量给药的危险;④对病变黏膜无刺激性;⑤药物呈干粉状,稳定性好,干扰因素少,尤其适用于多肽和蛋白类药物的给药。

2. 非吸入粉雾剂　系指药物或与载体以胶囊或泡囊形式,采用特制的干粉给药装置,将雾化药物喷至腔道黏膜的制剂。

3. 外用粉雾剂　系指药物或与适宜的附加剂灌装于特制的干粉给药器具中,使用时借助外力将药物喷至皮肤或黏膜的制剂。

（三）粉雾剂的组成

粉雾剂由药物与附加剂、囊材和给药装置组成。

1. 药物　药物需要微粉化,粒径应在 1~5μm。

2. 载体　通常可将 1~5μm 的药物粒子与 50~100μm 的载体颗粒混合,使药物吸附于载体颗粒的表面。载体颗粒的加入能提高粉雾剂的流动性,增加排空率,对小剂量的药物又能同时起到稀释剂的作用。目前最常用的载体为 α-乳糖一水合物,其他辅料如环糊精、海藻糖、木糖醇也有望成为新型载体。这种药物-载体混合系统的不足之处在于,如果药物与载体的结合力过强,药物难以从载体上脱落下来。一般来说,加入和药物粒径相近的细粒子以占据载体表面高能位点,可改善载体表面的微观结构,增加药物在肺部的沉积量。

（1）乳糖:乳糖通过范德瓦耳斯力、静电吸附力、毛细管力与药物细粉结合,这些作用力直接影响药物在吸入时与乳糖的解吸附作用,从而对药物在呼吸道内的有效沉积部位产生影响。一般来说,表面光滑的乳糖可能在气道中较易与药物分离:不同形态的乳糖和无定形态的乳糖,对微粉的吸附力不同,会导致粉雾剂在质量和疗效上的差异。乳糖的粒度、表面形态以及用量均会对粉雾剂的质量产生影响。国内有对乳糖进行表面修饰后,明显改变了乳糖的比表面积和微粒的流动性,进而使粉雾剂中干扰素 α2b 的肺部沉积率显著提高的报道。所以作为粉雾剂的载体乳糖除需要满足药典的质量要求外,还需要对乳糖的粉体学特点(形态、粒度、比表面积、堆密度、流动性)、含量、杂质、水分、微生物限度、热原/细菌内毒素、蛋白含量等进行控制。

（2）卵磷脂或磷脂酰胆碱:也是粉雾剂常用的载体。由于卵磷脂的成分较复杂且不稳定,所以在用于粉雾剂的载体时,需要严格控制磷脂中磷脂酰胆碱、磷脂酰乙醇胺、磷脂酰肌醇以及降解产物甘油三酯、胆固醇、鞘磷脂、溶血磷脂的含量。

（3）对于采用其他载体的粉雾剂,在处方筛选前需要明确这种载体是否可用于吸入途径给药,同时还应该关注所选用的载体是否对呼吸道上皮细胞以及肺功能有潜在的危害。

3. 粉雾剂的给药装置　粉雾剂由粉末吸入装置和供吸入用的干粉组成。自 1971 年英国的 Bell 研制的第 1 个干粉吸入装置(Spinhaler)问世以来,粉末吸入装置已由第一代的胶囊型发展至第三代的贮库型。理想的干粉吸入装置应具有以下特点:①患者应用方便;②干粉易于雾化;③剂量重现性好;④价格低廉;⑤可保证装置内药物稳定;⑥适用于多种药物和剂量;等等。吸入装置对干粉吸入剂的成功研发至关重要。

目前,市场上干粉吸入装置超过 20 种。市场上的干粉吸入装置包括单剂量型和多剂量型,主动型和被动型。基于设计的不同,干粉吸入装置也可分为 3 大类。第一代干粉吸入装置为被动型单剂量装置,给药与粒子大小以及通过患者呼吸产生的药物和载体的解聚有关。第二代干粉吸入装置应用更先进的技术,如多剂量技术或多单元技术,其中多单元装置比多剂量装置更能保证处方的可重复性。大多数吸入装置最初均利用压力、滑动力或穿刺力在患者吸气的气流作用下使得制剂处于流化状态,流化的颗粒随后通过筛网使得颗粒解聚进入深肺部。然而,这些吸入装置的肺沉积率仅有 12%~40%。第三代干粉吸入装置,也被称为主动装置,它们利用压缩气体或使用电能和机械能来分散处方中的药物。这类装置更加复杂但便于使用,可实现与呼吸气流无关的精确给药。

二、粉雾剂的制备工艺过程、设备及影响因素

(一) 粉雾剂的生产工艺过程

粉雾剂的制备工艺流程如下:

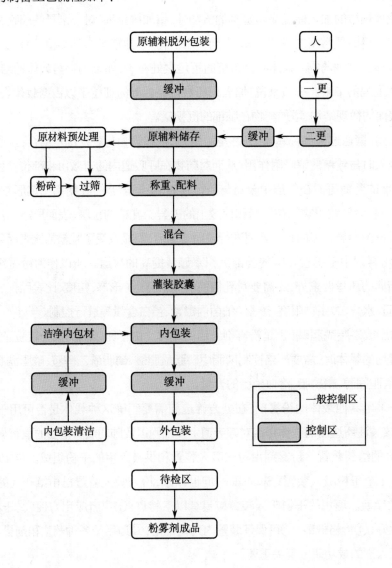

工艺过程为：生产部召开生产调度会，下达生产任务，值班调度长安排调度员实施生产，填写生产日报表、调度日志、交班记录。

1. 生产前准备　复核清场情况，检查生产场地是否有上一批物料、产品、用具、状态标志的遗留；检查操作间是否已清洁；检查是否有清场合格证，是否有质保人员签字；领取 ×× 气雾剂生产记录、物料标志、状态标志；准备生产用具、设备，按照规程检查设备（如天平、搅拌混合机、灌装机）是否运作正常。

2. 前处理　称取粉碎到需要程度的原料和辅料，装入洁净的容器中，填写中间品检验单，移交下一步工序。

3. 混合　混合应在洁净度符合要求的环境配制，并及时装入胶囊壳中。烧伤、创伤用喷雾剂应采用无菌操作或灭菌。①核对物料品名、产品批号、数量；②混合：所加附加剂均应符合药用规格，对呼吸道、皮肤、黏膜等无刺激性、无毒性，应控制好混合的时间；③装胶囊：将混合好的药物和载体微粉的混合物装入胶囊，胶囊填充采用全自动胶囊填充机，即得，使用时通过特殊的给药装置给药。

4. 清场

（1）设备清洁：关闭设备，用饮用水冲洗用具、混合设备和灌装设备中的沉积物，随后用纯水清洗至清洁，用 75% 乙醇擦拭用具和设备内表面、进风口、排风口、操作窗。

（2）操作间环境卫生：对操作间彻底清场，对操作间顶棚、四壁（含窗户）、地面及交接处进行清洁；对所有管道、风口、灯具及灯具与墙壁、顶棚交接处进行清洁；对水池、地漏进行清洁；填写清场记录，请 QA 检查，合格后发清场合格证，悬挂"已清洁"标志牌。

（二）影响粉雾剂成型和质量的因素

1. 原料的影响　中药气体制剂常见的原料为中药微粉和中药提取物微粉，中药的粉碎程度直接影响粉雾剂的成型。

2. 辅料的影响　载体是粉雾剂成型的关键因素，载体与颗粒混合，使药物吸附于载体颗粒的表面。载体颗粒的加入能提高粉雾剂的流动性，增加排空率，对小剂量的药物又能同时起到稀释剂的作用。应选择适宜的载体，既能提高粉雾剂的流动性，也能保证药物与载体有适宜结合力，因为结合力太强会导致药物难以从载体上脱落下来，还要控制好载体的粒度。

3. 混合　在混合时要注意物料加入的顺序，控制好混合的时间。

4. 灌胶囊　应控制好装量差异。

（三）粉雾剂生产过程质量控制要点及参数

对各工序的严格控制是保证粉雾剂质量的前提。粉雾剂的生产质量控制要点及参数见表 16-12。

表 16-12 粉雾剂生产质量控制要点及参数

工序	控制要点	控制项目	一般参数	频次
生产前检查	生产设施	运转	正常运转	每批
	消毒	设备	75% 乙醇	每批
		车间室内	75% 乙醇	每批
粉碎	原辅料	异物、细度	≥200 目	每批
配料	投料	品种数量	双人操作	每批
混合	齐度	物料加入的顺序、混合的温度、混合时间	工艺要求	当批
灌装胶囊	齐度	装量差异	计量准确	当批

（四）粉雾剂常见质量问题及解决方案

微生物限度不合格：用于烧伤、创伤或溃疡的喷雾剂应进行无菌检查并符合规定。除另有规定外，照非无菌产品微生物限度检查。微生物计数法[《中国药典》（2020 年版）通则 1105]和控制菌检查法[《中国药典》（2020 年版）通则 1106]及非无菌药品微生物限度标准[《中国药典》（2020 年版）通则 1107]检查，符合规定。影响微生物限度的制剂工艺相关因素及解决方案详见表 16-13。

表 16-13 喷雾剂微生物限度不合格的原因与解决方案

原因	解决方案
原料、辅料、包装材料的洁净度	应选择合适的工艺对原料、辅料及包装材料进行灭菌
生产过程	按照 GMP 要求，严格控制生产环境卫生、人员及设备的卫生

本章小结

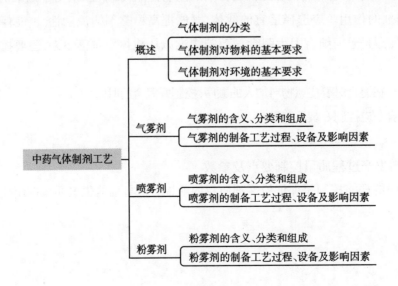

第十六章　同步练习

（陈晓兰）

参 考 文 献

[1] 国家药典委员会. 中华人民共和国药典:四部. 2020 年版. 北京:中国医药科技出版社,2020.

[2] 徐荣周,缪立德,薛大权,等. 药物制剂生产工艺与注解. 北京:化学工业出版社,2008.

[3] 沈宝享,沈国海,王雪,等. 现代制剂生产关键技术. 北京:化学工业出版社,2006.

学习目标

1. 掌握胶剂、胶囊剂及栓剂的含义、特点与制法。

2. 熟悉胶剂、胶囊剂及栓剂原、辅料的选择与处理；胶剂、胶囊剂及栓剂制备的设备；影响胶剂、胶囊剂及栓剂质量的因素。

3. 了解硬胶囊、软胶囊的制备案例。

4. 具有胶剂、胶囊剂及栓剂的制备工艺设计及制备过程的质量控制能力。

5. 具有进行胶剂、胶囊剂及栓剂基本用药知识的科普能力。

第一节　胶剂制备工艺

我国应用胶剂治疗疾病已有悠久的历史，早在《五十二病方》中就载有以葵种子煮胶治疗癃病，《神农本草经》载有"白胶"（即鹿角胶）和"阿胶"（即傅致胶）。胶剂主要含有胶原蛋白及其水解产物，尚含有多种微量元素，可补血、止血、祛风以及妇科调经，多用以治疗虚劳、羸瘦、吐血、衄血、崩漏、腰膝酸软等症。

一、胶剂的含义、分类、特点

（一）胶剂的含义

胶剂系指将动物皮、骨、甲或角用水煎取胶质，浓缩成稠胶状，经干燥后制成的固体块状内服制剂。胶剂在制备过程中除原料外，常加入一定量的糖、酒、油等辅料，成品一般切成小方块或长方块。

（二）胶剂的分类

常用的胶剂按其原料来源不同，大致可分为以下几种。

1. 皮胶类　系用动物的皮为原料，经熬炼制成。常用的有驴皮、牛皮及猪皮，唐代以前多用牛皮,之后多用驴皮。20世纪70年代因驴皮紧张,研制出猪皮熬胶。一般以牛皮为原料者习称黄明胶,以驴皮为原料者习称阿胶,以猪皮为原料者称为新阿胶。

2. 角胶类 主要指鹿角胶,其原料为雄鹿骨化的角。鹿角胶应呈白色半透明状,但目前常在制备鹿角胶时掺入一定量阿胶,因而呈黑褐色。熬胶所剩的角渣称为鹿角霜,也可供药用。

3. 骨胶类 以动物的骨骼熬炼而成,有狗骨胶及鱼骨胶等。

4. 甲胶类 以乌龟或其近缘动物之腹甲及背甲煎煮浓缩而成,如龟甲胶、鳖甲胶等。

5. 其他胶类 凡含有蛋白质的动物药材,均可经煎煮浓缩制成胶剂,如霞天胶的原料是牛肉,龟鹿二仙胶的原料是龟甲和鹿角。

（三）胶剂的特点

1. 胶剂多供内服,作用以补益、强筋骨、祛风为主。

2. 胶剂需烊化服用。

二、胶剂的制备工艺过程、设备及影响因素

（一）胶剂的制备工艺过程

胶剂的制备工艺流程如下:

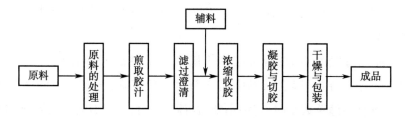

1. 原辅料的选择

（1）原料的选择:原料的优劣,直接影响产品的质量好坏和出胶率高低,故原料均应取自健康强壮的动物。

1）皮类原料:驴皮以张大、毛色灰黑、质地肥厚、伤少无病,尤以冬季宰杀者（名为"冬板"）为佳,其他张小、皮薄、色杂的"春秋板"（春秋季宰杀者）次之,夏季剥取的驴皮为"伏板",质量最差;牛皮以毛色黄、皮张厚大、无病的北方黄牛为佳;猪皮以质地肥厚、新鲜者为宜。

2）角类原料:鹿角分为"砍角"与"脱角"两种。"砍角"质优,其为猎获鹿后砍下的角,质地坚硬有光泽,角中含有血质;"脱角"质量次之,其为春季鹿自脱之角,质轻、表面灰色、无光泽;野外自然脱落之角,经受风霜侵蚀,质白有裂纹者最次,称为"霜脱角",不宜采用。

3）龟甲和鳖甲:龟甲为乌龟的腹甲和背甲,其腹甲习称"龟板",以板大质厚、颜色鲜明者的"血板"质佳,又以产于洞庭湖一带者最为著名,俗称"汉板",且由于将其对光照之,微呈透明,色粉红,又称"血片"。鳖甲也以个大、质厚、未经水煮者为佳。

4）骨类:以骨骼粗大、质地坚实、质润色黄之新鲜者为佳。

（2）辅料的选择:胶剂根据需要,常加入糖、油、酒等辅料,以达到矫味、辅助成型或起到一定的辅助治疗作用的目的。

1）糖类：以色白洁净无杂质的冰糖为佳。加入冰糖能矫味，且能增加胶剂的硬度和透明度。如无冰糖，也可以白糖代替。

2）油类：常用花生油、豆油、麻油等，以纯净新鲜者为佳，已酸败者不得使用。油类可降低胶之黏性，便于切胶，且在浓缩收胶时，锅内气泡也容易逸散。

3）酒类：多用黄酒，尤以绍兴酒为佳，无黄酒时也可以白酒代替。加酒的主要目的为矫臭、矫味，且出胶前喷入，有利于锅内气泡逸散。

4）明矾：以白色洁净者为佳，用明矾主要目的是沉淀胶液中的杂质，以保证胶块的澄明度。

5）阿胶：某些胶剂熬炼时常掺和小量阿胶，可增加黏度使之易于凝固成型，并可发挥协同治疗作用。

6）水：熬胶用水有一定选择，一般应选择去离子水或纯净、硬度较低的淡水。

2. 原料的处理　胶剂的原料，如动物的皮、骨、角、甲、肉等，常附着一些毛、脂肪、筋、膜、血及其他不洁之物，必须经过处理，才能煎胶。如动物皮类，须经浸泡数日（夏季3日，冬季6日，春秋季4~5日），每天换水一次，待皮质柔软后，用刀刮去腐肉、脂肪、筋膜及毛，工厂大量生产可用蛋白分解酶除毛，也可用皂角水或热碱水洗除脂肪及可能存在的腐烂之物，再用水冲洗至中性。骨角类原料，可用清水浸洗（夏季20日，冬季45日，春秋季30日），除去腐肉及筋膜，每天换水一次，取出后亦可用皂角水或碱水洗除油脂，再用水冲洗干净。

3. 煎取胶汁（熬胶）　原料经处理后，置锅中加水煎煮，煎取胶汁的方法有两种，直火煎煮法与蒸球加压煎煮法。前者生产工具简单，劳动强度大，卫生条件差，周期长，目前很少使用，现多用蒸球加压煎煮法。

4. 滤过澄清　每次煎出的胶汁，应趁热用六号筛过滤，否则冷却后胶凝固，黏度增大，过滤困难。由于胶汁黏性较大，其中所含杂质不易沉降，一般在胶汁中加入适量明矾（0.05%~0.1%），搅拌后静置数小时，待细小杂质沉降后，分取上层澄清胶液，再用板框压滤机滤过。

5. 浓缩收胶　如以直火时不宜过大，并应不断搅拌，如有泡沫产生，应及时除去。胶液浓缩至胶液不透纸（将胶液滴于滤纸上，四周不见水迹），含水量26%~30%，相对密度为1.25左右时，加入豆油，搅匀，再加入糖，搅拌使全部溶解，继续浓缩至"挂旗"，在强力搅拌下加入黄酒，此时锅底产生大量气泡，俗称"发锅"，直至胶液无水蒸气逸出为度。

6. 凝胶与切胶　将浓缩好的胶液趁热倾入已涂有少量麻油的凝胶盘内胶凝，8~12℃静置12~24小时即凝固成凝胶，俗称胶坨。

将凝胶切成一定规格的小片，此过程俗称"开片"，可机器切胶，也可手工切胶。

7. 干燥与包装　胶片切成后，摊放在干燥防尘晾胶室的晾胶床上，在微风阴凉的条件下干燥。干燥过程中晾胶与闷胶（亦称伏胶）交替进行2~3次。一般晾胶时每隔48小时或3~5日将胶片翻动1次，胶片干燥至一定程度时装入木箱内闷胶2~3日，使内部水分向胶片表面扩散。为缩短干燥时间，也可用烘房设备通风晾胶。

胶片充分干燥后，在紫外线灭菌车间包装。用微湿毛巾擦拭至表面光亮，表面晾干后，用朱砂或金箔印上品名，装盒，密闭贮存于阴凉干燥处。

（二）胶剂制备的设备

在胶剂的制备过程中主要用到的设备是蒸球煎煮罐,其属于回转、间歇式蒸煮器,是由球体、底座、传动系统三部分组成。球体由内胆保温材料、保温皮及附件组成。内胆是用不锈钢板焊接而成的球形薄壁压力容器,在其垂直中心线的上方开有入料口;在水平中心线上,球的两端各有一个空心轴与球体相连,一端空心轴可以进气,一端可以排料,球外管上一般装有压力表、安全阀、截止阀;另一端空心轴上装有传动系统,如图 17-1。

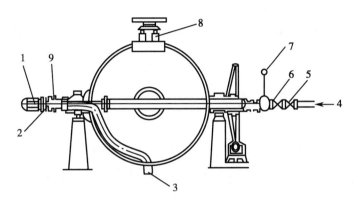

1. 电机;2. 制动机;3. 出料口;4. 蒸汽进口;5. 安全阀;6. 截止阀;7. 压力表;8. 入料口;9. 减速器。

● 图 17-1　蒸球煎煮灌示意图

（三）影响胶剂质量的因素

1. 原料的处理　应特别注意除去腐烂之物。由于细菌与酶的作用,易使动物蛋白腐败、分解,产生游离的挥发性盐基氮,如游离氨、低链烃胺和芳香胺等小分子碱性物质,这些物质大多具有毒性和异臭味,特别是芳香胺类物质毒性更大,易使人出现恶心、呕吐、头痛,甚至血压不稳。

2. 加压煎煮的压力、时间和水量　提取压力、提取时间、加水量是提取工序的三要素,它们的变化将直接影响着胶剂的质量。压力一般以 0.08MPa（表压）为佳,压力越大,温度越高,扩散越快,越有利于胶汁的提取。但是温度过高,会使胶原蛋白的水解产物氨基酸部分产生脱羧、脱氨反应,使挥发性盐基氮含量增高;如温度过低,水解时间短,可使胶原蛋白水解程度受到影响,平均分子量偏高,特性黏数大,凝胶切块时会发生粘刀现象,同时,由于胶液中混有较多大质点颗粒,使胶的网状结构失去均衡性,干燥后易破裂成不规则的小胶块。煎煮时需保持足够的水量,以浸没药材为度。煎煮时间随原料而异,除特殊规定外,一般以煎提 8~48 小时,反复 3~7 次,至煎煮液清淡为度。煎煮时还应定期减压排气,以降低挥发性盐基氮的含量,一般每隔 60 分钟排气一次。

3. 滤过澄清　应注意明矾的用量,用量过大,易使胶汁变涩、变苦,目前已有些厂家将明胶沉淀改为自然沉降或离心沉降的方法。过滤多采用加压滤过。

4. 浓缩收胶　浓缩收胶的程度影响成品胶剂的质量,含水过高,成品干燥后常出现四周高、中间低的塌顶现象,但各种胶剂的浓缩程度应有所不同,如鹿角胶应防止"过老",否则成品色泽不够光亮,易碎裂;而龟甲胶浓缩稠度应大于阿胶、鹿角胶等,否则不易凝成胶块。浓缩的过程中要不断地除去浮沫（俗称"打沫"）,以提高胶剂质量,目前生产上多采用真空抽吸打沫。加入豆油后,应强力搅拌,使油分散均匀,以免豆油不能均匀地分布在胶液中,形成油气孔,此过程在传统工艺上称之为"砸油"。加酒后,应强力搅拌,以尽量地将阿胶液内残留的腥臭味随酒的不断蒸发而蒸发掉,并应保证"醒酒"的时间。加酒后继续浓缩至胶锅内出现大泡如馒头状(发锅)。

5. 凝胶与切胶　凝胶强度的大小与下列因素有关:①胶液中胶含量的多少,含量高,凝胶强度大;②胶液的分子量,分子量高,凝胶强度高,低分子量的胶凝甚至会非常困难;③凝胶时的冷却速度,快速冷却凝胶强度低;④胶液的 pH,在 4~6 之间,凝胶的强度较好。

6. 干燥　传统上胶剂的干燥称之为晾胶,分为三个阶段:等速干燥阶段、第一降速阶段、第二降速阶段。阿胶的晾制工艺要求为三晾、三瓦,需要 60~90 天,目前一些生产企业采用微波干燥,干燥时间可缩短到 20~50 天。

阿胶的传统
生产术语

第二节　胶囊剂制备工艺

胶囊剂是目前临床应用最广泛的口服剂型之一。早在明代,我国就已有类似面囊(以淀粉或面粉制成)的应用。公元前 1500 年埃及出现首粒胶囊,1730 年维也纳药剂师开始使用淀粉胶囊,1840 年软胶囊在英国获得专利,1872 年第一台胶囊填充机在法国诞生。近代随着电子及机械工业的发展,胶囊剂从理论上和技术上得到了较大的发展。

一、胶囊剂的含义、分类、特点

(一)胶囊剂的含义

胶囊剂系指原料药物或与适宜辅料充填于空心胶囊或密封于软质囊材中制成的固体制剂,主要供口服用。

(二)胶囊剂的分类

胶囊剂可以分为硬胶囊、软胶囊(胶丸)、缓释胶囊、控释胶囊和肠溶胶囊。

1. 硬胶囊(通称为胶囊)　系指采用适宜的制剂技术,将原料药物或加适宜辅料制成均匀粉末、颗粒、小片、小丸、半固体或液体等,充填于空心胶囊中的制剂。

2. 软胶囊(胶丸)　系指将一定量的液体药物直接包封,或将固体药物溶解或分散在适宜的辅料中制备成溶液、混悬液、乳状液或半固体,密封于软质囊材中的制剂。

3. 缓释胶囊　系指在规定的释放介质中缓慢地非恒速释放药物的胶囊剂。

4. 控释胶囊　系指在规定的释放介质中缓慢地恒速释放药物的胶囊剂。

5. 肠溶胶囊　系指用肠溶材料包衣的颗粒或小丸充填于胶囊而制成的硬胶囊,或用适宜的肠溶材料制备而得的硬胶囊或软胶囊。肠溶胶囊不溶于胃液,但能在肠液中崩解而释放活性成分。

(三)胶囊剂的特点

1. 提高药物稳定性　因药物装在胶囊壳中与外界隔离,可以在一定程度上减轻水分、空气、光线等对药物的影响,对光敏感、遇湿热不稳定的药物填装于不透光的胶囊中,可防止药物受湿气、空气中氧和光线的作用,以提高其稳定性。

2. 药物分散快　胶囊剂中药物一般以颗粒或粉末状态存在,不受压力等因素影响,在胃肠道中分散快、溶出快,较片剂、丸剂等固体制剂分散快。

3. 可弥补其他固体剂型的不足　含油量高的药物或液态药物,不易制成丸剂、片剂、散剂等固体制剂,但可制成胶囊剂,如软胶囊。一些难溶于水、消化道内不易吸收的药物,可以油溶液的状态制成软胶囊,增加药物在消化道的吸收。

4. 可定时定位释放药物　可将药物先制成颗粒,然后用不同释放速度的材料包衣或制成微囊,使药物具有不同释药特性。对需要起速效的难溶性药物,可制成固体分散体,然后装于胶囊中;对需要药物在肠中发挥作用时可以制成肠溶胶囊;对需要制成长效制剂的药物,可将药物先制成具有不同释放速度的缓释颗粒,再按适当的比例将颗粒混合均匀,装入胶囊中,即可达到缓释、长效的目的。

5. 患者顺应性好　胶囊剂可以掩盖药物的苦味和不适的臭味,且具有各种颜色以示区别,美观,易于服用,携带方便,深受患者欢迎。

胶囊剂虽有较多优点,但胶囊剂具有以下缺点:①药物的水溶液和稀乙醇溶液能使胶囊壁溶解,故不能制成胶囊剂;易溶性药物如溴化物、碘化物、水合氯醛以及刺激性较强的药物,因在胃中溶解后,局部浓度过高而刺激胃黏膜亦不能填装成胶囊剂。②风化药物和吸湿性药物因分别可使胶囊壁软化和干燥变脆,使应用受到限制,但采取适当措施,可克服或延缓这种不良影响,如吸湿性药物加入少量惰性油混合后,装入胶囊,可延缓胶壳变脆。③胶囊剂一般不适用于儿童。

二、硬胶囊的填充工艺过程、设备及影响因素

硬胶囊剂是由囊身、囊帽紧密配合的空胶囊(胶壳),内填充各种药物而成的制剂。

(一)硬胶囊的填充工艺过程

硬胶囊的制备一般分为空心胶囊的制备、填充物料的制备、填充、封口、包装等工艺过程,硬胶囊一般制备工艺流程如下:

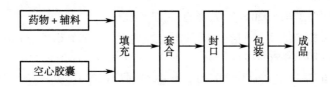

1. 空心胶囊的原辅料、制备、规格、质量要求与选择　空心胶囊为帽和体两节套合的质硬且具有弹性的空囊。分为透明(两节均不含遮光剂)、半透明(仅一节含遮光剂)、不透明(两节均含遮光剂)三种。

(1)空心胶囊的原辅料:空心胶囊的主要原料为明胶,明胶有 A 型明胶与 B 型明胶,皮明胶与骨明胶之分,配合使用较为理想。

空心胶囊制备时还会添加适当的辅料,如增塑剂、增稠剂、着色剂、遮光剂、防腐剂、增光剂等。为了增加胶壳的可塑性,可适当加入少量增塑剂,如甘油、山梨醇等,用量低于 5%;为了美观,便于识别,可加入各种食用色素着色(如柠檬黄、胭脂红等);对光敏的药物,胶壳中可加入遮光剂(如

2%~3%二氧化钛）制成不透光的空胶囊；为了防止胶囊在贮存中霉变,可加入适量防腐剂,如对羟基苯甲酸酯类,胶壳中浓度可达0.2%；为了使明胶在胶模上更好地成型,减少胶壳厚薄不均的现象,增加胶壳的光泽,常加入少量表面活性剂（如月桂醇硫酸钠）；为了使蘸模后明胶的流动性减小,可加入琼脂以增加胶液的胶冻力；为了调整胶囊壳的口感等,可加入芳香矫味剂（如乙基香草醛等）。

（2）空心胶囊制备工艺：空心胶囊一般由专门的工厂生产,制备流程为：溶胶→蘸胶制坯→干燥→拔壳→截割→整理。操作环境的温度应为10~25℃,相对湿度为35%~45%,空气洁净度为D级。可由机械化或自动化生产线完成。空胶囊上可印字。

（3）空心胶囊的规格：空心胶囊的规格由大到小分为000、00、0、1、2、3、4、5号共8种,一般常用0~3号。随着胶囊号数由小到大,其容积则由大到小（图17-2）,如表17-1所示。

表17-1 空心胶囊的规格

规格/号	容积/cm³	填充量/g		
		堆密度0.8g/cm³	堆密度1.0g/cm³	堆密度1.2g/cm³
000	1.37	1.096	1.370	1.644
00	0.95	0.760	0.950	1.14
0	0.68	0.554	0.680	0.816
1	0.50	0.400	0.500	0.6
2	0.37	0.296	0.370	0.444
3	0.30	0.240	0.300	0.369
4	0.21	0.168	0.210	0.252
5	0.13	0.104	0.130	0.156

《中国药典》（2020年版）载有明胶空心胶囊、肠溶明胶空心胶囊、羟丙甲纤维素空心胶囊、羟丙基淀粉空心胶囊、普鲁兰多糖空心胶囊等,其中明胶空心胶囊的质量要求见表17-2。

表17-2 明胶空心胶囊的主要质量要求

项目	质量规定
性状	应光洁、色泽均匀、切口平整、无变形、无异臭
鉴别	照《中国药典》（2020年版）检查,应符合要求
松紧度	取10粒,用拇指与食指轻捏胶囊两端,旋转拔开,不得有粘结、变形或破裂,且照《中国药典》（2020年版）检查,不漏粉
脆碎度	取50粒,置25℃±1℃恒温24h,照《中国药典》（2020年版）检查,破裂不得超过5粒
崩解时限	取6粒,照《中国药典》（2020年版）检查,10min应全部崩解
亚硫酸盐	照《中国药典》（2020年版）检查,应符合规定
防腐剂	照《中国药典》（2020年版）检查,应符合要求
干燥失重	在105℃干燥6h,减失重量应在12.5%~17.5%
炽灼残渣	不得过2.0%（透明）、3.0%（半透明）、5.0%（不透明）
铬	照原子吸收分光光度法测定,不得过百万分之二
重金属	取炽灼残渣项下遗留残渣,依法检查不得过百万分之二十
微生物限度	每1g供试品中需氧菌中总数不得过1 000cfu、霉数和酵母菌总数不得过100cfu,不得检出大肠埃希菌。每10g供试品中不得检出沙门菌

明胶空心胶囊的质量检查方法

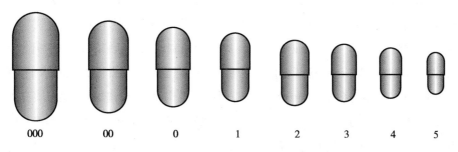

000　　　00　　　0　　　1　　　2　　　3　　　4　　　5

● 图 17-2 空心胶囊形状与规格示意图

（4）空心胶囊的选择：由于胶囊填充药物多用容积来控制其剂量，而药物的密度、结晶、粒度不同，所占体积也不同，故应按药物剂量所占容积来选用适宜大小的空胶囊来填充。理论上应先测定待填充物料的堆密度，然后根据应装剂量计算其所占容积，以选用最小的空胶囊。通常采用初算容重、剂量，然后凭经验试装来选用胶囊。

2. 填充药物的处理　硬胶囊剂填充的药物除满足特殊规定外，一般应是混合均匀的细粉、颗粒、小丸等，也可以是半固体或液体。硬胶囊可根据下列制剂技术制备成不同形式内容物充填于空心胶囊中：①将原料药物加适宜的辅料，如稀释剂、助流剂、崩解剂等，制成均匀的粉末、颗粒或小片；②将普通小丸、速释小丸、缓释小丸、控释小丸或肠溶小丸单独填充或混合填充，必要时加入适量空白小丸作填充剂；③将原料药物粉末直接填充；④将原料药物制成包合物、固体分散体、微囊或微球。⑤溶液、混悬液、乳状液等也可采用特制灌囊机填充。

一般药粉填充时常因流动性等原因加入一定量的辅料：填充小剂量药物，尤其添加毒性药、麻醉药时应用适当的辅料稀释，制成稀释散或倍散后填充；易引湿或混合后发生共熔的药物，应根据情况分别加入适量的稀释剂，混匀后填充；疏松性药物小量填充时，可加适量乙醇或液体石蜡混匀后填充；中药浸膏粉，应保持干燥，添加适当辅料混匀后填充；挥发油应先用吸收剂或处方中粉性较强的药材细粉吸收后填充。

3. 药物的填充　生产应在温度为 25℃ 左右和相对湿度为 35%~45% 的环境中进行，以保证胶壳含水量不会有较大的变化。药物的填充方法分为手工填充和自动硬胶囊填充机填充。一般小量制备时可用手工填充，大量生产时多采用自动硬胶囊填充机填充。填充后即在自动硬胶囊填充机上完成套合胶囊帽工序。

4. 硬胶囊的抛光　为确保外观质量，必要时要对胶囊剂进行除粉打光处理，可用抛光机进行机器抛光。

5. 硬胶囊的包装与贮藏　硬胶囊经质量检查合格后，要及时进行包装。胶囊剂易受温度与湿度的影响，因此包装材料必须具有良好的密封性能。现常用的有玻璃瓶、塑料瓶和铝塑泡罩式包装。用玻璃瓶和塑料瓶包装时，应将容器洗净、干燥，装入一定数量的胶囊后，容器内间隙处塞入干燥的软纸、脱脂棉或塑料盖内带弹性丝，防止震动。易吸湿变质的胶囊剂，还可在瓶内放一小袋烘干的硅胶作为吸湿剂。

除另有规定外，胶囊剂应密封贮存，其存放环境温度不高于 30℃，湿度应适宜，防止受潮、发霉、变质。生物制品原液、半成品和成品的生产及质量控制应符合相关品种要求。

（二）硬胶囊剂制备的设备

目前,高效胶囊填充机的型号很多,国内外均有生产。国外的硬胶囊填充机生产历史较长,技术比较成熟,并达到了较高的自动化水平,中国胶囊填充机的研制开发起步较晚,半自动胶囊填充机由惠阳机械厂与广州机电工业研究所于 1984 年研制成功,以后又相继研制开发 ZJT-40 型和 ZJT-20 型全自动胶囊填充机,这些机器的主要技术性能已达到国外同类机的水平。自动硬胶囊填充机主要由机架、传动系统、回转台部件、胶囊送进机构、胶囊分离机构、颗粒填充机构、粉料填充组建、废胶囊剔除机构、胶囊封合机构、成品胶囊排出机构等组成。各种胶囊填充机,其工艺过程几乎相同,仅仅其执行机构的动作有所差别。工艺过程一般分为以下几个步骤(见图 17-3):①空心胶囊的自由落料;②空心胶囊的定向排列;③校正方向;④胶囊帽和体的分离(帽、体水平分离,未分离的胶囊清除);⑤胶囊体中充填药料;⑥胶囊帽、体重新套合及封闭;⑦充填后胶囊成品被排出机外。半自动、全自动填充机中落料、定向、帽体分离原理几乎相同,而充填药粉计量机构按运转方式不同而有变化。

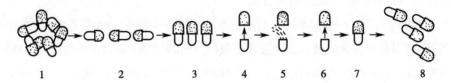

1. 空心胶囊供给; 2. 排列; 3. 校正方向; 4. 帽体分开; 5. 填充药物; 6. 残品剔除; 7. 帽体套合; 8. 成品排出。

● 图 17-3　自动胶囊填充操作流程示意图

胶囊填充机的类型主要有以下四种(见图 17-4):①由螺旋进料器螺状推进药物,如图 17-4(a)所示;②由柱塞上下往复将药物压进囊体,如图 17-2(b)所示;③药物粉末或颗粒自由流入囊体,如图 17-4(c)所示;④在填充管内先将药物压成单剂量的小圆柱,再进入囊体内,如图 17-4(d)所示。从填充原理看,c 型填充机适用于自由流动好的物料;a 型、b 型填充机适用于流动性较好的物料;d 型填充机适用于流动性较差的物料。

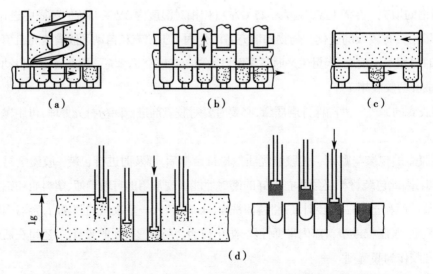

(a)螺状推进;(b)上下往复压进;(c)自由流入;(d)以单剂量小圆柱进入。

● 图 17-4　硬胶囊自动填充机类型示意图

为防止填充药物后发生泄漏现象,可在胶囊的套合处包封上一层或多层药用包衣材料或采用锁口胶囊。

(三)影响硬胶囊质量的因素

1. **装量差异超限** 其产生的主要因素有药物、囊壳、填充设备等,可以通过加入适宜辅料或者制成颗粒等方法来改善药物的流动性,使填充准确。同时对填充设备要及时维修保养,确保正常运行。

2. **胶囊内容物吸潮** 可通过改进制备工艺(如制粒、防潮包衣),利用玻璃瓶、双铝箔包装及铝塑包装等方法来解决。

3. **胶囊壳变型** 空心胶囊含水量控制在 12%~18%,含水量过低囊壳变脆,过高囊壳变软,胶囊壳贮存湿度直接影响囊壳含水量,因此环境湿度应控制在 20%~60%。囊壳中的水分是物理结合,由于内容物吸湿性不同,水分会在囊壳和内容物之间转移,囊壳水分过低会导致出现囊壳变硬、变脆及崩解延迟等稳定性问题。

4. **胶囊渗油** 宜采用柱形胶囊壳,配制后的药液应不含水分,以免水分透入囊壳使胶丸变形,而在制备与贮存中渗油。同时要注意控制药液的 pH,一般需调节 pH 在 2.5~7.5 之间。

案例 17-1 胶囊充填工艺案例

1. 操作相关文件

工业化大生产中胶囊充填工艺操作相关文件详见表 17-3。

表 17-3 工业化大生产中胶囊充填工艺操作相关文件

文件类型	文件名称	适用范围
工艺规程	充填工序操作规程	规范工艺操作步骤、参数
内控标准	××胶囊内控标准	中间体质量检查标准
质量管理文件	××偏差管理规程	生产过程中偏差处理
工序操作规程	充填工序操作规程	充填工序操作
设备操作规程	全自动胶囊填充机操作规程	胶囊充填过程
	胶囊分选抛光机操作规程	胶囊抛光
卫生管理规程	洁净区工艺卫生管理规程	生产过程中卫生管理
	洁净区环境卫生管理规程	生产过程中卫生管理
其他管理规程	交接班管理规程	交接班

2. 生产前检查确认

工业化大生产中胶囊充填工艺生产前检查确认项目详见表 17-4。

表 17-4 工业化大生产中胶囊充填工艺生产前检查确认项目

检查项目		检查结果	
清场记录	□有		□无
清场合格证	□有		□无

检查项目	检查结果	
批生产指令	□有	□无
设备、容器具、管道完好、清洁	□有	□无
计量器具有检定合格证,并在周检效期内	□符合要求	□不符合要求
检验用仪器有检定合格证,并在周检效期内	□符合要求	□不符合要求
工器具定置管理	□符合要求	□不符合要求
上批遗留产品及与本批无关文件、物料已清除	□已清除	□未清除
所用工艺指令、SOP、批生产记录等文件齐全	□齐全	□不齐全
与本批有关的物料齐全	□齐全	□不齐全
有所用物料检验合格报告单	□有	□无
备注		
检查人		

岗位操作人员按表 17-4 检查确认后,填写生产操作前检查记录,并签名。质检员复核确认后发放生产许可证,生产许可证如表 17-5 所示。

表 17-5　工业化大生产中胶囊充填工艺生产许可证

品　　名		规　　格	
批　　号		批　　量	
检查结果		质 检 员	
备　　注			

3. 生产准备

3.1　批生产记录要求

车间工艺员下发本批次的批生产记录,操作人员领取批生产记录后,查看首页生产指令单,获取品名、批号、设备号,严格按照充填工序操作规程进行 ×× 充填操作,在批生产记录上及时记录要求的相关参数。

3.2　操作前检查

根据生产指令单获取的设备号,操作人员按照表 17-6 对工序内指定生产区清场情况、设备状态等进行检查,确认符合合格标准后,检查人与复核人在批生产记录上签字确认。操作人员填写"运行"设备状态标志,填写品名、批号、数量、日期、操作人相关内容,取下班组长已检查签字的"正常　已清洁"状态标志,贴于批生产记录上,悬挂"运行"设备状态标志。

表 17-6　工业化大生产中胶囊充填工艺硬胶囊车间清场检查

区域	类别	检查内容	合格标准	检查人	复核人
硬胶囊车间	清场	环境清洁	无与本批次生产无关的物料、记录等	操作人员	操作人员
		设备清洁	设备悬挂"正常　已清洁"状态标志并有车间 QA 检查签字	操作人员	操作人员

3.3 复位操作

工业化大生产中胶囊充填工艺复位操作详见表 17-7。

表 17-7　工业化大生产中胶囊充填工艺复位操作

操作步骤	具体操作步骤	责任人
阀门操作	根据生产所用设备位号,操作前检查完毕后,保证所有手动阀门、气动阀门处于关闭状态	操作人员

4. 所需设备列表

工业化大生产中胶囊充填工艺所需设备列表详见表 17-8。

表 17-8　工业化大生产中胶囊充填工艺所需设备列表

工艺步骤	设备
××胶囊充填过程	电子台秤
	电子天平
	全自动胶囊填充机
	胶囊分选抛光机

5. 工艺过程

5.1 工艺流程

××胶囊颗粒→充填→抛光→设备清洁→工序清场

5.2 工艺过程

工业化大生产中胶囊充填工艺过程详见表 17-9。

表 17-9　工业化大生产中胶囊充填工艺过程

操作步骤	具体操作步骤	责任人
试运行	打开电源开关,点动设备查看是否运行正常 确认设备可以运行后,加入生产所使用的颗粒和囊壳,将剂量盘内的颗粒加至一半左右后开启自动加料。打开播囊开合键,点动运行设备,待连续充填一圈后对胶囊外观、扣合及装量进行检查,确认是否合格,如不合格则继续调整充填杆的填充量,如有必要对机器其他设置进行适当调整 开机试运行,调整净装量,根据充填设备型号设定产量控制参数、抛光机参数。操作人员根据充填机设备型号至少取一圈胶囊粒进行外观、扣合、装量差异、光洁度以及剔废检查。停机	操作人员
充填	试机合格后,进行正式充填。生产过程中,操作人员至少每隔20min取10粒,进行装量差异、外观和扣合检查 充填好的胶囊粒经抛光机抛光后,盛装于内衬一层洁净药用低密度聚乙烯袋的中转桶内,扎紧袋口,称定重量,加盖密封好,加签注明品名、批号、重量、操作人及生产日期等,送至中转站,整齐码放在规定的区域,挂好标示牌,并做好交接手续	操作人员

6. 工艺参数控制

工业化大生产中胶囊充填工艺参数控制详见表 17-10。

表 17-10　工业化大生产中胶囊充填工艺参数控制

工序	步骤	工艺指示	
胶囊充填	充填	原辅料重量	××kg
		胶囊粒重量	××g
		充填速度	××粒/min
	抛光	转速	××r/min
		压缩空气压力	××MPa
		胶囊产量	××万粒

7. 清场

7.1　设备清洁

设备清洁要求按所规定的清洁频次、清洁方法进行清洁。

7.2　环境清洁

对硬胶囊车间卫生进行清洁,充填过程中随时保持周边干净。

7.3　清场检查

完成清场后由车间 QA 进行检查,符合要求则签发设备"正常　已清洁"状态标志;若不合格则需要操作人员进行重新清洁,并有相应记录。

8. 注意事项

8.1　质量事故处理

如果操作过程中发生任何偏离表 17-3 相关文件操作,必须第一时间报告车间 QA,车间 QA 按照《××偏差管理规程》进行处理。

8.2　安全事故

必须严格按照表 17-3 相关文件执行,如果万一出现安全事故,第一时间通知车间主任、车间 QA 按照相关文件进行处理。

8.3　交接班

人员交接班过程中需要按照《交接班管理规程》进行,并且做好交接班记录,双方确认签字后交接班完成。

8.4　维护保养

严格按照要求定期对设备进行维护、保养操作,并且做好相关记录。

三、软胶囊的制备工艺过程、设备及影响因素

根据制备方法的不同,可以将软胶囊分为两种:一种是压制法制成的,中间往往有压缝,称为有缝软胶囊;另一种是用滴制法制成,呈圆球形而无缝,称为无缝软胶囊。

(一)软胶囊的制备工艺过程

软胶囊的制备过程包括囊材的制备及填充药物的制备、填充与成型等工艺,工艺流程如下:

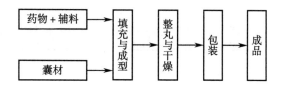

1. 软胶囊的囊材　制备软胶囊的关键是囊壳的质量,其直接关系到胶囊的成型与美观。囊材主要是由胶料、增塑剂、附加剂和水组成。软胶囊的主要特点是可塑性强、弹性大。囊材弹性主要与明胶、增塑剂及水的比例有关,通常较适宜的重量比例为:干明胶∶增塑剂∶水 =1.0∶(0.4~0.6)∶(1.0~1.6)。

（1）胶料一般用明胶或阿拉伯胶,应符合《中国药典》（2020 年版）四部有关规定,具体要求见表 17-11 及表 17-12。

表 17-11　明胶质量要求

项目	质量规定
性状	为微黄色至黄色、透明或半透明、微带光泽的薄片或粉粒;无臭、无味;浸在水中时会膨胀变软,能吸收其自身质量 5~10 倍的水
鉴别	照《中国药典》（2020 年版）检查,应符合要求
凝冻强度	照《中国药典》（2020 年版）检查,应符合要求
酸碱度	pH 为 3.6~7.6
透光率	用紫外 - 可见分光光度法测定不得低于 50%（450nm）和 70%（620nm）
电导率	用电导率仪测定,不得过 0.5mS/cm
亚硫酸盐	照《中国药典》（2020 年版）检查,消耗氢氧化钠滴定液（0.02mol/L）不得过 1.6ml
过氧化物	照《中国药典》（2020 年版）检查,应符合要求
干燥失重	在 105℃干燥 15h,减失重量不得过 15.0%
炽灼残渣	照《中国药典》（2020 年版）检查,遗留残渣不得过 2.0%
铬	照原子吸收分光光度法测定,不得过百万分之二
重金属	取炽灼残渣项下遗留残渣,依法检查不得过百万分之二十
砷盐	照《中国药典》（2020 年版）检查,不得过 0.000 1%
微生物限度	每 1g 供试品中需氧菌中总数不得过 1 000cfu,霉数和酵母菌总数不得过 100cfu,不得检出大肠埃希菌。每 10g 供试品中不得检出沙门菌

胶囊用明胶的质量检查方法

表 17-12　阿拉伯胶质量要求

项目	质量规定
性状	为白色至棕黄色的半透明或不透明的球形或不规则的颗粒、碎片或粉末
鉴别	照《中国药典》（2020 年版）检查,应符合要求
不溶性物质	不得过 0.5%
淀粉或糊精	照《中国药典》（2020 年版）检查,应符合要求
含鞣酸的树胶	照《中国药典》（2020 年版）检查,应符合要求
干燥失重	在 105℃干燥 5h,减失重量不得过 15.0%

続表

项目	质量规定
总灰分	不得过 4.0%
酸不溶性灰分	不得过 0.5%
重金属	取炽灼残渣项下遗留残渣,依法检查不得过百万分之二十
砷盐	照《中国药典》(2020 年版)检查,不得过 0.000 3%
微生物限度	每 1g 供试品中需氧菌中总数不得过 1 000cfu,霉数和酵母菌总数不得过 100cfu,不得检出大肠埃希菌。每 10g 供试品中不得检出沙门菌

阿拉伯胶的质量检查方法

（2）在选择增塑剂时,亦应考虑药物的性质。常用的增塑剂有甘油、山梨醇,单独或混合使用均可。

（3）附加剂包括防腐剂(如对羟基苯甲酸甲酯和对羟基甲酸丙酯的 4∶1 混合物,用量一般为明胶的 0.2%~0.3%)、色素(如食用规格的水溶性染料柠檬黄、胭脂红等)、香料(如 0.1% 的乙基香兰醛或 2% 的香精)、遮光剂(如二氧化钛,常用量为每 1kg 明胶原料中加入 2~12g),此外加入 1% 的富马酸可增加胶囊的溶解性。

2. 软胶囊大小的选择　软胶囊的形状有球形、橄榄形等多种形状。在保证填充药物达到治疗量的前提下,为便于成型,软胶囊的容积要求尽可能小。当固体药物颗粒混悬在油性或非油性液体介质中,以混悬剂的形式作为软胶囊的填充物时,所需软胶囊的大小可用"基质吸附率"来决定。基质吸附率是指 1g 固体药物制成填充胶囊的混悬液时所需液体基质的克数,即:

$$基质吸附率 = 基质重量 / 固体重量 \qquad 式(17\text{-}1)$$

固体药物颗粒的大小、形状、物理状态、密度、含水量以及亲油性或亲水性等都对其基质吸附率有一定的影响,从而影响软胶囊的大小。

3. 药物的处理　软胶囊内可填充各种油类或对明胶无溶解作用的液态药物、溶液、混悬液,甚至是固体药物等。囊材以明胶为主,而明胶的本质是蛋白质,因此首先要求填充物对蛋白质性质无影响。填充药物还必须组分稳定、体积最小、与软质囊材具有良好的相容性、具有良好的流变学性质和适应在 35℃条件下生产的非挥发性物质。不同种类药物的处理方法如下。

（1）液体药物和药物溶液:油是软胶囊中最常用的药物溶剂或混悬介质。如果填充药物具有吸湿性或含有与水混溶的液体时(如聚乙二醇、甘油、丙二醇、聚山梨酯 80 等),应注意其吸湿性对囊材壁的影响。如果药物是亲水性的,可在药物中保留 3%~5% 的水分。但若药物的含水量超过 5%,或含低分子量水溶性或挥发性有机物(如乙醇、丙酮、羧酸、胺类或酯类等),这些液体则容易透过明胶壁而使囊材软化或溶解;醛类药物也可以使明胶变性。因此,上述两类药物均不宜制成软胶囊。

（2）混悬液和乳浊液:混悬液是固体粉末(80 目以下)混悬分散在油状介质(植物油)或非油状介质(聚乙二醇、聚山梨酯 80、丙二醇或异丙醇等)中,还应加入助悬剂或润湿剂。若用植物油作为分散介质时,油量的多少要通过实验比较加以确定。若油量使用过多,则其触变值低,流动性好,但容易渗漏;如果油量少,稳定性差,压丸困难。一般来说提取物与分散介质比介于

1：（1~2）之间较好。对于油状基质,通常使用的助悬剂是 10%~30% 油蜡混合物,其组成为氢化大豆油 1 份,黄蜡 1 份,熔点为 33~38℃的短链植物油 4 份;对于非油状基质,则常用 1%~15% 的 PEG4000 或 PEG6000。有时可加入抗氧剂、表面活性剂来提高软胶囊的稳定性与生物利用度,合理的润滑剂与助悬剂要依靠稳定性试验加以确定。软胶囊只能填充 W/O 型乳浊液,含油类药物尽可能使其含水量降低,防止制备及贮藏时影响软胶囊的质量,在这类药物中加入食用纤维素往往能克服水分的影响。

（3）固体药物:多数固体粉末或颗粒也可直接制备成软胶囊,药物粉末应通过五号筛,并混合均匀。

4. 药物的填充与成型　在生产软胶囊时,填充药物与成型是同步进行的。制备方法分为压制法（模压法）和滴制法。

（1）压制法:压制法将明胶与甘油、水等溶解后制成胶板（或胶带）,再将药物置于两块胶板之间,用钢模压制而成。

1）配制囊材胶液:取明胶加蒸馏水浸泡使膨胀,胶溶后将其他物料加入,搅拌混匀即可。

2）制软胶片:取配好的囊材胶液,涂于平坦的钢板表面上,使厚薄均匀,然后以 90℃左右的温度加热,使表面水分蒸发,蒸发至成韧性适宜的具有一定弹性的软胶片。

3）压制软胶囊:用压丸模压制,压丸模由两块大小、形状相同的可以复合的钢板组成,两块板上均有一定数目大小相同的圆形穿孔,此穿孔部分有的可卸下,穿孔大小是根据所需软胶囊的容积而定。制备时,首先将压丸模钢板的两面适当加温,然后取软胶片 1 张,表面均匀涂布润滑油,将涂油面朝向下板铺平,取计算量的药液（或药粉）放于软胶片摊匀。另取软胶片一张铺在药液上面,在胶片上面涂一层润滑油,然后将上板对准盖于上面的软胶片上,置于油压机或水压机中加压,在施加压力下,每一囊模的锐利边缘互相接触,将胶片切断,药液（或药粉）被包裹密封在囊模内,接缝处略有突出,启板后将胶囊及时剥离,装入洁净容器中加盖封好即得。此外在工业生产时,常采用旋转模压法,详见软胶囊的设备部分。

（2）滴制法:滴制法是近几十年发展起来的,适用于液体药剂制备软胶囊,是指通过滴制机制备软胶囊的方法。利用明胶液与油状药物为两相,由滴制机喷头使两相按不同速度喷出,一定量的明胶液将定量的油状液包裹后,滴入另一种不相混溶的液体冷却剂中,胶液接触冷却液后,由于表面张力作用而使之形成球形,并逐渐凝固成软胶囊。

5. 包装与贮存　胶囊剂易受温度和湿度的影响,贮存和包装要求如下:①贮存温度不宜超过 25℃,相对湿度不超过 45%;②通常采用玻璃瓶、塑料瓶或泡罩式包装;③密闭、阴凉干燥处贮存。

（二）软胶囊剂制备的设备

成套的软胶囊剂生产设备包括明胶液熔制设备、药液配制设备、软胶囊压（滴）制设备、软胶囊干燥设备、回收设备等。下面主要介绍滚模式软胶囊机和滴制式软胶囊机。

1. 滚模式软胶囊机　主要由软胶囊压制主机、输送机、干燥机、电控柜、明胶桶和料桶等多个单体设备组成（见图 17-5）,药液桶、明胶桶吊置在高处,按照一定流速向主机上的明胶盒和供药斗内流入明胶和药液,其余各部分则直接安置在工作场的地面上。该机由涂胶机箱、鼓轮加工

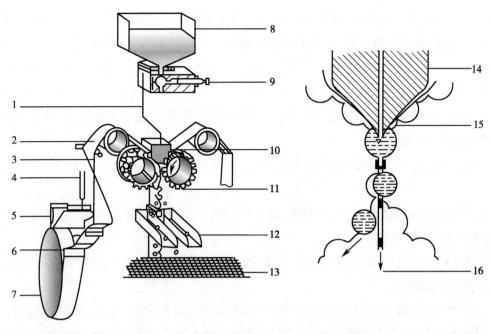

1. 导管；2. 送料轴；3. 胶带导杆；4. 胶带；5. 涂胶机箱；6. 油轮；7. 鼓轮；8. 贮液槽；9. 填充泵；
10. 楔形注入器；11. 模子；12. 斜槽；13. 胶囊输入机；14. 定量药液；15. 明胶带；16. 明胶片屑。

● 图 17-5　滚模式软胶囊机工作原理示意图

制成的两条胶板连续不断地向相反方向移动，在接近旋转模时，两胶板靠近，此时药液由填充泵经导管至楔形注入器，定量注入胶板之间，并在向前转动中被压入模孔，轧压，包裹成型，剩余的胶板即自动切断分离。胶板在接触模孔的一面涂有润滑油，所以应该用石油醚洗涤胶丸，再于21~24℃、相对湿度40%条件下干燥胶丸。

软胶囊机中的主要部件是滚模，它的设计既影响软胶囊的接缝黏合度，也会影响软胶囊的质量。由于接缝处的胶带厚度小于其他部位，有时会在经过贮存及运输过程中，产生接缝开裂漏液现象，主要是因为接缝处胶带太薄，黏合不牢。

楔形注入器是软胶囊成型装置中的另一关键设备。其曲面的形状将会影响软胶囊质量。在软胶囊成型过程中，胶带局部被逐渐拉伸变薄，喷体曲面与滚模外径相吻合，如不能吻合，胶带将不易与喷体曲面良好贴合，那样药液从喷体的小孔喷出后，就会沿喷体与胶带的缝隙外渗，这样既会降低软胶囊接缝处的黏合强度，又会影响软胶囊质量。

2. 滴制式软胶囊机　滴制式软胶囊机（见图 17-6）是将胶液与油状药液两相通过滴丸机喷头按不同速度喷出，当一定量的明胶液将定量的油状液包裹后，滴入另一种不相混溶的冷却液中。胶液接触冷却液后，由于表面张力作用而使之形成球形，并逐渐凝固成软胶囊。滴制法制备软胶囊的装置主要由原料贮槽、定量控制器、喷头和冷却器、电气自控系统、干燥部分组成，其中双层喷头外层通入 75~80℃的明胶溶液，内层通入 60℃的油状药物溶液。在生产中，喷头滴制速度的控制十分重要。

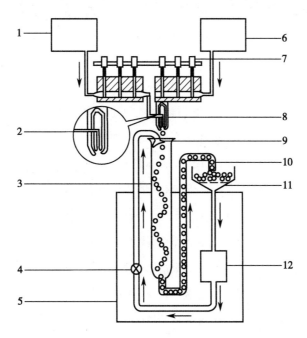

1. 药液贮槽；2. 喷头放大；3. 冷却管；4. 泵；5. 冷却箱；6. 明胶液贮槽；7. 定量控制器；
8. 喷头；9. 冷却液出口；10. 胶丸出口；11. 胶丸收集箱；12. 冷却液贮箱。

● 图 17-6　滴制式软胶囊机生产过程示意图

（三）影响软胶囊剂质量的因素

1. 水分的含量与增塑剂的用量　软胶囊在制备过程中水分有挥发，最终囊壳中水分含量为
7%~9%。软胶囊区别于硬胶囊的特点为增塑剂的比例高（大于 20%）、柔韧性及可塑性好，若增塑
剂用量过低，则囊材会过硬，若用量过高，则囊材会过软。选择胶囊硬度时应考虑所填充药物的性
质以及药物与软胶囊囊材之间的相互影响。

2. 明胶液的质量　明胶液的处方组成比例及其黏度直接影响软胶囊剂的质量，在实际生产
过程中，根据不同的品种，必须经过试验，才能确定最佳工艺条件。

3. 填充药物的酸碱度　填充药物的酸碱度也是影响软胶囊质量的重要因素之一。生产中常
选用磷酸盐、乳酸盐等缓冲溶液调节填充药物的 pH，使之控制在 4.5~7.5 的范围内，以防止囊材中
的明胶在强酸下水解而发生泄漏，或在强碱下变性而影响崩解和溶出。

4. 滴制法制备胶丸的影响因素　在滴制过程中，影响滴制成败的主要因素有以下几种：①明
胶液的处方组成与比例；②胶液的黏度，明胶液的黏度以 30~50mPa·s 为宜；③胶液、药液、冷却液
三者的密度，三者密度要适宜，保证胶囊剂在冷却液中有一定沉降速度，又有足够时间使之冷却成
球形；④胶液、药液、冷却液的温度，胶液与药液应保持 60℃，喷头处温度应为 75~80℃，冷却液应
为 13~17℃；⑤软胶囊的干燥温度，常用干燥温度为 20~30℃，并配合鼓风条件。

案例 17-2　软胶囊制备工艺案例

1. 操作相关文件

工业化大生产中软胶囊制备工艺操作相关文件详见表 17-13。

表 17-13 工业化大生产中软胶囊制备工艺操作相关文件

文件类型	文件名称	文件编号
工艺规程	×× 软胶囊工艺规程	××
内控标准	×× 中间体及成品内控质量标准	××
质量管理文件	偏差管理规程	××
SOP	生产操作前检查标准操作程序	××
	台秤称量标准操作程序	××
	配料岗位标准操作程序	××
	化胶岗位标准操作程序	××
	压丸（定型）岗位标准操作程序	××
	生产指令流转标准操作程序	××
	胶体磨清洁规程	××
	配药设备容器清洁规程	××
	洁净区清场标准操作程序	××

2. 生产前检查确认

工业化大生产中软胶囊制备工艺生产前检查确认项目详见表 17-14。

表 17-14 工业化大生产中软胶囊制备工艺生产前检查确认项目

检查项目	检查结果	
清场记录	□有	□无
清场合格证	□有	□无
批生产指令	□有	□无
设备、容器具、管道完好、清洁	□是	□否
计量器具有检定合格证，并在周检效期内	□符合要求	□不符合要求
检验用仪器有检定合格证，并在周检效期内	□符合要求	□不符合要求
工器具定置管理	□符合要求	□不符合要求
上批遗留产品及与本批无关文件、物料已清除	□已清除	□未清除
所用工艺指令、SOP、批生产记录等文件齐全	□齐全	□不齐全
与本批有关的物料齐全	□齐全	□不齐全
有所用物料检验合格报告单	□有	□无
备注		
检查人		

岗位操作人员按表 17-14 检查确认后，填写生产操作前检查记录，并签名。质检员复核确认后发放生产许可证，生产许可证如表 17-15 所示。

表 17-15   工业化大生产中软胶囊制备工艺生产许可证

品 名		规 格	
批 号		批 量	
检查结果		质 检 员	
备 注			

3. 生产准备

3.1　批生产记录的准备

车间工艺员下发本产品各岗位的批生产记录,操作人员领取批生产记录后,查看批生产指令,获取品名、批量等信息,严格按照本岗位的 ×× 软胶囊岗位工艺卡操作,在批生产记录上及时记录相关参数。

3.2　物料准备

按处方量计算出各种原料、辅料的投料量,精密称定(或量取),双人复核无误,备用。

4. 所需设备列表

每批次 ×× 软胶囊使用压丸机等进行生产,详见表 17-16。

表 17-16   工业化大生产中软胶囊制备工艺所需设备列表

工艺步骤	设备
×× 软胶囊化胶	水浴式化胶罐
×× 软胶囊配料	胶体磨
×× 软胶囊压丸	压丸机
	打光锅
×× 软胶囊定型	软胶囊智能干燥转笼
×× 软胶囊干燥	热风循环烘箱
×× 软胶囊包装	全自动高速泡罩包装机
	理瓶机
	数粒机
	旋盖机

5. 工艺过程

5.1　工艺流程

工业化大生产中软胶囊制备工艺流程如下:

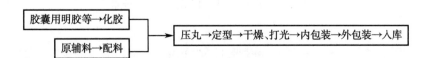

5.2　工艺过程

5.2.1　化胶

首先将处方量的纯化水和处方量的甘油投入水浴式化胶罐中,搅拌均匀,加入色素等混合溶液,加热温度保持在60~80℃,搅拌至混合均匀后,投入明胶等胶皮处方中的物料,搅拌均匀,抽真空,保持 –0.09~–0.08MPa,恢复常压后,保持化胶锅70~80℃,持续常压搅拌,二次抽真空,真空度为 –0.09~–0.08MPa,抽真空至胶液无气泡,用不锈钢棒挑起成不断长丝,即判定合格出胶。水浴式化胶罐加压至0.08~0.1MPa,胶液置预热的夹层保温桶内。

5.2.2 配料

按生产批量称取中药浸膏及辅料,于不锈钢桶中搅匀,置胶体磨研磨至药液均匀后抽入配液罐中,加入挥发油后进行总混,搅拌至药液混合均匀后,分装至保温桶内。

5.2.3 压丸

先检查压丸机安装是否正确、各部件是否齐全,使用合适的模具,对准模具刻线,调整同步,调整明胶盒温度、喷体温度、明胶桶温度、药液贮罐及料斗温度,调整胶皮厚度为0.7~1.0mm,用轻质液状石蜡粗调装量符合要求后,放出轻质液状石蜡,用少量药液冲洗柱塞泵干净后,加入药液,调节装量至合适的范围内,装量合格后正式压丸。

5.2.4 定型

先启动定型笼风机,再启动转笼,把压出的胶丸放入笼中,定型时间不少于4小时。

5.2.5 干燥、打光

将送入干燥间的胶丸均匀平铺于干燥盘内,放入干燥车上,厚度1~3粒,干燥至胶丸手感软硬度适中,将干燥合格的胶丸置打光锅中打光,干燥过程监控干燥间温湿度。

5.2.6 包装

双人复核领取检验合格的胶丸和所需的包装材料,调整好设备,开始包装。

6. 工艺参数控制

工业化大生产中软胶囊制备工艺参数控制详见表17-17。

表17-17 工业化大生产中软胶囊制备工艺参数控制

操作步骤	具体操作步骤
化胶	核对辅料的品名、数量和检验报告单
	化胶温度、真空度、时间符合要求
	胶液黏度符合要求
配料	核对原辅料的品名、数量和检验报告单
	药液研磨时间、混合时间符合要求
	药液性状符合要求
压丸	明胶盒温度、喷体温度、明胶桶温度、药液贮罐及料斗温度
	胶皮厚度和装量范围符合要求
	胶丸性状符合要求
定型	定型时间不少于4h
干燥打光	干燥间温度、湿度符合要求
	干燥后胶丸性状符合要求
	打光后胶丸性状符合要求

7. 清场

7.1 设备清洁

按照《胶体磨清洁规程》《配药设备容器清洁规程》中所规定的清洁频次、清洁方法进行清洁。

7.2 环境清洁

按照《洁净区清场标准操作程序》对软胶囊生产区域进行清洁,注意保持干净。

7.3 清场检查

生产结束后操作人员须清场,并填写清场记录,经质检人员检查、签字后,发给清场合格证。

8. 注意事项

8.1 称量过程要求双人复核,保证称量准确无误。

8.2 胶液要求无气泡,用不锈钢棒挑起成不断长丝。

8.3 压丸过程中,不断称量胶丸重量,观察胶丸外观。

第三节 栓剂制备工艺

栓剂为中药传统剂型之一,古代称坐药或塞药。公元前 1550 年埃及的《伊伯氏纸草本》中就有相关记载。我国使用栓剂也有悠久的历史,张仲景的《伤寒论》载有蜜煎导方,就是用于通便的肛门栓,晋代葛洪的《肘后备急方》中有鼻用、耳用栓剂的记载。此外,《千金方》《证治准绳》《本草纲目》中也列举有栓剂的制备与应用。

一、栓剂的含义、分类、特点

(一)栓剂的含义

栓剂系指原料药物与适宜基质制成供腔道给药的固体制剂。栓剂在常温下为固体,塞入腔道后,在体温下能迅速软化熔融或溶解于分泌液,逐渐释放药物而产生局部或全身作用。早期人们认为栓剂只有润滑、收敛、抗菌、杀虫、局麻等局部作用,后来又发现栓剂尚可通过直肠吸收药物发挥全身作用,并可避免肝脏首过效应。

(二)栓剂的分类

1. 按给药途径分类 栓剂因施用腔道的不同,可分为直肠栓、阴道栓和尿道栓(见图 17-7)。

(1)直肠栓:直肠栓有鱼雷形、圆锥形或圆柱形等,每颗重约 2g,长 3~4cm,儿童用约 1g,其中以鱼雷形较为常用,塞入肛门后,由于括约肌的收缩引入直肠。

(2)阴道栓:阴道栓有球形、卵形、鸭嘴形等,每颗重量 2~5g,直径 1.5~2.5cm,其中以鸭嘴形的表面积最大。

(3)尿道栓:尿道栓有男女之分,男用的重约 4g,长 1~1.5cm;女用重约 2g,长 0.60~0.75cm。

以上所述栓剂的重量是以可可豆脂为基质,若基质比重不同,栓剂重量亦不同。此外也有鼻用栓及耳用栓等。

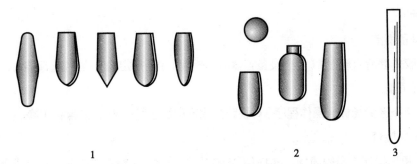

1. 直肠栓；2. 阴道栓；3. 尿道栓。

● 图 17-7　常用栓剂外形示意图

2. 按制备工艺与释药特点分类　按制备工艺与释药特点栓剂可分为双层栓、中空栓、泡腾栓，与其他控释、缓释栓。

（1）双层栓：两种方式，一种是内外层含不同药物，另一种是上下两层含不同药物。分别使用水溶性或脂溶性基质，将不同药物分隔在不同层内，控制各层的溶化，使药物具有不同的释放速度。或上半部为空白基质，可以控制药物向上部扩散，减少药物通过直肠上静脉的吸收，提高药物的生物利用度。

（2）中空栓：可达到快速释药的目的。中空部分填充各种不同的固体或液体药物，溶出速度比普通栓剂要快。通过对栓壳的调整也可制成控释中空栓。

（3）泡腾栓：基质中加入有机酸（如枸橼酸等）和弱碱（如碳酸氢钠等），遇到体液后产生泡腾作用，利于药物的分散。多用于阴道栓。

（4）控释、缓释栓：包括微囊栓、骨架控释栓、渗透泵栓、凝胶缓释栓等。

（三）栓剂的特点

1. 药物不受或少受胃肠道 pH 或酶的破坏。
2. 避免药物对胃黏膜的刺激性。
3. 中下直肠静脉吸收可避免肝脏首过作用。
4. 可在腔道起润滑、抗菌、杀虫、收敛、止痛、止痒等局部作用。
5. 适宜于不能或不愿口服给药的患者；也适宜于不宜口服的药物。
6. 栓剂使用不便。

二、栓剂的制备工艺过程、设备及影响因素

（一）栓剂的制备工艺过程

一般栓剂的制备可采用搓捏法、冷压法及热熔法，常用的为热熔法，工艺流程如下：

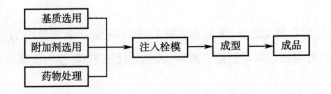

1. 基质的选用

（1）基质的要求：①室温时应有适当的硬度，当塞入腔道时不变形，不碎裂，在体温下易软化、熔化或溶解；②性质稳定，不与主药发生反应，不影响主药的含量测定，在贮藏过程中不易霉变，不影响生物利用度等；③对黏膜无刺激性，无毒性，无过敏性，释药速度应符合治疗要求；④具有润湿及乳化的性质，能混入较多的水；⑤油脂性基质的酸价应在 0.2 以下，皂化价应在 200~245 之间，碘值低于 7，熔点与凝固点之差要小。

（2）基质的种类：栓剂常用基质分为油脂性基质和水溶性基质。

1）油脂性基质：有天然油脂、半合成或全合成脂肪酸甘油酯及氢化油类。

a. 天然油脂：有可可豆脂、香果脂、乌桕脂等。栓剂常用的基质为可可豆脂。可可豆脂具有同质多晶性，有 α、β、γ 晶型，其中 α、γ 型不稳定，熔点较低，β 型稳定，熔点为 34℃，当加热至 36℃后再凝固，形成大量的 α、γ 晶型而使熔点仅为 24℃，以至难以成型和包装。因此，制备时应缓缓加热至总量 2/3 熔化时即停止加热，利用余热使其全部熔化；或在熔化的可可豆脂中加入少量的稳定晶型以促使不稳定晶型转变成稳定晶型；也可在熔化凝固时，将温度控制在 28~32℃，持续几小时或几天，使不稳定的晶型转变成稳定型。

b. 半合成或全合成脂肪酸甘油酯：系游离脂肪酸经部分氢化，再甘油酯化而得的甘油三酯、二酯及一酯的混合酯，所含的不饱和基团较少，不易酸败，贮藏中也比较稳定，为目前取代天然油脂的理想栓剂基质。国内已有半合成椰油酯、半合成山苍子油酯、半合成棕榈油酯等。

c. 氢化油类：由植物油全部或部分氢化而得到的白色固体脂肪，性质稳定，无毒，无刺激性，价廉，但释药能力较差，可加入适量表面活性剂加以改善。

2）水溶性基质：有甘油明胶、聚乙二醇类、聚氧乙烯（40）单硬脂酸甘油酯、泊洛沙姆等。

a. 甘油明胶：系用等量甘油与明胶，并加少量水制成，遇体温不融化而软化，易吸水，易失水，有弹性不易折断，不是在体温下熔融，而是缓缓溶解于分泌物中。鞣酸、重金属不能用该基质，易长霉需加防腐剂，常用于阴道栓剂基质。

b. 聚乙二醇类：不同分子量的聚乙二醇按一定的比例加热融合可制得适当硬度的栓剂基质。本品可用不同比例得到不同熔点及释药度，吸湿性强，会使栓剂受潮变形，并有一定的直肠黏膜刺激性。

c. 聚氧乙烯（40）单硬脂酸甘油酯：是聚乙二醇单硬脂酸酯及二硬脂酸酯的混合物，并含有游离乙二醇。国产商品代号为 S-40，国外商品名为 Myrj52，为白色或黄色蜡状固体，熔点 39~45℃，皂化值 25~35，碘值不超过 2。

d. 泊洛沙姆：系乙烯氧化物、丙烯氧化物的嵌段聚合物，随聚合度增加，物态可呈现液态、半固体状态及固态，易溶于水。较常用型号为 poloxamer188，熔点 52℃，可起到缓释与延效作用。

（3）置换价：置换价系指药物的重量与同体积基质重量的比值，缩写为 DV。

在栓剂中通过置换价的计算可以求出基质的实际加入量，先计算每粒栓剂应该加入的基质量，再与制备数量相乘，即得。计算公式如下：

$$X = G - \frac{W}{f} \qquad \text{式（17-2）}$$

式中，X 为每粒栓剂应加入的空白基质的量（g）；G 为栓模的标示量，即纯基质栓每粒平均重（g）；W 为每粒栓剂所含的药物量（g）；f 为药物对基质的置换价。

栓剂置换价
的计算举例

2. 栓剂附加剂的选用　栓剂的附加剂包括吸收促进剂、吸收阻滞剂、增塑剂、抗氧剂等。吸收促进剂常用的有非离子型表面活性剂、泡腾剂、氮酮等。吸收阻滞剂用于缓释栓剂，常用的有海藻酸、羟丙基甲基纤维素、蜂蜡等。增塑剂能使脂肪性基质具有弹性，降低脆性，常用的有甘油、蓖麻油等。抗氧剂可提高栓剂的稳定性，常用的有没食子酸、鞣酸、抗坏血酸。

3. 栓剂药物的处理　若为油溶性药物，如樟脑、中药醇提物等，可直接加入已熔化的油性基质中，使之溶解，如加入药物量大导致基质的熔点降低或使栓剂过软时，可加适量石蜡或蜂蜡调节硬度。

若为水溶性药物，如水溶性稠浸膏、生物碱盐等，可直接加入已熔化的水性基质中，或用少量水制成浓溶液，用适量羊毛脂吸收后与油脂性基质混合。

若为难溶性药物，如中药细粉、某些浸膏粉、矿物药等，应制成最细粉后与基质混合，混合时采用等量递增法。

若为含挥发油的中药，量大时可考虑加入适宜的乳化剂与水溶性基质混合，制成乳剂型栓剂。

4. 栓模的处理

（1）栓模的选用：根据用药途径与制备工艺特点，选择合适的栓模，并清洗干净备用。

（2）润滑剂的选用与涂布：为便于脱模，制备时一般须在膜孔内涂布润滑剂，有些基质本身不粘模，也可不用润滑剂，如可可豆脂、聚乙二醇等。

（3）栓剂的润滑剂：用于油脂性基质的润滑剂为软肥皂、甘油各 1 份与 90% 乙醇 5 份混合制成的醇溶液。用于水溶性基质的润滑剂有液体石蜡、植物油等。

5. 栓剂的成型　小量加工用手工灌模的方法，工业生产可用自动化制栓机完成。手工灌模的工序如下：熔融基质→加入药物（混匀）→注模→冷却→刮削→取出→成品栓剂。

6. 栓剂的包装与贮藏　栓剂所用内包装材料应无毒性，并不得与原料药物或基质发生理化作用。

除另有规定外，应在 30℃ 以下密闭贮存和运输，防止因受热、受潮而变形、发霉、变质。生物制品原液、半成品和成品的生产及质量控制应符合相关品种要求。

（二）栓剂制备的设备

少量加工用的栓剂模型如图 17-8 所示，直肠栓除卧式外还有立式模型应用于生产，即由圆孔板和底板构成，每个圆孔对准底板的凹孔，圆孔与凹孔合在一起即为整个栓剂的大小。栓模一般用金属制成，表面涂铬或镍，以避免金属与药物发生作用。

工业生产的自动化制栓机如图 17-9 所示，可完成填充、排出、清洁模具等操作，产量为 3 500~6 000 粒/h。操作时，先将栓剂基质注入加料斗中，斗中保持恒温和持续搅拌，模型的润滑通过涂刷或喷雾来进行，灌注的软材应满盈。软材凝固后，削去多余部分，填充和刮削装置均由电热控制其温度。冷却系统可按栓剂软材的不同来调节，往往通过调节冷却转台的转速来完成。当凝固的栓剂转到抛出位置时，栓模即打开，栓即被一钢制推杆推出，模型又闭合，而转移至喷雾装置处进行润滑，再开始新的周转。温度和生产速度可按获得最适宜的连续自动化的生产要求来调整。

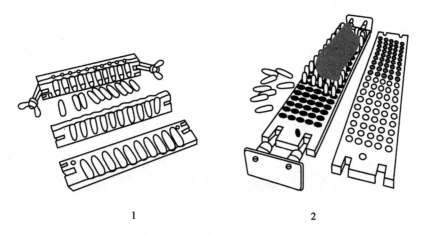

1. 卧式直肠栓模; 2. 立式直肠栓模。

● 图 17-8 栓剂模型示意图

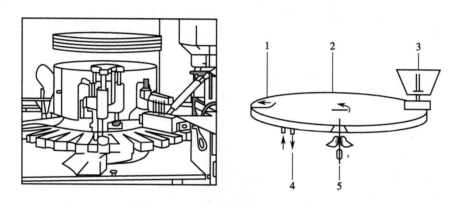

1. 饲料装置; 2. 刮削装置; 3. 旋转式冷却台; 4. 冷冻剂出入口; 5. 栓剂抛出台。

● 图 17-9 自动旋转式制栓机

ZS-U 型全自动栓剂灌封机组是成卷的塑料片材经栓剂制壳机正压吹塑成型,自动进入灌注工序,已搅拌均匀的药液通过高精度计量泵自动灌注空壳后,被剪成多条等长的片段,经过若干时间的低温定型,实现液 - 固态转化,变成固体栓粒,通过整形、封口、打批号和剪切工序,制成成品栓剂。

(三) 影响栓剂质量的因素

1. 基质的熔融 温度不宜过高,最好采用水浴或蒸汽浴,以免局部过热。加热时间不宜过长(有 2/3 基质熔融时,即可停止加热),以减少基质物理现状的改变。一般熔融的基质达 50℃,能够保留稳定的晶种不被破坏而有利于栓剂的冷却固化。

2. 注模温度 注模时温度不宜过高,以免不溶性药物或其他与基质相对密度不同的组分在模孔内沉降。在栓剂生产中,一般根据设计和制造工艺流程来控制栓剂注模的温度,当熔融团块呈奶油状或接近固化时应注模。

3. 注模的速度 注模时应迅速,并一次完成,以避免发生液流或液层凝固。

4. 冷却温度与时间 冷却温度不宜过低或时间过长,以免栓剂发生严重收缩和碎裂。

5. 主药与基质的比例　主药剂量大小必须适合栓剂的大小或重量。通常情况下栓剂模型的容量是固定的,但它会因基质或药物的密度不同可容纳不同的重量。一般均以可可豆脂为标准,加入药物会占有一定体积,特别是不溶于基质的药物。在栓剂生产中,需根据置换价准确计算投料。

6. 刮削速度　当栓剂冷却固化后,机械将栓模上口多余部分削平,要恰当地掌握切削速度,过快则使栓剂出现空洞而致重量不足,过慢则会造成拖尾并出现撕裂。

本章小结

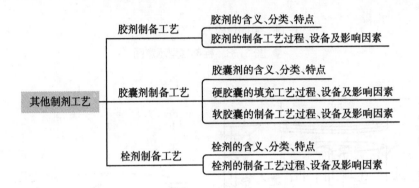

第十七章　同步练习

（段秀俊　张　欣　张岩岩）

参考文献

[1]　杨明.中药药剂学.北京:中国中医药出版社,2016.

[2]　吴清.物理药剂学.北京:中国中医药出版社,2018.

[3]　陈宇洲.制药设备与工艺.北京:化学工业出版社,2020.

[4]　元英进.制药工艺学.北京:化学工业出版社,2013.

[5]　朱盛山.药物制剂工程.2版.北京:化学工业出版社,2009.

[6]　刘落宪.中药制药工程原理与设备.北京:中国中医药出版社,2007.

[7]　崔福德.药剂学.6版.北京:人民卫生出版社,2007.

[8]　国家药典委员会.中华人民共和国药典:四部.2020年版.北京:中国医药科技出版社,2020.

第十八章　中药生产工艺规程的编制

1. 掌握：生产工艺规程的主要作用。

2. 熟悉：制定生产工艺规程的依据和基本内容。

3. 了解：生产工艺规程的制定与修订。

药品生产工艺规程是为生产特定数量的成品而制定的一个或一套文件，包括生产处方、生产操作要求和包装操作要求，规定原辅料和包装材料的数量、工艺参数和条件、加工说明（包括中间控制）、注意事项等内容。

工艺规程通常由生产车间制定，生产部负责人、QA主管审核，质量部负责人批准，是用于指导产品生产的基准性技术标准文件。

工艺规程的制定应当以注册批准的工艺为依据。每个生产批量均应当有相应的工艺规程，每种包装形式均应当有各自的包装操作要求。

第一节　生产工艺规程的主要作用

工艺规程是制定批生产（包装）记录、生产指令、包装指令及主配方的重要依据，是企业计划、组织和控制生产的基本依据，是企业保证产品质量、提高劳动生产率的重要保证。

生产工艺规程通常有以下要求：

1. 工艺规程编订依据是国家法定部门的批准件及相应的药品标准，由合格的专业技术人员起草。

2. 正常生产的产品，必须有完整的、经批准按规定程序编订的工艺规程，否则不允许生产，且执行当中不得任意变动。

3. 产品工艺规程属企业商业秘密，必须保密，归档保存，非经授权不得接触，严格控制复制、分发份数并进行登记。

第二节　制定生产工艺规程的依据和基本内容

一、制定生产工艺规程的依据

制定生产工艺规程的依据主要包括:《药品生产质量管理规范》《GMP 实施指南》《中华人民共和国药典》、产品注册批准的工艺、炮制规范等国家或地区的法规性文件。

二、中药生产工艺规程的基本内容

1. 生产处方

(1)产品名称和产品代码。

(2)产品剂型、规格和批量。

(3)所用原辅料清单(包括生产过程中使用,但不在成品中出现的物料),阐明每一物料的指定名称、代码和用量;如原辅料的用量需要折算时,还应当说明计算方法。

2. 生产操作要求

(1)对生产场所和所用设备的说明(如操作间的位置和编号、洁净度级别、必要的温湿度要求、设备型号和编号等)。

(2)关键设备的准备(如清洗、组装、校准、灭菌等)所采用的方法或相应操作规程编号。

(3)详细的生产步骤和工艺参数说明(如物料的核对、预处理、加入物料的顺序、混合时间、温度等)。

(4)所有中间控制方法及标准。

(5)预期的最终产量限度,必要时还应当说明中间产品的产量限度,以及物料平衡的计算方法和限度。

(6)待包装产品的贮存要求,包括容器、标签及特殊贮存条件。

(7)需要说明的注意事项。

3. 包装操作要求

(1)以最终包装容器中产品的数量、重量或体积表示的包装形式。

(2)所需全部包装材料的完整清单,包括包装材料的名称、数量、规格、类型以及与质量标准有关的每一种包装材料的代码。

(3)印刷包装材料的实样或复制品,并标明产品批号、有效期打印位置。

(4)需要说明的注意事项,包括对生产区和设备进行的检查,在包装操作开始前,确认包装生产线的清场已经完成等。

(5)包装操作步骤的说明,包括重要的辅助性操作和所用设备的注意事项、包装材料使用前的核对。

(6)中间控制的详细操作,包括取样方法及标准。

（7）待包装产品、印刷包装材料的物料平衡计算方法和限度。

三、生产工艺规程的编写格式

根据以上要求,企业在编制生产工艺规程时会采用方便管理和使用的格式,为方便理解,现以某药业股份有限公司的工艺规程模板进行举例说明。

1. 主题内容　本工艺规程规定了××药品生产过程中的生产处方、相关生产操作或活动、工艺参数及控制范围、操作间及编号、所用生产设备及编号、中间控制项目及检查结果、不同生产工序所得产量及必要的物料平衡计算等内容,经验证合格,符合GMP要求。

2. 适用范围　本工艺规程适用于××药品生产全过程,是各部门共同遵循的技术准则。

3. 执行标准

《药品生产质量管理规范》(2010年版)

《中华人民共和国药典》(2020年版)

国家药品监督管理局标准YBZ×××××××

4. 产品概述

（1）产品名称、规格、批准文号、产品代码、包装形式。

（2）产品剂型、适应证、用法用量。

（3）产品说明书中载明的注意事项、贮藏要求和有效期。

5. 处方和依据

标准处方和生产处方:标准处方即为药品生产批件上规定的处方药材及用量;生产处方即为依据标准处方和生产批量制定的药材用量。

例:批量20万片,标准处方和生产处方如表18-1所示。

表18-1　标准处方和生产处方

物料代码	物料名称	标准处方	生产处方
××	××辅料	10g	50kg
……	……	……	……

6. 工艺流程图　物料、工序和监控点可用不同线框表示,不同的洁净级别可以标注不同的底纹,如图18-1所示。

7. 原药材炮制

（1）炮制依据

例:《中华人民共和国药典》(2020年版)一部。

（2）炮制方法

例:黄芪。取原药材,除去杂质(杂质包括泥块、小石子、化纤绳、塑料碎片等),洗净,润透,切厚片(2~4mm),干燥。

8. 操作过程及工艺条件

（1）关键岗位操作规程、生产设备清洁规程清单。

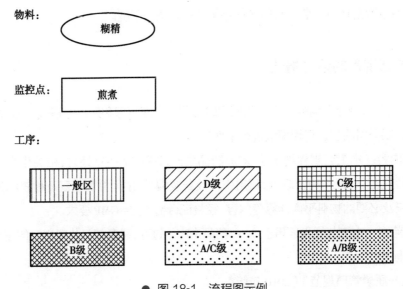

物料:

糊精

监控点:

煎煮

工序:

一般区 D级 C级

B级 A/C级 A/B级

● 图 18-1 流程图示例

（2）工艺过程和参数：分工序详细描述生产步骤，如物料的核对、预处理、加入物料的顺序，主要工器具、设备的准备方法和参数等。

（3）中间控制方法及评判标准：包括岗位质量监控要点（工序、监控点、监控项目及标准、监控方法、监控频次）、中间产品质量标准（质量标准及检验操作规程代号、取样规程代号、质量标准限度）。

（4）中间产品、待包装产品储存条件：中间产品、待包装产品的贮存要求，包括容器、标签及特殊贮存条件和期限。

（5）注意事项：与该品种或该剂型相关的特殊要求。

9. 原料质量标准及检验方法（表 18-2）

表 18-2　原料质量标准及检验方法举例

物料代码	原料名称	检验操作规程编号	内控质量标准编号
××	××	SOP-××-××	××-×××
……	……	……	……

10. 辅料质量标准及检验方法（表 18-3）

表 18-3　辅料质量标准及检验方法举例

物料代码	辅料名称	检验操作规程编号	内控质量标准编号
××	××辅料	SOP-××-××	××-×××
……	……	……	……

11. 包装材料质量标准及检验方法

包装材料质量标准及检验方法举例如表 18-4 所示。

表 18-4　包装材料质量标准及检验方法

物料代码	包装材料名称	检验操作规程编号	内控质量标准编号
××	×× 包材	SOP-××-××	××-×××
……	……	……	……

12. 中间体质量控制标准及检验方法

例:颗粒监控点——总混。

性状:本品为棕黄色至棕褐色颗粒,应干燥、无吸潮、软化、结块、潮解等现象。

水分:应不得大于 6.0%。

粒度:不能通过一号筛与能通过五号筛的总和应不得超过 12%。

溶化性:应全部溶化或轻微浑浊,不得有焦屑等异物。

鉴别:①应检出 ×× 药材 1,×× 成分。②应检出 ×× 药材 2。

含量测定:本品每 1g 含 ×× 药材以 ×× 成分计,不得少于 1.40mg。

13. 成品质量标准及检验方法

(1)制定依据:《中国药典》和产品质量标准。

(2)检查方法:按 SOP-××-×× 检验操作规程,应符合 SOP-××-×× 内控质量标准要求。

(3)检验项目、方法及合格标准:检验项目、方法及合格标准举例如表 18-5 所示。

表 18-5　检验项目、方法及合格标准举例

项目	法定标准	企业内控标准
性状	本品为薄膜衣片,除去包衣后显棕黄色至棕褐色,有特殊的香气,味微苦涩	同法定标准
鉴别	应检出 ×× 药材 1,×× 成分	同法定标准
	应检出 ×× 药材 2	同法定标准
崩解时限	应在 60min 内全部崩解	应在 50min 内全部崩解
片重差异	应不超过标示片重的 ±5%	应不超过标示片重的 ±4%
微生物限度	每 1g 供试品中需氧菌总数不得过 1 000cfu,霉菌和酵母菌总数不得过 100cfu,大肠埃希菌、活螨不得检出	同法定标准每 1g 供试品中需氧菌总数不得过 200cfu,霉菌和酵母菌总数不得过 20cfu,大肠埃希菌、活螨不得检出
含量测定	本品每片含 ×× 成分,应不得少于 1.20mg ……	本品每片含 ×× 成分,应不得少于 1.40mg ……
贮藏	密封	密封
有效期	36 个月	36 个月

14. 设备设施说明

(1)操作间温湿度要求:产品生产所涉及的功能区或操作间的相关要求,包括操作间名称、编号、必要的温湿度、照明、洁净级别等要求。操作间温湿度要求举例如表 18-6 所示。

表 18-6　操作间温湿度要求举例

操作名称	编号	洁净级别	湿度	温度
煎煮区	××	一般区	N/A	N/A
粉碎间	××	D 级洁净区	45%~65%	18~26℃
……	……	……	……	……

注：N/A 代表不适用。

（2）生产设备清单：产品生产所涉及的生产设备，包括设备名称、规格型号、材质、数量、生产能力等内容。生产设备清单举例如表 18-7 所示。

表 18-7　生产设备清单举例

序号	设备名称	规格型号	材质	数量 / 台	生产能力
1	热风循环烘箱	CT-C-IV	不锈钢	2	800~1 500kg/h
2	……	……	……	……	……

15. 生产周期　从产品投料开始到产品生产结束的完成时间。以生产周期约需 24 个工作日举例，详见表 18-8。

表 18-8　生产周期举例

工序	生产周期 /d
前处理	2
提取浓缩	5
……	……

16. 消耗定额

（1）原辅料消耗定额：允许生产过程中原辅料产生的最大损耗量。原辅料消耗定额举例如表 18-9 所示。

表 18-9　原辅料消耗定额举例

代码	原辅料名称	消耗定额	损耗定额
××	×× 辅料	100kg	损耗率不超过 5%
……	……	……	……

（2）包装材料消耗定额：允许生产过程中包装材料产生的最大损耗量。包装材料消耗定额举例如表 18-10 所示。

表 18-10　包装材料消耗定额举例

代码	材料名称	材料定量	损耗定额
××	×× 包材	60kg	损耗率不超过 10%
……	……	……	……

17. 物料平衡和收率控制　生产过程重要工序的物料平衡和收率的计算公式及其合格范围值。

例：

$$物料平衡（\%）=\frac{成品量+不合格品量}{投料量}\times100\%（范围98.0\%\sim102.0\%）\qquad 式（18\text{-}1）$$

$$收率（\%）=\frac{实际包装数}{理论收量}\times100\%（范围98.0\%\sim102.0\%）\qquad 式（18\text{-}2）$$

18. 岗位定员　岗位定员是指该产品生产所需要的岗位人员配备,应与产品批量、劳动定额、设备产能相匹配。岗位定员举例如表 18-11 所示。

表 18-11　岗位定员举例

× × 车间		× × 车间	
岗位名称	定员人数 / 人	岗位名称	定员人数 / 人
车间主任	1	中转站管理员	2
工艺员	3	配料净选	9
车间 QA	3	提取	9
		浓缩	12

19. 劳动保护、技术安全及三废处理

（1）技术安全:操作人员须经安全生产教育后,方可上岗,特殊工种必须持有特种岗位上岗证。

在生产过程中操作人员要注意防火,对易燃物品如乙醇等有机溶剂更要特别注意,要注意防爆、防毒、防腐蚀,要注意用电安全和用气安全。

发现事故隐患要及时报告、及时排除,不得擅自违章作业,杜绝一切事故的发生。

（2）劳动保护:在生产过程中为保护职工的健康,对噪音、粉尘和有害气体的工序加保护措施。如工作服装的穿着、粉尘的捕尘、有害气体的排出,操作人员均应严格操作,以确保操作人员的身体健康。并应妥善安装空调设施,防暑、防冻。操作人员应每年检查一次身体。

（3）三废处理:三废是指生产过程中产生的废水、废气和固体废弃物。生产过程中报废的印刷性包装材料应先破坏后才能作为废弃物。

废水:生产过程中排出的废水,全部通过废水处理设施经净化处理后排放。

废气:经除尘过滤处理达到排放标准后排入空气。

废料:原、辅废料须放在密闭的容器中,集中焚烧处理。

粉尘:在产生粉尘的设备上,全部采用除尘装置。

20. 附包装材料样稿　包装材料复印件、说明书复印件。

21. 文件修订历史　记录次修订的变更项目或内容,并记录生效日期。文件修订历史举例如表 18-12 所示。

表 18-12　文件修订历史举例

版本	变更项目或内容	生效日期	备注
01	新起草文件	2018-03-10	
02	执行《中国药典》（2020 年版）一部标准	2020-12-01	
03	产品有效期由 24 个月变更为 36 个月	2021-01-16	
……	……	……	……

除以上 21 条外,生产工艺规程可根据产品本身需要,增加需要增设的项目。

第三节　生产工艺规程的制定与修订

工艺规程是制药企业 GMP 文件体系的重要组成部分,其管理包括起草、审核、批准、发放、使用、保存、收回替换等全过程。

一、工艺规程的制定

由生产部组织相关技术人员,结合产品注册批件和实际生产操作进行起草,工艺规程涉及的相关内容可由相关部门提供。

由生产车间工艺员或车间主任负责编写、修订,制造部部长或生产主管会同质管部 QA 主管负责会审、定稿。

车间起草→文件管理员编号→审核→质量部负责人

1. 工艺规程的起草

（1）起草人资质:工艺规程起草人依据有关法规、标准或验证结果、说明书起草。起草人应熟悉待起草工艺规程所涉及的工作内容和要求。

（2）工艺规程起草要求

1）工艺规程标题要明确,能够确切表明工艺规程的性质,且内容简洁、易于理解。

2）工艺规程的内容文字应条理清楚、用词确切、标准量化、数据可靠、术语规范,保证工艺规程可以被正确理解和使用,必要时可附流程图或图片等。

3）工艺规程要包括所有必要的项目及参数。

4）起草人完成工艺规程起草后,由质量保证部文件管理员给定工艺规程编号。

2. 工艺规程的审核　由生产管理负责人、质量管理负责人、质量控制部负责人、涉及产品生产的相关车间主任、工艺员、车间 QA 进行审核。

3. 工艺规程的批准　由质量部负责人批准签署生效。

二、工艺规程的修订

提交文件修订申请单→质量保证部负责人批准→生产部修订→文件管理员组织审核→质量部负责人批准

1. 修订人资质　同上文起草人资质。

2. 工艺规程需要修订的情形

（1）有关法规政策、法定标准发生变化、公司组织机构发生变化以及其他关联文件发生变化。

（2）设施、设备、仪器、厂房发生变更。

（3）工艺、原辅料、与药品直接接触的包装材料、生产工艺等发生变化。

（4）根据产品用户所提的意见、回顾性验证、产品质量回顾结果、偏差等需要对工艺规程进行修订时。

3. 工艺规程修订的工作程序

（1）在工艺规程需要修订时，工艺规程起草部门或其他提出修订需求的部门应提出文件修订申请，填写"工艺规程修订申请单"，注明工艺规程名称、编号、版本号，并说明修订的依据或原因，经质量管理负责人批准后，由生产部组织相关人员进行修订。

（2）工艺规程修订申请经批准后，需将修订申请送交文件管理员存档。

（3）完成修订后，将修订好的工艺规程交文件管理员，由文件管理员组织会审，并负责排版、确定编号、版本号和分发部门。

（4）修订后的工艺规程应沿用原文件编号，版本号顺延，并尽可能使用原工艺规程名称，如原工艺规程名称确实存在不确切的情况时方可做适当调整。

三、工艺规程的维护管理

1. 工艺规程的回顾性修订　文件管理员发布回顾审核→生产部组织审核→生产部修订→汇总存在的问题→提交文件修订申请单→质量保证部负责人批准→生产部修订→文件管理员组织审核→质量部负责人批准。

（1）工艺规程应每两年进行一次回顾性审核及修订。

（2）回顾性审核及修订的工作程序：由质量保证部牵头，发布回顾审核通知到生产部，车间主任组织人员对本车间的工艺规程进行回顾检查，对存在的问题进行记录并汇总以备修订。不需要修订的工艺规程，在工艺规程首页的工艺规程回顾栏中签字确认。

2. 工艺规程的日常维护

（1）每月车间文件管理员对车间工艺规程的版本、数量进行一次核查，检查后及时整理反馈至质量保证部文件管理员，质量保证部文件管理员定期抽查。

（2）实施巡检时应及时做好记录，巡检结束后，质量保证部文件管理员应对检查的记录进行整理、汇总，并公布检查结果，并对整改结果进行跟踪检查和评价。

四、工艺规程的发放、保存和收回替换

1. 工艺规程的发放　由质量保证部文件管理员复印发放,做好文件复印记录和文件发放接收记录。工艺规程的发放必须按照工艺规程分发栏中所列部门进行分发,每个部门只发一份。

2. 工艺规程的保存　原稿由质量保证部文件管理员保存在资料室。各部门接收的工艺规程由各部门保管在所在部门文件柜内。

3. 工艺规程的收回替换　当有新版工艺规程需要下发时,由质量保证部文件管理员负责旧版工艺规程的收回及销毁,按照旧版工艺规程分发栏中所列部门进行逐一收回,保证使用的工艺规程为最新版本。工艺规程原稿在资料室长期保存,不得销毁。

本章小结

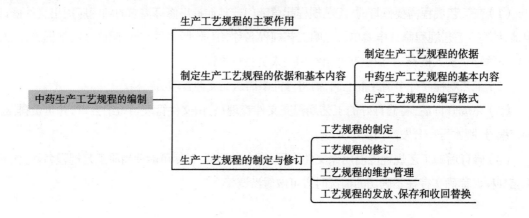

第十八章　同步练习

（肖　伟）